建筑消防与监督管理

王竟萱　李星頔　主编

吉林科学技术出版社

图书在版编目（CIP）数据

建筑消防与监督管理 / 王竞萱，李星顿主编. -- 长春 : 吉林科学技术出版社，2022.8

ISBN 978-7-5578-9381-1

Ⅰ．①建… Ⅱ．①王… ②李… Ⅲ．①建筑物－消防管理－监督管理 Ⅳ．①TU998.1

中国版本图书馆 CIP 数据核字(2022)第 113545 号

建筑消防与监督管理

主　　编	王竞萱　李星顿	
出 版 人	宛　霞	
责任编辑	王　皓	
封面设计	北京万瑞铭图文化传媒有限公司	
制　　版	北京万瑞铭图文化传媒有限公司	
幅面尺寸	185mm×260mm	
开　　本	16	
字　　数	570 千字	
印　　张	26.125	
印　　数	1–1500 册	
版　　次	2022年8月第1版	
印　　次	2022年8月第1次印刷	

出　　版	吉林科学技术出版社
发　　行	吉林科学技术出版社
地　　址	长春市南关区福祉大路5788号出版大厦A座
邮　　编	130118
发行部电话/传真	0431-81629529　81629530　81629531
	81629532　81629533　81629534
储运部电话	0431-86059116
编辑部电话	0431-81629510
印　　刷	廊坊市印艺阁数字科技有限公司

书　　号	ISBN 978-7-5578-9381-1
定　　价	58.00 元

《建筑消防与监督管理》
编审会

前言 PREFACE

　　火作为人类最伟大的发明之一。火在人类的进步和社会的发展中起着无法估量的作用。但火的产生也给人们带来了一定的风险—火灾，火灾会威胁到人们的生命财产，甚至给自然资源带来了极大的危害。火灾是各种灾害中发生频率最高，且具有极大的危险性和毁灭性的一种社会灾害。随着社会的进步，科学技术的发展，在世界范围内，人们越来越体会到对火灾的防治和救护必须依靠先进的科学技术。在我国城市化进程的发展中，大城市的经济增长越来越快，各个行业发展是突飞猛进，建筑业的不断发展，建筑物的高度不断上升以及建筑材料可燃性的提高，火灾的危害也日益为人们所关注，安全和发展是事关国运兴衰的大事，更是国家关注的重点。为了适应国内外新的形势发展，为了用科学的手段去预防火灾的发生和减少火灾造成的损失，为了维护人类生命健康，保护地球自然资源，专家们一直在研究如何更有效的灭火，如何更安全的用火。

　　建筑防火的基础认知入手，展开建筑材料的基本知识，随后展开介绍消防的一些知识要点，并详细讲解了不同地方、不同环境的防火控制措施。全书从宏观上阐述了我国建筑防火研究的必要性、迫切性和实施方向；与此同时，也从微观上提出了建筑防火研究的具体内容。

　　为了使写作严谨、逻辑清晰，为了拓宽研究思路，丰富理论知识与实践表达，作者阅读了很多相关学科的著作与成功案例，旨在为研读的人提供一个真正清楚地概述，以便今后更好的实施。希望本书能够为学习和研究建筑消防与监督管理的学者同仁们提供一些有资可寻的学术信息。最后，书稿的完成还得益于前辈和同行的研究成果，具体已在参考文献中列出，在此表示诚挚的感谢！

目录 CONTENTS

第一章 建筑防火的基础认知

第一节 建筑分类

一、建筑高度和层数的计算

（一）建筑高度的计算规定

建筑屋面为坡屋面时，其为建筑室外设计地面至其檐口与屋脊的平均高度，如图1-1所示。

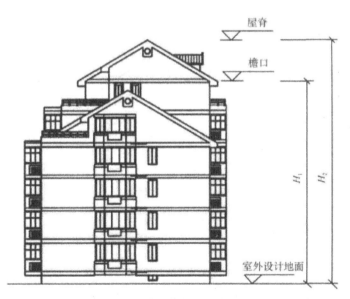

图 1-1 坡屋面建筑高度确定

建筑屋面为平屋面（包括有女儿墙的平屋面）时，则为建筑室外设计地面至其屋面面层的高度，如图1-2所示。

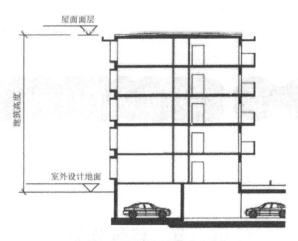

图1-2　平屋面建筑高度确认

同一座建筑有多种形式的屋面时，应按上述方法分别计算后，取其中最大值。

而对于台阶式地坪，当位于不同高程地坪上的同一建筑之间有防火墙分隔，各自有符合规范规定的安全出口，且可沿建筑的两个长边设置贯通式或尽头式消防车道时，可分别计算各自的建筑高度。否则，应按其中建筑高度最大者确定建筑高度，如图1-3所示。

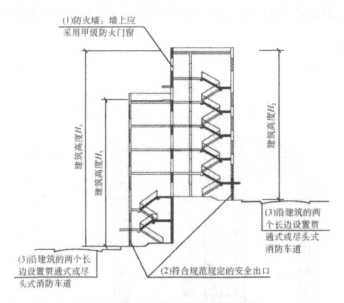

图1-3　台阶式地坪上建筑高度的确定

局部突出屋顶的瞭望塔、冷却塔、水箱间、微波天线间或设施、电梯机房、排风和排烟机房以及楼梯出口小间等辅助用房占屋面面积不大于1/4者，可不计入建筑高度，如图1-4所示。

003

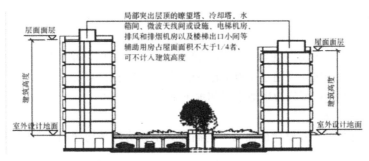

图 1-4 存在局部突出屋顶部位的建筑高度确定

对于住宅建筑,设置在底部且室内高度不大于 2.2m 的自行车库、储藏室、敞开空间,室内外高差或建筑的地下或半地下室的顶板面高出室外设计地面的高度不大于 1.5m 的部分,可不计入建筑高度。

(二)建筑层数的计算

应按建筑的自然层数计算,下列空间可不计入建筑层数:

第一,室内顶板面高出室外设计地面的高度不大于 1.5m 的地下或半地下室;

第二,设置在建筑底部且室内高度不大于 2.2m 的自行车库、储藏室、敞开空间;

第三,建筑屋顶上突出的局部设备用房、出屋面的楼梯间等。

二、建筑分类

建筑物可以有多种分类,按其使用性质分为民用建筑、工业建筑与农业建筑;按其结构形式可分为木结构、砖木结构、钢结构、钢筋混凝土结构建筑等。

(一)按使用性质分类

1.民用建筑

民用建筑根据其建筑高度和层数可分为单、多层民用建筑和高层民用建筑。高层民用建筑根据其建筑高度、使用功能和楼层的建筑面积可分为一类和二类。

2.工业建筑

指工业生产性建筑,如主要生产厂房、辅助生产厂房等。工业建筑按照使用性质的不同,分为加工、生产类厂房和仓储类库房两大类,厂房和仓库又按其生产或储存物质的性质进行分类。

3.农业建筑

指农副产业生产建筑,主要有暖棚、牲畜饲养场、蚕房、烤烟房、粮仓等。

(二)按建筑高度分类

按建筑高度可分为两类。

1.单层、多层建筑

27m 以下的住宅建筑、建筑高度不超过 24m(或已超过 24m 但为单层)的公共建

筑和工业建筑。

2. 高层建筑

建筑高度大于 $27m$ 的住宅建筑和建筑高度大于 $24m$ 的非单层厂房、仓库和其他民用建筑。我国称建筑高度超过 $100m$ 的高层建筑为超高层建筑。

此外，地下建筑可分为半地下室和地下室。

（1）半地下室

房间地面低于室外设计地面的平均高度大于该房间平均净高 1/3，且不应大于 1/2 者。

（2）地下室

房间地面低于室外设计地面的平均高度大于该房间平均净高 1/2 者。

三、建筑特征

城市综合体功能的复合性给其带来了区别于单一类型建筑的一系列特征。这些建筑特征既有共通性，又有由于组成城市综合体的不同功能的空间特征、组成方式不同而表现出来的多样化的特殊性。

（一）城市综合体的基本建筑特征

城市综合体是将不同城市功能空间如商业、办公、酒店、交通、娱乐、会展等相互融合，从而达到功能互补、彼此协同的目标的一种新的城市建筑形态。其基本特点是体量巨大、功能混合，各功能空间从原本平面的、相对独立的、通过室外街道和广场连接的布局形态，转变为或平面或垂直，通过电梯、连廊、庭院相互连接的立体、复合、集约的建筑形态。

1. 功能混合，建筑体量大

城市综合体的首要特点是功能混合，虽然现在大部分土地开发都包含不止一种功能，但城市综合体中的功能混合首先要求功能数量需要达到三种或三种以上。其次这些功能应该是能带来经济效益的主要功能（而非其他功能的补充），同时也应该能够创造属于他们自身的使用人群。在大多数功能混合的项目中，主要功能必须是项目的盈利点所在，如商业、办公和酒店，或者是强大的客流吸引目的地包括会议中心、展览中心和交通枢纽等功能。所有这些功能均将它们自身的使用对象汇聚到整个项目之中，带来多样性和复合效应。

2. 空间和功能的一体化

城市综合体作为一个整体，其各组成功能不是简单的叠加关系，而是更强调联系，需要通过空间和功能的一体化设计实现各部分的有效互动，建立相互依存、相互助益的能动关系，以达到紧凑使用土地、高效便利的目的。该种一体化联系通常有以下几种形式：

（1）竖向组织

将各功能垂直地组织在一个混合使用的建筑或塔楼中，这些功能会共同为大楼带

来各自的使用人群，但在首层大堂及电梯使用上进行分区。

（2）步道组织

将各组成部分通过步道空间串联，如室内外街道、廊道、自动扶梯、天桥等。通过这些步道，使用者可以在综合体中的不同功能空间之间穿行，依据功能的私密程度不同，在这些步道与功能空间的交界处有时会设置门禁。

（3）公共空间组织

将各部分功能精心布置在公共开放空间的周围，如中庭、广场、平台等。这些公共空间本身可以容纳各类人群，开展各种活动。可以说为周边不同属性的功能提供了一块可以共同汇聚客流的地方，提升了整个综合体的人气，是加强各部分协作、营造整体场所感的重要方式。

3. 空间及功能核心组织元素

城市综合体中包含了混合的功能和相互联系的空间，在组织这些功能和空间时通常会有一个中心组织元素。一方面，由于各功能空间的联系强度不一，不能要求每个功能空间都和其他空间进行联系，需要通过一个中间组织元素来协调这些联系；另一方面，制造一个能够容纳和汇聚多种功能使用人群的中心组织元素能更高效地实现相互助益，提升综合体的便利性及收益。一个好的城市综合体，在其中人们能很方便地找到它的核心部分，然后便捷地识别出其主要组成部分。作为核心部分的中心组织元素，通常具有很好的视线联系和可达性，前一点提到的公共空间例如中庭、广场、平台等均是国内城市综合体组织空间的主流方法。

4. 建筑使用人群密度高，人员年龄分布广

城市综合体功能复合度高，便利性强，因此对人群的聚集作用很强。综合办公、商业、酒店、交通、餐饮等功能，使办公人员、购物者、旅客、就餐人员等汇聚于此。而联系各功能的中庭、广场等公共空间也因而成为其中人员密度最大的部分。同时，综合体中的不同业态也吸引不同年龄段的人群，幼教中心、儿童乐园、主题乐园、购物中心等分别面对幼儿、儿童、年轻人到中年人。现阶段的综合体中专门面对老年人的业态相对较少，而随着城市人口老龄化，城市养老用地的紧缺，高层养老建筑这一新兴业态的发展，综合体中的老年使用者必然增多，这将导致其在疏散方面面临新的问题与挑战。

（二）城市综合体的类型

城市综合体建筑根据其主要功能和体量特征包括如下几类：

1. 超高层建筑

超高层建筑近年来如雨后春笋般在各地兴起，成为当地的地标，其功能一般包括办公、酒店、会所、餐饮、公寓、观光等。呈现出以下的发展特点：高层化，综合化，智能化，大量应用新技术、新材料，建筑造型多元化、灵活化、生态化和景观化。

2. 大型商业建筑

大型商业建筑大致可以分为商场、商业街和购物中心三种形式。商场通常由若干独立的专业商店组成；商业街按空间形态分为开敞式商业街、骑楼式商业街、拱廊式

商业街和地下商业街；购物中心是20世纪50年代国外兴起的商业中心式建筑，其特点是以几家大型核心百货商店为主体，步行商业街贯穿其中，在建筑的中心或者商业街的交汇处有供人休闲的中庭等开阔空间，形成统一完整的建筑空间。大型商业建筑还包括一些大型的地下商业建筑。

3.体育场馆类建筑

此类建筑如体育场、体育馆等，当前国内大多数体育场馆还是场馆群的方式形成相对独立的体育中心。但随着全民健身事业的发展，体育运动也会与休闲、购物、娱乐等活动形成相互依托的关系，以体育场馆为主要功能的综合体也会越来越多。

4.交通运输用房

此类建筑如机场航站楼、车站、航运码头等。现代化的机场航站楼具有以下特征：功能多样化；面积巨大，空间互通；旅客吞吐量大，且人员组成复杂。

5.地铁及其上盖物业

当今城市，"交通引导开发"（*transit oriented development*，*TOD*）的建设如火如荼，特别是轨道交通对建筑在容积率、停车数量、价格等各方面都发挥着重要的影响。轨道交通与其上盖物业结合的方式也越来越多样化，越来越密切，在空间上也更进一步融合。其特点与交通运输建筑类似：客流量大，同时空间联系更紧密。

（三）城市综合体的空间特点

1.各类功能空间的特点

（1）商业

根据使用特点和空间特点的差异，商业功能还可细分为零售、百货、餐饮和娱乐这几类空间。

总体来说，商业的使用人群属于周边一定辐射范围内的居民和一些交通过境客流。这些人群并不会天天逛商场，有些人甚至是初次来到某个商业空间，因此他们对商业空间的布局和疏散路线不够熟悉，火灾发生时在复杂的空间中难以较快疏散。大部分商场通常在上午10点开始营业，商场的客流会逐渐增加，除了特殊活动以外．一般不会出现客群集中到来和离开的情况。商场在节假日的客流量也会明显大于工作日。

①零售

对于零售来说，单个店铺面积不大，但店铺数量较多。主要依靠商业中的公共空间来组织顾客群的交通和动线。零售的使用人群具有流动性，通常不断地游走于公共环廊和零售店铺内，因此在人员密度的计算上，倾向于将商业廊道和店铺一同按照商业疏散人员计算取值（具体数值参考消防规范对商业疏散的规定）。

零售会形成独立小空间，一般为 $150 \sim 200m^2$，主力店可达 $400 \sim 600m^2$；通常一层高，个别店铺内会通高两层，店内解决竖向交通。需要保证店铺和公共空间之间足够的可视及可达性。

②百货

在综合体内的大型百货通常是多层经营，而且每层占的面积都较大，因此百货空间内通常设置扶梯，内部组织每层的水平及垂直动线，以提升经营场地的紧凑性。百

货营业部分的人员密度取值与零售空间相同（具体数值参考消防规范对商业疏散的规定）。

百货通常是流动贯通的大空间，精品超市为 2500 ~ 3000m²，大型百货或超市面积可达 8000m²，甚至 3 万 m² 以上。百货通常贯穿多个楼层，每层按普通商业层高使用即可。大型超市净高有时会要求达到 5.5m。百货功能区通常为内向性活动，保证出入口的通达性，其余界面可较封闭。需要安排集中大量的后勤仓储空间。

③餐饮

餐饮功能与零售和百货相比在人群的使用时段上有峰值的变化，一般午餐和晚餐时段客流达到高峰，其余时段客流较少。综合体中的餐饮客流一般在平时和假日的差别不会特别明显，因为各种功能人群在不同时段都能为餐饮提供客流。餐饮的客群属于目的性消费，来到餐厅后一般在店铺内停留较长时间用餐，人员的流动性相对较小。餐饮的人员密度可参考餐饮建筑规范设定的餐厨比，按照餐厅中 1.3m²/人考虑。由于档次不一，餐厅的人员密度差别会比较大，也有按照座位布置计算人数的。

根据餐饮规模不同，其空间大小不一，几百至几千平方米均可。既有独立封闭的店铺形式，也有多个餐饮聚集开敞的美食广场式餐饮。餐饮通常按普通商业层高使用即可。

独立店铺有明确的分隔界面，需保证明显的出入口，最好有对室外的良好景观视线和条件，就餐区与厨房相对隔离。百货式餐饮通常与公共空间没有明确分隔，空间较流动，就餐区和厨房往往空间连通。

餐饮一般需要使用燃气，配备使用明火的厨房。独立店铺餐饮通常有独立封闭的厨房，个别轻餐饮和美食广场餐饮通常为开放式厨房。

④娱乐

根据目前商业项目的业态调研，娱乐类空间主要有电影、KTV、溜冰及主题游戏等几类空间。这些空间一般在周末或者节假日客流量会有明显地上涨。

电影院的使用人群相对集中和静态，在散场时会出现较大的客流量。人员密度的计算一般按照固定座位数统计。KTV 使用人群也是相对静态的，但人会分散在更多的小间中，KTV 与电影院类似，晚间客流量会比较大，特别是工作日的白天几乎没有什么客流。

电影院一般小厅面积在 200 ~ 400m²，层高要大于一般商业层高，达到 9m 左右。IMAX 厅面积超过 400m²，层高通常会跨越两个楼层。KTV 则一般可划为小于 400m² 不等的小间。

溜冰、蹦床、攀岩等活动类空间本身需要一定的活动场地，场地内人员密度不高，但此类活动通常是开放式的，周围会吸引和聚集一些观看和陪伴的人员。因此总的来说还是应该按人员密集场所的 2m²/人来考虑。

一般的游戏空间通常会引入相关主题游艺功能，这些场所客流高峰通常是在节假日，而且以年轻人和儿童为主。这类空间中包含较多电子设备，而且对一些场景类的游戏项目来说，其中空间会比较复杂，不便于快速通过。一般游戏空间按人员密集场所的 2m²/人来考虑，主题游戏类空间通常有额定使用人数，还需考虑一定的候场排队

人数。

一般游戏空间：主题游艺功能通常面积比较大，有些游艺设备还会需要通高两层，一些室内主题乐园则通常需要较大的面积，单层面积能达到 5500 ~ 7000m^2，单层层高 5m，主要游艺厅和影视厅需要 2 ~ 3 层的通高空间，并且需要无柱空间，宜置于顶层。有些设备会产生大的噪声和振动，需要建造独立建筑。空间需要灵活的分隔功能。总体来说，娱乐空间有很多不同高度空间的并置，并且由于体验上的要求，空间最好能相互渗透。

（2）办公

办公空间中的主要使用人群大部分是在此工作的人员，少量是前来会晤洽谈的外来人员，因此对于大部分使用人员来说，他们对空间布局及线路是熟悉的。办公空间人员流动的高峰通常是早晚上下班的时段，这两个时段里办公入口及交通空间中会集中大量人员，中午午餐时间也会有一定的人员波动，正常办公时间段内人们通常都稳定在办公室空间中。在休息日办公的人员会比工作日有明显的下降。根据项目经验，办公空间的人员密度通常为 6 ~ 8m^2/ 人（使用面积）。

办公空间通常在首层设置办公大堂，依据不同空间效果的考虑，大堂的面积和层高不一，通常在 6 ~ 12m，甚至更高。塔楼部分每层的办公功能一般会占据整个标准层，根据公司规模和办公模式的不同，又分小隔间和开放办公等模式。办公使用层高为单层，在 4.2 ~ 4.5m。办公空间主要通过核心筒电梯进行竖向交通联系。由于新的办公体验的要求，或者绿色技术的应用，新型办公空间也会突破占据整个标准层的模式，在局部设计室内的中庭和室外的露台，这给消防带来了更多的问题和机会。

（3）酒店及配套

酒店的主要功能区是酒店客房区，这部分面积占酒店面积最多，此外酒店中还通常会配套设置酒廊和宴会厅等功能。这些功能区虽然面积不大，但举办活动时的客流量会骤升。

①客房

酒店客房的使用人群以短期逗留的居多，可以说对酒店空间布局和线路不是特别熟悉，但是酒店空间通常可集中统一管理，对于人员的疏导有一定优势。酒店客房层的人员密度按床位统计，少量考虑工作人员的人数。

客房空间一般来说都设置在高层塔楼内。通常在首层设置酒店或公寓大堂，依据不同空间效果的考虑，大堂的面积和层高不一。

酒店客房多为几十平方米至 100 多平方米的小间，统一开展室内装修，使用层高为单层。主要通过核心筒电梯进行竖向交通联系。客房内基本不考虑烹饪功能，只配备电炉等设备。

②配套

酒店配套功能的使用人群除了酒店内部的住客，还会有一部分外来的使用者，他们同样对酒店空间不太熟悉，火灾危险发生时完全需要依靠疏散指示来引导逃生路线。虽然配套功能中的宴会厅、酒廊等功能并不是每天或者全时段有人在使用，不过一旦举行活动通常会聚集大量客流，有很大的火灾隐患，应该按人员密集场所的 2m^2 人来

考虑。

（4）居住及配套

公寓的使用人群与酒店相比居住时间长，对整体空间较熟悉，但由于在出售后被分属于不同业主，因此管理可控性方面较低。

布置在综合体内的居住功能通常是以公寓的形式出现在塔楼中，公寓空间基本与酒店空间类似，但不一定包含酒店空间的相关配套空间。厨房中通常不设置燃气和明火，只配备电磁炉。

（5）文化艺术展示

文化艺术展示空间通常随着展览的热门程度不一而产生客流的较大变化，热门展览期间也通常是节假日，客流量更大。根据每次布展的差别，有些展厅内部的空间线路会有所变化。人群在展厅内是流动的，但不一定具有方向性。虽然展览都有流线设计，但人们可能不会按照同一条既定路线参观，有一定随机性。展示空间可按人员密集场所的 $2m^2/$ 人来考虑。

展厅的建筑层高与展厅面积的大小、展品的体量有密切的关系。一般说来，展厅面积大，层高应该高一些，面积与高度的比例保持相对协调，使观众有一个舒适的空间感觉，同时有利于保持较好的空气质量。展示空间高度可以是单层的，大约 $6m$，也可以是双层或多层通高，一般空间越高大，可以适应的展品种类越多。展厅空间还会有一些储藏、备展等配套的小空间。

（6）会议

会议功能会在短时间内聚集大量人员，类似于电影院，在会议结束散场时会形成人员高峰。应按人员密集场所的 $2m^2/$ 人来考虑。一些体育场及体育馆建筑也兼具会议的功能，人员密度计算可按固定座位来统计。

通常需设置专用的出入口，会议厅前会设有前厅，会议厅根据使用规模不同而面积大小不一。会议厅越大则需要越高的层高。使用人员较多，平时竖向交通一般采用扶梯联系。

配套空间需考虑等候空间、休息空间、VIP 接待等候空间、小会议室等，还需考虑会议设施家具的储藏空间。

（7）城市交通设施

城市内部公共交通设施（地铁、公交站等）的客流中大部分人作为日常使用人群，对交通空间的线路图比较熟悉。而城际间的公用交通设施（航站楼、火车站等）的使用人群多为初次或较少使用经验的客流，他们对整个空间则比较生疏。城市内部的交通设施在工作日的上下班高峰会比较拥挤，节假日则客流平均，而航站楼和火车站则会在节假日时达到客流高峰。

①地铁

出入口较多，交通和过境客流量大，没有专门的候车厅，通常在地下站厅层设置与相关建筑的联系口，联系空间不局限于通道相连，趋向于空间之间的无缝过渡。

地铁空间在城市综合体中多与商业空间联系紧密，商业一般在地铁流线侧面设置出入口，并与交通空间有一定距离。

大型的多地铁线路站点也会利用大的城市下沉广场或地下中心庭院汇聚地铁及商业客流。

②公交站

地面有专属的停车和交通区域，大型车站有集中的候车大厅，商业等功能通常与候车空间联系。

③航站楼

体量较大，超出一般建筑大空间的尺度，通常和城市其他交通方式之间设置换乘空间。换乘空间既是交通空间又是商业空间。出于安检程序的考虑，商业、酒店等功能通常与出发办票大厅联系，候机大厅内少量商业只为登机人员服务。

2.各类功能空间的组合方式

由于商业功能面积和体量大，空间布置灵活，公共性也比较强，它通常会成为城市综合体的中心组织元素来联系和协调其他功能空间。下面将以商业空间为基础，分别研究它自身以及与其他几种功能空间的组合方式。

（1）商业与办公、居住、酒店空间

办公、居住、酒店通常以高层塔楼的空间形式存在，这几类功能可以竖向叠加在一栋塔楼里，也可分布于几栋独立的塔楼。由于消防扑救面的要求，这些塔楼通常围绕商业裙房周边布置。

（2）商业与会议、文化展示空间

会议、文化展示多为单个或几个大空间。若是附属酒店与办公的配套会议空间，通常布置在靠近塔楼核心筒区域的裙房范围。具体楼层可依据设计需要灵活布置，可以在塔楼与裙房交界的层面，或裙房自然层，有时也会布置在地下室层面，但不会位于地下二层及以下。独立的会议及文化展示空间通常会贴邻或者靠近商业空间。采用公共空间将两者联系，便于使用人群相互流动。

（3）商业与公用交通空间

公共交通空间可再分为地下公共交通（地铁等）、地面公共交通（轻轨、汽车站等）和大型城市交通枢纽（火车站、航站楼等）。

对于地下公共交通来说，站厅与商业空间有时是利用通道相连，有时是长边贴邻，交界空间的客流出现重合和穿插。地面公共交通会利用建筑的架空层作为交通站厅，这个架空层可以出现在首层，有时会出现在建筑内部的其他楼层。

相对于大型城市交通枢纽来说，商业空间的体量是比较小的，因此商业空间基本上是被包含在交通枢纽内，商业的客群基本上就是交通枢纽的客群。

（4）商业内部的空间组织

之前谈到由于使用特点和空间特点的差异，商业功能可细分为零售、百货、餐饮和娱乐这几类空间，它们在商业内部组合方式的差异也形成了不同空间形式的商场。

如图1-5所示，在垂直方向的布局上，结合不同消费的特点，并按照商业价值随楼层上升递减的规律，一般会将大型娱乐项目如电影城、溜冰场、健身、餐饮等目的性消费空间设置于高层，这样可引导客流往上走，下行时增加消费机会。零售、百货等功能设置于中低层，保证一定的客流量。其中对于经营诱导性商品、季节性商品、

时尚类商品的业态类型，适宜分布在较低的楼层。而办公用品、家居等占用空间较大的耐用商品则适宜分布在较高楼层。

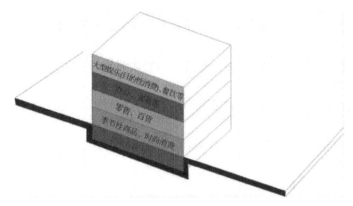

图 1-5　商业内部的空间组合方式

从平面布局的角度来说，商业空间的动线组织应该保证几个要素：易见性、易达性和方位感。通过对目前大型商业综合体的总结，可以将商业空间的组织大致分为以下几类：

①集中中庭式

在内围式的购物中心内，多会有中庭作为购物中心的焦点，商铺也多沿着中庭界面展开。中庭广场多位于各个步道形成的动线交汇点，亦即人行活动最频繁处。中庭一方面提供场所供购物以外的活动使用，如流行展示、动态表演等，另一方面也是公共活动及休息的场所。同时在中庭设计屋顶采光，也具有将购物者的视线引导向上的效果。

②分散中庭式

在商场体量比较大，或者平面比较狭长时，会设计多个分散的中庭，在商场内形成多个焦点。一方面多个中庭的周边界面比一个中庭长，可以保证更多商铺均好性；另一方面中庭内可以各自开展一些互动或展示活动，吸引客流在不同中庭间游走，提升步道空间的客流量。

③街道式

除了中庭式外，现在很多商业综合体的布局还出现了街道式的模式。这种模式中一般不会出现完全占主导地位的中庭空间，尺度怡人，空间丰富的街道成为商业中主要的人员流动线和商业界面。

④不规则式

由于商业设计的不断创新，空间形式也不断丰富，一些商业中心内部公共空间形式已经不能用简单的几何模式来概括。中庭和街道相互结合，挑台、天桥等元素相互穿插，形成了不规则的空间及商业界面。

3.组合空间的界面关系

（1）界面联系的强度

从几种功能的使用联系和人群流动量的大小来分析，不同功能空间界面的联系强度大致可分为以下几类：

①联系较强

商业和交通（主要是地铁和公交车站以及车库）、酒店和会议（会议型酒店）。

②联系一般

酒店和会议、办公和商业（主要是其中的餐饮部分）。

③联系较弱

商业和办公、商业和公寓、商业和酒店、办公和酒店。

2.界面联系的方式

根据不同空间组合的方式，联系界面的方式可分为以下几种：

①包裹

一个空间在另一个空间里面。

②穿插

两个空间部分重叠。

③相邻

空间相邻共用一条边界。

④通过第三空间联系

两个空间通过公共空间相连接。

第二节　建筑火灾发生条件

火灾是失去控制的灾害性燃烧现象，是常发性灾害中发生频率较高的灾害之一。所谓燃烧，是指可燃物与氧化剂作用发生的放热反应，通常伴有火焰、发光和（或）发烟现象。燃烧过程中，燃烧区的温度较高，使其中白炽的固体粒子和某些不稳定（或受激发）的中间物质分子内电子发生能级跃迁，从而发出各种波长的光；发光的气相燃烧区就是火焰，它是燃烧过程中最明显的标志；因燃烧不完全等原因，会使产物中混有一些小颗粒，这样就形成了烟。

一、燃烧的必要条件

燃烧可分为有焰燃烧和无焰燃烧。通常看到的明火都是有焰燃烧；有些固体发生表面燃烧时，有发光发热的现象，但是没有火焰产生，这种燃烧方式则是无焰燃烧，例如木炭的燃烧。

燃烧的发生和发展，必须具备三个必要条件，即可燃物、氧化剂（助燃物）和温度（引火源）。当燃烧发生时，上述三个条件必须同时具备，如果有一个条件不具备，那么燃烧就不会发生或者停止发生，如图1-6所示。

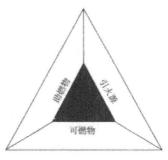

图1-6 着火三角形

进一步研究表明，有焰燃烧的发生和发展除了具备上述三个条件以外，因其燃烧过程中还存在未受抑制的自由基（一种高度活泼的化学基团，能与其他自由基和分子起反应，从而使燃烧按链式反应的形式扩展，也称游离基）作中间体，因此，有焰燃烧发生和发展需要四个必要条件，即可燃物、氧化剂、温度和链式反应。

（一）可燃物

凡是能与空气中的氧或其他氧化剂起化学反应的物质，均称为可燃物，如木材、氢气、汽油、煤炭、纸张、硫等。可燃物按其化学组成，分为无机可燃物和有机可燃物两大类。按其所处的状态，又可分为可燃固体、可燃液体以及可燃气体三大类。

（二）氧化剂（助燃物）

凡是与可燃物结合能导致和支持燃烧的物质，称为助燃物，如广泛存在于空气中的氧气。普通意义上，可燃物的燃烧均指在空气中进行。

（三）引火源

凡是能引起物质燃烧的点燃能源，统称为引火源。一般分直接火源和间接火源两大类。了解火源的种类和形式，对有效预防火灾事故的发生具有十分重要的意义。

1. 直接火源

（1）明火

指生产、生活中的炉火、烛火、焊接火、吸烟火、撞击或摩擦打火、机动车辆排气管火星、飞火等。

（2）电弧、电火花

指电气设备、电气线路、电气开关及漏电打火；电话、手机等通信工具火花；静电火花（物体静电放电、人体衣物静电打火、人体积聚静电对物体放电打火）等。

（3）雷击

瞬间高压放电的雷击可引燃任何可燃物。

2. 间接火源

（1）高温

指高温加热、烘烤、积热不散、机械设备故障发热、摩擦发热、聚焦发热等。

（2）自燃起火

是指在既无明火又无外来热源的情况下，物质本身自行发热、燃烧起火，如黄磷、烷基铝在空气中会自行起火；钾、钠等金属遇水着火；易燃、可燃物质与氧化剂、过氧化物接触起火等。

（四）链式反应

很多燃烧反应不是直接进行的，而是通过游离基团与原子这些中间产物在瞬间进行的循环链式反应。游离基的链式反应是燃烧反应的实质，光和热是燃烧过程中的物理现象。

二、燃烧的充分条件

可燃物、氧化剂和引火源是无焰燃烧的三个必要条件，但燃烧的发生需要三个条件达到一定量的要求，并且存在相互作用的过程，这就是燃烧的充分条件。对于有焰燃烧，还包括未受抑制的链式反应。

（一）一定的可燃物浓度

可燃气体或可燃液体的蒸气与空气混合只有达到一定浓度，才会发生燃烧或爆炸。例如，常温下用明火接触煤油，煤油并不立即燃烧，这是因为在常温下煤油表面挥发的煤油蒸气量不多，没有达到燃烧所需的浓度，虽有足够的空气和火源接触，也不能发生燃烧。灯用煤油在40℃以下、甲醇在低于7℃时，液体表面的蒸汽量均不能达到燃烧所需的浓度。

（二）一定的助燃物浓度

各种不同的可燃物发生燃烧，均有本身固定的最低氧含量要求。氧含量低于这一浓度，即使其他必要条件已经具备，燃烧仍不会发生。例如：汽油的最低氧含量要求为14.4%，煤油为15%，乙醚为12%。

（三）一定的点火能量

各种不同可燃物发生燃烧，均有本身固定的最小点火能量要求。达到这一能量才能引起燃烧反应，否则燃烧便不会发生。如：汽油的最小点火能量为0.2mJ，乙醚（5.1%）为0.19mJ，甲醇（2.24%）为0.215mJ。

（四）燃烧条件的相互作用

燃烧要发生，必须使以上三个条件相互作用。要求每种条件都要达到一定的量，而且其中一个量的变化又会影响燃烧时对其他条件量的要求。如氧浓度的变化就会改变可燃气体、液体和部分可燃物的燃点。在实际情况下，对燃烧产生影响的条件还有很多：比如液态和气态可燃物，压力和温度对燃烧的影响就较大，当点火能量是电火花时，还要考虑电极间隙距离。又比如一般情况下，相同质量的固态可燃物与空气接

触的表面积越大，燃烧所需的点火能量就越小。

（五）未受抑制的链式反应

对有焰燃烧，根据燃烧的链式反应理论，因燃烧过程中存在未受抑制的游离基（自由基）作中间体，考虑游离基参加燃烧反应的附加维，从而形成着火四面体。自由基是一种高度活泼的化学基团，能与其他的自由基和分子起反应，从而使燃烧按链式反应的形式扩展。因此，有焰燃烧的发生需要未受抑制链式反应。

三、燃烧的类型

燃烧按其发生瞬间的特点不同，分为闪燃、着火、自燃、爆炸四种类型。

（一）闪燃

1.闪燃与闪点

当液体表面上形成了一定量的可燃蒸汽，遇火能产生一闪即灭的燃烧现象，称为闪燃。在一定温度条件下，液态可燃物表面会产生可燃蒸汽，这些可燃蒸汽与空气混合形成一定浓度的可燃性气体，当其浓度不足以维持持续燃烧时，遇火源能产生一闪即灭的火苗或火光，形成一种瞬间燃烧现象。可燃液体之所以会发生一闪即灭的闪燃现象，是因为液体在闪燃温度下蒸发速度较慢，所蒸发出来的蒸汽仅能维持短时间的燃烧，而来不及提供足够的蒸汽补充维持稳定的燃烧，故闪燃一下就熄灭了。闪燃往往是可燃液体发生着火的先兆。通常把在规定的试验条件下，可燃液体挥发的蒸汽与空气形成混合物，遇火源能够产生闪燃的液体最低温度，称为闪点，以"℃"为单位。液体闪点的确定有开口杯和闭口杯两种试验方式，在工程实践中如无特殊说明，一般说某物质的闪点就是指该物质在开口杯试验条件下获得。

2.物质的闪点在消防上的应用

从消防角度来说，闪燃就是危险的警告，在工程设计中，一般都以液体发生闪燃的温度作为衡量可燃液体火灾危险性大小的依据。闪点越低，火灾危险性就越大；反之，则越小。闪点在消防上有着重要作用，根据闪点，将能燃烧的液体分为易燃液体和可燃液体。其中把闪点小于60℃的液体称为易燃液体，大于60℃的液体称为可燃液体。根据闪点，将液体生产、加工、储存场所的火灾危险性分为甲（闪点小于28℃的液体）、乙（闪点大于等于28℃，但小于60℃的液体）、丙（闪点大于等于60℃的液体）三个类别，以便根据其火灾危险性的大小采取相应的消防安全措施。

（二）着火

1.着火与物质的燃点

可燃物质在空气中与火源接触，达到某一温度时，开始产生有火焰的燃烧，并在火源移去后仍能持续并不断扩大的燃烧现象，称为着火，着火就是燃烧的开始，且以出现火焰为特征，这是日常生产、生活中最常见的燃烧现象。

通常在规定的试验条件下，而应用外部热源使物质表面起火并持续燃烧一定时间

所需的最低温度，称为燃点或着火点，以"℃"为单位。

2.物质燃点的意义

物质的燃点在消防中有着重要的意义，根据可燃物的燃点高低，可以衡量其火灾危险的程度。物质的燃点越低，则越容易着火，火灾危险性也就越大，一切可燃液体的燃点都高于闪点。燃点对于分析和控制可燃固体和闪点较高的可燃液体火灾具有重要意义，控制可燃物质的温度在其燃点以下，就可以防止火灾的发生；用水冷却灭火，其原理就是将着火物质的温度降低至燃点以下。

（三）自燃

1.自燃与自燃点

自燃是指物质在常温常压下和有空气存在但无外来火源作用的情况下发生化学反应、生物作用或物理变化过程而放出热量并积蓄，使温度不断上升，自行燃烧起来的现象。由于热的来源不同，物质自燃可分为受热自燃和本身自燃两类，其中受热自燃是指引起可燃物燃烧的热能来自外来物体，如光能、环境温度或热物体等激活或诱发可燃物自燃；本身自燃又分为分解热引起的自燃、氧化热引起的自燃、聚合热引起的自燃、发酵热引起的自燃、吸附热引起的自燃以及氧化还原热引起的自燃等。

自燃现象引发火灾在自然界并不少见，如有些含硫、磷成分高的煤炭遇水常常发生氧化反应释放热量，如果煤层堆积过厚则积热不散，就容易发生自燃火灾；赛璐珞在夏季高温下，若通风不畅也易产生分解引发自燃；草垛水分大，长时间堆集，散热不畅而引起微生物繁殖腐烂，也易发生自燃；工厂的油抹布堆积由于氧化发热并蓄热也会发生自燃，引发火灾。

通常，把在规定的条件下，可燃物质产生自燃的最低温度，称为自燃点。在这一温度时，物质与空气（氧）接触，不需要明火的作用，就能发生燃烧。自燃点是衡量可燃物质受热升温形成自燃危险性的依据。可燃物的自燃点越低，发生自燃危险性就越大。

2.物质的自燃点在消防上的应用

物质的自燃点在消防上的应用主要是在以下三个方面：

第一，在火灾调查中根据现场物质的温度、湿度、油渍污染度、堆放形式等物理状态来判断这些物质是否有自燃起火的可能；

第二，在灭火救援中根据火灾现场可燃物的种类和数量来判断现场发生轰燃（一般把火灾现场可燃物质达到自燃点后瞬间产生大面积或大量物质同时燃烧的现象称为轰燃）的可能和时间，作为灭火指挥员采取何种战术和配置灭火力量的依据；

第三，在工程设计时针对存储物质的自燃点和周围的环境情况，确定库房、堆垛应当采取何种通风降温措施等。

（四）爆炸

1.爆炸的含义

物质由于急剧氧化或分解反应产生温度、压力增加或是两者同时增加的现象，称

为爆炸。从广义上说，爆炸是物质从一种状态迅速转变成另一种状态，并在瞬间放出大量能量，同时产生声响的现象。在发生爆炸时，势能（化学能或机械能）突然转变为动能，有高压气体生成或者释放出高压气体，这些高压气体随之做机械功，如移动、改变或抛射周围的物体，将会对邻近的物体产生极大破坏作用。

2. 爆炸的分类

按爆炸过程的性质不同，通常将爆炸分为物理爆炸、化学爆炸和核爆炸三种类型，爆炸产生的高温能使可燃物发生燃烧，爆炸产生的压力冲击波能使装置或建筑受损，以及核爆炸产生的核辐射还对生物体造成危害。如果爆炸仅限于产生了燃烧，这种现象也称爆燃。在消防范围内主要讨论爆燃现象。

（1）物理爆炸

物理爆炸是指装在容器内的液体或气体，由于物理变化（温度、体积和压力等因素）引起体积迅速膨胀，导致容器压力急剧增加，或超压或应力变化使容器发生爆炸，且在爆炸前后物质的性质及化学成分均不改变的现象。如蒸汽锅炉、液化气钢瓶等爆炸，均属物理爆炸。

物理爆炸本身虽没有进行燃烧反应，但它产生的冲击力有可能使容器碎片产生碰撞火花直接引燃泄漏物质而起火或泄漏物质接触火源间接地造成火灾，及因泄漏介质瞬间喷出摩擦起电而起火。

（2）化学爆炸

化学爆炸是指物质本身发生化学反应，产生大量气体并使温度、压力增加或两者同时增加而形成的爆炸现象。如可燃气体、蒸汽或粉尘与空气形成的混合物遇火源而引起的爆炸，炸药的爆炸等都属于化学爆炸。再如化工生产中反应釜的爆炸也是失控的化学反应导致了压力、温度的急剧上升而发生的。这类爆炸的特点是爆炸时有新的物质产生。

化学爆炸的主要特点：反应速度快，爆炸时放出大量的热能或火焰，产生大量气体和很大的压力，并发出巨大的响声，化学爆炸能够直接造成火灾，爆炸时产生的冲击波具有很大的破坏性，是消防工作中预防的重点。

（3）核爆炸

核爆炸是指原子核裂变或聚变反应，释放出核能所形成的爆炸。如原子弹、氢弹、中子弹的爆炸和核反应堆的爆炸就属于核爆炸。核爆炸和化学爆炸相同之处在于都能产生很强的热能和冲击力（波），不同之处是核爆炸会产生核辐射。

3. 爆炸极限

爆炸极限从消防燃烧学的角度分为爆炸浓度极限和爆炸温度极限，它是从浓度和温度两个方面来分析可燃液体、气体发生着火（爆炸）条件。

（1）爆炸浓度极限

爆炸浓度极限，也称爆炸极限，是指可燃的气体、蒸汽或粉尘与空气混合后，遇火会产生爆炸的最高或最低的浓度。气体、蒸汽的爆炸极限，通常以体积百分比表示；粉尘通常用单位体积中的质量（g/m^3）表示。其中遇火会产生爆炸的最低浓度，称为爆炸下限；遇火会产生爆炸的最高浓度，称为爆炸上限。

爆炸极限是评定可燃气体、蒸汽或粉尘爆炸危险性大小的主要依据。爆炸上、下限值之间的范围越大，也就是爆炸下限越低、爆炸上限越高，爆炸危险性就越大。混合物的浓度低于下限或高于上限时，既不能发生爆炸也不会发生燃烧。从爆炸浓度极限的角度讲，着火也是一种爆炸，只不过可燃气体浓度处于爆炸浓度极限的下限或上限附近，不具备产生剧烈反应的条件（接近下限参与反应的可燃物量不足，接近上限参与反应的空气量不足），就不会在瞬间产生高热和高压，也不会产生明显的冲击波而已。通常把混合物爆炸浓度极限上限与下限中间的浓度称为当量浓度。在当量浓度下，混合物爆炸反应最充分，燃烧最彻底，爆炸产生的热量和冲击波也最大，破坏性也越大。

（2）爆炸温度极限

爆炸温度极限是指可燃液体受热蒸发出的蒸汽浓度等于爆炸浓度极限时的温度范围。由于液体的蒸汽浓度是在一定温度下形成的，所以可燃液体除了有爆炸浓度极限外，还有一个爆炸温度极限。

爆炸温度极限也有下限、上限之分。液体在该温度下蒸发出等于爆炸浓度下限的蒸汽浓度，此时的温度称为爆炸温度下限（液体的爆炸温度下限就是液体的闪点）；液体在该温度下蒸发出等于爆炸浓度上限的蒸汽浓度，此时的温度称为爆炸温度上限。爆炸温度上、下限值之间的范围越大，爆炸的危险性则越大。

第三节 建筑火灾及原因

一、电气问题

这类火灾原因包括：电气线路故障、电气设备故障和电加热器具过热等。在建筑内，电气线路因为短路、超负荷运行、接触电阻过大、漏电等原因而产生电火花、电弧，或引起绝缘导线和电缆过热而形成火灾。建筑中使用电器的工作电压和工作电流与所使用的插座功率不相符，电器长时间处于工作状态、使用完毕不及时关电源，建筑内私拉乱接电线，不安装漏电保护器或随意加粗保险丝等行为，都容易导致电器故障、线路老化等问题，进而引起火灾事故。此外，卤钨灯、白炽灯等高温灯具与可燃物的距离过近，电熨斗或电暖气过热等也易造成火灾。

二、生活用火不慎

这类火灾原因在家庭火灾中占主导地位，包括：油锅起火，炉具故障或使用不当，烟道过热窜火，照明、使用蚊香、烘烤等用火不慎，其他如敬神祭祖等用火，余火复燃，飞火，荒郊、野外生火不慎等。例如，在家中使用蚊香、蜡烛等时粗心大意，未能及时熄灭或过于靠近可燃物导致火灾；在喜庆节日、婚丧嫁娶、重大活动燃放烟花爆竹时用火不慎引发火灾；家庭中安装明火取暖或是烘烤衣物，疏忽大意引发火灾；摩丝、

打火机、酒精等危险生活用品存放不当，靠近火源或加热设备，引发火灾、爆炸事故等。

三、违章作业

这类火灾原因包括，生产作业用火不当或违反安全操作规定展开生产作业等。例如，用明火熔化沥青、石蜡或熬制动、植物油脂等熬炼过程中，因操作不慎超过可燃物的自燃点而导致火灾；在烘烤烟叶、木板时，因升温过高，引起烘烤的可燃物起火；因锅炉中排出的炽热炉渣处理不当，引燃周围的可燃物导致火灾；在未采取相应防护措施的情况下，进行焊接和切割等操作，迸出的火星和熔渣引燃附近的可燃物造成火灾；在易燃易爆的车间动用明火或使用非防爆型设备，引起火灾、爆炸事故；将性质相抵触的物品混放引起火灾、爆炸事故；机器设备未能及时维修润滑，导致运转过程中因摩擦发热引发火灾；化工生产设备失修，造成跑、冒、滴、漏现象，遇到明火引发火灾等。

四、吸烟

违反规定吸烟，卧床吸烟，乱扔烟头、火柴等原因也是导致火灾的一种不可忽视的原因。

五、玩火

儿童天性好奇，在玩火柴、打火机等过程中，由于缺乏使用常识，容易引发火灾。同时，宠物狗、猫等对电线的玩弄、啃咬等，容易导致电线短路起火。

六、自燃

自燃是指可燃物在空气中没有外来火源的作用下，靠自热或外热而发生燃烧的现象。浸油的棉织物，新割的稻草和谷草，潮湿的锯末、刨花、豆饼、棉籽、煤堆等如果通风不良，积热散发不出去，容易自燃起火。

七、其他

除了上述造成建筑火灾的原因以外，因为雷击、静电、地震等引发的次生火灾等原因，也会导致建筑火灾。雷击引起的火灾原因可以细分为：因雷电直接击在建筑物上发生的热效应、机械效应作用等引发火灾；雷电产生的静电感应作用和电磁感应作用引发火灾；雷电沿着电气线路或金属管道系统侵入建筑物内部，因建筑物没有设置可靠的防雷保护措施而引发雷击起火等。

静电通常是由摩擦、撞击而产生的。例如，在工业生产、储运过程中，因摩擦、流送、装卸、喷射、搅拌、冲刷等操作工序而产生的静电积聚，也可引发可燃物燃烧或爆炸等。

地震次生火灾具有突发性、易发性和复杂性等特点，也是地震引发的次生灾害中

灾情最为严重的一种。

第四节 建筑火灾机理与蔓延路径

一、建筑火灾发展的几个阶段

对于建筑火灾而言，最初发生在室内的某个房间或某个部位，之后由此蔓延到相邻的房间或区域，以及整个楼层，最后蔓延到整个建筑物。其发展过程大致可分为火灾初期增长阶段（或称轰燃前火灾阶段）、火灾的充分发展阶段（或称轰燃后火灾阶段）及火灾减弱阶段（或称火灾的冷却阶段）。图1-7为建筑室内火灾温度－时间曲线。

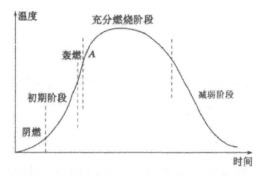

图1-7　建筑室内火灾温度－时间曲线

（一）火灾初期增长阶段

室内火灾发生后，最初只是起火部位及其周围时燃物着火燃烧。这时火灾好像在敞开的空间内进行一样。在火灾局部燃烧之后，可能会出现下列三种情况之一：

第一，最初着火的可燃物燃烧完，而未蔓延至其他可燃物。尤其是初始着火的可燃物处在隔离的情况下。

第二，如果通风不足，则火灾可能自行熄灭，或由于受到供氧条件的限制，以很慢的燃烧速度继续燃烧。

第三，如果存在足够的可燃物，且具有良好的通风条件，则火灾迅速发展到整个空间，使房间中的所有可燃物（家具、衣物、可燃装修材料等）卷入燃烧，从而使室内火灾进入到全面发展的猛烈燃烧阶段。

起火阶段的特点是，火灾燃烧范围不大，火灾仅限于初始起火点附近；室内温度差别大，在燃烧区域及其附近存在高温，室内平均温度低；火灾发展速度较慢，在发展过程中，火势不稳定；火灾发展时间长短因点火源、可燃物性质和分布、通风条件等的影响而差别很大。

由起火阶段的特点可见，该阶段是灭火的最有利时机，应设法争取尽早发现火灾，

把火灾及时控制、消灭在起火点。为此，在建筑物内安装和配备适当数量的灭火设备，设置及时发现火灾和报警的装置是很有必要的。起火阶段也是人员疏散的有利时间，发生火灾时人员若在这一阶段不能疏散出房间，就很危险了。起火阶段时间持续越长，就有更多的机会发现火灾和灭火，有利于人员安全撤离。

（二）火灾充分发展阶段

在建筑室内火灾持续燃烧一定时间后，燃烧范围不断扩大，温度升高，室内的可燃物在高温的作用下，不断分解释放出可燃气体，当房间内温度达到 400 ~ 600℃时，室内绝大部分可燃物起火燃烧，这种在限定空间内可燃物的表面全部卷入燃烧的瞬变状态，即为轰燃。轰燃的出现是燃烧释放的热量在室内逐渐累积与对外散热共同作用、燃烧速率急剧增大的结果。影响轰燃发生最重要的两个因素是辐射和对流情况，即建筑室内上层烟气的热量得失。通常，轰燃的发生标志着室内火灾进入全面发展阶段。

轰燃发生后，室内可燃物出现全面燃烧，可燃物热释放速率很大，室温急剧上升，并出现持续高温，温度可达 800 ~ 1000℃。之后，火焰和高温烟气在火风压的作用下，会从房间的门窗、孔洞等处大量涌出，沿走廊、吊顶迅速向水平方向蔓延扩散。同时，由于烟囱效应的作用，火势会通过竖向管井、共享空间等向上蔓延。轰燃的发生标志了房间火势的失控，同时，产生的高温会对建筑物的衬里材料及结构造成严重影响。但不是每个火场都会出现轰燃，大空间建筑、比较潮湿的场所就不易发生。

为了减少火灾损失，针对火灾全面发展阶段的特点，在建筑物防火设计中，应采取的主要措施是，在建筑物内设置一定耐火性能的防火分隔物，把火灾控制在一定的范围内，防止火灾大面积蔓延；选用耐火程度较高的建筑结构作为建筑的承重体系，确保建筑物发生火灾时不倒塌破坏，这也为发生火灾时人员疏散、消防队员扑救火灾，火灾后建筑物修复继续使用，创造条件。

（三）火灾减弱阶段

在火灾全面发展阶段的后期，随着室内可燃物数量的减少，火灾燃烧速度减慢，燃烧强度减弱，温度逐渐下降，一般认为火灾衰减阶段是从室内平均温度降到其峰值的 80% 时算起。随后房间内温度下降显著，直到室内外温度达到平衡为止，火灾完全熄灭。

上述三个阶段是通风良好情况下室内火灾的自然发展过程。实际上，一旦室内发生火灾，常常伴有人为的灭火行动或自动灭火设施的启动，因此会改变火灾的发展过程。不少火灾尚未发展就被扑灭，这样室内就不会出现破坏性的高温。如果灭火过程中，可燃材料中的挥发分并未完全析出，可燃物周围的温度在短时间内仍然较高，易造成可燃挥发分再度析出，一旦条件合适，可能会出现死灰复燃的情况，这种情况不容忽视。

二、建筑火灾蔓延的传热基础

热量传递有三种基本形式，即热传导、热对流和热辐射。建筑火灾中，燃烧物质所放出的热能通常是以上述三种方式来传播，并影响火势蔓延和扩大。热传播的形式

与起火点、建筑材料、物质的燃烧性能和可燃物的数量等因素有关。

（一）热传导

热传导又称导热，属于接触传热，是连续介质就地传递热量而又没有各部分之间相对的宏观位移的一种传热方式。从微观角度讲，之所以发生导热现象，是由于微观粒子（分子、原子或它们的组成部分）的碰撞、转动和振动等热运动而引起能量从高温部分传向低温部分。在固体内部，只能依靠导热的方式传热；在流体中，尽管也有导热现象发生，但通常被对流运动所掩盖。不同物质的导热能力各异，通常用热导率，即用单位温度梯度时的热通景来表示物质的导热能力。同种物质的热导率也会因材料的结构、密度、湿度、温度等因素的变化而变化。

对于起火的场所，热导率大的物体，由于能受到高温作用迅速加热，又会很快地把热能传导出去，在这种情况下，则可能引起没有直接受到火焰作用的可燃物质发生燃烧，利于火势传播和蔓延。

（二）热对流

热对流又称对流，是指流体各部分之间发生相对位移，冷热流体相互掺混引起热量传递的方式。热对流中能量的传递与流体流动有密切的关系。当然，由于流体中存在温度差，所以也必须存在导热现象，但导热在整个传热中处于次要地位。工程上，常把具有相对位移的流体与所接触的固体表面之间的热传递过程称为对流换热。

建筑发生火灾过程中，一般来说，通风孔洞面积越大，热对流的速度越快；通风孔洞所处位置越高，对流速度越快。热对流对初期火灾的发展起重要作用。

（三）热辐射

辐射是物体通过电磁波来传递能量的方式。热辐射是因热的原因而发出辐射能的现象。辐射换热是物体间以辐射的方式进行的热量传递。与导热和对流不同的是，热辐射在传递能量时不需要相互接触即可进行，所以它是一种非接触传递能能量的方式，即使空间是高度稀薄的太空，热辐射也能照常进行。最典型的例子则是太阳向地球表面传递热量的过程。

火场上的火焰、烟雾都能辐射热能，辐射热能的强弱取决于燃烧物质的热值和火焰温度。物质热值越大，火焰温度越高，热辐射也越强。辐射热作用于附近的物体上，能否引起可燃物质着火，要看热源的温度、距离和角度。

三、火灾蔓延的途径

火灾时，建筑内烟气呈水平流动和垂直流动。蔓延的途径主要有：内墙门、洞口，外墙门、窗口，房间隔墙，空心结构，闷顶，楼梯间，各种竖井管道，楼板上的孔洞及穿越楼板、墙壁的管线和缝隙等。对主体为耐火结构的建筑来说，造成蔓延的主要原因有：未设有效的防火分区，火灾在未受限制的条件下蔓延；洞口处的分割处理不完善，火灾穿越防火分隔区域蔓延；防火隔墙和房间隔墙未砌至顶板，火灾在吊顶内

部空间蔓延；采用可燃构件与装饰物，火灾通过可燃的隔墙、吊顶、地毯等蔓延。

（一）孔洞开口蔓延

在建筑物内部，火灾可以通过一些开口来实现水平蔓延，如可燃的木质户门、无水幕保护的普通卷帘，未用不燃材料封堵的管道穿孔处等。此外，发生火灾时，一些防火设施未能正常启动，如防火卷帘因卷帘箱开口、导轨等受热变形，或者因卷帘下方堆放物品，或者因无人操作手动启动装置等导致无法正常放下，同样造成火灾蔓延。

（二）穿越墙壁的管线和缝隙蔓延

室内发生火灾时，室内上半部处于较高压力状态下，该部位穿越墙壁的管线和缝隙很容易把火焰、高温烟气传播出去，造成蔓延。此外，穿过房间的金属管线在火灾高温作用下，往往会通过热传导方式将热量传到相邻房间或区域一侧，使其与管线接触的可燃物起火。

（三）闷顶内蔓延

由于烟火是向上升腾的，因此顶棚上的入孔、通风口等都是烟火进入的通道。闷顶内往往没有防火分隔墙，空间大，很容易造成火灾水平蔓延，并通过内部孔洞再向四周的房间蔓延。

（四）外墙面蔓延

在外墙面，高温热烟气流会促使火焰蹿出窗口向上层蔓延。一方面，由于火焰与外墙面之间的空气受热逃逸形成负压，周围冷空气的压力致使烟火贴墙面而上，使火蔓延到上一层；另一方面，由于火焰贴附外墙面向上蔓延，致使热量透过墙体引燃起火层上面一层房间内的可燃物。建筑物外墙窗口的形状、大小对火势蔓延也有很大影响。

四、火羽流与顶棚射流

在火灾燃烧中，火源上方的火焰及燃烧生成烟气的流动通常称为火羽流，火羽流的火焰大多数为自然扩散火焰，纯粹的动量射流火焰在火灾燃烧中并不多见。例如当可燃液体或固态燃烧时，蒸发或热分解产生的可燃气体从燃烧表面升起的速度很低，其动量对火焰的影响几乎测不出来，可以忽略不计，因此这种火焰气体的流动是由浮力控制的。

自然扩散火焰还分为两个小区，即在燃烧表面上方不太远的区域内存在连续的火焰面；在往上的一定区域内火焰则是间断出现的。前一小区称为持续火焰区，后一小区称为间歇火焰区。火焰区的上方为燃烧产物（烟气）的羽流区，其流动完全由浮力效应控制，一般称其为浮力羽流，或称烟气羽流。当烟气羽流撞击到房间的顶棚后便形成沿顶棚下表面蔓延的顶棚射流。

（一）自然扩散火焰

在分析火灾燃烧现象时，研究人员用多孔可燃气体燃烧器模拟实际火源。可燃气体由多孔燃烧器流出的速度很低，其火焰具有自然扩散火焰的基本特点，燃烧过程容易控制。由于可燃气体的体积流率可以预先测定，故可将其作为一个独立于火焰特性的变量处理，另外还可以方便地按需要确定试验时间。

科莱特（Corlett）研究了多孔燃烧器火焰后发现，火焰结构随着燃烧床直径的增大而变化。当燃烧床的直径小于 $0.01m$ 时，产生的是层流火焰，但其高度比层流射流火焰要低得多，显然这是由于可燃气体的初始动量很小造成的、随着燃烧床直径的增大，火焰面逐渐出现皱折。当燃烧床直径在 $0.03 \sim 0.3m$ 范围内时，床面上方中部存在可燃气体浓度很大的核。可以认为，这是因为火焰周围的氧气无法扩散到床中心的缘故。现在人们称这种火灾为有构火焰。当燃烧床的直径再增大之时，火焰的脉动进一步加剧，可燃气核消失了。

（二）浮力羽流

如果相邻流体之间存在温度梯度，便会出现密度梯度，从而产生浮力效应。在浮力作用下，密度较小的流体将向上运动。单位体积流体受到的浮力由 $g(\rho_0-\rho)$ 给出，式中 ρ_0 和 ρ 为重、轻流体的密度，g 为重力加速度常数。对于火羽流而言，轻流体为烟气，重流体为空气。轻流体上升时还会受到流体黏性力的影响，浮力与黏性力的相对大小由格拉晓夫数 G_r 确定。浮力羽流的结构由它与周围流体的相互作用决定。羽流内的温度取决于火源（或热源）强度（即热释放速率）和离开火源（或热源）的高度。

在稳定的开放环境中由点源产生的理想羽流，它是轴对称的，竖直向上伸展，一直到达浮力减得十分微弱以致无法克服黏性阻力的高度。而在受限空间内，浮力羽流可受到顶棚的阻挡。但是如果热源强度不大或顶棚之下的空气较热（例如在夏天），则羽流只能到达有限的高度。一个常见的例子是在温暖静止的房间内，香烟烟气的分层流动。由于羽流上浮流动的卷吸，其周围较冷的空气进入羽流中，从而使其受到冷却。在羽流温度降低的同时，羽流的质量流量增大（表现为羽流直径的加粗）及向上的流动速度降低。

原则上说，浮力羽流的结构可通过求解质量、动量和能量守恒方程得出，羽流的任一水平截面处的温度或速度与截面高度的关系可表示为高斯分布的形式。但这种表承法比较复杂，且其结果也不适合于工程分析与应用。因此这里介绍海斯塔德（Heskestad）用量纲分析法得到的简化结果。

海斯塔德由守恒方程导出的关系式出发，使用简单的量纲分析法求得了羽流内的温度和上升速度与热源强度和高度的函数关系。设高度 Z 处的半径为 6，且设 ρ_0 和 T_0 分别为环境空气的密度和温度，如果忽略黏性力影响，则根据质量、动量和能量守恒方程，可得到下面的关系式：

$$b \approx 0.5Z$$
$$U_0 = 3.4A^{1/3}\dot{Q}_c^{1/3}Z^{-1/3}$$

$$\Delta T = 9.1 \left(A^{2/3} T_0 / g \right) \dot{Q}_c^{2/3} Z^{-5/3}$$

式中 U_0，ΔT—高度 Z 处羽流轴线处的速度和该处温度与环境温度的差；

A—变量，$A = \dfrac{g}{c_\rho T_0 \rho_0}$；

c_ρ—羽流的比热容；

Q_c—在总热释放速率中由对流所占的部分。

一般来说，这种相似关系也适用烟气产物的浓度，即

$$C_0 \propto A^{-1/3} \dot{m} \dot{Q}_c^{-1/3} Z^{-5/3}$$

式中 C_0—羽流中心线处的某种燃烧产物浓度；

$\dot{m}$—燃烧速率，也表示可燃物的质量流率。

对于给定的可燃物来说，$\dot{Q}_c \propto \dot{m}$，因而上式可写为

$$C_0 \propto A^{-1/3} \dot{Q}_c^{2/3} Z^{-5/3}$$

它表明，烟气浓度的变化规律与 AT 的相似［比较式（3-3）和式（3-5）］，这就是说，如果乘积项 $\dot{Q}_c^{2/3} Z^{-5/3}$ 保持不变，则给定燃料床上方的烟气浓度亦保持不变。这一点对于了解安装在几何相似的高度而位置不同的感烟探测器的动作很有用处。

上述推导是根据点源升起的羽流进行的。对于真实的有一定面积的火源应当加以修正，通常虚点源法。虚点源指的是这样一个点，即由该点产生的羽流与真实羽流具有相同的卷吸特性，因而对于艾际火源来说，羽流高度应从虚点源算起。对于面积不大的可燃固体火源，若面积为虚点源大约在其下方轴线上 $Z_0 = 1.5 A_f$ 位置，这也是根据羽流与其垂直轴线约成 15° 的角度扩张而得出的。

但是对于大火需要进行修正。*Kung* 曾导出下述关系式：

$$Z_0 = \left(1.3 - 0.003 \dot{Q}_c \right) \left(4A_t / \pi \right)^{1/2}$$

在海斯塔德羽流模型中，虚点源的位置用下式表示：

$$Z_0 = 0.083 \dot{Q}_0^{2/5} - 1.02 D$$

此式与自然扩散火焰的高度公式类似，只是热释放速率前的系数不同。当热释放速率大到一定程度，虚点源的位置可位于燃烧表面上方，这与高强度火源的情况相符。

当火源位于房间的中央时，羽流的竖直运动是轴对称的。但如果火源靠近墙壁或者两墙交界的墙角，则同壁边界对空气卷吸的限制将显示出重要影响，火焰将向限制壁面偏斜，见图 1-8。这是空气仅从一个方向进入火羽流的结果，同样也会加强从已燃物体向相邻的竖直表面的蔓延。由于羽流与环境空气的混合速率比不受限情况下的弱，因而随着羽流高度的增加，其温度的下降亦将变慢。若火焰碰到不可燃壁面，将会在该壁面上扩展开以卷吸足够空气，以烧掉烟气中的可燃挥发分。若壁面是可燃的，还可以形成竖壁燃烧，这将大大加强火势，容易引起火灾的大范围蔓延。

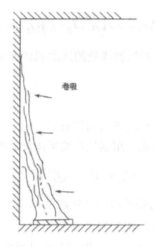

图 1-8　火羽流竖直壁面的偏斜

（三）顶棚射流

如果竖直扩展的火羽流受到顶棚阻挡，热烟气将形成水平流动的顶棚射流。顶棚射流是一种半受限的重力分层流。当烟气在水平顶棚下积累到一定的厚度时，它便发生水平流动，图 1-9 为这种射流的发展过程示意圈。羽流在顶棚上的撞击区大体为圆形，刚离开撞击区边缘的烟气层不太厚，顶棚射流由此向四周扩散。顶棚的存在将表现出固壁边界对流动的黏性影响，因此在十分贴近顶棚的薄层内，烟气的流速较低；随着垂直向下离开顶棚距离的增加，其速度不断增大；而超过一定距离后，速度便逐渐降低为零。这种速度分布使得射流前锋的烟气转向下流，然而热烟气仍具有一定的浮力，还会很快上浮。于是顶棚射流中便形成一连串的漩涡，它们可将烟气层下方的空气卷吸进来，因此顶棚射流的厚度逐渐增加，而速度逐渐降低。

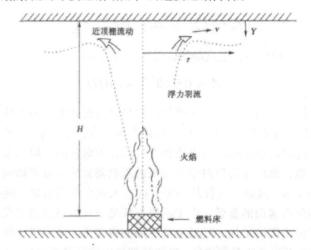

图 1-9　福利羽流与顶棚的相互作用

顶棚射流内的温度分布与速度分布类似。在热烟气的加热下，顶棚由初始温度缓

慢升高，但总比射流中的烟气温度低。随着竖直离开顶棚距离的增加，射流温度逐渐升高，达到某一最高值后又逐渐降低到下层空气的温度。

五、通风对火灾燃烧的影响

通风因子指的是 $A\sqrt{H}$ 组合参数，可作为分析室内火灾发展的重要参数，其中 A 为通风口的面积（m^2），H 为通风口的自身高度。通风因子较小时，火灾室内与室外的通风不好。对燃烧来讲表现为供氧不足，因此燃烧方式为通风控制。当通风因子足够大时，火灾室内与室外通风自由，室内燃烧与开放空间已无本质差别，此时燃烧方式为燃料表面积控制。不同的燃烧方式，对室内质量损失速率（尺）的影响是不同的，见图 1-10。大量的研究结果表明：

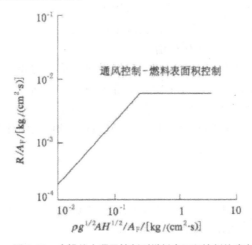

图 1-10　木垛伙由通风控制到燃料表面积控制的确定

（一）通风控制的燃烧方式

$$\frac{\rho g^{1/2} A H^{1/2}}{A_F} < 0.235$$

（二）燃料控制的燃烧方式

$$\frac{\rho g^{1/2} A H^{1/2}}{A_F} > 0.290$$

式中，A_F—可燃烧的表面积；

ρ—空气密度。

进一步研究结果表明，燃烧方式不但与通风因子有关，而且与通风口的位置高度（有关。通风口位置高度（A）定义为通风口自身高度（H）的中心线到地面的距离。

第五节　建筑防火设计布局

一、建筑消防安全布局

（一）建筑物总平面布局

1. 定义

建筑物总平面布局是指根据建设项目的性质、规模、组成内容和使用要求，因地制宜地结合当地的自然条件、环境关系，按国家有关方针政策、规范和规定，合理布置建筑，组织交通流线，布置绿化，使其满足使用功能或生产工艺要求，做到技术经济合理、有利生产发展、方便人民生活。

合理的建筑物总平面布局不仅能满足建筑物使用功能的要求，还可以从总体关系中解决采光、通风、朝向、交通、消防安全等方面的功能问题，做到布局紧凑、节约用地，能够有机地处理个体与群体、空间与体形、绿化与小品、建筑功能与消防规划之间的关系，从而使建筑空间与自然环境相互协调，既可增强建筑本身的美观，丰富城市面貌，又可保障建筑消防安全。

2. 基本组成

（1）功能分区

功能分区是对场地内建筑物的总体把握，是建筑物总平面布局的关键。单体建筑需将功能分区与空间造型结合进行设计布置，建筑群需将性质相近、联系密切、对环境要求一致的建筑物、构筑物分成若干组群，合理进行功能分区。民用建筑要体现建设项目各组成部分之间的关系，工业建筑以生产工艺流程要求构成平面功能分区布局。

（2）交通组织

交通组织是建设项目各组功能分区之间有机联系的骨架。应根据交通流量合理布置建筑物出入口，组织人流、物流，设计车行系统和人行系统的内外交通路线。交通组织要简单清晰，符合使用规律，交通流线避免干扰和冲突，符合交通运输方式的技术要求，如宽度、坡度、回转半径等方面的要求。

建筑组合主要涉及建筑体形、朝向、间距、布置方式、空间组合，以及与所在地段的地形、道路、管线的协调配合。

①建筑的体形与用地的关系

建筑功能决定建筑的基本体形，只有充分考虑场地条件，才能建造出与环境相融合的建筑群体。应根据地段地貌、河湖、绿化的状况、地下水位、承载力大小等因素来确定不同体形建筑的格局，如采用分散式或集中式等，不能一味地追求建筑造型和布局。

②建筑朝向

我国位于北半球，在建筑总平面图上绘制指北针显示建筑朝向。为达到良好的采光通风条件，建筑物多为坐北朝南，偏东南方向则最佳。建筑群体中，通过调整建筑物朝向或合理布局以及高低错落，造成建筑群体内良好的空气流动。

在建筑总平面图上，也可绘制当地的风向频率玫瑰图，即风玫瑰图。玫瑰图上表示风的吹向是从外面吹向地区中心，图中实线为全年风向玫瑰图，虚线为夏季风向玫瑰图。根据气象资料统计的某一地区多年平均各个方向吹风次数的百分数值，并按一定比例绘制。一般用 8 个或 16 个罗盘方位表示，风向频率图最大的方位为该地区的主导风向。由于风向玫瑰图也能表明房屋和地物的朝向情况，所以在已经绘制了风向玫瑰图的图样上则不必再绘制指北针。没有风向玫瑰图的城市和地区，则在建筑总平面图上画上指北针。

③建筑间距

两建筑相邻外墙间距离，应考虑防火、日照、防噪、卫生、通风、视线等要求。当住宅南北向布置时，应以冬至日的太阳高度角为准（因为冬至日太阳高度角最小，如能满足日照要求的话，其他时间也能满足要求），保证后排房屋底层获得不低于 $2h$ 的满窗日照，而保持的最小间隔距离。

（4）绿化布置

绿化主要起到调节气候、净化空气、美化环境和休息游览的作用。考虑绿化时，在满足城市规划绿化率要求的前提下，应尽量根据原有的绿化条件，结合总体布局的设计意图，选择合适的绿化形式。通常所说的绿化率是绿化覆盖率，是指绿化垂直投影面积之和与小区用地的比率，相对而言比较宽泛，大致长草的地方都可以算作绿化。

（5）公共限制

公共限制是为了保证城市和区域的整体运营效益，通过技术经济指标控制来实现的。规定性指标一般为以下各项：

①用地性质

规划部门下发的基地蓝图上所圈定的全部用地权属范围的边界线，叫做基地红线，它表明了用地的具体范围和面积。

②建筑密度（建筑基底总面积／地块面积）

建筑密度是指建筑物的覆盖率，具体指项目用地范围内所有建筑的基底总面积与规划建设用地面积的比值（％）。它可以反映出一定用地范围内的空地率和建筑密集程度。

③建筑控制高度

建筑高度又称为建筑限高，是指一定地块内建筑物地面部分的最大高度限制值。

④容积率（建筑总面积／地块面积）

容积率是指项目用地范围内地上总建筑面积（但必须是正负 0 标高以上的建筑面积）与项目总用地面积的比值。容积率越低，居民的舒适度越高，反之舒适度越低。

⑤绿地率（绿地总面积／地块面积）

绿地率是指用地范围内各类绿地面积的总和与该地块面积的比值，主要包括公共

绿地、宅旁绿地、配套公建所属绿地和道路绿地等，其计算要比绿化率严格很多。如地表覆土一般达不到 $3m$ 的深度，在上面种植大型乔木，成活率较低，计算绿地率时不能计入"居住区用地范围内各类绿化"中。

指导性指标一般为以下各项：①人口容量（人/公顷）；②建筑形式、体量、风格要求；③建筑色彩要求；④其他环境要求。

（二）建筑消防安全布局

建筑消防安全布局是建筑物总平面布局中的一项重要内容，其主要根据建筑的耐火等级，火灾危险性，使用功能和安全疏散来进行安排布置的。建筑总平面布局防火主要包括：防火间距、消防车道、救援场地的布置。

建筑物总平面消防布局一般应遵从以下原则：

（1）确定建筑物耐火等级

应根据建筑物的高度、使用性质、重要程度和灭火救援难度，确定其耐火等级，以确定建筑物与周围建筑的防火间距，消除或减少建筑物之间及周边环境的相互影响和火灾危害。

（2）设置防火间距

为防止火灾时因辐射热影响导致火势向相邻建筑物蔓延扩大，并为火灾扑救创造有利的条件，在总平面布局中，应在各类建（构）筑物、堆场、储罐、电力设施及厂房、仓库之间设置必要的防火间距。

（3）合理进行功能分区

要避免在甲乙类厂房和仓库、可燃液体和可燃气体储罐及可燃材料堆场的附近布置民用建筑，以从根本上防止和减少火灾危险性大的建筑发生火灾时对民用建筑的影响。并根据建筑物实际需要，合理划分生产区、储存区、生产辅助设施区、行政办公和生活区等。同一企业内，若有不同火灾危险的生产建筑，应尽量将火灾危险性相同或相近的建筑物集中布置，以利采取防火防爆措施，便于安全管理。

（4）满足消防救援的基本条件

根据各建筑物的高度、使用性质、规模和火灾危险性，考虑火灾发生时所必需的救援逃生通道、避难广场和应急水源等因素。高层公共建筑一般功能复杂，体量较大，内部常设有保证大楼正常运行的锅炉房、煤气调压站、电力变压器、配电室、自备发电机房、空调机房、汽车库等，它们在发生火灾时，往往危险性较高，影响人员逃生和救援。在高层建筑主体周围附建大面积的裙房，用作营业厅、会议厅、展销厅等，它们满足了建筑的使用需要，但也增加了逃生和救援难度。

（三）高层民用建筑的总平面防火设计

高层建筑在总体布局上，不仅要解决其功能、景观、通风、日照，以及对周围环境、附属建筑和相邻建筑物的影响等问题，还要考虑其防火要求，处理好以下关系。

1. 与其他民用建筑的关系

建筑物起火后，火势在建筑物的内部因热对流和热传导作用而迅速蔓延扩大，在

建筑物外部则因强烈的热辐射作用对周围建筑物构成威胁。火场相邻建筑物接受辐射热强度取决于火势的大小、持续时间、与邻近建筑物的间距及风向等因素。火势大、燃烧持续时间长、间距小、建筑物又处于下风位置时，所受辐射热越强。因此，建筑物间应保持一定的防火间距。

2. 与易燃易爆建筑的关系

城市中常设有易燃易爆建筑，例如甲、乙、丙类液体储罐、液化石油气供应站、气化站、易燃易爆物品库房等。这些建筑发生火灾时对其他建筑物具有很大威胁。因此，高层建筑不宜布置在甲、乙类厂房、库房附近，与丙、丁、戊类厂房、库房及液化石油气供应站、气化站间也应保持足够的防火间距。

3. 与附属建筑的关系

高层建筑一般功能复杂，体量较大，其周围设置的附属建筑、裙房满足了高层建筑功能的需要，但也增加了防火难度。附属建筑、裙房若布置不合理很有可能影响消防车作业。

（四）工业建筑的总平面防火设计

工厂总平面布局一般是根据生产工艺流程、生产性质、生产管理、工段划分等情况将其划分为若干个生产区域，使其功能明确、运输管理方便。一般小型工厂的平面布置比较简单，常以主体厂房为中心来布置生产和生活设施。而大、中型工厂，由于生产规模大，建筑物、构筑物多，其性质、功能和火灾危险性各不相同，因而要求也严格一些。

生产工艺流程及储存物品的内部流通规律是工业企业总平面设计的主要技术依据。防火要求首先要满足生产的工艺需要，在此前提下，根据建筑物的火灾危险性、地形、周围环境以及长年主导风向等，进行合理布置，一般应满足以下要求：

第一，规模较大的工厂、仓库，应根据实际需要，合理划分生产区、储存区（包括露天储存区）、生产辅助设施区和行政办公、生活福利区等。

第二，同一企业内，若有不同火灾危险的生产建筑，应尽量将火灾危险性相同或相近的建筑物集中布置，以利采取防火防爆措施，便于安全管理。

第三，注意周围环境。在选择地址时，既要考虑本单位的安全，又要考虑邻近地区的企业和居民的安全。易燃、易爆工厂、仓库的生产区、储存区不得修建办公楼、宿舍等民用建筑。

第四，地势条件。甲、乙、丙类液体仓库，宜布置在地势较低的地方；乙炔站等遇水产生可燃气体会发生爆炸的工业企业，严禁布置在易被水淹没的地方。

第五，注意风向。散发可燃气体、可燃蒸气和可燃粉尘的车间、装置等，布置在厂区的全年主导风向的下风或侧风向。

第六，物质接触能引起燃烧、爆炸的两建筑物或露天生产装置应分开布置，并应保证足够的安全距离。液氧储罐周围5m范围内不应有可燃物和设置沥青路面。

第七，为解决两个不同单位合理留出空地问题，厂区或库区围墙与厂（库）区内建筑物的距离不宜小于5m，并应满足围墙两侧建筑物之间的防火间距要求。

第八，变电所、配电所不应设在有爆炸危险的甲、乙类厂房内或贴邻建造，但供上述甲、乙类厂房专用的10kV以下的变电所，当采用无门窗洞口的防火墙隔开时可一面贴邻建造。乙类厂房的配电所必须在防火墙上开窗时，应设不燃烧体密封固定窗。

第九，甲、乙类生产场所（仓库）不应设置在地下或半地下。

第十，厂房内设置中间仓库时，甲、乙类中间仓库应靠外墙布置，其储量不宜超过1昼夜的需要量；甲、乙、丙类中间仓库应采用防火墙和耐火极限不低于1.5h的不燃性楼板与其他部位分隔；丁、戊类中间仓库应采用耐火极限不低于2h的防火隔墙和1h的楼板与其他部位分隔。

第十一，厂房内的丙类液体中间储罐应设置在单独房间内，其容量不应大于5m^3。设置中间储罐的房间，应采用耐火极限不低于3h的防火隔墙和1.5h的楼板与其他部位分隔，房间门应采用甲级防火门。

第十二，员工宿舍严禁设置在厂房内。办公室、休息室等不应设置在甲、乙类厂房内，确实需要贴邻本厂房时，其耐火等级不应低于二级，并应采用耐火极限不低于3h的防爆墙与厂房分隔和设置独立的安全出口。

办公室、休息室设置在丙类厂房内时，应采用耐火极限不低于2.5h的防火隔墙和1h的楼板与其他部位分隔，并应至少设置1个独立的安全出口。当隔墙上需开设相互连通的门时，应采用乙级防火门。

第十三，员工宿舍严禁设置在仓库内。

办公室、休息室等严禁设置在甲、乙类仓库内，也不应贴邻。

办公室、休息室设置在丙、丁类仓库内时，应采用耐火极限不低于2.5h的防火隔墙和1h的楼板与其他部位分隔，并应设置独立的安全出口。隔墙上需要开设相互连通的门时，应采用乙级防火门。

第十四，甲、乙类厂房（仓库）内不应设置铁路线。

需要出入蒸汽机车和内燃机车的丙、丁、戊类厂房（仓库），其屋顶应采用不燃材料或采取其他防火措施。

第十五，有爆炸危险的厂房或厂房内有爆炸危险的部位应设置泄压设施。

泄压设施宜采用轻质屋面板、轻质墙体和易于泄压的门、窗等，应采用安全玻璃等在爆炸时不产生尖锐碎片的材料。泄压设施的设置应避开人员密集场所和主要交通道路，并宜靠近有爆炸危险的部位。作为泄压设施的轻质屋面板和墙体的质量不宜大于60kg/m^2。屋顶上的泄压设施应采取防冰雪积聚措施。

第十六，有爆炸危险的甲、乙类厂房总控制室应独立设置。当贴邻外墙设置时，应采用耐火极限不低于3h的防火隔墙与其他部位分隔。

第十七，使用和生产甲、乙、丙类液体的厂房，其管、沟不应和相邻厂房的管、沟相通，下水道应设置隔油设施。

第十八，甲、乙、丙类液体仓库应设置防止液体流散的设施。遇湿会发生燃烧爆炸的物品仓库应采取防止水浸渍的措施。

第十九，甲、乙、丙类液体储罐区，液化石油气储罐区，可燃、助燃气体储罐区和可燃材料堆场等，应布置在城市（区域）的边缘或相对独立的安全地带，并宜布置

在城市（区域）全年最小频率风向的上风侧。甲、乙、丙类液体储罐（区）宜布置在地势较低的地带。当布置在地势较高的地带时，应采取安全防护设施。液化石油气储罐（区）宜布置在地势平坦、开阔等不易积存液化石油气的地带。

第二十，桶装、瓶装甲类液体不应露天存放。

第二十一，液化石油气储罐组或储罐区的四周应设置高度不小于 $1m$ 的不燃性实体防护墙。

第二十二，甲、乙、丙类液体储罐区，液化石油气储罐区，可燃、助燃气体储罐区和可燃材料堆场，应与装卸区、辅助生产区及办公区分开布置。

第二十三，架空电力线与甲、乙类厂房（仓库），可燃材料堆垛，甲、乙、丙类液体储罐，液化石油气储罐。$35kV$ 及以上架空电力线与单罐容积大于 $200m^3$ 或总容积大于 $1000m^3$ 液化石油气储罐（区）的最近水平距离不应小于 $40m$。

二、防火间距

（一）影响防火间距的因素

1. 相邻外墙开口面积大小

当建筑物外墙开口面积较大时，由于通风好，使燃烧速度加快，火焰温度升高，邻近建筑物受到的辐射热也多，经一定时间的烘烤，相邻建筑物就可能起火。

2. 相邻建筑物高度的影响

可燃物的性质、种类不同，火焰温度也不同。可燃物的数量与发热量成正比，与辐射热强度也有一定关系。

3. 气象条件

风速的作用能加强可燃物的燃烧并促使火灾加快蔓延。露天堆垛火灾中风力能使燃烧的碳粒（火星）和燃烧着的木片飞散数十米甚至上百米。

空气湿度与火灾发生率有着密切关系。对于一些工矿、棉麻、塑料、粉末金属、食品生产加工企业等常常有大量可燃或易燃粉尘的厂房和库房，以及易燃易爆化学物品储存、经营、生产场所，应采取措施，保持一定的空气湿度，防止发生粉尘与空气混合接触发生爆炸、起火，造成重大损失。民用建筑与厂房、仓库、甲乙丙类液体、气体储罐区、可燃材料堆场之间的防火间距要求远远大于民用建筑之间的防火间距要求。

4. 可燃物性质和数量

热辐射是相邻建筑火灾蔓延的主要因素，传导作用范围大，并在火场上火焰温度越高，辐射热强度越大，引燃一定距离内的可燃物时间也越短。辐射热伴随着热对流和飞火则更危险。建筑物发生火灾时，火焰、高温烟气从外墙开口部位喷出后向上升腾，在建筑物周围形成强烈的热对流作用，但对相邻建筑物的火灾蔓延影响较热辐射小，可以不考虑。而飞火与风速、火焰高度有关。

相邻两建筑物，若较低的建筑物着火，尤其当它的屋顶结构倒塌火焰穿出时，对

相邻较高的建筑物危险很大，因较低建筑物对较高建筑物的热辐射角在30°～45°之间时，根据测定辐射热强度最大。

5. 建筑物自身控火能力和消防扑救力量

如建筑物内火灾自动报警和自动灭火设备完善，不但能有效地防止和减少建筑物本身的火灾损失，而且还能减少对相邻建筑物蔓延的可能。消防队及时到达火场扑救火灾，能有效减少火灾延续时间，降低火灾向相邻建筑物蔓延可能性。

（二）确定防火间距的基本原则

影响防火间距的因素很多，在实际工程中不可能都考虑。除考虑建筑物的耐火等级、使用性质、火灾危险性等因素外，还考虑到消防人员能够及时到达并迅速扑救这一因素。通常根据下述情况确定防火间距：

1. 主要考虑热辐射的作用

热辐射强度与灭火救援力量、火灾延续时间、可燃物的性质和数量、相对外墙开口面积的大小、建筑物的长度和高度以及气象条件有关。当周围存在露天可燃物堆放场所时，还应考虑飞火的影响。火灾资料表明，一、二级耐火等级的低层民用建筑，保持10m左右的防火间距，在有消防队进行扑救的情况下，基本能防止初期火灾的蔓延。

2. 考虑灭火救援实际需要

建筑物的建筑高度不同，需使用的消防车也不同。应对低层建筑，普通消防车既可；而对高层建筑，则还要使用曲臂、云梯等登高消防车。为此，考虑登高消防车操作场地的要求，也是确定防火间距的因素之一。

3. 考虑节约用地

在进行总平面布局时，既要满足防火要求，又要考虑节约用地。以在有消防队扑救的条件下，能够阻止火势向相邻建筑物蔓延为原则。

（三）防火间距不足时应采取的措施

防火间距因场地等各种因素无法满足国家规范的要求时，可依具体情况采取一些相应的措施。

第一，改变建筑物内的生产或使用性质，减少建筑物的火灾危险性；改变房屋部分结构的耐火性能，提高建筑物的耐火等级。

第二，调整生产厂房的部分工艺流程和库房存储物品的数量；调整部分构件的耐火性能和燃烧性能。

第三，堵塞部分无关紧要的门窗，把普通墙变成防火墙。

第四，拆除部分耐火等级低、占地面积小、价值较小且与新建建筑物相邻的房屋。

第五，设置独立的防火、防爆墙或加高围墙作为防火墙。

第六，依靠先进的防火技术来减少防火间距，例如相邻外墙采用防火卷帘及水幕保护等措施。

三、消防车道

消防车道是供消防车灭火救援时快速到达灾害事故现场，开展灭火救援行动的道路。消防车道应根据消防车辆外形尺寸、载重、转弯半径等消防车技术性能的发展趋势，以及建筑物的体量大小、周围通行条件等因素，方便于消防车通行和灭火救援需要进行设计布置。

（一）消防车道设计原则

第一，由于我国市政消火栓的保护半径在 150m 左右，按规定一般设在城市道路两旁，故街区内供消防车通行的道路，其中心线间的距离不宜大于 160m。

当建筑物沿街道部分的长度大于 150m 或总长度大于 220m 时，应设置穿过建筑物的消防车道。确有困难时，应设置环形消防车道。对于总长度和沿街的长度过长的沿街建筑，特别是 U 形或 L 形的建筑，如果不对其长度进行限制，会给灭火救援和内部人员的疏散带来不便，延误灭火时机。为满足灭火救援和人员疏散要求，对这些建筑的总长度做了必要的限制，而未限制 U 形、L 形建筑物的两翼长度。在住宅小区的建设和管理中，存在小区内道路宽度、承载能力或净空不能满足消防车通行需要的情况，给灭火救援带来不便。为此，小区的道路设计要考虑消防车的通行需要。计算建筑长度时，其内折线或内凹曲线，可按突出点间的直线距离确定；外折线或突出曲线，应按实际长度确定。

第二，高层民用建筑，超过 3000 个座位的体育馆，若超过 2000 个座位的会堂，占地面积大于 3000m² 的商店建筑、展览建筑等单、多层公共建筑应设置环形消防车道，确有困难时，可沿建筑的两个长边设置消防车道；对于住宅建筑和山坡地或河道边临空建造的高层建筑，可沿建筑的一个长边设置消防车道，但该长边所在建筑立面应为消防车登高操作面。

沿建筑物设置环形消防车道或沿建筑物的两个长边设置消防车道，有利于在不同风向条件下快速调整灭火救援场地和实施灭火。对于大型建筑，更有利于众多消防车辆到场后展开救援行动和调度。对于一些超大体量或超长建筑物，一般均有较大的间距和开阔地带。这些建筑只要在平面布局上能保证灭火救援需要，可在设置穿过建筑物的消防车道的确困难时，采用设置环行消防车道。但根据灭火救援实际，建筑物的进深最好控制在 50m 以内。少数建筑受山地或河道等地理条件限制时，允许沿建筑的一个长边设置消防车道，但需结合消防车登高操作场地设置。

第三，工厂、仓库区内应设置消防车道。高层厂房，占地面积大于 3000m² 的甲、乙、丙类厂房和占地面积大于 1500m² 的乙、丙类仓库，设置环形消防车道，确有困难时，应沿建筑物的两个长边设置消防车道。

工厂或仓库区内不同功能的建筑通常采用道路连接，但有些道路并不能满足消防车的通行和停靠要求，故要求设置专门的消防车道以便灭火救援。这些消防车道可以结合厂区或库区内的其他道路设置，或利用厂区、库区内的机动车通行道路。

高层建筑、较大型的工厂和仓库往往一次火灾延续时间较长，在实际灭火中用水

量大、消防车辆投入多，如果没有环形车道或平坦空地等，会造成消防车辆在战术安排、战斗补给中堵塞，延误战机。因此，该类建筑的平面布局和消防车道设计要考虑保证消防车通行、灭火展开和调度的需要。

第四，有封闭内院或天井的建筑物，在内院或天井的短边长度大于24m时，宜设置进入内院或天井的消防车道；当该建筑物沿街时，应设置连通街道和内院的人行通道（可利用楼梯间），其间距不宜大于80m。

第五，在穿过建筑物或进入建筑物内院的消防车道两侧，不应设置影响消防车通行或人员安全疏散的设施。

为保证消防车快速通行和疏散人员的安全，在穿过建筑物或进入建筑物内院的消防车道两侧，不应设置影响消防车通行或人员安全疏散的设施，如与车道连接的车辆进出口、栅栏、开向车道的窗扇、疏散门、货物装卸口等。不能侵占消防车道的宽度，以免影响火灾扑救工作。

第六，可燃材料露天堆场区，液化石油气储罐区，甲、乙、丙类液体储罐区和可燃气体储罐区，应设置消防车道。

第七，供消防车取水的天然水源和消防水池应设置消防车道。消防车道的边缘距离取水点不宜大于2m。由于消防车的吸水高度一般不大于6m，吸水管长度也有一定限制，而多数天然水源距离市政道路可能不能满足消防车快速就近吸水的要求，消防水池的设置有时也受地形限制难以在建筑物附近就近设置，或难以设置在可通行消防车的道路附近。因此，对于这些情况，均应设置可接近水源的专门消防车道，方便消防车应急取水供应火场。

（二）消防车道的通用设计要求

1. 净宽、净高和坡度

消防车道，其净宽度和净空高度不应小于4m。消防车道的坡度不宜大于8%。供消防车停留的空地，其坡度不宜大于8%。

2. 车道转弯半径

车道转弯处应考虑消防车的最小转弯半径，以便于消防车顺利通行。目前，我国普通消防车的转弯半径为9m，登高车的转弯半径为12m，一些特种车辆的转弯半径为16～20m。

3. 回车场地

环形消防车道至少应有两处与其他车道相通。尽头式消防车道应设置回车道或回车场，回车场的面积不应小于12m×12m；对于高层建筑，不宜小于15m×15m；供重型消防车使用时，不宜小于18m×12m。

4. 道路荷载

在设置消防车道和灭火救援操作场地时，如果考虑不周，也会发生路面或场地的设计承受荷载过小，道路下面管道埋深过浅，沟渠选用轻型盖板等情况，从而不能承受重型消防车的通行荷载。特别是，有些情况需要利用裙房屋顶或高架桥等作为灭火救援场地或消防车通行时，更要认真核算相应的设计承载力。轻、中系列消防车最大

总质量不超过 11*t*；重系列消防车最大总质量为 15～30*t*。消防车道的路面、救援操作场地、消防车道和救援操作场地下面的管道和暗沟等，要能承受重型消防车的压力。

四、救援场地

高层民用建筑中，高层主体功能突出，与主体相连的裙房综合性强，多用作营业服务厅、会议发布厅、展销活动厅、商场、餐厅等，以满足建筑使用功能的配套要求。这样的高层民用建筑体积大、平面布置和人员流动复杂多样，给防火灭火工作增加了难度，尤其是高层建筑裙房还会影响消防车作业。对于高层建筑，特别是有裙房的高层建筑，要认真考虑合理布置，确保登高消防车能够靠近高层主体建筑，便于登高消防车开展灭火救援。消防扑救面是指登高消防车能靠近高层主体建筑，便于消防车作业和消防人员进入高层建筑进行人员抢救和扑灭火灾的建筑立面。

消防救援场地的设置有以下要求：

第一，高层建筑应至少沿一个长边或周边长度的 1/4 且不小于一个长边长度的底边连续布置消防车登高操作场地，该范围内的裙房高度不应大于 5*m*，进深不应大于 4*m*。

建筑高度不大于 50*m* 的建筑，连续布置消防车登高操作场地确有困难时，可间隔布置，但间隔距离不宜大于 30*m*，且消防车登高操作场地的总长度仍应符合上述规定。由于建筑场地受多方面因素限制，设计要在本条确定的基本要求的基础上，尽量利用建筑周围地面，使建筑周边具有更多的救援场地，特别是在建筑物的长边方向。

第二，场地与厂房、仓库、民用建筑之间不应设置妨碍消防车操作的树木、架空管线等障碍物和车库出入口、人防工程出入口。

第三，场地的长度和宽度分别不应小于 15*m* 和 10*m*。对于建筑高度大于 50*m* 的建筑，场地的长度和宽度分别不应小于 20*m* 和 10*m*。

第四，场地及其下面的建筑结构、管道、水池（包括消防水池）和暗沟等，应能承受重型消防车的压力。对于建筑高度超过 100*m* 的建筑，需考虑大型消防车辆灭火救援作业的需求。如对于举升高度 112*m*、车长 19*m*、展开支腿跨度 8*m*、车重 75*t* 的消防车，一般情况下，灭火救援场地的平面尺寸不小于 20*m*×10*m*，场地的承载力不小于 $10kg/cm^2$，转弯半径不小于 18*m*。

第五，场地应与消防车道连通，场地靠建筑外墙一侧的边缘距离建筑外墙不宜小于 5*m*，且不应大于 10*m*，场地的坡度不宜大于 3%。一般举高消防车停留、展开操作的场地的坡度不宜大于 3%，若坡地等特殊情况，允许采用 5% 的坡度。当建筑屋顶或高架桥等兼做消防车登高操作场地时，屋顶或高架桥等的承载能力要符合消防车满载时的停靠要求。

第六，建筑物与消防车登高操作场地相对应的范围内，应设置直通室外的楼梯或直通楼梯间的入口。为使消防员能尽快安全到达着火层，在建筑与消防车登高操作场地相对应的范围内设置直通室外的楼梯或直通楼梯间的入口十分必要，特别是高层建筑和地下建筑。对于埋深较深或地下面积大的地下建筑，还有必要结合消防电梯的设

置，在设计中考虑设置供专业消防人员出入火场的专用出入口。

　　第七，厂房、仓库、公共建筑的外墙应在每层的适当位置设置叫供消防救援人员进入的窗口。救援口大小是满足一个消防员背负基本救援装备进入建筑的基本尺寸。为方便实际使用，不仅该开口的大小要在本条规定的基础上适当增大，而且其位置、标识设置也要便于消防员快速识别和利用。供消防救援人员进入的窗口的净高度和净宽度均不应小于 *1m*，下沿距室内地面不宜大于 *1.2m*，间距不宜大于 *20m* 且每个防火分区不应少于2个，设置位置应与消防车登高操作场地相对应。窗口的玻璃应易于破碎，并应设置可在室外易于识别的明显标志。救援窗口的设置既要结合楼层走道在外墙上的开口，还要结合避难层、避难间以及救援场地，并在外墙上选择合适的位置。

第二章 建筑材料及构件

第一节 建筑材料的燃烧性能分级

一、建筑材料对火反应特性的相关指标

（一）着火特性

材料在热辐射或明火的作用下会发生燃烧，这一特性即为材料的着火特性。根据材料的理化性能差异，不同的材料具有不同的点火能量要求。

在对火反应特性试验中，材料试样火焰熄灭处的热辐射通量或试验 $30min$ 时火焰传播到最远处的热辐射通量，称为临界热辐射通量（CHF）。该指标被视为点燃该建筑材料所需要的最低点火能量，是材料着火特性的重要指标，也是材料燃烧性能分级的重要判据之一。

根据材料燃烧性能分级的需要，材料着火特性的测定有不同的试验方法。根据建筑材料的受热状态，既可以采用辐射热源对材料进行测定；也可以采用点状小火焰作为点火源，对材料试样进行点火试验。

（二）热释放特性

材料在燃烧过程中会放出热量，这一特性称为材料的热释放特性。

可以依据国家标准《建筑材料及制品的燃烧性能燃烧热值的测定》（GB/T 14402）测定材料热值（即单位质量材料完全燃烧所产生的热量）和总热值（即单位质量材料完全燃烧，且燃烧产物中所有的水蒸气凝结成水时所释放出的全部热量）；也可依据《建筑材料或制品的单体燃烧试验》（GB/T 20284）测定材料试样在试验过程中特定时刻的燃烧热释放量（THR）。

另外，材料试样燃烧的热释放速率（HRR）也是重要的对火反应特性指标之一。习惯上，将试样燃烧的热释放速率值与其对应时间比值的最大值，称为燃烧增长速率指数（$FIGRA$），并将试样 THR 值分别达到 $0.2MJ$ 和 $0.4MJ$ 时刻的燃烧热增长指数

标记为 $FIGRA_{0.2MJ}$ 和 $FIGRA_{0.4MJ}$，这些指标均为材料燃烧性能分级的重要指标。

（三）火焰蔓延特性

根据国家标准《建筑材料或制品的单体燃烧试验》，火焰在材料表面的蔓延现象，可由火焰横向蔓延指标（LFS）进行判定。在规定的试验条件下，试验开始后 25min 内，持续火焰达到水平板状试样边缘处并持续 5s，即认为试验中存在火焰横向传播现象，并列入燃烧性能分级判定的依据之一。

在燃烧试验过程中，从试样上分离脱落的物质或微粒称为燃烧滴落物/微粒。这些燃烧滴落物/微粒会带来燃烧的蔓延扩大，并影响到"燃烧滴落物/微粒等级"的判定。

（四）烟气特性

材料燃烧过程中通常会释放出一定量的火灾烟气，烟气生成速度、浓度、成分等因素，决定了材料燃烧过程中的烟气特性。

通过对火反应试验，可以测定材料试样在燃烧过程中的总产烟量（TSP）和产烟率（SPR）。材料试样燃烧时烟气的产生速率与其对应时间比值的最大值，称为烟气生成速率指数（SMOGRA）。该指数是判定材料燃烧性能的指标之一。通过测量材料燃烧产生的烟气中固体尘埃对光的反射而造成的光通量的损失来评价烟密度的大小，进而测定材料燃烧或分解的最大烟密度值和材料的烟密度等级。

二、建筑材料的燃烧性能分级

建筑材料的燃烧性能直接关系到建筑物的防火安全，很多国家均建立了自己的建筑材料燃烧性能分级体系。随着火灾科学和消防工程学科领域研究的不断深入和发展，材料及制品燃烧特性的内涵也从单纯的火焰传播和蔓延，扩展到材料的综合燃烧特性和火灾危险性，包括燃烧热释放速率、燃烧热释放量、燃烧烟密度以及燃烧生成物毒性等参数。欧盟在火灾科学基础理论发展的基础上，建立建筑材料燃烧性能相关分级体系，分为 A_1、A_2、B、C、D、E、F 七个等级。

三、建筑材料燃烧性能等级的附加信息

建筑材料及制品燃烧性能等级附加信息包括产烟特性、燃烧滴落物、微粒等级和烟气毒性等级。对于 A_2 级、B 级和 C 级建筑材料及制品，应给出产烟特性等级、燃烧滴落物/微粒等级（铺地材料除外）、烟气毒性等级；对于 D 级建筑材料及制品，应给出产烟特性等级、燃烧滴落物/微粒等级。

第二节　建筑材料对火反应特征

建筑材料是基本建设的重要物质基础之一。在火灾情况下，由于高温和明火的作用，

建筑材料通常呈现出与常温状态不同的特性，且这些特性往往直接影响到建筑物的火灾危险性大小。因此，必须研究建筑材料在火灾高温下的各种特性，以便在设计中科学、合理地选用建筑材料，预防火灾发生，减少火灾损失。

一、建筑的结构形式

（一）钢结构

钢结构是由钢材制作的结构，包括钢框架结构、钢网架结构和钢网壳结构、大跨交叉梁系结构。钢结构具有施工机械化程度高、抗震性能好等优点，但钢结构的最大缺点是耐火性能较差，需要采取涂覆钢结构防火涂料等防火措施才能耐受一定规模的火灾，在高大空间等钢结构建筑中，在进行钢结构耐火性能分析的基础上，如果火灾下钢结构周围的温度较低，并能保持结构安全，钢结构可不必采取防火措施。

（二）钢筋混凝土结构

钢筋混凝土结构是混凝土配置钢筋形成的结构，混凝土主要承受压力，钢筋主要承受拉力，二者共同承担荷载。在建筑结构耐火重要性较高，火灾荷载较大、人员密度较大或建筑结构受力复杂的场合，钢筋混凝土结构的耐火能力也可能不满足要求。这时，需要进行钢筋混凝土结构及构件的耐火性能评估，确定结构的耐火性能是否满足要求。

（三）钢—混凝土组合结构

1.型钢混凝土结构
型钢混凝土结构是将型钢埋入钢筋混凝土结构形成的一种组合结构，适合大跨、重载结构。由于型钢被混凝土包裹，火灾下钢材的温度较低，型钢混凝土结构的耐火性能较好。

2.钢管混凝土结构
钢管混凝土结构是由钢和混凝土两种材料组成的，它充分发挥了钢和混凝土两种材料的优点，具有承载能力高、延性好等优点。钢管混凝土结构中，由于混凝土的存在可降低钢管的温度，钢管的温度比没有混凝土时要低得多。多数情况下，钢管混凝土结构中的钢管需要进行防火保护。

二、钢材在高温下的物理力学性能

（一）钢材在高温下的强度

钢材虽然属于不燃性材料，但其耐火性能很差。在火灾高温下，建筑钢材的各项物理力学性能会发生变化。

钢材的伸长率和断面收缩率随着温度升高总的趋势是增大的，表明高温下钢材的

塑性性能增大，易于产生变形；弹性模量随温度升高而降低，但降低的幅度与钢材的种类和强度级别没有太大关系；在高温下钢材强度随温度升高而降低，降低的幅度因温度条件及钢材种类的不同而不同。

在建筑结构中广泛使用的普通低碳钢的高温抗拉强度值会随着温度变化而变化。普通低碳钢的高温抗拉强度在温度为 250～300℃时达到最大值（由于兰脆现象，强度比常温时略有提高）；温度超过 350℃时，强度开始大幅度下降：在温度为 500℃时，约为常温时的 1/2；温度为 600℃时，约为常温时的 1/3。

普通低碳钢在受热的情况下，随着温度的升高，曲线形状发生很大变化：在室温下钢材屈服平台明显，并呈现锯齿状；温度升高，屈服平台降低，且原来呈现的锯齿状逐渐消失；当温度超过 400℃时，低碳钢特有的屈服点消失，且呈现出硬钢的特性。

普通低合金钢在高温下的强度变化与普通碳素钢基本相同，在 250～300℃的温度范围内强度增加，当温度超过 300℃后，强度逐渐降低。

冷加工钢筋是普通钢筋经过冷拉、冷拔、冷轧等加工强化过程得到的钢材，其内部晶格构架发生畸变，强度增加而塑性降低。这种钢材在高温下，内部晶格的畸变随着温度升高而逐渐恢复正常，冷加工所提高的强度也逐渐减少和消失，塑性得到一定恢复。因此，在相同温度下，冷加工钢筋强度降低值比未加工钢筋大很多。当温度达到 300℃时，冷加工钢筋强度降低约 30%；温度达到 400℃时强度急剧下降，降低约 50%；温度达到 500℃左右时，其极限屈服强度接近甚至小于未冷加工钢筋在相应温度下的强度。

高强钢丝适用于预应力钢筋混凝土结构。它属于硬钢，没有明显的屈服极限。在高温下，高强钢丝的抗拉强度的降低比其他钢筋更快。当温度在 150℃以内、强度不降低；温度达到 350℃时，强度降低约 50%；温度达到 400℃时，强度下降约 60%；温度达到 500℃时，强度下降 80% 以上。

由于使用的是冷加工钢筋和高强钢丝，预应力钢筋混凝土构件在火灾高温下强度降低明显大于普通低碳钢筋和低合金钢筋。因此，预应力钢筋混凝土结构的耐火性能远低于非预应力钢筋混凝土结构。

（二）钢材在高温下的弹性模量

钢材的弹性模量随着温度升高而连续地下降。在温度 T 大于 0 而小于或等于 600℃时，热弹性模量 E_T 与普通弹性模量 E 的比值方程为：

$$\frac{E_T}{E} = 1.0 + \frac{T}{2000 \ln\left(\dfrac{T}{1100}\right)} \quad (0 \leqslant T \leqslant 600°C)$$

当温度 T 大于 600℃小于 1000℃时，方程为：

$$\frac{E_T}{E} = \frac{960 - 0.69T}{T - 53.5} \quad (600 < T < 1000°C)$$

表 2-1 列出了常用建筑钢材在高温下弹性模量的降低系数。

表 2-1　A_3、16Mn、25$MnSi$ 在高温下的弹性模量降低系数

温度（℃）／钢材品种	100	200	300	400	500
A_3	0.98	0.95	0.91	0.83	0.68
16Mn	1.00	0.94	0.95	0.83	0.65
25$MnSi$	0.97	0.93	0.93	0.83	0.68

三、钢结构防火保护材料

（一）混凝土

人们从钢筋混凝土结构比钢结构耐火这一事实出发，把混凝土最早、最广泛地用作钢结构的防火保护材料。混凝土作为防火材料主要是由于：

第一，混凝土可以延缓金属构件的升温，且可承受与其面积和刚度成比例的一部分荷载。

第二，根据耐火试验，耐火性能最佳的粗集料为石灰岩碎石集料；花岗岩、砂岩和硬煤渣集料次之；由石英和燧石颗粒组成的粗集料最差。

第三，决定混凝土防火能力的主要因素是厚度。

（二）石膏

石膏具有较好的耐火性能。当其暴露在高温下时，可释放出 20% 的结晶水而被火灾的热量所汽化（每蒸发 1 kg 的水，吸收 232.4×10⁴J 的热）。由此，火灾中石膏一直保持相对稳定的状态，直至被完全煅烧脱水为止。石膏作为防火材料，既可做成板材，黏贴于钢构件表面；也可制成灰浆，喷涂或手工抹灰到钢构件表面上。

1. 石膏板分普通和加筋两类

它们在热性能上无大差别，只是后一种含有机纤维，结构整体性有一定提高。石膏板重量轻，施工快而简便，不需专用机械，表面平整，可做装饰层。

2. 石膏灰浆既可机械喷涂，也可手工抹灰

这类灰浆大多用矿物石膏（经过煅烧）做胶结料，用膨胀珍珠岩或蛭石作轻骨料。喷涂施工时，把混合干料加水拌合，密度为 2.4 ~ 4.0kg/m^3。当这种涂层暴露于火灾时，大量的热被石膏的结晶水吸收，加上其中轻骨料的绝热性能，使耐火性能更为优越。

（三）矿物纤维

矿物纤维是最有效的轻质防火材料。它不燃烧，抗化学侵蚀，导热性低，隔音性能好。矿物纤维的原材料为岩石或矿渣，在 1371℃ 高温下制成。

1. 矿物纤维涂料

是由无机纤维、水泥类胶结料以及少量的掺合料配成。加掺合料有助于混合料浸润、

凝固和控制灰尘飞扬。混合料中还掺有空气凝固剂、水化凝固剂和陶瓷凝固剂。根据需要，这几种凝固剂可按不同比例混合使用，或只使用一种。

2. 矿棉板

也可用岩棉板，它有不同的厚度和密度，密度越大，耐火性能越高。矿棉板的固定件有以下几种：用电阻焊焊在翼缘板内侧的销钉上；用电阻焊焊在翼缘板外侧的销钉上（距边缘 20mm）；用薄钢带固定于柱上的角铁形固定件上等。把矿棉板插放在钢丝销钉上，销钉端头卡钢板片使矿棉板得到固定。

矿棉板防火层一般做成箱形，可把几层叠置在一起。当矿棉板绝缘层不能做得太厚时，可在最外面加高熔点绝缘层，但造价提高。当矿棉板的厚度为 62.5mm 时，耐火极限可达 2h。

3. 膨胀涂料

是一种极有发展前景的防火材料。其极似油漆，直接喷涂于金属表面，黏结和硬化性能与油漆相同。涂料层上可直接喷涂装饰油漆，不透水，抗机械破坏性能好，耐火极限可达 2h。

四、混凝土在高温下的物理力学性能

混凝土是由水泥、水和骨料（如卵石、碎石、砂子）等原材料经搅拌后入模浇筑，经养护硬化后形成的人工石材。

（一）混凝土在高温下的抗压强度

混凝土在火灾高温作用下基本的变化规律是：混凝土在热作用下，受压强度随温度的上升呈直线下降。当温度达 600℃时，混凝土的抗压强度仅是常温下强度的 45%；而当温度上升到 1000℃时，强度值变为零。混凝土在低于 300℃时，对强度的影响不大。相当一部分试验中，出现了在 300℃以下时混凝土的抗压强度高于常温强度的现象。

（二）混凝土在高温下的抗拉强度

在一般的结构设计中，强度计算起控制作用，抗裂度与变形计算起辅助验算作用。抗拉强度是混凝土在正常使用阶段计算的重要物理指标之一。它的特征值高低直接影响构件的开裂、变形和钢筋锈蚀等性能。在防火设计中，抗拉强度更为重要。这是因为构件过早地开裂会将钢筋直接暴露于火中，并由此产生过大的变形。

图 2-1 给出了混凝土抗拉强度随温度上升而下降的实测曲线。图中纵坐标为高温抗拉强度与常温抗拉强度的比值，横坐标为温度值。试验结果表明，混凝土抗拉强度在 50～600℃之间的下降规律基本上可用一直线表示，当温度达到 600℃时，混凝土的抗拉强度为 0。与抗压相比，抗拉强度对温度的敏感度更高。

高温与常温抗拉强度的比值

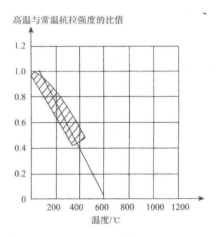

图 2-1 混凝土抗拉强度随温度的变化

（三）混凝土在高温下的弹性模量

弹性模量是结构计算的一个重要的物理指标，在火灾高温作用下同样会随温度的上升而降低。图 2-2 是实测结果，纵坐标为热弹性模量 $E_c(t)$ 与常温下的弹性模量之比；横坐标为温度值。试验结果表明，在 50℃ 的温度范围内，混凝土的弹性模量基本没有下降；50 ~ 200℃ 之间，混凝土弹性模量下降最为明显；200 ~ 400℃ 之间下降速度减缓；而 400 ~ 600℃ 时变化幅度已经很小，且这时的弹性模量也基本上接近 0。

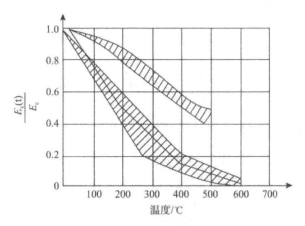

图 2-2 混凝土弹性模量随温度的变化

（四）保护层厚度对钢筋混凝土构件耐火性能的影响

为了有效预防火灾，必须掌握混凝土保护层厚度对构件耐火性能的影响，即混凝土中温度梯度的变化。

目前的研究表明：建筑构件的耐火极限与构件的材料性能、构件尺寸、保护层厚度、构件在结构中的连接方式等有着密切的关系。其基本规律是，四面简支现浇板>非预

应力板＞预应力板。原因是，四面简支现浇板在火灾温度作用下，挠度的增加比后两者都慢，非预应力板次之。

（五）高温时钢筋混凝土的爆裂

钢筋混凝土的黏结力，主要是由混凝土凝结时将钢筋紧裹而产生的摩擦力、钢筋表面凹凸不平而产生的机械咬合力及钢筋与混凝土接触表面的相互胶结力所组成。

当钢筋混凝土受到高温时，钢筋与混凝土的黏结力随着温度的升高而降低。黏结力与钢筋表面的粗糙程度有很大的关系。试验表明，光面钢筋在100℃时，黏结力降低约25%；200℃时，降低约45%；250℃时，降低约60%；而在450℃时，黏结力几乎完全消失。但非光面钢筋在450℃时才降低约25%。其原因是，光面钢筋与混凝土之间的黏结力主要取决于摩擦力和胶结力。在高温作用下，混凝土中水分排出，出现干缩的微裂缝，混凝土抗拉强度急剧降低，二者的摩擦力与胶结力迅速降低。而非光面钢筋与混凝土的黏结力，主要取决于钢筋表面螺纹与混凝土之间的咬合力。在250℃以下时，由于混凝土抗压强度的增加，二者之间咬合力降低较小；随着温度继续升高，混凝土被拉出裂缝，黏结力逐渐降低。试验表明，钢筋混凝土受火情况不同，耐火时间也不同。对于一面受火的钢筋混凝土板来说，随着温度的升高，钢筋由荷载引起的蠕变不断加大，350℃以上时更加明显。蠕变加大，使钢筋截面减小，构件中部挠度加大，受火面混凝土裂缝加宽，使受力主筋直接受火作用，承载能力降低。同时，混凝土在300～400℃时强度下降，最终导致钢筋混凝土完全失去承载能力而被破坏。

五、木材的燃烧和阻燃

（一）木材的组成特点

木材是天然高分子物质的混合物，其主要组分是纤维素（约50%）、半纤维素（约25%）和木质素（约25%），三者的比例随木材种类的不同也有较大区别。

（二）木材的燃烧特征

当温度超过200～250℃时，木材就会改变颜色并开始发生热解。随着可燃气体析出量的增加，它遇到点火源便可发生闪火现象，这一温度称为木材的闪点；当温度进一步升高，可形成稳定的气相火焰，该温度称为木材的燃点。

通常当温度超过300℃时，木材的物理结构开始被快速破坏，尤其是其表面表现得最为明显。这时在炭渣上出现了若干垂直于条纹方向的裂缝，它允许从热解层中析出的挥发分比较容易地由表面逸出。随着炭渣的增厚，裂纹逐渐变宽，形成较大的裂缝，同时裂缝内的燃烧反应也有所加强。

木材的燃烧可分为两个阶段，即可燃气体产物的有焰燃烧阶段和木炭的无焰燃烧阶段。有焰燃烧阶段，温度高，时间短，火势发展蔓延快；无焰燃烧阶段，温度低，时间较长，对火势发展作用较小。

木材的燃烧速度是指单位时间内木材的炭化深度。试验证明，木材的炭化速度大

约在 0.6 ~ 0.7mm/min 之间。试验研究表明，截面尺寸较大的木质构件本身具有良好的耐火性能。这主要是因为木材在燃烧过程中会在表面形成一定厚度的炭化层，该炭化层能起到很好的隔绝热和氧气的作用，防止了内部构件受到火的进一步作用。

（三）木材的阻燃

木材在建筑中使用时应进行阻燃处理，以改变其燃烧性能。木材的阻燃处理方法存表面涂敷和浸注处理两种。常用的阻燃剂有磷—氮系阻燃剂、硼系阻燃剂、卤素阻燃剂、金属氧化物和氢氧化物阻燃剂。

六、有机建筑材料的高温性能

（一）塑料

塑料是一种以天然树脂或人工合成树脂为主要原料，加入填充剂、增塑剂、润滑剂和颜料等制成的一种高分子有机物，被广泛用作建筑材料。大部分塑料制品容易燃烧，燃烧时温度高、发烟量大、毒性大，给火灾中人员逃生与消防人员扑救火灾带来很大困难。

1. 塑料的燃烧过程

塑料遇到火灾高温作用时，热塑性塑料（如聚乙烯、聚氯乙烯、聚苯乙烯等）达到一定温度便开始软化，进而熔融变成黏稠状物质；热固性塑料（如酚醛树脂等），当温度在其分解点以下时不熔融，热量被积蓄起来。随着温度继续升高，塑料便发生分解，生成分子量较小的不燃性气体（如卤化氢、N_2、CO_2、H_2O 等）、可燃性气体（如烃类化合物等）和炭化残渣。不同的塑料具有不同的分解温度。

当塑料受热分解产生的可燃性气体与一定比例的空气混合并达到闪点时，遇明火会发生闪燃现象；如果热分解速度进一步提高，被引燃的混合气体则会连续燃烧。若无明火，把塑料加热到足够高的温度时，它也会自行发生燃烧。

2. 塑料的阻燃

对塑料进行阻燃处理的技术手段是在塑料中添加有机或无机阻燃剂。有的阻燃剂受热时释放出大量的水蒸气或其他不燃性气体，吸收热量并稀释可燃气体；有的促进成炭过程，减少热分解和可燃气体的生成；有的形成玻璃状的隔热层，隔绝燃烧所需的氧气和热；有的分解出自由基终止剂，中断燃烧反应。

常用的阻燃塑料建材有难燃硬聚氯乙烯（PVC-U）管、难燃 PVC-U 可弯电线套管、难燃 PVC-U 门窗、难燃 PVC-U 装修型材、阻燃 PVC 卷材地板、阻燃 PVC 地板砖、阻燃 PVC 壁纸等。

（二）人造木质构件

1. 胶合板

胶合板是由木段旋切成单板，或由木方刨切成薄木，再用胶黏剂胶合而成的多层人造板材，通常采用奇数层单板，并使相邻层单板的纤维方向互相垂直胶合。胶合板

的燃烧性能与黏合剂有关，难燃胶合板多为磷酸铵、硼酸等阻燃剂浸泡过的薄板制造。

2. 纤维板

纤维板是以木质纤维或其他植物纤维为原料，施加脲醛树脂等胶黏剂经热压成型制成的人造板材，多用于家具制造和装饰装修。制造 $1m^3$ 纤维板约需 2.5 ~ $3m^3$ 木材，故又名密度板。纤维板的燃烧性能取决于胶黏剂，使用无机胶黏剂的纤维板属难燃材料。

3. 刨花板

刨花板是以木质刨花或木质碎料（如木片、木屑等）为原料，掺加胶和黏剂等组料经压制而成，又叫碎料板。制作中，加入阻燃剂可形成阻燃刨花板，属于难燃性的建筑材料，广泛用于建筑物的隔墙、墙裙和吊顶等部位的装修。

4. 胶合木构件

胶合木构件是指用胶黏方法将两层或三层以上木料拼接而成的具有整体木材效能的构件。而经过阻燃处理的胶合木结构大量用于大空间、大跨度各种公共建筑与工业建筑。

七、无机建筑材料的高温性能

（一）石材

石材是一种不燃性建筑材料，其抗压强度随着温度升高而降低。在温度超过500℃以后，由于热膨胀及热分解的作用，石材强度显著降低，含石英质的岩石还会发生爆裂。

（二）黏土砖

黏土砖在生产过程中经过高温煅烧，耐火性能良好。砖砌体受火后发生破坏的主要原因是砌筑砂浆在温度超过 600℃以后强度迅速下降，发生粉化所致。耐火试验得出，非承重 240mm 砖墙可耐火 8.00h，承重 240mm 砖墙可耐火 5.50h。由此可见，砖砌体有良好的耐火性能。

（三）砂浆

砂浆是由无机胶凝材料（如水泥、石灰等）、细骨料（如砂）和水拌合而成的，由于其骨料细、含水量少，凝结硬化后受高温的影响不如混凝土那样显著。砂浆在400℃以下温度，强度不降低，甚至有所增大；在温度超过 400℃时，强度明显降低，且在冷却后强度更低。这是由于砂浆中含有较多的石灰，石灰在加热时会分解出CaO，冷却过程中 CaO 吸湿消解为 $Ca（OH）_2$，体积急剧增大，引起组织疏松，造成强度降低。

（四）石膏

建筑石膏凝结硬化后的主要成分是二水石膏（$CaSO_4 \cdot 2H_2O$），其在高温时发生脱

水，要吸收大量的热，而且产生水蒸气能阻碍火势的蔓延，起到防火作用。同时，石膏制品的导热系数小，传热慢，具有良好的隔热性能。但是二水石膏在受热脱水时会产生收缩变形，因而石膏制品容易开裂，失去隔火作用。此外，石膏制品在遇到水时也容易发生破坏。

以石膏为主要原料的建筑板材有装饰石膏板和纸面石膏板等类型。纸面石膏板重量轻，强度高，易于加工，具有一定的耐火、隔热特性，常用于室内非承重的隔墙和吊顶。

（五）石棉水泥材料

石棉水泥材料是以石棉加入水泥浆中硬化后制成的人造石材。石棉水泥材料虽属于不燃材料，但在火灾高温下容易发生爆裂现象，在 $3mm$ 左右即破裂失去隔火作用，并且温度达到 $500 \sim 600℃$ 时强度急剧下降，应在高温时遇水冷却便立即发生破坏。

（六）玻璃

玻璃按防火性能有普通玻璃和防火玻璃两种。普通玻璃虽属于不燃材料，但耐火性能差，在火灾高温作用下，由于两侧温差作用，会很快破碎。例如，门、窗上的玻璃在火灾条件下，大多在 $250℃$ 左右发生破碎。

防火玻璃是能够满足规范相应耐火性能要求的特种玻璃。按防火玻璃的构成，它可以分为复合防火玻璃和单片防火玻璃。其中，复合防火玻璃是指由两层或两层以上的玻璃复合而成，或由一层玻璃和有机材料复合而成的防火玻璃。按照防火玻璃的耐火性能，可以分为隔热型防火玻璃（A 类）和非隔热型防火玻璃（C 类）。

（七）无机板材

1. 岩棉板和矿渣棉板

这两种无机板材是轻质隔热防火板材，广泛用于建筑的屋面、墙体和防火门。板材以岩棉、矿渣棉等不燃无机纤维为基材，在成型过程中掺加的有机物含量一般均低于 4%，属不燃性材料，可长期在 $400 \sim 600℃$ 的温度条件下使用。

2. 玻璃棉板

玻璃棉板是以玻璃棉无机纤维为基材，掺加适量胶黏剂和附加剂，经成型烘干而得的一种新型轻质不燃板材，可长期在 $300 \sim 400℃$ 的温度条件下使用，在建筑中常用作围护结构的保温、隔热、吸声材料。

3. 硅酸钙板

硅酸钙板是将二氧化硅粉状材料、石灰、纤维增强材料和大量的水经搅拌、凝胶、成型、蒸压、养护、干燥等工序制作而成的一种轻质不燃板材，可长期在 $650℃$ 的温度条件下使用。在结构耐火方面多用作钢结构耐火保护的被覆材料。

4. 膨胀珍珠岩板

这种板材是以膨胀珍珠岩为主要骨料，掺加不同种类胶黏剂，经搅拌、成型、干燥、

焙烧或养护等工序制作而成的一种轻质不燃板材，可长期在900℃的温度条件下使用，常用于民用建筑的顶棚、室内墙面装修或钢结构保护板材。

第三节　建筑构件耐火性能

一、建筑构件的耐火极限

（一）耐火极限的概念

耐火极限是指建筑构件按时间—温度标准曲线进行耐火试验，从受到火的作用时起，到失去支持能力或完整性或耐火隔热性时止的这段时间，用小时（h）表示。其中，支持能力是指在标准耐火试验条件下，承重或非承重建筑构件在一定时间内抵抗垮塌的能力；耐火完整性是指在标准耐火试验条件下，建筑分隔构件某一面受火时，能在一定时间内防止火焰和热气穿透或在背火面出现火焰的能力；耐火隔热性是指在标准耐火试验条件下，建筑分隔构件某一面受火时，可以在一定时间内其背火面温度不超过规定值的能力。

（二）影响耐火极限的要素

在火灾中，建筑耐火构配件起着阻止火势蔓延扩大、延长支撑时间的作用，它们的耐火性能直接决定着建筑物在火灾中的失稳和倒塌的时间。影响建筑构配件耐火性能的因素较多，主要有：材料本身的属性、构配件的结构特性、材料与结构间的构造方式、标准所规定的试验条件、材料的老化性能、火灾种类和使用环境要求等。

1.材料本身的属性

材料本身的属性是构配件耐火性能的主要内在影响因素，决定其用途与适用性，如果材料本身就不具备防火功能甚至是可燃烧的材料，就会在热的作用下出现燃烧和烟气，建筑中可燃物越多，燃烧时产生的热量越高，带来的火灾危害就越大。建筑材料对火灾的影响有四个方面：一是影响点燃和轰燃的速度；二是火焰的连续蔓延；助长了火灾的热温度；四是产生浓烟及有毒气体。在其他条件相同的情况下，材料的属性决定了构配件的耐火极限，当然还有材料的理化力学性能也应符合要求。

2.建筑构配件结构特性

构配件的受力特性决定其结构特性（如梁和柱），不同的结构处理在其他条件相同时，得出的耐火极限是不同的，尤其是节点的处理，如焊接、铆接、螺钉连接、简支、固支等方式，球接网架、轻钢桁架、钢结构和组合结构等结构形式，规则截面和不规则截面，暴露的不同侧面等。结构越复杂，高温时结构的温度应力分布越复杂，火灾隐患越大，因此构配件的结构特性决定了保护措施选择方案。

3.材料与结构间的构造方式

即使使用品质优良的材料，构造方式不恰当同样起不到应有的防火作用，严格来说只要不是易燃材料均可起到防火保护作用，因为可以增大材料用量，只是不经济而已。材料与结构间的构造方式取决于材料自身的属性和基材的结构特性，关系到结构设计的有效性问题，因此应根据材料和基材特性来确定经济合理的构造方式。如厚涂型结构防火涂料在使用厚度超过一定范围后就需要用钢丝网来加固涂层与构件之间的附着力；薄涂型和超薄型结构防火涂料在一定厚度范围内耐火极限达不到工程要求，而增加厚度并不一定能提高耐火极限时，其可采用在涂层内包裹建筑纤维布的办法来增强已发泡涂层的附着力，提高耐火极限，满足工程要求。这些仅仅是涂层的构造处理。选择的构造一定要有普遍性和代表性，避免试验的大量重复。这一问题反映了实验室与实际工程之间的距离。

4. 标准所规定的试验条件

标准规定的耐火性能试验与所选择的执行标准有关，其中包括试件养护条件、使用场合、升温条件、实验炉压力条件、受力情况、判定指标等。在试件不变的情况下实验条件越苛刻，耐火极限越低。虽然这些条件属于外在因素，但却是必要条件，任何一项条件不满足，得出的结果均不科学准确。不同的构配件由于其作用不同会有试验条件上的差别，由此得出的耐火极限也有所不同。

5. 材料的老化性能

各种构配件虽然在工程中发挥了作用，但能否持久地发挥作用需要所使用的材料具有良好的耐久性和较长的使用寿命，这方面我们的研究工作有待深化和加强，尤其以化学建材制成的构件、防火涂料所保护的结构件最为突出，因此建议尽量选用抗老化性好的无机材料或那些具有长期使用经验的防火材料作防火保护。对于材料的耐火性能衰减，应选用合理的方法和对应产品长期积累的实际应用数据进行合理的评估（使其在发生火灾时能根据其使用年限、环境条件来推算现存的耐火极限，由此为制订合理的扑救措施提供参考依据）。

6. 火灾种类和使用环境要求

应该说由不同的火灾种类得出的构配件耐火极限是不同的。构配件所在环境决定了其耐火试验时应遵循的火灾试验条件，应对建筑物可能发生的火灾类型作充分的考虑，引人设计程序中，从各方面保证构配件耐火极限符合相应耐火等级要求。现有的已掌握的火灾种类有：普通建筑纤维类火灾，电力火灾，部分石油化工环境及部分隧道火灾，海上建构筑物、储油罐区、油气田等环境的快速升温火灾，隧道火灾。

二、建筑耐火等级的划分及要求

耐火等级是衡量建筑物耐火程度的分级标准。规定建筑物的耐火等级是建筑设计防火技术措施中最基本的措施之一。对于不同类型、性质的建筑物提出不同的耐火等级要求，可做到既有利于消防安全，又有利于节约基本建设投资。在防火设计中，建筑构件的耐火极限是衡量建筑物的耐火等级的主要指标。建筑耐火等级是由组成建筑物的墙、柱、楼板、屋顶承重构件和吊顶等主要构件的燃烧性能和耐火极限决定的。

耐火等级分为一、二、三、四级。由于各类建筑使用性质、重要程度、规模大小、层数高低和火灾危险性存在差异，所要求的耐火程度有所不同。

（一）建筑耐火等级划分的思路

划分建筑物耐火等级的目的在于根据建筑物不同用途提出不同的耐火等级要求。火灾实例说明：耐火等级高的建筑，火灾时烧坏、倒塌的很少；耐火等级低的建筑，火灾时不耐火，燃烧快，损失大。

根据多年的火灾统计资料分析：火灾持续时间在 $2h$ 以内的占火灾总数 90% 以上；火灾持续时间在 $1.5h$ 以内的占总数的 88%；在 $1h$ 以内的占 80%，一级建筑的楼板耐火极限定为 $1.5h$，二级的定为 $1h$，三级定为 $0.5h$。这样，80% 以上的一、二级建筑物不会被烧垮。

楼板的耐火极限确定之后，根据建筑结构的传力路线，确定其他构件的耐火极限（即楼板把所受荷载传递给梁，梁再传递给柱或墙，柱或墙再传递给基础）。按照构件在结构安全中的地位，确定适宜的耐火极限。凡比楼板重要的构件，其耐火极限都应相应提高。

高层建筑中的墙、柱构件的耐火极限比普通建筑的相应构件要低一些。这是因为，高层建筑中设置了早期报警、早期灭火等保护设施，并对室内可燃装修材料加以限制，其综合防火保护能力比普通建筑要高。但基本构件如楼板、梁、疏散楼梯等耐火极限并没有降低，是高层建筑的安全储备。

除了建筑构件的耐火极限外，其燃烧性能也是耐火等级的决定性条件。一级耐火等级的构件全是不燃烧体；二级耐火等级的构件除吊顶为难燃烧体之外，其余都是不燃烧体；三级耐火等级的构件除吊顶和屋顶承重构件外，也都是不燃烧体；四级耐火等级的构件，除防火墙为不燃烧体外，其余的构件按其作用与部位不同，有难燃烧体，也有燃烧体。

一般说来，一级耐火等级建筑是钢筋混凝土结构或砖混结构。二级耐火等级建筑和一级耐火等级建筑基本上相似，但其构件的耐火极限可以较低，而且可以采用未加保护的钢屋架。三级耐火等级建筑是木屋顶、钢筋混凝土楼板、砖墙组成砖木结构。四级耐火等级建筑是木屋顶、难燃烧体墙壁组成的可燃结构。

（二）民用建筑的耐火等级

民用建筑的耐火等级也分为一、二、三、四级。

（三）厂房和仓库的耐火等级

厂房、仓库主要指除炸药厂（库）、花炮厂（库）、炼油厂外的厂房及仓库。厂房和仓库的耐火等级分一、二、三、四级。

在设计时，还应注意到以下特殊情况：

第一，考虑到甲、乙类厂房和甲、乙、丙类仓库，一旦着火，其燃烧时间较长和（或）燃烧过程中释放的热量巨大，其防火分区除应采用防火墙进行分隔外，有必要适当提

高防火墙的耐火极限，因此，甲、乙类厂房和甲、乙、丙类仓库内的防火墙，其耐火极限不应低于4.00h。

第二，一、二级耐火等级单层厂房（仓库）的柱，其耐火等级分别不应低于2.50h和2.00h。

第三，采用自动喷水灭火系统全保护的一级耐火等级单、多层厂房（仓库）的屋顶承重构件，其耐火极限不应低于1.00h。其中，"屋顶承重构件"是指用于支撑屋面荷载的主结构构件，如组成屋顶网架、网壳、桁架的构件及屋面梁，支撑以及同时起屋面结构系统支撑作用的檩条。

第四，除甲、乙类仓库和高层仓库外，一、二级耐火等级建筑的非承重外墙，在采用不燃性墙体时，其耐火极限不应低于0.25h；当采用难燃性墙体时，不应低于0.50h。

4层及4层以下的一、二级耐火等级丁、戊类地上厂房（仓库）的非承重外墙，在采用不燃性墙体时，其耐火极限不限。

第五，二级耐火等级厂房（仓库）内的房间隔墙，并在采用难燃性墙体时，其耐火极限应提高0.25h。

第六，二级耐火等级多层厂房和多层仓库内采用预应力钢筋混凝土的楼板，其耐火极限不应低于0.75h。

第七，建筑物的上人平屋顶，可用于火灾时的临时避难场所，符合要求的上人平屋面可作为建筑的室外安全地点。为确保安全，对于一、二级耐火等级的建筑物的上人平屋顶，其屋面板耐火极限应与相应耐火等级建筑的屋顶承重构件和楼板的耐火极限一致，因此，一、二级耐火等级厂房（仓库）的上人平屋顶，其屋面板的耐火极限分别不应低于1.50h和1.00h。

第八，一、二级耐火等级厂房（仓库）的屋面板应采用不燃材料。

屋面防水层宜采用不燃、难燃材料，在采用可燃防水材料且铺设在可燃、难燃保温材料上时，防水材料或可燃、难燃保温材料应采用不燃材料作防护层。

第四节　建筑物耐火等级

一、工业建筑物耐火等级的选定

厂房、仓库等建筑物的耐火等级设计应考虑到建筑的结构、可使用性质、建筑面积等多方面的因素。

第一，考虑到高层厂房和甲、乙类厂房的火灾危险性大，火灾后果严重，因此应有较高的耐火等级。但是，发生火灾后对周围建筑的危害较小且建筑面积小于等于300m^2的甲、乙类厂房，可以采用三级耐火等级建筑。

第二，使用或产生丙类液体的厂房及丁类生产中的某些工段，如炼钢炉出钢水喷出钢火花，从加热炉内取出赤热钢件进行锻打，钢件在热处理油池中进行淬火处理，

使油池内油温升高，都容易发生火灾。对于三级耐火等级建筑，如屋顶承重构件采用木构件或钢构件，难以承受经常的高温烘烤。这些厂房虽属丙、丁类生产，也要严格控制，除建筑面积较小并采取了防火分隔措施外，均需采用一、二级耐火等级的建筑。

对于使用或产生丙类液体、建筑面积小于 $500m^2$ 的单层丙类厂房和生产过程中有火花、赤热表面或明火，但建筑面积小于 $1000m^2$ 的单层丁类厂房，仍可以采用三级耐火等级的建筑。

第三，特殊贵重的设备或物品，为价格昂贵，稀缺设备、物品或影响生产全局或正常生活秩序的重要设施、设备，其所在建筑应具有较高的耐火性能。特殊贵重的设备或物品主要有：

价格昂贵、损失大的设备；

影响工厂或地区生产全局或影响城市生命线供给的关键设施，如热电厂，燃气供给站，水厂，发电厂、化工厂等的主控室，失火后影响大、损失大，修复时间长，也应认为是"特殊贵重"的设备；

特殊贵重物品，如货币、金银、邮票、重要文物资料、档案库及价值较高的其他物品。

第四，锅炉房属于使用明火的丁类厂房。燃油、燃气锅炉房的火灾危险性大于燃煤锅炉房，火灾事故也比燃煤的多，且损失严重的火灾中绝大多数是三级耐火等级的建筑，故锅炉房应采用一、二级耐火等级建筑。

每小时总蒸发量不大于 $4t$ 的燃煤锅炉房，一般为规模不大的企业或非采暖地区的工厂，专为厂房生产用汽而设置的、规模较小的锅炉房，建筑面积一般为 $350 \sim 400m^2$，故这些建筑可采用三级耐火等级。

第五，油浸变压器是一种多油电器设备。油浸变压器易因油温过高而着火或产生电弧使油剧烈汽化，使变压器外壳爆裂酿成火灾事故。实际运行中的变压器存在燃烧或爆裂的可能，需提高其建筑的防火要求。对于干式或非燃液体的变压器，因其火灾危险性小，不易发生爆炸，故未作限制。

第六，高层仓库具有储存物资集中、价值高、火灾危险性大、灭火和物资抢救困难等特点。甲、乙类物品仓库起火后，燃速快、火势猛烈，其中有不少物品还会发生爆炸，危险性高，危害大。因此，对高层仓库、甲类仓库和乙类仓库的耐火等级要求要更高。

高架仓库是货架高度超过 $7m$ 的机械化操作或自动化控制的货架仓库，其共同特点是货架密集、货架间距小、货物存放高度高、储存物品数量大和疏散扑救困难。为了保障在火灾时不会导致很快倒塌，并为扑救赢得时间，尽量减少火灾损失，故要求其耐火等级不低于二级。

二、民用建筑物耐火等级的选定

民用建筑的耐火等级应根据其建筑高度、使用功能、重要性和火灾扑救难度等确定，并应符合下列规定：

第一，地下或半地下建筑（室）和一类高层建筑的耐火等级不应低于一级。地下、

半地下建筑（室）发生火灾后，热量不易散失，温度高、烟雾大，燃烧时间长，疏散和扑救难度大，故对其耐火等级要求高。一类高层民用建筑发生火灾，疏散和扑救都很困难，容易造成大的经济损失或人员伤亡，为此，要求其达到一级耐火等级。

第二，单、多层重要公共建筑和二类高层建筑的耐火等级不应低于二级。重要公共建筑对某一地区的政治、经济和生产活动以及居民的正常生活有重大影响，需尽量减小火灾对建筑结构的危害，以便尽快恢复，避免造成更严重的后果，故规定重要公共建筑应采用一、二级耐火等级的建筑。

考虑到高层民用建筑与裙房，在重要性和扑救、疏散难度等方面虽有所差别，但裙房的耐火能力也应与主体相当，结合当前的工程实践情况，规定单层或多层的重要公共建筑、二类高层建筑的耐火等级不应低于二级。

第三，建筑高度大于 $100m$ 的民用建筑，其楼板的耐火极限不应低于 $2.00h$。

由于此类建筑高度大于 $100m$ 的民用高层建筑火灾的扑救难度巨大，火灾持续时间可能较长，为保证超高层建筑的防火安全，将其楼板的耐火极限从 $1.50h$ 提高到 $2.00h$。

上人屋面的耐火极限除应考虑其整体性外，还应考虑应急避难人员在屋面上停留时的实际需要。对于一、二级耐火等级建筑物的上人屋面板，耐火极限应与相应耐火等级建筑楼板的耐火极限一致。

第四，一、二级耐火等级建筑的屋面板应采用不燃材料。屋面防水层宜采用不燃、难燃材料，当采用可燃防水材料且铺设在可燃、难燃保温材料上时，防水材料或可燃、难燃保温材料应采用不燃材料作防护层。

第五，二级耐火等级建筑内采用难燃性墙体的房间隔墙，其耐火极限不应低于 $0.75h$；当房间的建筑面积不大于 $100m^2$ 时，房间隔墙可采用耐火极限不低于 $0.50h$ 的难燃性墙体或耐火极限不低于 $0.30h$ 的不燃性墙体。

二级耐火等级多层住宅建筑内采用预应力钢筋混凝土的楼板，其耐火极限不应低于 $0.75h$。

第六，为了防止吊顶因受火作用塌落而影响人员疏散，避免火灾通过吊顶蔓延，二级耐火等级建筑内采用不燃材料的吊顶，其耐火极限不限。

三级耐火等级的医疗建筑、中小学校的教学建筑、老年人建筑及托儿所、幼儿园的儿童用房和儿童游乐厅等儿童活动场所的吊顶，可以采用不燃材料；当采用难燃材料时，其耐火极限不应低于 $0.25h$。二、三级耐火等级建筑内门厅、走道的吊顶应采用不燃材料。

第三章 建筑安全疏散

第一节 安全疏散设计

一、安全疏散设计的原则及主要影响因素

（一）安全疏散设计的原则

第一，安全疏散设计是以建筑内的人能够脱离火灾危险并独立地步行到安全地带为原则的。

第二，安全疏散方法应保证在任何时间、任何位置的人都能自由地无阻碍地进行疏散。在一定程度上保证行动不便的人足够的安全度。

第三，疏散路线应力求短捷通畅、安全可靠，避免出现各种人流、物流相互交叉，杜绝出现逆流。避免疏散过程中由于长时间的高密度人员滞留和通道堵塞等引起群集事故发生。

第四，建筑物内的任意一个部位，宜同时省两个或是两个以上的疏散方向可供疏散。安全疏散方法应提供多种疏散方式而不仅仅是一种，因为任何一种单一的疏散方式都会由于人为和机械原因而失败。

第五，安全疏散设计应充分考虑火灾条件下人员心理状态及行为特点的特殊性，采取相应的措施保证信息传达准确及时，避免恐慌等不利情况出现。

（二）安全疏散设计应考虑的主要因素

建筑物相关的火灾自动探测报警系统、机械排烟系统、自动灭火系统、应急照明等系统的设计以及疏散预案的制定等均是影响安全疏散的重要因素，应根据建筑物的功能用途和建筑物的空间结构特点进行性能化设计。影响建筑物火灾时人员安全疏散的因素见表6-1。

表 6-1　影响安全疏散的因素

疏散阶段			相关影响因素	
察觉	起火及火焰、烟气蔓延		建筑物火灾荷载和耐火性能	
			建筑物防火分区、防烟分区以及防火防排烟性能	
			建筑物消防灭火设施	
	探测、报警		探测报警装置的灵敏性和准确性	
决策行为	感知火警信息	人员行为特征	年龄、性别、成长背景、火灾经验、火灾安全知识、生理和心理状态、意识清醒程度、体能、同其他人的社会关系、工作岗位和职责等	
	确认火警信息			
	决策反应			
疏散行动 建筑物特征 火灾特征	疏散行动能力		人员密度、人员体能、生理和心理状态	
	建筑物疏散通道几何尺寸、应急疏散设施如应急照明和路标信息等			
	能见度、烟气的毒性和浓度、火灾现场温度等			

（三）安全疏散时间

建筑物发生火灾时，人员疏散时间的组成。人员疏散过程分解为三个阶段：察觉火警、决策反应和疏散运动。实际需要的疏散时间 t_{RSET} 取决于火灾探测报警的敏感性和准确性 t_{awa}，察觉火灾后人员的决策反应 t_{Pre}，以及决定开始疏散行动后人员的疏散流动能力 t_{mov} 等，即

$$t_{RSET} = t_{awa} + t_{pre} + t_{mov}$$

一旦发生火灾等紧急状态，需保证建筑物内所有人员在可利用的安全疏散时间 t_{ASET}，均能到达安全的避难场所，即

$$t_{RSET} < t_{ASET}$$

如果剩余时间即 t_{ASET} 和 t_{RSET} 之差大于 0，则人员能够安全疏散。剩余时间越长，安全性越大；反之，安全性越小，甚至不能安全疏散。因此，为了提高安全度，就要通过安全疏散设计和消防管理来缩短疏散开始时间和疏散行动所需时间，同时延长可

利用的安全疏散时间 t_{ASET}。

可利用的安全疏散时间 t_{ASET}，即指自火灾开始，至由于烟气的下降、扩散、轰燃的发生以及恐慌等原因而致使建筑及疏散通道发生危险状态为止的时间。美国国家标准和技术学会提出了烟气层高度、烟气层温度以及烟火对地面的辐射的极限值分别为 $2.5m$、$200℃$、$2.5kW/m^2$。

建筑物可利用的安全疏散时间与建筑物消防设施装备及管理水平、安全疏散设施、建筑物本身的结构特点、人员行为特点等因素密切相关。可利用的安全疏散时间一般只有几分钟。对于高层民用建筑，通常只有 $5 \sim 7min$；对于一、二级耐火等级的公共建筑，允许疏散时间通常只有 $6min$；对于三、四级耐火等级的建筑，可利用安全疏散时间只有 $2 \sim 5min$。对于人员众多的剧场、体育馆等建筑，该段时间应适当缩短，一般可按 $3 \sim 4min$ 估计。

二、安全疏散基本参数

安全疏散基本参数是对建筑安全疏散设计的重要依据，主要包括人员密度计算、疏散宽度指标、疏散距离指标等参数。

（一）人员密度计算

1.办公建筑

办公建筑包括办公室用房、公共用房、服务用房和设备用房等部分。办公室用房包括普通办公室和专用办公室。专用办公室指设计绘图室和研究工作室等。人员密度可按普通办公室每人使用面积 $4m^2$，设计绘图室每人使用面积 $6m^2$，研究工作室每人使用面积 $5m^2$ 计算。公共用房包括会议室、对外办事厅、接待室、陈列室、公用厕所、开水间等。会议室分中小会议室和大会议室，中小会议室每人使用面积：有会议桌的不应小于 $1.80m^2$，无会议桌的不应小于 $0.80m^2$。

2.商店

商店的疏散人数应按每层营业厅的建筑面积乘以表 6-2 规定的人员密度计算。对于建材商店、家具和灯饰展示建筑，其人员密度可按表 6-2 规定值的 30% 确定。

表 6-2　商店营业厅内的人员密度（m^2）

楼层位置	地下第二层	地下第一层	地上第一、二层	地上第三层	地上第四层及以上各层
人员密度	0.56	0.60	$0.43 \sim 0.60$	$0.39 \sim 0.54$	$0.30 \sim 0.42$

3.歌舞娱乐放映游艺场所

歌舞娱乐放映游艺场所中录像厅的疏散人数，应根据厅、室的建筑面积按不小于 1.0 人 $/m^2$ 计算；其他歌舞娱乐放映游艺场所的疏散人数，应根据厅、室的建筑面积按不小于 0.5 人 $/m^2$ 计算。

有固定座位的场所，其疏散人数可按实际座位数的 1.1 倍计算。展览厅的疏散人数应根据展览厅的建筑面积和人员密度计算，展览厅的人员密度以不可小于 0.75 人 $/m^2$ 确定。

（二）疏散宽度指标

安全出口的宽度设计不足，会在出口前出现滞留，延长疏散时间，影响安全疏散。我国现行规范根据允许疏散时间来确定疏散通道的百人宽度指标，由此计算出安全出口的总宽度，即实际需要设计的最小宽度。

1.百人宽度指标

百人宽度指标是每百人在允许疏散时间内，以单股人流形式疏散所需的疏散宽度。

$$百人宽度指标 = \frac{单股人流宽度 \times 100}{疏散时间 \times 每分钟每股人流量通过人数}$$

一般，一、二级耐火等级建筑疏散时间控制为 $2min$，三级耐火等级建筑疏散时间控制为 $1.5min$，根据上式可以计算出不同建筑每百人所需宽度。

影响安全出口宽度的因素很多，如建筑物的耐火等级与层数、使用人数、允许疏散时间、疏散路线是平地还是阶梯等。防火规范中规定的百人宽度指标是通过计算、调整得出的。

2.疏散宽度

（1）厂房疏散宽度

厂房内疏散楼梯、走道、门的各自总净宽度，应根据疏散人数按每 100 人的最小疏散净宽度不小于表 6-3 的规定计算确定。但疏散楼梯最小净宽度不宜小于 $1.10m$，疏散走道的净宽度不宜小于 $1.40m$，门的最小净宽度不宜小于 $0.90m$；当每层疏散人数不相等时，疏散楼梯的总净宽度应分层计算，下层楼梯总净宽度应按该层以及上疏散人数最多一层的疏散人数计算。

表 6-3　厂房内疏散楼梯、走道和门的每 100 人最小疏散净宽度

厂房层数 / 数	1 ～ 2	3	4
最小疏散净宽度 / （m/百人）	0.60	0.80	1.00

（2）高层民用建筑疏散宽度

公共建筑内疏散门和安全出口的净宽度不应小于 $0.90m$，疏散走道和疏散楼梯的净宽度不应小于 $1.10m$。

高层公共建筑内楼梯间的首层疏散门、首层疏散外门、疏散走道和疏散楼梯的最小净宽度应符合表 6-4 的规定。

表 6-4　高层公共建筑内楼梯间的首层疏散门、首层疏散外门
疏散走道和疏散楼梯的最小净宽度

建筑类别	楼梯间的高层疏散门、首层疏散外门	走道		疏散楼梯
		单面布房	双面布房	
高层医疗建筑	1.30	1.40	1.50	1.30
其他高层公共建筑	1.20	1.30	1.40	4.20

（3）电影院、礼堂、剧场疏散宽度

剧场、电影院、礼堂、体育馆等场所的疏散走道、疏散楼梯、疏散门、安全出口的各自总净宽度，应符合下列规定：

第一，观众厅内疏散走道的净宽度应按每100人不小于0.60m计算，且不应小于1.00m；边走道的净宽度不宜小于0.80m。布置疏散走道时，横走道之间的座位排数不宜超过20排；纵走道之间的座位数：剧场、电影院、礼堂等，每排不宜超过22个；体育馆，每排不宜超过26个；前后排座椅的排距不小于0.90m时，可增加1.0倍，但不得超过50个；仅一侧有纵走道时，座位数应减少一半。

第二，剧场、电影院、礼堂等场所供观众疏散的所有内门、外门、楼梯与走道的各自总净宽度，应根据疏散人数按每100人的最小疏散净宽度不小于表6-5的规定计算确定。

表6-5　剧场、电影院、礼堂等场所每100人所需最小疏散净宽度（m/百人）

观众厅座位数/座			≤2500	≤1200
耐火等级			一、二级	三级
疏散部位	门和走道	平坡地面	0.65	0.85
		阶梯地面	0.75	1.00
	楼梯		0.75	1.00

（4）体育馆疏散宽度

体育馆供观众疏散的所有内门、外门、楼梯和走道的各自总净宽度，应根据疏散人数按每100人的最小疏散净宽度不小于表6-6的规定计算确定。

表6-6　体育馆每100人所需最小疏散净宽度（m/百人）

观众厅座位数范围/座			3000～5000	5001～10000	10001～20000
疏散部位	门和走道	平坡地面	0.43	0.37	0.32
		阶梯地面	0.50	0.43	0.37
	楼梯		0.50	0.43	0.37

值得注意的是表中对应较大座位数范围按规定计算的疏散总净宽度，不应小于对应相邻较小位数范围按其最多座位数计算的疏散总净宽度，对于观众厅座位数少于3000个的体育馆，计算供观众疏散的所有内门、外门、楼梯和走道的各自总净宽度时，每100人的最小疏散净宽度不应小于表中的规定。

（5）其他民用建筑

除剧场、电影院、礼堂、体育馆外的其他公共建筑，且房间疏散门、安全出口、

疏散走道和疏散楼梯的各自总净宽度，应符合下列规定：

一是每层的房间疏散门、安全出口、疏散走道和疏散楼梯的各自总净宽度，应根据疏散人数按每100人的最小疏散净宽度不小于表6-7的规定计算确定。当每层疏散人数不等时，疏散楼梯的总净宽度可分层计算，地上建筑内下层楼梯的总净宽度应按该层及以上疏散人数最多一层的人数计算；地下建筑内上层楼梯的总净宽度按该层及以下疏散人数最多一层的人数计算。

表6-7　每层的房间疏散门、安全出口、疏散走道和疏散楼梯的

每100人最小疏散净宽度

建筑层数 一、二级		建筑的耐火等级		
		三级	四级	
地上楼层	1～2层	0.65	0.75	1.00
	3层	0.75	1.00	—
	≥4层	1.00	1.25	—
地下楼层	与地面出入口地面的离差△H≤10m	0.75	—	—
	与地面出入口地面的高差△H＞10m	1.00	—	—

第二，地下或半地下人员密集的厅、室和歌舞娱乐放映游艺场所，其房间疏散门、安全出口、疏散走道和疏散楼梯的各自总净宽度，应根据疏散人数按每100人不小于 $1.00m$ 计算确定。

第三，首层外门的总净宽度应按该建筑疏散人数最多一层人数计算确定，不供其他楼层人员疏散的外门，可按本层的疏散人数计算确定。

（三）疏散距离指标

1.公共建筑的安全疏散距离

公共建筑的安全疏散距离应符合下列规定：

第一，直通疏散走道的房间疏散门至最近安全出口的直线距离不应大于表6-8的规定。

表 6-8　直通疏散走道的房间疏散门至最近安全出口的直线距离（m）

名称			位于两个安全出口之间的疏散门			位于袋形走道两侧或尽端的疏散门		
		一、二级 三级	四级	一、二级	三级	四级		
托儿所、幼儿园老年人照料设施			25	20	15	20	15	10
歌舞娱乐放映游艺场所			25	20	15	9	—	—
医疗建筑	单、多层		35	30	25	20	15	10
	高层	病房部分	24	—	—	12	—	—
		其他部分	30	—	—	15		
教学 建筑	单、多层		35	30	25	22	20	10
	高层		30	—	—	15	—	—
高层旅馆、展览建筑			30	—	—	15		
其他 建筑	单、多层		40	35	25	22	20	15
			40	—	—	20	—	—

需要主要的是：

建筑内开向敞开式外廊的房间疏散门至最近安全出口的直线距离应按本表的规定增加 5m；直通疏散走道的房间疏散门至最近敞开楼梯间的直线距离，当房间位于两个楼梯间之间时，应按本表的规定减少 5m；当房间位于袋形走道两侧或尽端时，应按本衣的规定减少 2m；建筑物内全部设置自动喷水灭火系统时，其安全疏散距离可按本表的规定增加 25%。

第二，楼梯间应在首层直通室外，确有困难时，可在首层采用扩大的封闭楼梯间或防烟楼梯间前室。当层数不超过 4 层且未采用扩大的封闭楼梯间或防烟楼梯间前室时，可将直通室外的门设置在离楼梯间不大于 15m 处。

第三，房间内任一点至房间直通疏散走道的疏散门的直线距离，不应大于表内规定的袋形走道两侧或尽端的疏散门至最近安全出口的直线距离。

第四，一、二级耐火等级建筑内疏散门或安全出口不少于 2 个的观众厅、展览厅、多功能厅、餐厅、营业厅等，其室内任一点至最近疏散门或安全出口的直线距离不可

大于30m；当疏散门不能直通室外地面或疏散楼梯间时，应采用长度不大于10m的疏散走道通至最近的安全出口。当该场所设置自动喷水灭火系统时，室内任一点至最近安全出口的安全疏散距离可分别增加25%。

2. 住宅建筑的安全疏散距离

住宅建筑的安全疏散距离应符合下列规定：

第一，直通疏散走道的户门至最近安全出口的直线距离不应大于表6-9的规定。

表6-9　住宅建筑直通疏散走道的户门至最近安全出口的直线距离（m）

住宅建筑类别	位于两个安全出口之间的疏散门			位于袋形走道两侧或尽端的疏散门		
	一、二级	三级	四级	一、二级	三级	四级
单、多层	40	35	25	22	20	15
高层	40	—	—	20	—	—

值得注意的是：开向敞开式外廊的户门至最近安全出口的最大直线距离可按本表的规定增加5m；直通疏散走道的户门至最近敞开楼梯间的直线距离，当户门位于两个楼梯间之间时，应按本表的规定减少5m，当户门位于袋形走道两侧或尽端时，应按本表的规定减少2m；住宅建筑内全部设置自动喷水灭火系统时，其安全疏散距离可按本表及注前面第一句规定增加25%；跃廊式住宅的户门至最近安全出口的距离，应从户门算起，小楼梯的一段距离可按其水平投影长度的1.50倍计算。

第二，楼梯间应在首层直通室外，或在首层采用扩大的封闭楼梯间或防烟楼梯间前室。层数不超过4层时，可将直通室外的门设置在离楼梯间不大于15m处。

第三，户内任一点至直通疏散走道的户门的直线距离不应大于表6-9规定的袋形走道两侧或尽端的疏散门至最近安全出口最大直线距离。

第二节　安全出口

安全出口的位置、数量、宽度对人员安全疏散至关重要。建筑的使用性质、高度、区域的面积及内部布置、室内空间高度均对疏散出口的设计有密切影响。设计时应区别对待，充分考虑区域内使用人员的特性，而合理确定相应的疏散设施，为人员疏散提供安全的条件。

一、人员密度计算

（一）办公建筑

办公建筑包括办公室用房、公共用房、服务用房和设备用房等部分。办公室用房包括普通办公室和专用办公室，专用办公室指设计绘图室与研究工作室等。人员密度

可按普通办公室每人使用面积 $4m^2$，设计绘图室每人使用面积 $6m^2$，研究工作室每人使用面积 $5m^2$ 计算。公共用房包括会议室、对外办事厅、接待室、陈列室、公用厕所、开水间等。会议室分中小会议室和大会议室，中小会议室每人使用面积为：有会议桌的不应小于 $1.80m^2$，无会议桌的不应小于 $0.80m^2$。

（二）商场

商店的疏散人数应按每层营业厅的建筑面积乘以表6–10规定的人员密度计算。对于建材商店、家具和灯饰展示建筑，其人员密度可按表6–10规定值30%确定。

6-10　商店营业厅的人员密度（人 /m^2）

楼层位置	地下第二层	地下第一层	地上第一、二层	地上第三层	地上第四层及以上各层
人员密度	0.56	0.60	0.43 ～ 0.60	0.39 ～ 0.54	0.30 ～ 0.42

（三）歌舞娱乐放映游艺场所

录像厅、放映厅的疏散人数，应根据厅、室的建筑面积按 1.0 人 /m^2 计算；其他歌舞娱乐放映游艺场所的疏散人数，应根据厅、室的建筑面积按 0.5 人 /m^2 计算。

（四）餐饮场所

餐馆、饮食店、食堂等餐饮场所由餐厅或饮食厅、公用部分、厨房或饮食制作间和辅助部分组成。100 座及 100 座以上餐馆、食堂中的餐厅与厨房（包括辅助部分）的面积比（简称餐厨比）应符合：餐馆的餐厨比宜为 1：1.1；食堂餐厨比宜为 1：1。餐馆、饮食店、食堂的餐厅与饮食厅每座最小使用面积可按表6–11取值。

6-11　餐厅与饮食厅每座最小使用面积（m^2/ 座）

等级	类别		
	餐馆餐厅	饮食店饮食厅	食堂餐厅
一	1.30	1.30	1.10
二	1.10	1.10	0.85
三	1.00	—	—

有固定座位的场所，其疏散人数可按实际座位数的 1.1 倍计算。展览厅的疏散人数应根据展览厅的建筑面积按 0.75 人 /m^2 计算。

二、安全出口的宽度

安全出口的宽度设计不足，会在出口前出现滞留，延长疏散时间，并影响安全疏散。我国现行规范根据允许疏散时间来确定疏散通道的百人宽度指标，从而计算出安全出

口的总宽度，即实际需要设计的最小宽度。

（一）百人宽度指标

百人宽度指标是每百人在允许疏散时间内，以单股人流形式疏散所需的疏散宽度。

$$百人密度指标 = \frac{N}{A \cdot t} \cdot b$$

式中：N—疏散人数（即 100 人）；

t—允许疏散时间，min；

A—单股人流通行能力（平、坡地面为 43 人 /min，阶梯地面为 37 人 /min）

b—单股人流宽度，0.55–0.60m。

（二）疏散宽度

当建筑物使用人数不多，其安全出口的宽度经计算数值又很小时，为便于人员疏散，首层疏散外门、楼梯和走道应满足最小宽度的要求。

第一，公共建筑内疏散走道和楼梯的净宽度不应小于 1.1m，安全出口和疏散出口的净宽度不应小于 0.9m。

第二，人员密集的公共场所，如营业厅、观众厅、礼堂、电影院、剧场和体育场的观众厅，公共娱乐场所中的出入大厅，舞厅，候机（车、船）厅及医院的门诊大厅等面积较大，同一时间聚集人数较多的场所，疏散门的净宽度不可小于 1.4m，且紧靠门口内外各 1.4m 范围内不应设置踏步。室外疏散通道的净宽度不应小于 3.0m，并应直接通向宽敞地带。

1. 高层公共建筑疏散宽度

高层公共建筑的疏散楼梯和首层楼梯间的疏散门、首层疏散外门和疏散走道的最小净宽度应符合表 6-12 的要求。

表 6-12　高层公共建筑的疏散楼梯和首层搂梯间的疏散门、首层

疏散外门和疏散走道的最小净宽度（m/ 百人）

建筑类别	楼梯间的首层疏散门、首层疏散外门	走道宽度		疏散楼梯
		单面布房	双面布房	
高层医疗建筑	1.30	1.40	1.50	1.30
其他高层公共建筑	1.20	1.30	1.40	1.20

2. 电影院、礼堂、剧场疏散宽度

剧院、电影院、礼堂、体育馆等人员密集的公共场所的疏散走道、疏散楼梯、疏散出口或安全出口的各自总宽度应根据其通过人数和表 6-13 所示的疏散净宽度指标计算确定并应符合下列规定：

观众厅内疏散走道的净宽度，应按每百人不小于 0.60m 的净宽度计算，不应小于 1.00m；边走道的净宽度不宜小于 0.80m。

在布置疏散走道时，横走道之间的座位排数不宜超过 20 排；纵走道之间的座位数，

剧院、电影院、礼堂等每排不宜超过 22 个，体育馆每排不宜超过 26 个，前后排座椅的排距不小于 0.9m 时，可增加一倍，但不得超过 50 个，仅一侧有纵走道时，座位数应减少一半。

表 6-13 剧场、电影院、礼堂等场所每百人所需最小疏散净宽度（m/ 百人）

观众厅座位数（座）			< 2500	< 1200
耐火等级			一、二级	三级
疏散部位	门和走道	平坡地面	0.65	0.85
		阶梯地面	0.75	1.00
	楼梯		0.75	1.00

3. 体育馆疏散宽度

体育馆供观众疏散的所有内门、外门、楼梯和走道的各自总宽度，应按表 6-14 的规定计算确定。

表 6-14 体育馆每百人所需最小疏散净宽度（m/ 百人）

观众厅座位数档次（座）			3000 ~ 5000	5001 ~ 10000	10001 ~ 20000
疏散部位	门和走道	平坡地面	0.43	0.37	0.32
		阶梯地面	0.50	0.43	0.37
	楼梯		0.50	0.43	0.37

4. 其他公共建筑

除剧场、电影院、礼堂、体育馆外的其他公共建筑的房间疏散门、疏散走道、疏散楼梯和安全出口的各自总宽度，应按表 6-15 的要求计算确定。当疏散人数不等时，疏散楼梯总净宽度应按本层及以上各楼层人数最多的一层人数计算，地下建筑中上层楼梯的总宽度应按其下层人数最多一层的人数计算。

地下或半地下人员密集的厅和室等场所，其疏散走道、安全出口、疏散楼梯和房间疏散门的各自总宽度，应按其通过人数每百人不小于 1.00m 计算确定。

首层外门的总净宽度应按建筑疏散人数最多的一层人数计算确定，不用供其他楼层疏散的外门，可按本层疏散人数计算确定。

表 6-15 其他公共建筑中疏散楼梯、疏散出口和疏散走道
的每百人净宽度（m/ 百人）

建筑层数		耐火等级		
一、二级		三级	四级	
地上楼层	1 ~ 2 层	0.65	0.75	1.00
	3 层	0.75	1.00	—
	≥ 4 层	1.00	1.25	—
地下楼层	与地面出人口地面的高差 ≤ 10m	0.75	—	—
	与地面出人口地面的高差 > 10m	1.00	—	—

5. 住宅建筑疏散宽度

住宅建筑的户门、安全出口、疏散走道和疏散楼梯的各自总净宽度应经计算确定，且户门和安全出口的净宽度不应小于 0.90m，疏散走道、疏散楼梯和首层疏散外门的净宽度不应小于 1.10m。建筑高度不大于 18m 的住宅中一边设置栏杆的疏散楼梯，其净宽度不应小于 1.00m。

6. 木结构建筑疏散宽度

木结构建筑内疏散走道、安全出口、疏散楼梯和房间疏散门净宽度，应根据疏散人数按每百人的最小疏散净宽度不小于表 6-16 的规定计算确定。

表 6-16 疏散走道、安全出口、疏散楼梯和房间疏散门
每百人的最小疏散净宽度（m/ 百人）

层数	地上 1 ～ 2 层	地上 3 层
每百人的疏散净宽度	0.75	1.00

7. 厂房疏散宽度

厂房内疏散出口的最小净宽度不宜小于 0.9m；疏散走道的净宽度不宜小于 1.4m；疏散楼梯最小净宽度不宜小于 1.1m。厂房内的疏散楼梯、走道、门的总净宽度应根据疏散人数，按表 6-17 的规定计算确定。首层外门的总净宽度应按该层及以上疏散人数最多一层的疏散人数计算，且该门的最小净宽度应不小于 1.20m。

表 6-17 厂房疏散楼梯、走道和门的净宽度指标（m/ 百人）

厂房层数	一、二层	三层	≥四层
宽度指标	0.6	0.8	1.0

三、安全出口数量及设置要求

为了在发生火灾时能够迅速安全地疏散人员，在建筑防火设计时必须设置足够数量的安全出口。建筑内的安全出口和疏散门应分散布置，且建筑内每个防火分区或一个防火分区的每个楼层、每个住宅单元每层相邻两个安全出口以及每个房间相邻两个疏散门最近边缘之间的水平距离不应小于 5m。自动扶梯和电梯不应计做安全疏散设施。高层建筑直通室外的安全出口上方，应设置挑出宽度不小于 1.0m 的防护挑檐。

一、二级耐火等级的建筑，当一个防火分区的安全出口全部直通室外确有困难时，符合下列规定的防火分区可利用设置在相邻防火分区之间向疏散方向开启的甲级防火门作为安全出口：

第一，应采用防火墙与相邻防火分区进行分隔。

第二，该防火分区的建筑面积大于 1000m² 时，直通室外的安全出口数量不应少于 2 个；该防火分区的建筑面积小于等于 1000m² 时，直通室外的安全出口数量不应少于 1 个。

第三，防火分区通向相邻防火分区的疏散净宽度，不应大于计算所需总净宽度的 30%。

（一）公共建筑安全出口设置要求

公共建筑内每个防火分区或一个防火分区的每个楼层，其安全出口的数量应经计算确定，且不应少于2个；公共建筑内房间的疏散门数量应经计算确定且不应少于2个。

疏散门是人员安全疏散的主要出口。其设置应满足下列要求：

第一，民用建筑的疏散门，应采用向疏散方向开启的平开门，不应采用推拉门、卷帘门、吊门、转门和折叠门。除甲、乙类生产车间外，人数不超过60人且每樘门的平均疏散人数不超过30人的房间，其疏散门的开启方向不限。

第二，开向疏散楼梯或疏散楼梯间的门，在其完全开启时，不应减少楼梯平台的有效宽度。

第三，人员密集场所内平时需要控制人员随意出入的疏散门和设置门禁系统的住宅、宿舍、公寓建筑的外门，应保证火灾时不需使用钥匙等任何工具即能从内部打开，并应在显著位置设置具有使用提示的标识。

第四，除人员密集场所外，建筑面积不大于$500m^2$使用人数不超过30人且埋深不大于$10m$的地下或半地下建筑（室）需要设置2个安全出口时，其中一个安全出口可利用直通室外的金属竖向梯。

除歌舞娱乐放映游艺场所外，防火分区建筑面积不大于$200m^2$的地下或半地下设备间，防火分区建筑面积不大于$50m^2$且经常停留人数不超过15人的其他地下或半地下建筑（室），可设置1个安全出口或1部疏散楼梯。

除规范另有规定外，建筑面积不大于$200m^2$的地下或半地下设备间，建筑面积不大于$50m^2$且经常停留人数不超过15人的其他地下或半地下房间，可设置1个疏散门。

1. 设置1个安全出口或1部疏散楼梯的公共建筑

符合下列条件之一的公共建筑，可设置1个安全出口或1部疏散楼梯：

第一，除托儿所、幼儿园外，建筑面积不大于$200m^2$且人数不超过50人的单层建筑或多层建筑的首层。

第二，除医疗建筑、老年人建筑及托儿所、幼儿园的儿童用房和儿童游乐厅等儿童活动场所等外。

第三，一、二级耐火等级多层公共建筑，当设置不少于2部疏散楼梯且顶层局部升高层数不超过2层、人数之和不超过50人、每层建筑面积不大于$200m^2$时，该局部高出部位可设置一部与下部主体建筑楼梯间直接连通的疏散楼梯，但至少应另设置一个直通主体建筑上人平屋面的安全出口，该上人屋面应符合人员安全疏散要求。

2. 设置1个疏散门的公共建筑

除托儿所、幼儿园、老年人建筑、医疗建筑、教学建筑内位于走道尽端的房间外，符合下列条件之一的房间可设置1个疏散门：

第一，位于两个安全出口之间或袋形走道两侧的房间，针对托儿所、幼儿园、老年人建筑，建筑面积不大于$50m^2$；对于医疗建筑、教学建筑，建筑面积不大于$75m^2$；对于其他建筑或场所，建筑面积不大于$120m^2$。

第一，位于走道尽端的房间，建筑面积小于$50m^2$且疏散门的净宽度不小于$0.90m$，

或由房间内任一点至疏散门的直线距离不大于 15m、建筑面积不可大于 200m^2 且疏散门的净宽度不小于 1.40m。

第三，歌舞娱乐放映游艺场所内建筑面积不大于 50m^2 且经常停留人数不超过 15 人的厅、室。

3.体育馆与剧场等公共建筑疏散门的设置

剧场、电影院、礼堂和体育馆的观众厅或多功能厅，其疏散门的数量应经计算确定且不应少于 2 个，并应符合下列规定：

第一，对于剧场、电影院、礼堂的观众厅或多功能厅，每个疏散门的平均疏散人数不应超过 250 人；当容纳人数超过 2000 人时，其超过 2000 人的部分，每个疏散门的平均疏散人数不应超过 400 人。

第二，对于体育馆的观众厅，每个疏散门的平均疏散人数不宜超过 700 人。

（二）住宅建筑安全出口设置要求

住宅建筑安全出口的设置应符合下列规定：

第一，建筑高度不大于 27m 的建筑，当每个单元任一层的建筑面积大于 650m^2，或任一户门至最近安全出口的距离大于 15m 时，每个单元每层的安全出口不应少于 2 个。

第二，建筑高度大于 27m、不大于 54m 的建筑，每个单元任一层的建筑面积大于 650m^2，或任一户门至最近安全出口的距离大于 10m 时，每个单元每层的安全出口不应少于 2 个。

第三，建筑高度大于 54m 的单元建筑，每个单元每层的安全出口不应少于 2 个。

第四，建筑高度大于 27m、不大于 54m 的建筑，每个单元设置一座疏散楼梯时，疏散楼梯应通至屋面，且单元之间的疏散楼梯应能通过屋面连通，户门采用乙级防火门。当不能通至屋面或不能通过屋面连通时，应设置 2 个安全出口。

（三）厂房、仓库安全出口设置要求

厂房、仓库的疏散门应采用向疏散方向开启的平开门，丙、丁、戊类仓库首层靠墙的外侧可采用推拉门或卷帘门。

厂房、仓库的安全出口应分散布置。每个防火分区或一个防火分区的每个楼层，相邻 2 个安全出口最近边缘之间的水平距离不应小于 5m。厂房、仓库符合下列条件时，可设置一个安全出口：

第一，甲类厂房，每层建筑面积不超过 100m^2，且同一时间的生产人数不超过 5 人。

第二，乙类厂房，每层建筑面积不超过 150m^2，且同一时间的生产人数不超过 10 人。

第三，丙类厂房，每层建筑面积不超过 250m^2.且同一时间的生产人数不超过 20 人。

第四，丁、戊类厂房，每层建筑面积不超过 400m^2，且同一时间内的生产人数不超过 30 人。

第五，地下、半地下厂房或厂房的地下室、半地下室，建筑面积不大于 50m^2 且经常停留人数不超过 15 人。

第六，一座仓库的占地面积不大于 $300m^2$ 或防火分区的建筑面积不大于 $100m^2$。

第七，地下、半地下仓库或仓库的地下室、半地下室，建筑面积不大于 $100m^2$。

地下或半地下仓库（包括地下或半地下室），当有多个防火分区相邻布置并采用防火墙分隔时，每个防火分区可利用防火墙上通向相邻防火分区的甲级防火门作为第二安全出口，但每个防火分区必须至少有 1 个直通室外安全出口。

四、疏散走道

疏散走道贯穿整个安全疏散体系，是确保人员安全疏散的重要因素。其设计应简捷明了，便于寻找、辨别，避免布置成"S"形、"U"形或袋形。

（一）基本概念

疏散走道是指发生火灾时，建筑内人员从火灾现场逃往安全场所的通道。疏散走道的设置应保证逃离火场的人员进入走道后，能顺利地继续通行至楼梯间，到达安全地带。

（二）疏散走道设置基本要求疏散走道的布置

疏散走道设置基本要求疏散走道的布置应满足以下要求：

第一，走道应简捷，并按规定设置疏散指示标志和诱导灯。

第二，在 $1.8m$ 高度内不宜设置管道、门垛等突出物，走道中的门应向疏散方向开启。

第三，尽量避免设置袋形走道。

第四，疏散走道在防火分区处要设置常开甲级防火门。

第三节　疏散楼梯与前室

当建筑物发生火灾时，普通电梯没有采取有效的防火防烟措施，且供电中断，一般会停止运行，上部楼层的人员只有通过楼梯才能疏散到建筑物的外边，因此楼梯成为最主要的垂直疏散设施。

一、疏散设施布置原则

（一）疏散楼梯布置

1.平面布置

为了提高疏散楼梯的安全可靠程度，并在进行疏散楼梯的平面布置时，应满足下列防火要求：

第一，疏散楼梯宜设置在标准层（或防火分区）的两端，以便于为人们提供两个不同方向的疏散路线。

第二，疏散楼梯宜靠近电梯设置。发生火灾时，人们习惯于利用经常走的疏散路线进行疏散，而电梯则是人们经常使用的垂直交通运输工具，靠近电梯设置疏散楼梯，可将常用疏散路线与紧急疏散路线相结合，有利于人们快速进行疏散。如果电梯厅为开敞式时，为避免因高温烟气进入电梯井而切断通往疏散楼梯的通道，两者间应进行防火分隔。

第三，疏散楼梯宜靠外墙设置。这种布置方式有利于采用带开敞前室的疏散楼梯间，同时也便于自然采光、通风和进行火灾的扑救。

2.竖向布置

（1）疏散楼梯应保持上、下畅通

高层建筑的疏散楼梯应该通至平屋顶，当向下疏散的路径发生堵塞或被烟气切断时，以便人员能上到屋顶暂时避难，等待消防部门利用举高车或直升机进行救援。

（2）应避免不同的人流路线相互交叉

高层部分的疏散楼梯不应和低层公共部分（指裙房）的交通大厅、楼梯间、自动扶梯混杂交叉，以免紧急疏散时两部分人流发生冲突，引起堵塞与意外伤亡。

二、疏散楼梯间的一般要求

疏散楼梯间应该符合下面要求：

第一，楼梯间应能天然采光和自然通风，并宜靠外墙设置。靠外墙设置时，楼梯间及合用前室的窗口与两侧门、窗洞口最近边缘之间的水平距离不应小于 $1.0m$。

第二，楼梯间内不应设置烧水间、可燃材料储藏室、垃圾道。

第三，封闭楼梯间、防烟楼梯间及其前室不应设置卷帘。

第四，楼梯间内不应有影响疏散的凸出物或其他障碍物，不应敷设或穿越甲、乙、丙类液体的管道。

第五，封闭楼梯间、防烟楼梯间及其前室内禁止穿过或设置可燃气体管道。敞开楼梯间内不应设置可燃气体管道，当住宅建筑的敞开楼梯间内确需设置可燃气体管道和可燃气体计量表时，应采用金属配管和设置切断气源的阀门。

第六，除通向避难层错位的疏散楼梯外，建筑中的疏散楼梯间在各层的平面位置不应改变。

第七，用作丁、戊类厂房内第二安全出口的楼梯可采用金属梯，但净宽度不应小于 $0.90m$，倾斜角度不应大于 $45°$。

丁、戊类高层厂房，当每层工作平台上的人数不超过 2 人且各层工作平台上同时工作的人数总和不超过 10 人时，其疏散楼梯可采用敞开楼梯或利用净宽度不小于 $0.90m$、倾斜角度不大于 $60°$ 的金属梯。

第八，疏散用楼梯和疏散通道上的阶梯不宜采用螺旋楼梯和扇形踏步。必须采用时，踏步上、下两级所形成的平面角度不应大于 $10°$，且每级离扶手 $250mm$ 处的踏步深度不应小于 $220mm$。

第九，除住宅建筑套内的自用楼梯外，地下、半地下室和地上层不应共用楼梯间，

必须共用楼梯间时，在首层应采用耐火极限不低于2.00h的不燃烧体隔墙和乙级防火门将地下、半地下部分与地上部分的连通部位完全分隔，应有明显标志。

三、敞开楼梯间

敞开楼梯间是低、多层建筑常用的基本形式，也称普通楼梯间。该楼梯的典型特征是，楼梯与走廊或大厅都是敞开在建筑物内，在发生火灾时不能阻挡烟气进入，而且可能成为向其他楼层蔓延的主要通道。敞开楼梯间安全可靠程度不大，但使用方便、经济，适用于低、多层的居住建筑和公共建筑中。

四、封闭楼梯间

封闭楼梯间（*enclosed staircase*），指在楼梯间入口处设置门，以防止火灾的烟和热气进入的楼梯间。封闭楼梯间有墙和门与走道分隔，比敞开楼梯间安全。但因其只设有一道门，在火灾情况下进行人员疏散时难以保证不使烟气进入楼梯间，所以对封闭楼梯间的使用范围应加以限制。

（一）封闭楼梯间的适用范围

1.公共建筑

多层公共建筑的疏散楼梯，除与敞开式外廊直接相连的楼梯间外，均应采用封闭楼梯间。具体如下：

第一，医疗建筑、旅馆、老年人建筑及类似使用功能的建筑；

第二，设置歌舞娱乐放映游艺场所的建筑；

第三，商店、图书馆、展览建筑、会议中心及类似使用功能的建筑；

第四，6层及以上的其他建筑；

第五，高层建筑的裙房和建筑高度不超过32m的二类高层公共建筑。

2.住宅建筑

建筑高度不大于21m的住宅建筑可采用敞开楼梯间；与电梯井相邻布置的疏散楼梯应采用封闭楼梯间；当户门采用乙级防火门时，其仍可采用敞开楼梯间。建筑高度大于21m、不大于33m的住宅建筑应采用封闭楼梯间；当户门采用乙级防火门时，可采用敞开楼梯间。

3.厂房和仓库

甲、乙、丙类多层厂房、高层厂房和高层仓库的疏散楼梯应采用封闭楼梯间。

（二）封闭楼梯间的设置要求

封闭楼梯间除应满足楼梯间的设置要求外，还应满足以下几个方面：

第一，不能自然通风或自然通风不能满足要求时，应设置机械加压送风系统或采用防烟楼梯间。

第二，除楼梯间的出入口和外窗外，楼梯间的墙上不应开设其他门、窗、洞口。

第三，高层建筑、人员密集的公共建筑、人员密集的多层丙类厂房、甲和乙类厂房，其封闭楼梯间的门应采用乙级防火门，并应向疏散方向开启；其他建筑，可采用双向弹簧门。

第四，楼梯间的首层可将走道和门厅等包括在楼梯间内形成扩大的封闭楼梯间，但应采用乙级防火门等与其他走道与房间分隔。

五、防烟楼梯间

防烟楼梯间（*smoke-proof staircase*），指在楼梯间入口处设置防烟的前室、开敞式阳台或凹廊（统称前室）等设施，且通向前室和楼梯间的门均为防火门，以防止火灾的烟和热气进入的楼梯间。防烟楼梯间设有两道防火门和防排烟设施，发生火灾时能作为安全疏散通道，是高层建筑等火灾危险等级高的场所常采用的楼梯间形式。

（一）防烟楼梯间的类型

1.带阳台或凹廊的防烟楼梯间

带开敞阳台或凹廊的防烟楼梯间的特点是以阳台或是凹廊作为前室，疏散人员须通过开敞的前室和两道防火门才能进入楼梯间内。

2.带前室的防烟楼梯间

（1）利用自然通风的防烟楼梯间

在平面布置时，设靠外墙的前室，并在外墙上设有开启面积不小于 $2m^2$ 的窗户，平时可以是关闭状态，但发生火灾时窗户应全部开启。由走道进入前室和由前室进入楼梯间的门必须是乙级防火门，平时及火灾时乙级防火门处于关闭状态。

（2）采用机械防烟的楼梯间

楼梯间位于建筑物的内部，为防止火灾时烟气侵入，采用机械加压方式进行防烟，如图 6-18 所示。加压方式有给楼梯间加压（见图 6-18*a*）、分别对楼梯间和前室加压（见图 6-18*b*）以及仅对前室或合用前室加压（（见图 6-18*c*）等不同方式。

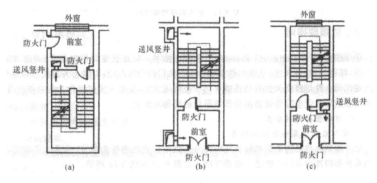

图 6-18　采用机械防烟的楼梯间

（二）防烟楼梯间的适用范围

在下列情况下应设置防烟楼梯间：

第一，一类高层建筑及建筑高度大于 32m 的二类高层建筑。

第二，建筑高度大于 33m 的住宅建筑。

第三，建筑高度大于 32m 且任一层人数超过 10 人的高层厂房。

第四，除住宅建筑套内的自用楼梯外，室内地面与室外出入口地坪高差大于 10m 或 3 层及以上的地下、半地下建筑（室）。

（三）防烟楼梯间的设置要求

防烟楼梯间除应满足疏散楼梯的设置要求外，还应满足以下要求：

第一，应设置防烟设施。

第二，前室可与消防电梯间前室合用。

第三，前室的使用面积：公共建筑、高层厂房（仓库），不应小于 6.0m²；住宅建筑，不应小于 4.5m²。与消防电梯间前室合用时，合用前室的使用面积：公共建筑、高层厂房（仓库），不应小于 10.0m²；住宅建筑，不应小于 6.0m²。

第四，疏散走道通向前室以及前室通向楼梯间的门应采用乙级防火门。

第五，除住宅建筑的楼梯间前室外，防烟楼梯间和前室内的墙上不应开设除疏散门和送风口外的其他门、窗、洞口。

第六，楼梯间的首层可将走道和门厅等包括在楼梯间前室内形成扩大的前室，但应采用乙级防火门等与其他走道和房间分隔。

六、室外疏散楼梯

在建筑的外墙上设置全部敞开的室外楼梯，不会受烟火的威胁，防烟效果和经济性都较好。

（一）室外楼梯的适用范围

设置封闭楼梯间的高层厂房和甲、乙、丙类多层厂房及设置防烟楼梯间的建筑高度大于 32m 且任一层人数超过 10 人的厂房也可以设置室外楼梯间。

（二）室外楼梯的构造要求

室外楼梯作为疏散楼梯应符合下列规定：

第一，栏杆扶手的高度不应小于 1.1m；楼梯的净宽度不应小于 0.9m。

第二，倾斜度不应大于 45°。

第三，楼梯和平台均应采取不燃材料制作。平台的耐火极限不应低于 1.00h，楼梯段的耐火极限不应低于 0.25h。

第四，通向室外楼梯的门宜采用乙级防火门，并应向室外开启。

第五，除疏散门外，楼梯周围 2.0m 内的墙面上不应设置其他门、窗洞口，疏散门

不应正对楼梯段。

高度大于 10m 的三级耐火等级建筑应设置通至屋顶的室外消防梯。室外消防梯不应面对老虎窗，宽度不应小于 0.6m，且宜从离地面 3.0m 高处设置。

七、剪刀楼梯

剪刀楼梯，又名叠合楼梯或套梯，是在同一个楼梯间内设置一对相互交叉又相互隔绝的疏散楼梯。剪刀楼梯在每层楼层之间的梯段一般为单跑梯段。剪刀楼梯的特点是，同一个楼梯间内设有两部疏散楼梯，并构成两个出口，有利于在较为狭窄的空间内组织双向疏散。

高层公共建筑的疏散楼梯，当分散设置确有困难且从任一疏散门至最近疏散楼梯间入口的距离不大于 10m 时，可采用剪刀楼梯间，但应符合下列规定：

第一，楼梯间应为防烟楼梯间。

第二，梯段之间应设置耐火极限不低于 1.00h 的防火隔墙。

第三，楼梯间的前室应分别设置。

住宅单元的疏散楼梯，当分散设置确有困难且任一户门至最近疏散楼梯间入口的距离不大于 10m 时，可采用剪刀楼梯间，但应符合下列规定：

第一，应采用防烟楼梯间。

第二，梯段之间应设置耐火极限不低于 *1.00h* 的防火隔墙。

第三，楼梯间的前室不宜共用；共用时，前室的使用面积不应小于 6.0m²。

第四，楼梯间的前室或共用前室不宜与消防电梯的前室合用；楼梯间的共用前室与消防电梯的前室合用时，合用前室的使用面积不应小于 12.0m²，且短边不应小于 2.4m。

第四节　避难层（间）

避难层（间）[*refuge flood（room）*]，指建筑内用于人员暂时躲避火灾及其烟气危害的楼层（房间）。避难层是超高层建筑中专供发生火灾时人员临时避难使用的楼层，如果作为避难使用的只有几个房间，则这几个房间称为避难间。

一、避难层（间）

（一）避难层（间）的设置条件及避难人员面积指标

1.设置条件

建筑高度超过 100m 的公共建筑和住宅建筑应设置避难层。

2.面积指标

避难层（间）的净面积应能满足设计避难人数避难的要求，应按 5 人 /m² 计算。

（二）避难层（间）的设置数量

根据配备 $50m$ 高云梯车的操作要求，规范规定从首层到第一个避难层之间的高度不应大于 $50m$，以便火灾时可将停留在避难层的人员由云梯车救援下来。结合各种机电设备及管道等所在设备层的布置需要和使用管理以及普通人爬楼梯的体力消耗情况，两个避难层之间的高度不大于 $50m$。

（三）避难层（间）的防火构造要求

第一，为保证避难层具有较长时间抵抗火烧的能力，其耐火极限不应低于 $2.00h$。

第二，为保证避难层下部楼层起火时不致使避难层地面温度过高，在楼板上宜设隔热层。

第三，避难层可兼做设备层。在设计时应注意，各种设备、管道竖井应集中布置，分隔成间，既方便设备的维护管理，又可使避难层的面积完整，易燃、可燃液体或气体管道应集中布置，并采用耐火极限不低于 $3.00h$ 的防火隔墙与避难区分隔；管道井、设备间应采用耐火极限不低于 $2.00h$ 的防火隔墙与避难区分隔，管道井和设备间的门不应直接开向避难区；确需直接开向避难区时，与避难层区出入口的距离不应小于 $5m$，且应采用平级防火门。

第四，避难间内不应设置易燃、可燃液体或气体管道，不可开设除外窗、疏散门之外的其他开口。

（四）避难层（间）的安全疏散

为保证避难层（间）在建筑物起火时能正常发挥作用，避难层（间）应至少有两个不同的疏散方向可供疏散。通向避难层（间）的防烟楼梯间，其上下层应同层错位或断开布置，这样楼梯间里的人都要经过避难层才能上楼或下楼，为疏散人员提供了继续疏散还是停留避难的选择机会。同时，使上、下层楼梯间不能相互贯通，减弱了楼梯间的"烟囱"效应。在避难层（间）进入楼梯间的入口处和疏散楼梯通向避难层（间）的出口处，应设置明显的指示标志。

为了保障人员安全，消除或减轻人们的恐惧心理，在避难层应设应急照明，其供电时间不应小于 $1.50h$，照度不应低于 $3.00Lx$。

避难层应设置消防电梯出口。消防电梯是供消防人员灭火和救援使用的设施，在避难层必须停靠。

（五）通风与防排烟系统

应设置直接对外的可开启窗口或独立的机械防烟设施，外窗应采用乙级防火窗。

（六）灭火设施

为了扑救超高层建筑及避难层的火灾，在避难层应配置消火栓以及消防软管卷盘。

（七）消防专线电话和应急广播设备

避难层在火灾时停留为数众多的避难者，为及时和防灾中心及地面消防部门互通信息，避难层应设置消防专线电话和应急广播。

二、医疗建筑的避难间

高层病房楼应在二层及以上的病房楼层和洁净手术部设置避难间。避难间应符合下列规定：

第一，避难间服务的护理单元不应超过 2 个，其净面积应按每个护理单元不小于 $25.0m^2$ 确定。

第二，避难间兼做其他用途时，应保证人员的避难安全，且不得减少可供避难的净面积。

第三，应靠近楼梯间，并应采用耐火极限不低于 $2.00h$ 的防火隔墙和甲级防火门与其他部位分隔。

第四，应设置消防专线电话和应急广播设备。

第五，在避难间进入楼梯间的入口处和疏散楼梯通向避难间的出口处，应设置明显的指示标志。疏散照明的地面最低水平照度不应低于 $10.0Lx$。

第六，应设置直接对外的可开启窗口或独立的机械防烟设施，外窗应采用乙级防火窗。

三、避难走道

（一）基本概念

避难走道（*exit passageway*）是指采取防烟措施且两侧设置耐火极限不低于 $3.00h$ 的防火隔墙，用于人员安全通行至室外走道。

（二）避难走道设置要求

避难走道的设置应符合下列规定：

第一，避难走道防火隔墙的耐火极限不应低于 $3.00h$，楼板的耐火极限不应低于 $1.50h$。

第二，走道直通地面的出口不应少于 2 个，并应设置在不同方向；当走道仅与一个防火分区相通且该防火分区至少有 1 个直通室外的安全出口时，可设置 1 个直通地面的出口；任一防火分区通向避难走道的门至该避难走道最近直通地面的出口距离不应大于 $60m$。

第三，走道的净宽度不应小于任一防火分区通向走道的设计疏散总净宽度。

第四，走道内部装修材料的燃烧性能应为 A 级。

第五，防火分区至避难走道入口处应设置防烟前室，前室的使用面积不小于 $6.0m^2$，

开向前室的门应采用甲级防火门，前室开向避难走道的门应采用乙级防火门。

第六，走道内应设置消火栓、消防应急照明、应急广播和消防专线电话。

第五节　辅助疏散设施

一、屋顶直升机停机坪

对于高层建筑，尤其是建筑高度超过100m的高层建筑，人员疏散及消防救援难度大，设置屋顶直升机停机坪，可为消防救援提供条件。

（一）直升机停机坪的设置范围

建筑高度大于100m且标准层建筑面积大于2000m^2的公共建筑，宜在屋顶设置直升机停机坪或供直升机救助的设施。

（二）直升机停机坪的设置要求

1.起降区

（1）起降区面积的大小

当采用圆形与方形平面的停机坪时，其直径或边长尺寸应等于直升机机翼直径的1.5倍；当采用矩形平面时，其短边尺寸大于或等于直升机的长度。并在此范围5米内，不应设置设备机房、电梯机房、水箱间、共用天线、旗杆等突出物。

（2）起降区场地的耐压强度

由直升机的动荷载、静荷载以及起落架的构造形式决定，同时考虑冲击荷载的影响，以防直升机降落控制不良，而破坏建筑物。通常，按所承受集中荷载不大于直升机总重的75%考虑。

（3）起降区的标志

停机坪四周应设置航空障碍灯，并应设置应急照明。特别是当一幢大楼的屋顶层局部为停机坪时，这种停机坪标志尤为重要。停机坪起降区常用符号"H"表示，符号所用色彩为白色，需与周围地区取得较好对比时亦可采用黄色，在浅色地面上时可加上黑色边框，使之更为醒目。

2.设置待救区与出口

设置待救区，以容纳疏散到屋顶停机坪的避难人员。可用钢制栅栏等与直升机起降区分隔，防止避难人员涌至直升机处，延误营救时间或造成事故。待救区应设置不少于2个通向停机坪的出口，每个出口的宽度不宜小于0.90m，其门应向疏散方向开启。

3.夜间照明

停机坪四周应设置航空障碍灯，并应设置应急照明，以保障夜间的起降。

4.设置灭火设备

在停机坪的适当位置应设置消火栓，用于扑救避难人员携带来火种，以及直升机可能发生的火灾。

5.其他要求

应符合国家现行航空管理有关标准的规定。

二、应急照明及疏散指示标志

在发生火灾时，为了保证人员的安全疏散以及消防扑救人员的正常工作，必须保持一定的电光源，据此设置的照明总称为火灾应急照明；为防止疏散通道在火灾下骤然变暗就要保证一定的亮度，抑制人们心理上的惊慌，确保疏散安全，以显眼的文字、鲜明的箭头标记指明疏散方向，引导疏散。该种用信号标记的照明，称为疏散指示标志。

（一）应急照明

1.设置场所

除建筑高度小于 $27m$ 的住宅建筑外，民用建筑、厂房与丙类仓库的下列部位应设置疏散照明：

第一，封闭楼梯间、防烟楼梯间及其前室、消防电梯间的前室或合用前室避难走道和避难层（间 h

第二，观众厅、展览厅、多功能厅和建筑面积大于 $200m^2$ 的营业厅、餐厅、演播室等人员密集的场所；

第三，建筑面积大于 $100m^2$ 的地下或半地下公共活动场所；

第四，公共建筑内的疏散走道；

第五，人员密集的厂房内的生产场所及疏散走道。

2.设置要求

建筑内疏散照明的地面最低水平照度应符合下列规定：

第一，对于疏散走道，不应低于 $1.0Lx$；

第二，对于人员密集场所、避难层（间），不应低于 $3.0Lx$；对于病房楼或手术部的避难间，不应低于 $10.0Lx$；

第三，对于楼梯间、前室或合用前室、避难走道，不应低于 $5.0Lx$。

第四，消防控制室、消防水泵房、自备发电机房、配电室、防排烟机房以及发生火灾时仍需正常工作的消防设备房应设置备用照明，其作业面的最低照度不应低于正常照明的照度。

第五，疏散照明灯具应设置在出口的顶部、墙面上部或顶棚上；备用照明灯具应设置在墙面的上部或顶棚上。

（二）疏散指示标志

1.设置场所

公共建筑指建筑高度大于 $54m$ 的住宅建筑，高层厂房（库房）和甲、乙、丙类单、

多层厂房，应设置灯光疏散指示标志。

下列建筑或场所应在疏散走道和主要疏散路径的地面上增设能保持视觉连续的灯光疏散指示标志或蓄光疏散指示标志：

第一，总建筑面积大于 $8000m^2$ 的展览建筑。

第二，总建筑面积大于 $5000m^2$ 的地上商店。

第三，总建筑面积大于 $500m^2$ 的地下或是半地下商店。

第四，歌舞娱乐放映游艺场所。

第五，座位数超过 1500 个的电影院、剧场，座位数超过 3000 个的体育馆、会堂或礼堂。

第六，车站、码头建筑和民用机场航站楼中建筑面积大于 $3000m^2$ 的候车厅、候船厅和航站楼的公共区。

2. 设置要求

第一，应设置在安全出口和人员密集的场所的疏散门的正上方。

第二，应设置在疏散走道及其转角处距地面高度 $1.0m$ 以下的墙面或地面上。灯光疏散指示标志的间距不应大于 $20m$；对于袋形走道，不应大于 $10m$；在走道转角区，不应大于 $1.0m$。

（三）应急照明和疏散指示标志的共同要求

第一，建筑内设置的消防疏散指示标志和消防应急照明灯具，应符合国家相应规定；

第二，应急照明和疏散指示标志备用电源的连续供电时间，对于高度超过 $100m$ 的民用建筑不应少于 $1.50h$，医疗建筑、老年人建筑、总建筑面积大于 $100000m^2$ 的公共建筑和总建筑面积大于 $20000m^2$ 的地下、半地下建筑，不应少于 $1.00h$；对于其他建筑不应少于 $0.50h$。

三、避难袋

避难袋的构造有三层，最外层由玻璃纤维制成，可耐 800℃；的高温；第二层为弹性制动层，束缚下滑的人体和控制下滑的速度；内层张力大而柔软，致使人体以舒适的速度向下滑降。

避难袋可用在建筑物内部，也可用于建筑物外部。用于建筑内部时，避难袋设于防火竖井内，人员打开防火门进入按层分段设置的袋中，即可滑到下一层或下几层。用于建筑外部时，装设在低层建筑窗口处的固定设施内，失火后将其取出向窗外打开，通过避难袋滑到室外地面。

四、缓降器

缓降器是高层建筑的下滑自救器具，由于其操作简单，下滑平稳，是目前市场上应用最广泛的辅助安全疏散产品。消防队员还可带着一人滑至地面。对于伤员、老人、体弱者或儿童，可由地面人员控制从而安全降至地面。

缓降器由摩擦棒、套筒、自救绳和绳盒等组成，无须其他动力，通过制动机构控制缓降绳索的下降速度，让使用者在保持一定速度平衡的前提下，安全地缓降至地面。有的缓降器用阻燃套袋替代传统的安全带，这种阻燃套袋可以将逃生人员包括头部在内的全身保护起来，以阻挡热辐射，并缓解逃生人员下视地面的恐高情绪。缓降器根据自救绳的长度分为三种规格：绳长 $38m$ 适用于 $6 \sim 10$ 层；绳长 $53m$ 适用于 $11 \sim 16$ 层；绳长 $74m$ 适用于 $16 \sim 20$ 层。

使用缓降器时将自救绳和安全钩牢固地系在楼内的固定物上，把垫子放在绳子和楼房结构中间，以防自救绳磨损。疏散人员穿戴好安全带和防护手套后，携带好自救绳盒或将盒子抛到楼下，将安全带和缓降器的安全钩挂牢。然后一手握套筒，一手拉住由缓降器下引出的自救绳开始下滑。可用放松或拉紧自救绳的方法控制速度，放松为正常下滑速度，拉紧为减速直到停止。第一个人滑到地面后，第二个人方开始使用。

五、避难滑梯

避难滑梯是一种非常适合病房楼建筑的辅助疏散设施。当发生火灾时病房楼中的伤病员、孕妇等行动缓慢的病人，可在医护人员的帮助下，由外连通阳台进入避难滑梯，靠重力下滑到室外地面或安全区域从而逃生。

避难滑梯是一种螺旋形的滑道，节省占地、简便易用、安全可靠、外观别致，能适应各种高度的建筑物，是高层病房楼理想的辅助安全疏散设施。

六、室外疏散救援舱

室外疏散救援舱由平时折叠存放在屋顶的一个或多个逃生救援舱和外墙安装的齿轨两部分组成。火灾时专业人员用屋顶安装的绞车将展开后的逃生救援舱引入建筑外墙安装的滑轨，逃生救援舱可以同时与多个楼层走道的窗口对接，将高层建筑内的被困人员送到地面，在上升时又可将消防队员等应急救援人员送到建筑内。

室外疏散救援舱比缩放式滑道和缓降器复杂，一次性投资较大，需要由受过专门训练的人员使用和控制，而且需要定期维护、保养和检查，作为其动力的屋顶绞车必须有可靠的动力保障。其优点是每往复运行一次可以疏散多人，尤其适合于疏散乘坐轮椅的残疾人和其他行动不便的人员，其在向下运行将被困人员送到地面后，还可以在向上运行时将救援人员输送到上部。

七、缩放式滑道

采用耐磨，阻燃的尼龙材料和高强度金属圈骨架制作成可缩放式的滑道，平时折叠存放在高层建筑的顶楼或其他楼层。火灾时可打开释放到地面，并将末端固定在地面事先确定的锚固点，被困人员依次进入后，滑降到地面。紧急情况下，也可以用云梯车在贴近高层建筑被困人员所处的窗口展开，甚至可以用直升机投放到高层建筑的屋顶，由消防人员展开后疏散屋顶的被困人员。

这类产品的关键指标是合理设置下滑角度，通过滑道材料与使用者身体之间的摩擦有效控制下滑速度。

八、城市交通隧道

城市交通隧道一般包括公路隧道、地铁隧道和其他交通隧道等。不同类别的隧道在火灾防护上没有本质的区别。原则上均应根据隧道允许通行的车辆和货物来考虑其可能的火灾场景，从而确定有效的消防安全措施。因隧道是一种与外界直接连通口有限的相对封闭空间，其内有限的逃生条件和热烟排出口使隧道火灾具有燃烧后周围温度升高快、持续时间长、着火范围往往较大、消防扑救与进入困难等特点。因此，隧道的消防安全控制目标主要是：提供可能的疏散设施，减少人员伤亡；方便救援和灭火行动；避免隧道内衬爆裂，通过对隧道结构、设备的防护，减小隧道修复和因隧道中断所造成的损失。

城市交通隧道的防火设计，应综合考虑隧道内的交通组成、隧道的用途、自然条件、长度等因素。主要原因是：

第一，因为隧道的用途及交通组成、可燃物数量与种类，决定了隧道火灾的可能规模及其火灾的增长过程，影响隧道火灾时可能逃生人员的数量及其疏散设施的布置；

第二，因为隧道的地理条件和隧道长度等，决定了消防人员的到达速度和隧道内人员逃生的难易程度，以及防、排烟与通风的技术要求；

第三，因为隧道的通风与排烟等因素，会对火灾中人员的逃生、消防人员对火灾的控制与扑救等产生很大的影响。所以，在设计中必须综合考虑好诸方面的因素。

（一）隧道防火设计的一般要求

1.隧道类别的划分

根据交通隧道的火灾危险因素，应合理划分隧道的类别。

（1）隧道的潜在火灾危险

隧道的潜在火灾危险，有如下因素：

一是隧道越长火灾危险性越大；

二是隧道内运输危险材料增加火灾危险；

三是隧道内多为双向行车道，加大了其火灾危险性；

四是车流量和车载量的日益增加而增大了隧道的火灾荷载；

五是机动车因机械故障而造成的火灾概率增加。

（2）隧道的分类

根据单孔和双孔隧道的封闭段长度及交通情况，划分为一、二、三、四类，见表6-19。

表 6-19　城市隧道分类

隧道用途	隧道的封闭段长度 L （m）			
	一类	二类	三类	四类
可通行危险化学品等机动车	$L > 1500$	$500 < L < 1500$	$1 \leqslant 500$	—
仅限通行非危险化学品机动车	$L > 3000$	$1500 < IX3000$	$500 < L \leqslant 1500$	$L \leqslant 500$
仅限人行或通行非机动车	—	—	$L > 1500$	$L \leqslant 1500$

2. 隧道结构的防火及装修要求

（1）隧道结构的耐火极限要求

隧道建筑构件耐火极限的测定，因为特定环境及燃烧发展状况与其他的火灾有区别，故采用不同方法。

隧道的空间相对封闭、热量难以扩散，采用的 *RABT* 曲线，模拟了火灾初期升温快、有较强的热冲击、随后由于缺氧状态快速降温隧道火灾。

隧道内承重结构体的耐火极限不应低于表 6-20 要求。

表 6-20　隧道内承重结构体的耐火极限

隧道分类		耐火极限（h）	采用的测定曲线和判定标准	备注
一类		2.00	RABT 曲线	水底隧道的顶部应设置抗热冲击、耐高温的防火衬砌。其耐火极限应按相应隧道的类别确定。
二类		1.50	RABT 曲线	
三类	通行机动车	2.00	HC 曲线	
	仅限人行和通行机动车	2.00	ISO 标准时间—温度曲线	
四类		不限	ISO 标准时间—温度曲线	

隧道内附设的地下设备用房、风井、消防出入口的耐火等级应为一级。地面重要的设备用房、运营管理中心及其他地面附属用房的耐火等级不可应低于二级。

（2）隧道内地下设备用房的防火分区与出口设置

第一，隧道内附设的地下设备用房，每个防火分区的最大允许建筑面积不应大于 $1500m^2$；

第二，每个防火分区的安全出口数量不应少于 2 个；

第三，与车道或其他防火分区相通的出口可作为第二安全出口，但必须有一个直通室外的安全出口。

第四，建筑面积不大于 $500m^2$ 且无人值守的设备用房可设置 1 个直通室外的安全出口。

3. 装修材料要求

隧道内的装修材料除添缝材料外，可以采用不燃材料。

4. 隧道内机动车道的设置

通行机动车的双孔隧道，其车行横通道或车行疏散通道设置应符合下列要求：

一是水底隧道宜设置车行横通道或车行疏散通道。车行横通道间隔及隧道通向车行疏散通道的人口间隔，宜为 1000 ~ 1500m。

二是非水底隧道应设置车行横通道或者车行疏散通道。车行横通道的间隔和隧道通向车行疏散通道人口的间隔不宜大于 1000m。

三是车行横道应沿垂直隧道长度方向布置，并应通向相邻隧道；车行疏散通道应沿隧道长度方向布置在双孔中间，并应直通隧道外。

四是车行横道和车行疏散通道的净宽度不应小于 4.0m，净高度不应小于 4.5m。

五是隧道与车行横道或车行疏散通道的连通处，应采取防火分隔措施。

六是隧道内的变电所、管廊、专用疏散通道、通风机房及其他辅助用房等，应采取耐火极限不低于 2.00h 的防火隔墙和乙级防火门等分隔措施与车行隧道分隔。

5. 通车隧道内人行通道的设置

双孔隧道应设置人行横通道或人行疏散通道。其人行横通道或人行疏散通道的设置应符合下列要求：

一是人行横通道间隔及隧道通向人行横通道的人口间隔，宜为 250 ~ 300m。

二是人行疏散横通道应沿垂直双孔隧道长度方向设置，并应通向相邻隧道。人行疏散通道应沿隧道长度方向设置在双孔中间，并应直通隧道外。

三是人行横通道可利用车行横通道。

四是人行横通道或人行疏散通道的净宽度不应小于 1.2m，净高度不应小于 2.1m。

五是隧道与人行横通道或人行疏散通道的连通处，应采取防火分隔措施，门应该采用乙级防火门。

六是单孔隧道宜设置直通室外的人员疏散门或独立避难所等避难设施。

（二）消防给水与灭火设施

1. 消防给水系统

在进行城市交通隧道的规划和设计时，应同时设计消防给水系统。对于四类隧道和行人或通行非机动车辆的三类隧道可不设置消防给水系统。

消防给水系统的设置应符合下列要求：

一是消防水源和供水管网应符合国家现行有关规范的规定；可由城市给水管网、天然水源或消防水池解决，天然水源应有可靠的取水设施。供水管网的设计应符合建筑室外消防给水管道的布置要求。

二是消防用水量应按隧道的火灾延续时间和隧道全线同一时间内发生一次火灾计算确定。一、二类隧道的火灾延续时间不应小于 3.00h；三类隧道不应小于 2.00h。

三是隧道内宜设置独立的消防给水系统。严寒和寒冷地区的消防给水管道及室外消火栓应采取防冻措施。当采取干式系统时，应在管网最高部位设置排气阀，管道充水时间不宜大于 90s。

四是隧道内的消火栓用水量不应小于 20L/s，隧道洞口外消火栓用水量不应小于 30L/s。长度小于 1000m 的三类隧道，其隧道内和隧道洞口外的消火栓用水量可分别

为 10L/s 和 20L/s。

隧道内的消防用水量应按需要同时开启所有灭火设施的用水量之和计算；当隧道内设置有消火栓系统和自动灭火系统并需要同时启动时，隧道内的消火栓用水量可减少 50%，但不得小于 10L/s。

五是管道内的消防供水压力应保证用水量最大时最不利点的充实水柱不应小于 10m。当消火栓的出水压力超过 0.5MPa 时，应设置减压设施。

六是在隧道出入口处应设置消防水泵结合器和室外消火栓。

七是隧道内消火栓的间距不应大于 50m。消火栓的栓口距地面的高度宜为 1.1m。

八是设置消防水泵供水设施的隧道，应在消火栓箱内设置消防水泵启动按钮。

九是应在隧道内单侧设置室内消火栓，消火栓箱内应配置 1 支喷嘴口径 19mm 的水枪、1 盘长 25m、直径 65mm 的水带，并宜配置消防软管卷盘。

2. 排水设施

（1）隧道内应设置排水设施

排水设施除应考虑排除如下水量：

第一，排除渗水、雨水、隧道清洗等水量；

第二，排除灭火时的消防用水量。

（2）应采取防止事故时可燃液体或有害液体沿隧道漫流的措施

3. 灭火器配置

灭火器的配置应符合下列要求：

一是通行机动车的一、二类隧道和通行机动车并设置 3 条及以上车道的三类隧道，应在隧道两侧设置 ABC 类灭火器。每个设置点不应少于 4 具。

二是其他隧道，应在隧道一侧设置 ABC 类灭火器。每个设置点不应少于 2 具。

三是灭火器设置点的间距不应大于 100m。

（三）通风和排烟系统

1. 排烟设施的设置范围

通行机动车的一、二、三类隧道应设置排烟设施。

2. 排烟和通风系统的设计要求

当隧道设置机械排烟系统时，应符合下列要求：

（1）排烟方式的选择

第一，长度大于 3000m 的隧道，宜采用纵向分段排烟方式或重点排烟方式；

第二，长度不大于 3000m 的单洞单向交通隧道，宜采用纵向排烟方式；

第三，单洞双向交通隧道，宜采用重点排烟方式。

（2）隧道的机械排烟系统与通风系统宜分开设置

设置机械排烟系统的要求如下：

第一，采用全横向和半横向通风方式时，即可通过排风管道排烟；采取纵向通风方式时，应能迅速组织气流、有效排烟；

第二,采用纵向通风方式的隧道,其排烟风速应根据隧道内的最不利火灾规模确定,

且纵向气流的速度不应小于2*m/s*，并应大于临界风速；

第三，排烟风机必须能在250℃环境条件下连续正常运行不小于1.00*h*；

第四，排烟管道的耐火极限不应低于1.00*h*。

如合用时，合用的通风系统应具备在火灾时快速转换的功能，并应符合机械排烟系统的要求。

（3）隧道火灾避难设施内的送风要求

第一，隧道的火灾避难设施内应设置独立的机械加压送风系统，其送风的余压值应为30*Pa* ~ 50*Pa*；

第二，排烟风机和烟气流经的风阀、消声器、软接等辅助设备，应能承受设计的隧道火灾烟气排放温度，并应能在250℃温度下连续正常运行不会少于1.0*h*；

第三，排烟管道的耐火极限不应低于1.00*h*；

第四，隧道内用于火灾排烟的射流风机，应至少备用一组。

（四）隧道火灾的报警装置

1.隧道外设置火灾警示装置

隧道入口外100*m* ~ 150*m*处，应设置火灾事故发生后提示车辆禁入隧道的报警信号装置。因为通行车辆的速度较快，不了解隧道内发生火灾的情况，必须通过设置在路程提前段上的警示装置，来达到防止车辆误入火灾隧道的目的。

2.隧道内火灾自动报警系统的设置

隧道内自动报警系统的设计应符合现行国家标准《火灾自动报警系统设计规范》*GB* 50116的有关规定。

（1）一、二类隧道应设置火灾自动报警系统，通行机动车的三类隧道宜设置火灾自动报警系统

火灾自动报警系统的设置应符合下列要求：

一是隧道内应设置自动探测火灾装置；

二是隧道出入口处以及隧道内每隔100 ~ 150*m*处，设置报警电话和报警按钮；

三是隧道封闭段的长度超过1000*m*时，应设置消防控制室，建筑设施应符合有关要求；

四是应设置火灾应急广播。未设置火灾应急广播的隧道，每隔100 ~ 150*m*处，应设置发光警报装置。

（2）电缆通道和主要设备用房内应设置火灾自动报警系统

（3）隧道内应有保证通讯联络措施

对于可能产生屏蔽的隧道，应设置无线通信等保证火灾时通讯联络畅通的设施。

（五）供电及其他

隧道的消防电源及其供电、配电线路等的设计应按照现行国家标准《建筑设计防火规范》的有关规定执行。

1.供电负荷及供、配电要求

一是一、二类隧道的消防用电应按一级负荷要求供电；

二是三类隧道的消防用电应按二级负荷要求供电；

三是隧道的消防电源、供（配）电线路等应符合 10·1 "消防电源及其配电"的有关要求。

2. 应急照明及疏散指示标志

隧道两侧、人行横道和人行疏散通道应设置消防应急照明和疏散指示标志。

一是消防应急照明灯具和疏散指示标志的安装高度不宜大于 1.5m；

二是隧道内的应急照明灯具和疏散指示标志的连续供电时间要符合下列要求：

第一，一、二类隧道，不应小于 1.50h；

第二，其他隧道不应小于 1.00h。

3. 线缆敷设

第一，隧道内严禁设置可燃气体管道；

第二，电缆线槽应与其他管道分开敷设；

第三，当设置 10kV 及以上的高压电线、电缆时，应采用耐火极限不低于 2.00h 的防火分隔体与其他区域分隔。

4. 设施保护与疏散指示

第一，隧道内设置的各类消防设施均应采取与隧道内环境条件相适应的保护措施；

第二，隧道内应设置明显的发光疏散指示标志。

第六节　消防电梯

对于高层建筑，设置消防电梯能节省消防员的体力，使消防员能快速接近着火区域，提高战斗力和增强灭火救援效果，根据在正常情况下对消防员的测试结果，消防员从楼梯攀登的高度一般不大于 23m，否则对人体的体力消耗很大。对于地下建筑，由于排烟、通风条件很差，受当前装备的限制，消防员通过楼梯进入地下的危险性较地上建筑要高，因此要尽量缩短到达火场的时间。由于普通的客、货电梯不具备防火、防烟、防水条件，火灾时往往电源没有保证，不能用于消防员的灭火救援。因此，要求高层建筑和埋深较大的地下建筑设置供消防员专用的消防电梯。

符合消防电梯的要求的客梯或货梯可兼作消防电梯。

一、消防电梯的设置范围

第一，建筑高度大于 33m 的住宅建筑。

第二，一类高层公共建筑和建筑高度大于 32m 的二类高层公共建筑。

第三，设置消防电梯的建筑的地下或半地下室，埋深大于 10m 且总建筑面积大于 3000m^2 的其他地下或半地下建筑（室）。

第四，建筑高度大于 32m 且设置电梯的高层厂房（仓库），每个防火分区内宜设置 1 台消防电梯。

第五，符合下列条件的建筑可不设置消防电梯：建筑高度大于 32m 并设置电梯，

任一层工作平台上的人数不超过 2 人的高层塔架；局部建筑高度大于 $32m$，且局部高出部分的每层建筑面积不大于 $50m^2$ 的丁、戊类厂房。

二、消防电梯的设置要求

第一，消防电梯应分别设置在不同防火分区内，每个防火分区不应少于 1 台。

第二，除设置在仓库连廊、冷库穿堂或谷物筒仓工作塔内的消防电梯外，消防电梯应设置前室，并应符合下列规定：

一是前室宜靠外墙设置，并应在首层直通室外或经过长度不大于 $30m$ 的通道通向室外。

二是前室的使用面积不应小于 $6.0m^2$；与防烟楼梯间合用的前室，应符合防烟楼梯间与消防电梯前室合用的面积规定；公共建筑不应小于 $10m^2$，宽度应大于疏散楼梯间及其前室的门的净宽，而疏散楼梯间及其前室的门的净宽则由通过的人数决定；居住建筑的前室面积大于 $4.5m^2$；公共建筑和高层厂（库）房建筑的前室面积大于 $6m^2$。当消防电梯前室与防烟楼梯间合用前室时，其面积为：居住建筑合用前室面积大于 $6m^2$，公共建筑和高层厂（库）房建筑合用前室面积大于 $10m^2$。

三是除前室的出入口、前室内设置的正压送风口和符合规范要求的户门外，前室内不应开设其他门、窗、洞口。

四是前室或合用前室的门应采用乙级防火门，不要设置卷帘。

第三，消防电梯井、机房与相邻电梯井、机房之间应设置耐火极限不低于 $2.00h$ 的防火隔墙，隔墙上的门应采用甲级防火门。

第四，在扑救建筑火灾过程中，建筑内有大量消防废水流散，电梯井内外要考虑设置排水和挡水设施，并设置可靠的电源和供电线路，以保证电梯可靠运行。因此，在消防电梯的井底应设置排水设施，排水井的容量不应小于 $2m^3$，排水泵的排水量不应小于 $10L/s$，且消防电梯间前室的门口宜设置挡水设施。

第五，消防电梯的载重量及行驶速度。为了满足消防扑救的需要，消防电梯应选用较大的载重量，一般不应小于 $800kg$。这样，火灾时可以将一个战斗班的（8 人左右）消防队员及随身携带的装备运到火场，同时可以满足用担架抢救伤员的需要。对于医院建筑等类似建筑，消防电梯轿厢内的净面积尚需考虑对病人、残障人员等的救援以及方便对外联络的需要。消防电梯要层层停靠，包括地下室各层。为了赢得宝贵的时间，消防电梯从首层至顶层的运行时间不宜大于 $60s$。

第六，消防电梯的电源及附设操作装置。消防电梯的供电应为消防电源并设备用电源，在最末级一级配电箱处设置自动切换装置，动力与控制电缆、电线、控制面板应采取防水措施；在首层的消防电梯入口处应设置供消防队员专用的操作按钮，使之能快速回到首层或到达指定楼层；电梯轿厢内部应设置专用消防对讲电话，方便队员与控制中心联络。

第七，电梯轿厢的内部装修要采用不燃材料。

第四章 消防给水及建筑灭火设施

第一节 消防给水

消火栓给水系统以建（构）筑物外墙为界进行划分，分为室外消火栓给水系统与室内消火栓给水系统两大部分。

在城市、居民区、工厂、仓库等的规划和建筑设计时，必须同时设计消防给水系统。城市、居民区应设市政消火栓，民用建筑、厂房（仓库）储罐（区）、堆场应设室外消火栓。民用建筑、厂房（仓库）应设室内消火栓。

一、室外消火栓给水系统

（一）室外消火栓给水系统的作用

室外消防给水系统指设置在建筑物外墙中心线以外的一系列消防给水工程设施，是建筑消防给水系统的重要组成部分。该系统可以大到担负整个城镇的消防给水任务，小到可能仅担负居住区、工矿企业或单体建筑物室外部分的消防给水任务，其通过室外消火栓（或消防水鹤管）为消防车等消防设备提供火场消防用水，或是通过进户管为室内消防给水设备提供消防用水。

（二）室外消火栓给水系统的设置要求

室外消火栓给水系统包括城市市政消火栓给水和建筑、装置、堆场周边设置的室外地上和地下消火栓给水系统。具体要求如下：

第一，室外地上式消火栓应有一个直径为 150mm 或 100mm 和两个直径为 65mm 的栓口。室外地下式消火栓应有直径为 100mm 和 65mm 的栓口各一个。

第二，室外消防给水管道应布置成环状，从市政管网引入的进水管不宜少于两条。

第三，市政消火栓宜在道路的一侧设置，并宜靠近十字路口，但当市政道路宽度超过 60m 时，应在道路两侧交叉错落设置。每个消火栓的保护半径不应超过 150m，间距不应大于 120m。

第四，室外消火栓距路边不宜小于 0.5m，并不应大于 2.0m；距建筑外墙边缘不宜小于 5.0m，并宜沿建筑周围均匀布置，建筑消防扑救面一侧消火栓数量不宜少于 2 个。

第五，其他化工装置区、货物堆场、库区、隧道内的消火栓设置从其专业有关现行规定。

（三）室外消火栓给水系统的组成

根据室外消火栓给水系统的类型和水源、水质等情况不同，系统可在组成上不尽相同。有的比较复杂，像生活、生产、消防合用室外给水系统。通常由消防水源、取水设施、水处理设施、给水设备、给水管网和室外消火栓等设施所组成。而独立消防给水系统相对就比较简单，省略了水处理设施。

（四）室外消防给水系统的类型

1.按水压不同分类

（1）室外低压消防给水系统

室外低压消防给水系统，指系统管网内平时水压较低，一般只负担提供消防用水量，火场上水枪所需的压力，由消防车或其他移动式消防水泵加压产生。一般的城镇和居住区多为这种系统。采用低压消防给水系统时，其管道内的供水压力应保证灭火时最不利点消火栓处的水压不小于 0.1MPa（从室外地面算起）。

（2）室外临时高压消防给水系统

室外临时高压消防给水系统，指系统管网内平时水压不高，发生火灾时，临时启动泵站内的高压消防水泵，使管网内的供水压力达到高压消防给水管网的供水压力要求。一般在石油化工厂或甲、乙、丙类液体、可燃气体储罐区内多采用这种系统。

（3）室外高压消防给水系统

室外高压消防给水系统指无论有无火警，系统管网内经常保持足够的水压和消防用水量，火场上不需使用消防车或其他移动式消防水泵加压，直接从消火栓接出水带、水枪即可实施灭火。在有可能利用地势设置高地水池时，或设置集中高压消防水泵房，可采用室外高压消防给水系统。采用室外高压消防给水系统时，其管道内的供水压力应能保证在生产、生活和消防用水量达到最大用水量时，布置在保护范围内任何建筑物最高处水枪的充实水柱仍不小于 10m。

2.按用途不同分类

（1）生产、生活、消防合用给水系统

生产、生活、消防合用给水系统，指居民的生活用水、工厂企业的生产用水及城镇的消防用水统一由一个给水系统来提供。城镇一般均采用这种消防给水系统形式，因此，该系统应满足在生产、生活用水量达到最大时，仍能供应全部的消防用水量。采用生活、生产、消防合用给水系统可

以节省投资，且系统利用率高，特别是生活、生产用水量大而消防用水量相对较小时，这种系统更为适宜。但应该指出，目前我国许多城市缺水现象严重，消防用水难以满足，存在着消火栓数量不够、水压不足的问题。针对这种情况，应采取相应的

补救措施。

（2）生产、消防合用给水系统

在某些企事业单位内，可设置生产、消防共用一个给水系统，但要保证当生产用水量达到最大小时流量时，仍能保证全部的消防用水量，并且还应确保消防用水时不致引起生产事故，生产设备检修时不致引起消防用水的中断。生产用水与消防用水的水压要求往往相差很大，在消防用水时可能影响生产用水，或由于水压提高，生产用水量增大而影响消防用水量。因此，在工厂企业内较少采用生产用水和消防用水合并的给水系统，而较多采用生活用水和消防用水合并的给水系统，辅以独立的生产给水系统。

（3）生活、消防合用给水系统

城镇和机关事业单位内广泛采用生活用水和消防用水合并的给水系统。这种系统形式可以保持管网内的水经常处于流动状态，水质不易变坏，而且在投资上也比较经济，并便于日常检查和保养，消防给水较安全可靠。采用生活、消防合用的给水系统，当生活用水达到最大小时流量时，仍应保证全部消防用水量。

（4）独立的消防给水系统

工业企业内生产和生活用水较小而消防用水量较大时，或生产用水可能被易燃、可燃液体污染时，以及易燃液体和可燃气体储罐区，常采用独立的消防给水系统。独立消防给水系统只在灭火时才使用，投资较大，因此，往往建成临时高压给水系统。

二、室内消火栓给水系统

（一）室内消火栓给水系统的作用

室内消火栓给水系统是指一种既可供火灾现场人员使用消火栓箱内的消防水喉或水枪扑救建筑物的初期火灾，又可供消防队员扑救建筑物大火的室内灭火系统。在以水为灭火剂的消防给水系统中，室内消火栓给水系统在灭火效果和扑灭火灾的及时迅速方面不如自动喷水灭火系统，但工程造价低，节省投资，适合我国国情。因此，该系统也是建、构筑物应用最广泛的一种主要灭火系统。

（二）室内消火栓给水系统的设置场所

第一，建筑占地面积大于 $300m^2$ 的厂房和仓库。

第二，特等、甲等剧场，超过 800 个座位的其他等级的剧场和电影院等以及超过 1200 个座位的礼堂、体育馆等单、多层建筑。

第三，体积大于 $5000m^3$ 的车站、码头、机场的候车（船、机）建筑、展览建筑、商店建筑、旅馆建筑、医疗建筑和图书馆建筑等单、多层建筑。

第四，高层公共建筑和建筑高度大于 $21m$ 的住宅建筑。但建筑高度不大于 $27m$ 的住宅建筑，设置室内消火栓系统有困难时，可只设置干式消防竖管和不带消火栓箱的 $DN65$ 的室内消火栓。

第五，建筑高度大于 $15m$ 或体积大于 $10000m^3$ 办公建筑、教学建筑和其他单、多

层民用建筑。

（三）室内消火栓给水系统的组成

室内消火栓给水系统由消防水源、消防给水设施、消防给水管网、室内消火栓设备、控制设备等组件组成。其中消防给水设施包括消防水泵、消防水箱、水泵接合器等设施，主要任务是为系统储存并提供灭火用水；给水管网包括进水管、水平干管、消防竖管等，形成环状管网，以保证向室内消火栓设备输送灭火用水的可靠性；室内消火栓设备包括水带、水枪、水喉等，它是供人员灭火使用的主要工具；控制设备用于启动消防水泵，并监控系统的工作状态。这些设施通过有机协调的工作，确保系统灭火效果。

（四）室内消火栓给水系统的类型

1. 按压力高低分类

（1）室内高压消防给水系统

室内高压消防给水系统（又称常高压消防给水系统），指无论有无火警，系统经常能保证最不利点灭火设备处有足够高的水压，火灾时不需要再开启消防水泵加压。一般当室外有可能利用地势设置高位水池（例如在山岭上较高处设置消防水池）或设置区域集中高压消防给水系统时，才具备高压消防给水系统的条件。

（2）临时高压消防给水系统

临时高压消防给水系统，指系统平时仅能保证消防水压（静水压力 $0.3 \sim 0.5MPa$）而不能保证消防用水量，发生火灾时，通过启动消防水泵提供灭火用水量。独立的高层建筑消防给水系统，一般均为临时高压消防给水系统。

2. 按用途分类

（1）合用的消防给水系统

合用的消防给水系统又分生产、生活和消防合用给水系统、生活与消防合用给水系统、生产和消防合用给水系统。当室内生活与生产用水对水质要求相近，消防用水量较小，室外给水系统的水压较高，管径较大，且利用室外管网直接供水的低层公共建筑和厂房可采用生产、生活和消防合用给水系统；对生活用水量较小，而消防用水量较大的低层工业与民用建筑，为节约投资，可采用生活和消防合用给水系统；对生产用水量很大，消防用水量较小，而且在消防用水时不会引起生产事故，生产设备检修时不会引起消防用水中断的低层厂房可采用生产和消防合用给水系统。由于生产和消防用水的水质和水压要求相差较大，一般很少采用生产和消防合用给水系统。

（2）独立的消防给水系统

对于高层建筑，为满足发生火灾立足于自救，保证充足的消防用水量和水压，该建筑消防给水系统应采用独立的消防给水系统，并辅以高位水箱和水泵接合器补水设施，以提高消防给水的可靠性。对于单、多层建筑消防给水系统，例如生产、生活、消防合并不经济或技术上不可能时，可采用独立的消防给水系统。

3. 按系统的服务范围分类

（1）独立的高压（或临时高压）消防给水系统

独立的高压（或临时高压）消防给水系统，指每幢建筑物独立设置水池、水泵和水箱的高压（或临时高压）消防给水系统。该系统供水安全可靠，但投资较大，管理较分散。对于重要的高层建筑以及在地震区、人防要求较高的建筑宜采用此系统。

（2）区域集中的高压（或临时高压）消防给水系统

区域集中的高压（或临时高压）消防给水系统，指数幢或数十幢建筑共用一个加压水泵房的高压（或临时高压）消防给水系统。该系统便于集中管理，节省投资，但在地震区安全性较低。因此，针对有合理规划的建筑小区宜采用区域集中的高压（或临时高压）消防给水系统。

（五）室内消火栓的布置

第一，室内消防给水系统应与生产、生活给水系统分开独立设置，室内消防给水管道应布置成环状。

第二，消防竖管的布置应保证同层相邻两个消火栓的水枪的充实水柱同时到达被保护范围的任何部位。管径不小于$100mm$。

第三，消火栓应设在走道、楼梯附近等明显易于取用的地方，消火栓的个数由计算确定。两个消火栓之间的间距，对高层建筑、甲、乙类厂房、仓库应不大于$30m$，对其他建筑应不大于$50m$。

第四，消火栓栓口离地面高度宜为$1.1m$，栓口出水方向应与墙面垂直。

第二节 消火栓系统

消火栓系统是指为建筑消防服务的、以消火栓为给水节点、以水为主要灭火剂消防给水系统。它由消火栓、给水管道、供水设施等组成。按消火栓系统设置的区域分，有城市消火栓系统和建筑消火栓系统；按消火栓系统设置的位置来分，有室外消火栓系统和室内消火栓系统。

一、室外消火栓系统

室外消火栓系统通常是指设置在建筑外墙以外的消防给水系统，主要承担城市、集镇、居住区或工矿企业等室外部分的消防给水任务。

（一）室外消火栓系统的分类

1. 按水压分

（1）高压室外消火栓系统

高压室外消火栓系统是指系统给水管网平时能满足灭火所需的水压和流量，它不需要使用消防车或其他移动水泵加压，而直接由室外消火栓接出水带、水枪灭火。在有可能利用地势设置高位水池或设置集中高压消防水泵房时，即可采用高压室外消火

栓系统。

（2）临时高压室外消火栓系统

临时高压室外消火栓系统是指系统管网平时水压不高，火灾发生时，临时启动泵站内的高压消防水泵，使管网内的供水压力达到高压室外消火栓系统的供水压力要求。一般在石油化工或甲、乙、丙类液体、可燃气体储罐区内多采用这种系统。

（3）低压室外消火栓系统

低压室外消火栓系统是指系统管网内平时水压较低，一般只担负提供消防用水量，火场上水枪灭火所需的压力由消防车或其他移动消防水泵加压供给。一般城镇和居住区多为这种给水系统。采用低压室外消火栓系统时，其管网内的供水水压应保证最不利点室外消火栓处的水压不小于 $0.10MPa$，以满足消防车从室外消火栓取水的需要。

2.按用途分

（1）合用室外消火栓系统

合用室外消火栓系统是指生活、生产、消防共用一套管网系统，具体可分为生活与消防合用，生产与消防合用，生活、生产、消防三者合用三种形式，一般城市消火栓系统属于这种类型。采用合用室外消火栓系统可以大量节省管网投资，比较经济。当生活、生产用水量相对较大时，宜采用这种系统。但在工厂内采用生产、消防合用室外消火栓系统时应符合两个前提条件：一是当消防用水时不会导致生产事故；二是在生产设备检修时不会引起消防用水中断。

（2）独立室外消火栓系统

独立室外消火栓系统是指系统给水管网与生活、生产给水管网互不关联，各成独立系统的室外消火栓系统。当生活、生产用水量较小而消防用水量较大合并在一起不经济；或是三者用水合并在一起技术上不可能；或是生产用水可能被易燃、可燃液体污染时，常采用独立室外消火栓系统，以保证消防用水安全可靠。

3.按管网形式分

（1）环状室外消火栓系统

系统管网在平面布置上，供水干管形成若干闭合管网。由于闭合管网的干管彼此相通，水流四通八达，所以此种系统供水安全可靠。

（2）枝状室外消火栓系统

系统管网在平面布置上，给水干管为树枝状，分支后干管彼此无联系，水流从水源地向用水节点呈单一方向流动，当某段管网检修或损坏时，后方供水中断。因此，室外消火栓系统应限制采用枝状给水系统的使用范围。

（二）室外消火栓

室外消火栓又叫消防水龙，是指设置在建筑室外消防给水管网上的一种供水设施，其作用是供消防车（或其他移动灭火设备）从市政给水管网或室外消防给水管网取水或直接接出水带、水枪实施灭火。

1.室外消火栓的类型

室外消火栓按其结构不同分为地上式和地下式两种。地上式室外消火栓多适用于

南方地区，地下式室外消火栓多适用于寒冷的北方地区。

2. 室外消火栓的使用

使用地上式室外消火栓时，用专用扳手打开出水口闷盖，接上水带或吸水管，再用专用扳手打开阀塞即可供水，使用后，地上式地下式应关闭阀塞，上好出水口闷盖。地下式室外消火栓使用时，先打开室外消火栓井盖，拧下闷盖，接上消火栓与吸水管的连接器（也可直接将吸水管接到出水口上），或接上水带，然后用专用扳手打开阀塞即可供水，使用完毕应恢复原状。

3. 室外消火栓的维护

室外消火栓处于建筑的外部，会受到风吹雨淋和人为损害，所以要经常维护，使之始终处于完好状态。维护时要注意以下几点：

第一，清除阀塞启闭杆端部周围杂物，将专用扳手套于杆头，检查是否合适，转动启闭杆，加注润滑油。

第二，用油纱头擦洗出水口螺纹上的锈渍，检查闷盖内橡胶垫圈是否完好。

第三，打开消火栓，检查供水情况，在放净锈水后再关闭，并观看有无漏水现象。

第四，消火栓外表油漆剥落后应及时修补。

第五，清除消火栓附近的障碍物。对于地下式消火栓，注意并及时清除井内积聚的垃圾、砂土等杂物。

4. 室外消火栓的布置要求

第一，室外消火栓的布置间距不应超过 120m，并应沿道路布置，当道路宽度超过 60m 时，宜在道路两侧布置，并宜靠近十字路口。

第二，为防止建筑上部物体坠落影响使用，室外消火栓距建筑外墙不宜小于 5m；为保证水带可扑救的有效范围，室外消火栓距建筑外墙不宜大于 40m。

第三，因消防车水泵吸水管长度为 3～4m，为方便消防车直接从室外消火栓取水，室外消火栓距路边的距离不应大于 2m。

二、室内消火栓系统

在建筑外墙中心线以内的消火栓称为室内消火栓。室内消火栓的水枪使用方便，射流时射程远、流量大，灭火能力强，能将燃烧积聚的热量冲散，对扑救建筑火灾效果较好。同时，部分室内消火栓箱内还设有可供火灾现场人员用于扑救建筑初起火灾的消防水喉，所以室内消火栓是建筑物中应用较广泛的一种灭火设施。

（一）室内消火栓系统的系统组成

室内消火栓系统主要由消防水池、水泵（生活水泵与消防水泵）、消防水箱、水泵接合器、室内给水管网、室内消火栓箱（室内消火栓箱内设有消火栓、水带和水枪等）、报警控制设施及各种控制阀门等组成。

1. 消防水箱

因我国目前采用的水灭火系统多数为湿式系统，即无论有无火灾，消防给水管网

内始终充满水，灭火系统时刻处于备战状态，系统开启即能及时出水灭火。因此往往需在建筑水灭火系统的最高位置设置消防水箱，当建筑发生火灾而消防水泵尚未启动前，由消防水箱保证消防用水（一般保证 10min 消防用水）。消防水箱是扑灭初起火灾较理想的自动供水设备，供水可靠性高、经济性好。在多层建筑和无设备层的高层建筑中，消防水箱一般设于屋顶，也称其为屋顶消防水箱；在设有设备层的高层建筑中，消防水箱设于设备层和屋顶。

为防止消防水箱内的水由于储存时间过长而变质发臭，消防水箱宜与生活或生产水箱合并设置。平时合用水箱靠生活或生产水泵供水，并利用设于进水口的球阀控制合用水箱水位，当合用水箱即将抽满，达到最高水位时，为避免水溢出水箱，水箱进水口关闭，生活或生产水泵停泵。合用水箱的水位因生活或生产用水会逐渐下降，当水位达到最低水位（消防警戒水位线），水箱进水口开启，生活或生产水泵自行启动供水。另外，合用消防水箱还应设有防止消防用水被生活或生产用水占用的技术措施，工程实践中主要有电气控制措施和机械控制措施两种。

2. 消防水池

消防水池是人工建造的储存消防用水的构筑物。建造消防水池是天然水源或市政给水管网的重要补充，当市政给水管网和天然水源不能满足建筑灭火用水量要求时应单独建造消防水池。

与消防水箱的设置原理一样，为保证消防水池的水质，消防水池宜与生活或生产用水合并设置水池，并设有确保消防用水不被生活或生产用水占用的技术措施，即在生活或生产水泵吸水管上做一个"T"接头，其原理同消防水箱。

3. 消防水泵

在灭火过程中，从消防水源取水到将水输送到灭火设施处，都应依靠消防水泵加压完成。所以说消防水泵是消防给水系统的心脏，其工作的好坏严重影响着灭火的成败。

4. 水泵接合器

水泵接合器是供消防车往建筑室内消防给水管网输送消防用水的预留接口。建筑发生火灾时，当室内消防给水系统消防水泵因停电、水泵检修或出现其他故障停止运转期间，或当建筑发生较大火灾，室内消防用水量显现不足时，可利用消防车从室外消防水源抽水，通过水泵接合器向室内消防给水管网提供或补充消防用水。

水泵接合器有地上式、地下式和墙壁式三种类型。地上式适用于温暖地区；地下式（应有明显标志）适用于寒冷地区；墙壁式安装在建筑的外墙上，不占位置，使用方便，但难以保证与建筑外墙的距离，存在高空坠物的危险。通常的做法是墙壁式水泵接合器的设置应远离玻璃幕墙，并应与建筑外墙上的门、窗、孔洞等易出现高空坠物的部位保持不小于 1m 的水平距离。

5. 室内消火栓箱

室内消火栓箱内设有室内消火栓、水带、水枪以及火灾报警按钮等，部分室内消火栓箱内还设有消防水喉，供建筑内服务人员、工作人员与旅客扑救室内初起火灾使用。

6.控制阀门

系统的控制阀门主要有三种。一种是双向控制阀，一般多安装于给水节点和单根给水管道两端，便于系统及管网检修。另一种是单向阀门，主要安装在消防水箱、消防水泵与水泵接合器出水口附近。安装于消防水泵出水口附近的单向阀门是为防止消防水箱的水倒流回消防水池；安装于消防水箱出水口附近的单向阀门是为防止火灾发生时消防水泵的供水进入消防水箱，降低系统供水压力；安装于水泵接合器出水口附近的单向阀门是为防止水泵接合器长期处于高压状态，造成水泵接合器出现渗漏现象。第三种控制阀门是安装于消防水箱与消防水池进水管道上的水位控制球阀，它的作用是控制消防水箱与消防水池的最低水位和最高水位。

（二）室内消火栓系统的工作原理

平时室内消火栓系统给水管网的水由消防水箱供给，消防水箱靠生活或生产水泵抽水供给。利用室内消火栓实施灭火时，刚开始的灭火用水是由消防水箱提供，当消防水泵运行正常后，系统灭火用水由水泵从消防水池抽水加压保证。若火灾持续时间较长或火灾燃烧面积较大，导致消防水池供水不足或存水耗尽，或是消防水泵不能正常启动等，可利用消防车通过水泵接合器向室内消火栓管网补充消防用水。

（三）室内消火栓系统的分类

室内消火栓系统通常可按建筑高度、用途、系统给水范围、管网布置形式、消防水压等分为不同的类型，这里重点介绍按管网布置形式及消防水压两种分类方式。

1.按管网布置形式分

（1）环状管网室内消火栓系统

环状管网室内消火栓系统是指在系统的给水竖管顶部和底部用水平干管相互连接，形成环状给水管网，使每一根给水竖管具备两个以上供水方向，每个消火栓栓口具备两个供水方向，如图1H17所示。这种室内消火栓系统供水安全可靠，适用于高层建筑和室内消防用水量较大（大于15L/s）的多层建筑。

（2）枝状管网室内消火栓系统

室内消火栓给水管网呈树枝状布置，其特点是从供水源至消火栓，水流方向单一流动，当某段管网检修或损坏时，后方就供水中断。这种室内消火栓系统供水可靠性差，一般仅适用于九层以下的单元式住宅。

2.安消防水压分

（1）室内高压消火栓系统

又称为室内常高压消火栓系统，该系统始终能够保证室内任意点消火栓所需的消防水量和水压，火灾发生时不需要用水泵进行加压，直接接水带和水枪即可实施灭火。这种系统在实际工作中一般不常见，当建筑所处地势较低，市政供水或天然水源始终能够满足消防供水要求时才采用。

（2）室内临时高压消火栓系统

这种系统一般设有消防水池、消防水泵与高位消防水箱，平时系统靠高位消防水

箱维持消防水压，但不能保证消防用水量（仅能保证 10*min* 的灭火用水）。发生火灾时，通过启动消防水泵，临时加压使管网的压力达到消火栓系统的压力要求，实际工程中大多数室内消火栓系统采用此系统。

（四）室内消火栓系统的应用

1. 能同时开启的室内消火栓数量

不同类别的设有室内消火栓系统的建筑，火灾时能同时开启的室内消火栓数量是不同的，开启过多，水枪出水的流量和水压会降低，影响灭火效果和出现灭火死角。因此，火场上正确确定能同时开启的室内消火栓数量，是成功处置建筑火灾的前提。对设计符合国家相关规范要求的建筑，其室内消火栓系统火灾时能同时开启的室内消火栓数量可按以下三种方法进行估算。

第一，若能清楚了解建筑室内消火栓系统的设计用水量，同时能开启使用的室内消火栓数量就可用设计用水量除以 19*mm* 口径水枪流量 5*L/s* 得出。如建筑高度超过 50*m* 的办公楼，其室内消火栓系统的设计用水量为 40*L/s*，那么此建筑火灾时能同时开启的室内消火栓数量为 8 个（能同时出 8 支水枪实施灭火）。

第二，根据水泵接合器的数量确定。由于水泵接合器的设计流量为 10 ~ 15*L/s*，19*mm* 口径水枪流量为 5*L/s*，因此，可按启动一个水泵接合器可同时启用两个室内消火栓考虑。如果能确定接室内消火栓系统的水泵接合器数量，那么火灾时能同时开启的室内消火栓数量就是水泵接合器数量的 2 倍。如某一建筑室内消火栓系统设有 2 个水泵接合器接，那么此建筑火灾时能同时开启的室内消火栓的数量是 4 个（能同时出 4 支水枪实施灭火）。

第三，根据消防水泵的流量确定。查明消防水泵的流量，用消防水泵的流量除以 19*mm* 口径水枪流量（5*L/s*），即为能同时开启的室内消火栓数量。如某一建筑消防水泵的流量 30*L/s*，那么此建筑火灾时能同时开启的室内消火栓数量为 6 个（能同时出 6 支水枪实施灭火）。

2. 室内消火栓系统的操作使用

（1）室内高压消火栓系统的操作使用

室内高压消火栓系统是指灭火时不需要消防水泵加压供水的室内消火栓系统。此系统的室内消火栓给水管网直接与建筑室外给水管网连接，未设置消防水池、消防水泵和消防水箱等给水基础设施，系统时刻处于灭火所需高压状态。利用室内高压消火栓系统实施灭火操作简单，只需打开消火栓箱门，接好水带，开启阀门即可实施灭火。

（2）室内临时高压消火栓系统的操作使用

当设有室内临时高压消火栓系统的建筑发生火灾时，灭火初期是用消防水箱的水灭火，后期靠消防水泵临时加压供水灭火。因此，利用室内临时高压消火栓系统实施灭火，最为关键的一个步骤是在开始灭火的同时要启动消防水泵，保证灭火用水能持续供给。利用室内临时高压消火栓系统实施灭火的方法是：打开消火栓箱门，按动火灾报警按钮，由其向消防控制中心发出报警信号或远距离启动消防水泵，然后拉出水带、拿出水枪或消防水喉，将水带一头与消火栓出口接好，另一头与水枪或水喉接好，

展（甩）开水带，一人握紧水枪或水喉，另一人开启消火栓手轮，通过水枪或水喉产生的射流，将水射向着火点实施灭火。

（3）特殊条件下室内消火栓系统的操作使用

这里所说的特殊条件是指室内消火栓系统因水泵检修、停电或出现其他故障停止运转，或建筑火势较大，燃烧时间较长，室内消火栓灭火用水量明显不足的情况。此时应立即利用消防车或其他移动消防水泵从室外消防水源取水，通过水泵接合器向室内消火栓给水管网加压供水。

（五）室内消火栓系统的维护管理

室内消火栓系统是扑救建筑火灾的重要设施，其维护管理要给予足够的重视。负责维护管理的专职人员，必须熟悉设施的系统工作原理、性能和操作维护规程。要求使用单位建立定期检查制度，每周进行一次巡检，每半年进行一次全面检查维修，使主要设施符合下列要求，保证系统经常处于准工作状态：

第一，消防水源的储水量应足够，发现不足及时补充。其中消防水池与消防水箱一般都标有消防水位警戒线，当水池或水箱的水位低于警戒线时表明消防储水量已不足。

第二，消防水泵应每周或每月启动运转一次，并应模拟自动控制启动，功能正常。

第三，水泵接合器的接口及配套附件应完好，无渗漏，闷盖盖好。

第四，各种阀门处于正确开、闭状态。

第五，室内消火栓箱门完好，供水闸阀无渗漏现象，消防水枪、水带、消防卷盘及全部附件齐全，转动部位润滑良好；报警按钮、指示灯以及控制线路功能正常，无故障。

第三节　自动喷水灭火系统

一、自动喷水灭火系统的作用

自动喷水灭火系统是指由洒水喷头、报警阀组、水流报警装置（水流指示器或压力开关）等组件，以及管道、供水设施组成，并能在发生火灾时喷水的自动灭火系统。该系统平时处于准工作状态，当设置场所发生火灾时，火灾温度使喷头易熔元件熔爆（闭式系统）或报警控制装置探测到火灾信号后立即自动启动喷水（开式系统），用于扑救建（构）筑物初期火灾。

二、自动喷水灭火系统的设置场所

下列场所应当设置自动喷水灭火系统：

（一）下列厂房或生产部位应设置自动灭火系统，并宜采用自动喷水灭火系统

第一，不于小 50000 纱锭的棉纺厂的开包、清花车间，不小于 50000 纱锭的麻纺厂的分级、梳麻车间，火柴厂的烤梗、筛选部位。

第二，占地面积大于 $1500m^2$ 或总建筑面积大于 $3000m^2$ 的单、多层制鞋、制衣、玩具及电子等类似生产的厂房。

第三，占地面积大于 $1500m^2$ 的木器厂房。

第四，泡沫塑料厂的预发、成型、切片、压花部位。

第五，高层乙、丙类厂房。

第六，建筑面积大于 $500m^2$ 的地下或半地下丙类厂房。

（二）下列仓库应设置自动灭火系统，宜采用自动喷水灭火系统

第一，每座占地面积大于 $1000m^2$ 的棉、毛、丝、麻、化纤、毛皮及其制品的仓库。

第二，每座占地面积大于 $600m^2$ 的火柴仓库。

第三，邮政建筑内建筑面积大于 $500m^2$ 的空邮袋库。

第四，可燃、难燃物品的高架仓库和高层仓库。

第五，设计温度高于 0℃ 的高架冷库或每个防火分区建筑面积大于 $1500m^2$ 的非高架冷库。

第六，总建筑面积大于 $500m^2$ 的可燃物品地下仓库。

第七，每座占地面积大于 $1500m^2$ 或总建筑面积大于 $3000m^2$ 的其他单、多层丙类物品仓库。

（三）下列高层民用建筑应设置自动灭火系统，并宜采用自动喷水灭火系统

第一，一类高层公共建筑（除游泳池、溜冰场外）及其地下、半地下室。

第二，二类高层公共建筑及其地下、半地下室的公共活动用房、走道、办公室和旅馆的客房、可燃物品库房、自动扶梯底部。

第三，高层民用建筑内的歌舞、娱乐、放映、游艺场所。

第四，建筑高度大于 $100m$ 的住宅建筑。

（四）下列单、多层民用建筑或场所应设置自动灭火系统，并宜采用自动喷水灭火系统

第一，特等、甲等剧场，超过 1500 个座位的其他等级的剧场，超过 2000 个座位的会堂或礼堂，超过 3000 个座位的体育馆，超过 5000 人的体育场的室内人员休息室与器材间。

第二，任一层建筑面积大于 $1500m^2$ 或总建筑面积大于 $3000m^2$ 展览、商店、餐饮和旅馆建筑以及医院病房楼、门诊楼及手术部。

第三，设置中央空调系统且总建筑面积大于 $3000m^2$ 的办公建筑。

第四，藏书量超过 50 万册的图书馆。

第五，大、中型幼儿园、总建筑面积大于 $500m^2$ 的老年人建筑。

第六，总建筑面积大于 $500m^2$ 地下或半地下商店。

第七，设置在地下、半地下、地上四层及其以上楼层或设置在一、二、三层但任一层建筑面积大于 $300m^2$ 的歌舞、娱乐、放映、游艺场所。

其他要求设置自动喷水灭火系统的场所从其规定。

三、自动喷水灭火系统的类型

自动喷水灭火系统，按安装喷头的开闭形式不同分为闭式（包括湿式系统、干式系统、预作用系统、重复启闭预作用系统和自动喷水－泡沫联用系统）和开式系统（包括雨淋系统和水幕系统）两大类型。

（一）湿式系统

湿式系统是指准工作状态时管道内充满用于启动系统的有压力水的闭式系统。湿式系统由闭式喷头、湿式报警阀组、管道系统、水流指示器、报警控制装置和末端试水装置、给水设备等组成。

湿式系统的工作原理：火灾发生时，火点周围环境温度上升，火焰或高温气流使闭式喷头的热敏感元件动作（一般玻璃球熔爆温度控制设置在 70℃），喷头被打开，喷水灭火。此时，水流指示器由于水的流动被感应并送出电信号，在报警控制器上显示某一区域已在喷水，湿式报警阀后的配水管道内的水压下降，致使原来处于关闭状态的湿式报警阀开启，压力水流向配水管道。随着报警阀的开启，报警信号管路开通，压力水冲击水力警铃发出声响报警信号，同时，安装在管路上的压力开关接通发出相应的电信号，直接或通过消防控制中心自动启动消防水泵向系统加压供水，达到持续自动喷水灭火的目的。

湿式系统是自动喷水灭火系统中最基本的系统形式，在实际工程中最常用。其具有结构简单，施工、管理方便，灭火速度快，控火效率高，建设投资和经常管理费用低，适用范围广等优点，但使用受到环境温度的限制，适用于环境温度不低于 4℃ 且不高于 70℃ 的建（构）筑物。

（二）干式系统

干式系统是指准工作状态时配水管道内充满用于启动系统的有压气体的闭式系统。干式系统主要由闭式喷头、管网、干式报警阀组、充气设备、报警控制装置和末端试水装置、给水设施等组成。

干式系统的工作原理：平时，干式报警阀后配水管道及喷头内充满有压气体，用充气设备维持报警阀内气压大于水压，将水隔断在干式报警阀前，干式报警阀处于关闭状态。发生火灾时，闭式喷头受热开启首先喷出气体，排出管网中的压缩空气，于是报警阀后管网压力下降，干式报警阀阀前压力大于阀后压力，干式报警阀开启，水

流向配水管网，并通过已开启的喷头喷水灭火。在干式报警阀被打开的同时，通向水力警铃和压力开关的报警信号管路也被打开，水流推动水力警铃和压力开关发出声响报警信号，并启动消防水泵加压供水。干式系统的主要工作过程与湿式系统无本质区别，只是在喷头动作后有一个排气过程，这将影响灭火的速度和效果。因此，为使压力水迅速进入充气管网，缩短排气时间，尽快喷水灭火，干式系统的配水管道应设快速排气阀。有压充气管道的快速排气阀入口前应设电磁阀。

干式系统适用于环境温度低于4℃或高于70℃的场所，而此时闭式喷头易熔元件（玻璃球或其他易熔元件）的动作控制温度应与场所的环境温度相适应。

（三）预作用系统

预作用系统是指准工作状态时配水管道内不充水，由火灾自动报警系统或闭式喷头作为探测元件，自动开启雨淋阀或预作用报警阀组后，转换为湿式系统的闭式系统。预作用系统主要由闭式喷头、预作用报警阀组或雨淋阀组、充气设备、管道系统、给水设备和火灾探测报警控制装置等组成。

预作用系统的工作原理：该系统在报警阀后的管道内平时无水，充以有压或无压气体，呈干式。发生火灾时，保护区内的火灾探测器，首先发出火警报警信号，报警控制器在接到报警信号后作声光显示的同时即启动电磁阀排气，报警阀随即打开，使压力水迅速充满管道，这样原来呈干式的系统迅速自动转变成湿式系统，完成了预作用过程。待闭式喷头开启后，便即刻喷水灭火。对于充气式预作用系统，火灾发生时，即使由于火灾探测器发生故障，火灾探测系统不能发出报警信号来启动预作用阀，使配水管道充水，也能够因喷头在高温作用下自行开启，使配水管道内气压迅速下降，引起压力开关报警，并启动预作用阀供水灭火。因此，对于充气式预作用系统，即使火灾探测器发生故障，预作用系统仍能正常工作。

预作用系统与干式系统的区别：预作用系统的排气是由报警信号启动电磁阀控制的，管道中的气体排出后管道充水，但不直接喷，待喷头受热熔爆后方可喷出，而干式系统的排气和喷水都由喷头完成，不用报警控制器控制。

具有下列要求之一的场所应采用预作用系统，即系统处于准工作状态时严禁管道漏水，严禁系统误喷以及替代干式系统的场所。如医院的病房楼和手术室、大型图书馆、重要的资料库、文物库房、邮政库房以及处于寒冷地带大型的棉、毛、丝、麻及其制品仓库等。

（四）自动喷水—泡沫联用系统

自动喷水—泡沫联用系统是在自动喷水灭火系统的基础上，增设了泡沫混合液供给设备，并通过自动控制实现在喷头喷放初期的一段时间内喷射泡沫的一种高效灭火系统。其主要由自动喷水灭火系统和泡沫混合液供给装置、泡沫液等部件组成。

输送管网存在较多易燃液体的场所（如地下车库、装卸油品的栈桥、易燃液体储存仓库、油泵房、燃油锅炉房等），宜按下列方式之一采用自动喷水–泡沫联用系统，采用泡沫灭火剂强化闭式系统性能；雨淋系统前期喷水控火，其后期喷泡沫强化灭火

效能；雨淋系统前期喷泡沫灭火，后期喷水冷却防止复燃。

（五）雨淋系统

雨淋系统是指由火灾自动报警系统或传动管控制，自动开启雨淋阀和启动消防水泵后，向开式洒水喷头供水的自动喷水灭火系统。雨淋系统由开式喷头、雨淋阀启动装置、雨淋阀组、管道以及供水设施等组成。

雨淋系统的工作原理：雨淋阀入口侧与进水管相通，出口侧接喷水灭火管路，平时雨淋阀处于关闭状态。发生火灾时，雨淋阀开启装置探测到火灾信号后，通过传动阀门自动地释放掉传动管网中有压力的水，使传动管网中的水压骤然降低，于是雨淋阀在进水管的水压推动下瞬间自动开启，压力水便立即充满灭火管网，系统上所有开式喷头同时喷水，可以在瞬间喷出大量的水，覆盖或阻隔整个火区，实现对保护区整体灭火或控火。

雨淋系统与一般自动喷水灭火系统的最大区别是信号响应迅速，喷水强度大。喷头采用大流量开式直喷喷头，喷头间距 2m，正方形布置，一个喷头的喷水强度不小于 $0.5L/s$。

应采用雨淋系统的场所：火灾的水平蔓延速度快、闭式喷头的开放不能及时使喷水有效覆盖着火区域；室内净空高度超过闭式系统最大允许净空高度，且必须迅速扑救初期火灾；严重危险级的仓库、厂房和剧院的舞台等。

第一，火柴厂的氯酸钾压碾厂房；建筑面积大于 $100m^2$ 生产、使用硝化棉、喷漆棉、火胶棉、赛璐珞胶片、硝化纤维的厂房。

第二，建筑面积超过 $60m^2$ 或储存量超过 2t 的硝化棉、喷漆棉、火胶棉、赛璐珞胶片、硝化纤维的厂房。

第三，日装瓶数量超过 3000 瓶的液化石油气储配站的灌瓶间、实瓶库。

第四，特等、甲等或超过 1500 个座位的其他等级的剧院和超过 2000 个座位的会堂或礼堂的舞台的葡萄架下部。

第五，建筑面积大于等于 $400m^2$ 的演播室，建筑面积大于等于 $5000m^2$ 的电影摄影棚。

第六，储量较大的严重危险级石油化工用品仓库（不宜用水救的除外）。

第七，乒乓球厂的轧坯、切片、磨球、分球检验部位。

（六）水幕系统

水幕系统是指由开式洒水喷头或水幕喷头、雨淋阀组或感温雨淋阀，以及水流报警装置（水流指示器或压力开关）等组成，多用于挡烟阻火和冷却分隔物的喷水系统。水幕系统按其用途不同，分为防火分隔水幕（密集喷洒形成水墙或水帘的水幕）和防护冷却水幕（冷却防火卷帘等分隔物的水幕）两种类型，防护冷却水幕的喷头喷口是狭缝式，水喷出后呈扇形水帘状，多个水帘相接即成水幕。对于设有自动喷水灭火系统的建筑，当少量防火卷帘需防护冷却水幕保护时，无须另设水幕系统，可直接利用自动喷水灭火系统的管网通过调整喷头和喷头间距实现。密集喷洒形成水墙或水帘的

水幕，喷头用的是流量较大的开式水幕喷头，这种系统类似于领域系统。

应设置水幕系统的部位如下：

第一，特等、甲等或超过 1500 个座位的其他等级的剧院和超过 2000 个座位的会堂或礼堂的舞台口，以及与舞台相连的侧台、后台的门窗洞口。

第二，需要冷却保护的防火卷帘或防火幕的上部。

第三，应设防火墙等防火分隔物而无法设置的局部开口部位（如舞台口）。

第四，相邻建筑物之间的防火间距不能满足要求之时，建筑物外墙上的门、窗、洞口处。

第五，石油化工企业中的防火分区或生产装置设备之间。

为了防止水幕漏烟漏水，两个水幕喷头之间的距离应为 $2 \sim 2.5m$；当用防火卷帘代替防火墙而需水幕保护时，其喷水强度不小于 $0.5L/s$，喷水时间不应小于 $3h$。

雨淋系统和水幕系统都属于开式系统，即洒水喷头呈开启状态，和湿式系统、预作用系统及干式系统等闭式系统不同的是，雨淋阀到喷头之间的管道内既没有水，也没有气，其喷头喷水全靠控制信号操作雨淋阀来完成。

第四节　水喷雾灭火系统

一、水喷雾灭火系统的作用

水喷雾灭火系统是利用水雾喷头在较高的水压力作用下，将水流分离成 $0.2 \sim 2mm$ 甚至更小的细小水雾滴，喷向保护对象，由于雾滴受热后很容易变成蒸汽，因此，水喷雾灭火系统的灭火机理主要是通过表面冷却、窒息、稀释、冲击、乳化和覆盖等作用。在实际应用中，水喷雾的灭火作用往往是几种作用的综合结果，对某些特定部位，可能是其中一两个要素起主要作用，而其他灭火作用是辅助的。水喷雾灭火系统的防护目的有灭火和防护冷却两种。

二、水喷雾灭火系统的设置场所

第一，高层民用建筑内的可燃油油浸电力变压器、充可燃油高压电容器和多油开关室等房间。

第二，单台容量在 $40MV\cdot A$ 及以上的厂矿企业油浸电力变压器、单台容量在 $90MV\cdot A$ 及以上的电厂油浸电力变压器，或单台容量在 $125MV\cdot A$ 及以上的独立变电所油浸电力变压器。

第三，飞机发动机试验台的试车部位。

第四，天然气凝液、液化石油气罐区总容量大于 $50m^3$ 或单罐容量大于 $20m^3$ 时。

第五，其他需要设置的场所按有关规定执行。

三、水喷雾灭火系统的组成及工作原理

水喷雾灭火系统是由水源、供水设备、管道、雨淋阀组、过滤器、水雾喷头和火灾自动探测控制设备等组成。系统的自动开启雨淋阀装置，可采用带火灾探测器的电动控制装置和带闭式喷头的传动管装置。该系统在组成上与雨淋系统的区别主要在于喷头的结构和性能不同，而工作原理与雨淋系统基本相同。其是利用水雾喷头在较高的水压力作用下，将水流分离成细小水雾滴，喷向保护对象实现灭火和防护冷却作用的。

第五节　细水雾灭火系统

一、细水雾灭火系统的作用

细水雾灭火系统是指通过细水雾喷头在适宜的工作压力范围内将水分散成细水雾，在发生火灾时向保护对象或空间喷放进行扑灭、抑制或控制火灾的自动灭火系统。细水雾灭火系统的灭火机理主要通过吸收热量（冷却）、降低氧浓度（窒息）、阻隔辐射热三种方式达到控火、灭火的目的。与一般水雾相比较，细水雾的雾滴直径更小，水量也更少。因此，其灭火有别于水喷雾灭火系统，类似于二氧化碳等气体灭火系统。

二、细水雾灭火系统的设置场所

细水雾灭火系统主要适用于钢铁、冶金企业，对于一般工业、民用建筑应当设置细水雾灭火系统的场所。另外，细水雾灭火系统覆盖面积大，吸热效率高，用水量少，水雾冲击破坏力小，系统容易实现小型化、机动化，现在广泛应用于偏远缺水的文物古建筑火灾的扑救。

三、细水雾灭火系统的组成及工作原理

不同类型的细水雾灭火系统，其组成及工作原理有所不同。

（一）泵组式细水雾灭火系统

泵组式细水雾灭火系统由细水雾喷头、泵组、储水箱、控制阀组、安全阀、过滤器、信号反馈装置、火灾报警控制装置、系统附件、管道等部件组成。泵组式细水雾灭火系统以储存在储水箱内的水为水源，利用泵组产生的压力，使压力水流通过管道输送到喷头产生细水雾。

（二）瓶组式细水雾灭火系统

瓶组式细水雾灭火系统主要由细水雾喷头、储水瓶组、储气瓶组、释放阀、过滤器、驱动装置、分配阀、安全泄放装置、气体单向阀、减压装置、信号反馈装置、火灾报警控制装置、检漏装置、连接管、管道管件等组成。

瓶组式细水雾灭火系统的工作原理是利用储存在高压储气瓶中的高压氮气为动力，将储存在储水瓶组中的水压出或将一部分气体混入水流中，可通过管道输送至细水雾喷头，在高压气体的作用下生成细水雾。

第六节　气体灭火系统

一、气体灭火系统的作用

气体灭火系统是以某些在常温、常压下呈现气态的物质作为灭火介质，通过这些气体在整个防护区内或保护对象周围的局部区域建立起灭火浓度实现灭火。该系统的灭火速度快，灭火效率高，对保护对象无任何污损，不导电，但系统一次投资较大，不能扑灭固体物质深位火灾，且某些气体灭火剂排放对大气环境有一定影响。因此，根据气体灭火系统特有的性能特点，其主要用于保护重要且要求洁净的特定场合，它是建筑灭火设施中的一种重要形式。

二、气体灭火系统的设置场所

气体灭火系统主要适用于不能使用自动喷水灭火系统的场所，包括电器火灾、固体表面火灾、液体火灾、灭火前能切断气源的气体火灾等，主要有以下几类：

第一，国家、省级和人口超过 100 万人的城市广播电视发射塔内的微波机房、分米波机房、变配电室和不间断电源室。

第二，国际电信局、大区中心、省中心和一万路以上的地区中心内的长途程控交换机房、控制室和信令转接点室。

第三，两万线以上的市话汇接局和六万门以上的市话端局内的程控交换机房、控制室和信令转接点室。

第四，中央及省级公安、防灾和网局级以上电力等调度指挥中心内的通信机房和控制室。

第五，A、B 级电子信息系统机房的主机房和基本工作间的已记录磁（纸）介质库。

第六，中央和省级广播电视中心内建筑面积不小于 $120m^2$ 的音像制品库房。

第七，国家、省级或藏书量超过 100 万册图书馆内的特藏库；中央和省级档案馆内的珍藏库和非纸质档案库；大、中型博物馆内的珍品库房；一级纸绢质文物的陈列室；藏有重要壁画的文物古建筑。

第八，其他特殊重要设备室。

三、气体灭火系统的类型

为满足各种保护对象的需要，最大限度地降低火灾损失，气体灭火系统也具有多种应用形式。

（一）按使用的灭火剂分类

1. 卤代烷气体灭火系统

以哈龙 1211（二氟一氯一溴甲烷）或哈龙 1301（三氟一溴甲烷）作为灭火介质的气体灭火系统。该系统灭火效率高，对现场设施设备无污染，但由于其对大气臭氧层有较大的破坏作用，使用已受到严格限制。

2. 二氧化碳灭火系统

以二氧化碳作为灭火介质的气体灭火系统。二氧化碳是一种惰性气体，对燃烧具有良好的窒息作用，喷射出的液态和固态二氧化碳在气化过程中要吸热，具有一定的冷却作用。

二氧化碳灭火系统有高压系统（指灭火剂在常温下储存的系统）及低压系统（指将灭火剂在 $-18 \sim -20℃$ 低温下储存的系统）两种应用形式。

3. 惰性气体灭火系统

惰性气体灭火系统，包括 $IG01$（氩气）关火系统、$IG100$（氮气）灭火系统、$IG55$（氩气、氮气）灭火系统、$IG541$（氩气、氮气、二氧化碳）灭火系统。惰性气体由于纯粹来自自然，是一种无毒、无色、无味、惰性及不导电的纯"绿色"压缩气体，故又称为洁净气体灭火系统。

4. 七氟丙烷灭火系统

以七氟丙烷作为灭火介质的气体灭火系统。七氟丙烷灭火剂属于卤代烷灭火剂系列，具有灭火能力强、灭火剂性能稳定的特点，但与卤代烷 1301 和卤代烷 1211 灭火剂相比，臭氧层损耗能力（ODP）为 0，全球温室效应潜能值（GWP）很小，不会破坏大气环境。但七氟丙烷灭火剂及其分解产物对人体有毒性危害，使用时应引起重视。

5. 热气溶胶灭火系统

以热气溶胶作为介质的气体灭火系统。由于该介质的喷射动力是气溶胶燃烧时产生的气体压力，而且以烟雾的形式喷射出来，故也称烟雾灭火系统。它的灭火机理是以全淹没、稀释可燃气体浓度或窒息的方式实现灭火。这种系统的优点是装置简单，投资较少，缺点是点燃灭火剂的电爆管控制对电源的稳定性要求较高，控制不好易造成误喷，同时气溶胶烟雾也有一定的污染，限制了它在洁净度要求较高的场所的使用，适用于配电室、自备柴油发电机房等对污染要求不高场所。

（二）按灭火方式分类

1. 全淹没气体灭火系统

全淹没气体灭火系统指喷头均匀布置在保护房间的顶部，喷射的灭火剂能在封闭

空间内迅速形成浓度比较均匀的灭火剂气体与空气的混合气体，并在灭火必需的"浸渍"时间内维持灭火浓度，即通过灭火剂气体将封闭空间淹没实施火火的系统形式。

2. 局部应用气体灭火系统

局部应用气体灭火系统指喷头均匀布置在保护对象的四周围，把灭火剂直接而集中地喷射到燃烧着的物体上，使其笼罩整个保护物外表面，在燃烧物周围局部范围内达到较高的灭火剂气体浓度的系统形式。

（三）按管网的布置分类

1. 组合分配灭火系统

用一套灭火剂储存装置同时保护多个防护区的气体灭火系统称为组合分配系统。组合分配系统是通过选择阀的控制，实现灭火剂释放到着火的保护区。组合分配系统具有同时保护但不能同时灭火的特点。对于几个不会同时着火的相邻防护区或保护对象，可采用组合分配灭火系统。

2. 单元独立灭火系

在每个防护区各自设置气体灭火系统保护的系统称为单元独立灭火系统。若几个防护区都非常重要或有同时着火的可能性，为了确保安全，宜采用单元独立灭火系统。

3. 无管网灭火装置

将灭火剂储存容器、控制和释放部件等组合装配在一起，系统没有管网或仅有一段短管的系统称为无管网灭火装置。该装置一般由工厂成系列生产，使用时可根据防护区的大小直接选用，亦称预制灭火系统。其适应于较小的、无特殊要求的防护区。无管网灭火装置又分为柜式气体灭火装置和悬挂式气体灭火装置两种。

（四）按加压方式分类

1. 自压式气体灭火系统

自压式气体灭火系统指灭火剂无须加压而是依靠自身饱和蒸气压力进行输送的灭火系统，如二氧化碳系统。

2. 内储压式气体灭火系统

内储压式气体灭火系统指灭火剂在瓶组内用惰性气体进行加压储存，系统动作时灭火剂靠瓶组内的充压气体进行输送的系统，如 IG541 系统。

3. 外储压式气体灭火系统

外储压式气体灭火系统指系统动作时灭火剂是由专设的充压气体瓶组按设计压力对其进行充压输送的系统，如七氟丙烷系统。

四、气体灭火系统的组成及工作原理

充装不同种类灭火剂、采用不同增压方式的气体灭火系统，其系统部件组成是不同的，随之其工作原理也不尽相同，以下分别进行说明：

（一）内储压式灭火系统

这类系统由灭火剂瓶组、驱动气体瓶组（可选）、单向阀、选择阀、驱动装置、集流管、连接管、喷头、信号反馈装置、安全泄放装置、控制盘、检漏装置、管道管件及吊钩支架等部件构成。

内储压式气体灭火系统的工作原理：平时，系统处于准工作状态。当防护区发生火灾，产生的烟雾、高温和光辐射使感烟、感温、感光等探测器探测到火灾信号，探测器将火灾信号转变成电信号传送到报警灭火控制器，控制器自动发出声光报警并经逻辑判断后，启动联动装置（关闭开口、停止通风、空调系统运行等），可经一定的时间延时（视情况确定），发出系统启动信号，启动驱动气体瓶组上的容器阀释放驱动气体，打开通向发生火灾的防护区的选择阀，之后（或同时）打开灭火剂瓶组的容器阀，各瓶组的灭火剂经连接管汇集到集流管，通过选择阀到达安装在防护区内的喷头进行喷放灭火，同时安装在管道上的信号反馈装置动作，信号传送到控制器，由控制器启动防护区外的释放警示灯和警铃。

另外，通过压力开关监测系统是否正常工作，若启动指令发出，而压力开关的信号迟迟不返回，说明系统故障，值班人员听到事故报警，应尽快到储瓶间，手动开启储存容器上的容器阀，实施人工启动灭火。

这类气体灭火系统常见于内储压式七氟丙烷灭火系统，卤代烷1211、1301灭火系统与高压二氧化碳灭火系统。

（二）外储压式七氟丙烷灭火系统和IG541混合气体灭火系统

该类系统由灭火剂瓶组、加压气体瓶组、驱动气体瓶组（可选）、单向阀、选择阀、减压装置、驱动装置、集流管、连接管、喷头、信号反馈装置、安全泄放装置、控制盘、检漏装置、管道管件及吊钩支架等部件构成。

工作原理：控制器发出系统启动信号，启动驱动气体瓶组上的容器阀释放驱动气体，打开通向发生火灾的防护区的选择阀，之后（或同时）打开顶压单元气体瓶组的容器阀，加压气体经减压进入灭火剂瓶组，加压后的灭火剂经连接管汇集到集流管，通过选择阀到达安装在防护区内的喷头进行喷放灭火。

这类装置相较内储压气体灭火装置多了一套驱动气体瓶组，用来给灭火剂钢瓶提供驱动喷放压力，而内储压式钢瓶内的灭火剂或靠灭火剂自身蒸汽压或靠预储压力能自行喷出，故内储压式气体灭火系统不需气体瓶组，其他基本相同。IG541系统也属于这种类型。

（三）低压二氧化碳灭火系统

低压二氧化碳灭火系统一般由灭火剂储存装置、总控阀、驱动器、喷头、管道超压泄放装置、信号反馈装置、控制器等部件构成。

低压二氧化碳灭火系统灭火剂的释放靠自身蒸汽压完成，相较其他气体灭火系统，该系统没有驱动装置。另外，为了维持其喷射压力在适度范围，并在其储存灭火剂的容器外设有保温层，使其温度保持在 −18 ~ 20℃，以避免环境温度对它的蒸汽压的影响，其他装置和工作原理与内储压式灭火系统基本相同。

（四）热气溶胶灭火系统

热气溶胶灭火系统由信号控制装置、灭火剂储筒、点燃装置、箱体和气体喷射管组成。工作原理：当气溶胶灭火装置收到外部启动信号后，药筒内的固体药剂就会被激活，迅速产生灭火气体。药剂启动方式有以下三种：

1. 电启动

启动信号由系统中的灭火控制器或手动紧急启动按钮提供，即向点燃装置（电爆管）输入一个 $24V$、$1A$ 的脉冲电流，电流经电点火头点燃固体药粒，产生灭火气体，压力达到定值气体释放灭火。

2. 导火索点燃

当外部火焰引燃连接在固体药剂上的导火索后，导火索点燃固体药剂启动。

3. 热启动

当外部温度达到 170℃时，利用热敏线自发启动灭火系统内部药剂点燃释放出灭火气体。

为了控制药剂的燃烧反应速度，不致使药筒发生爆炸，常在药剂中加些金属散热片或吸热物品（碱式碳酸镁）从而达到降温、控制燃烧速度的目的。

热气溶胶灭火系统大多用于无管网灭火装置，有柜式、手持式和壁挂式三种，根据不同的场所和用途，有不同的结构设计。

（五）无管网灭火装置

无管网灭火装置指各个场所之间的灭火系统无管网连接，均独立设置。这种系统装置简单，常用于面积、空间较小且防护区分散而应当设置气体灭火系统的场所，以替代有管网气体灭火系统。常见的装置形式如下：

1. 柜式气体灭火装置

柜式气体灭火装置一般由灭火剂瓶组、驱动气体瓶组（可选）、容器阀、减压装置（针对惰性气体灭火装置）、驱动装置、集流管（只限多瓶组）、连接管、喷嘴、信号反馈装置、安全泄放装置、控制盘、检漏装置、管道管件等部件组成。其基本组件与有管网装置相同，只是少了保护场所的选择阀和之间的连接管道。另外，因保护面积小，所需的灭火剂钢瓶少，故可将整个装置集成在一个柜子里。

2. 悬挂式气体灭火装置

悬挂式气体灭火装置由灭火剂储存容器、启动释放组件、悬挂支架组成。

第七节　泡沫灭火系统

一、泡沫灭火系统的作用

泡沫灭火系统是指将泡沫灭火剂与水按一定比例混合，经泡沫产生装置产生灭火泡沫的灭火系统。由于该系统具有安全可靠、经济实用、灭火效率高、无毒性的特点，所以从 20 世纪初开始应用至今，是扑灭甲、乙、丙类液体火灾和某些固体火灾的一种主要灭火设施。

二、泡沫灭火系统的设置场所

泡沫灭火系统主要应用于石油化工企业、石油库、石油天然气工程、飞机库、汽车库、修车库、停车场等场所，具体要求参照相关国家规范执行。

三、泡沫灭火系统的组成及工作原理

泡沫灭火系统由泡沫产生装置、泡沫比例混合器、泡沫混合液管道、泡沫液储罐、消防泵、消防水源、控制阀门等组成。

工作原理：保护场所起火后，自动或手动启动消防泵，打开出水阀门，水流经过泡沫比例混合器后，将泡沫液与水按规定比例混合形成混合液，然后经混合液管道输送至泡沫产生装置，将产生的泡沫施放到燃烧物的表面上，将燃烧物表面覆盖，从而实施灭火，灭火过程如图 3-1 所示。

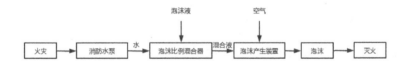

图 3-1　泡沫灭火系统工作过程框图

四、泡沫灭火系统的类型

（一）按安装方式分类

1. 固定式泡沫灭火系统

固定式泡沫灭火系统指由固定的消防水源、消防泵、泡沫比例混合器、泡沫产生装置和管道组成，永久安装在使用场所，当被保护场所发生火灾需要使用时，不需其他临时设备配合的泡沫灭火系统。这种系统的保护对象也是固定的。

2. 半固定式泡沫灭火系统

半固定式泡沫灭火系统指由固定的泡沫产生装置、局部泡沫混合液管道和固定接口以及移动式的泡沫混合液供给设备组成的灭火系统。当被保护场所发生火灾时，用消防水带将泡沫消防车或其他泡沫混合液供给设备与固定接口连接起来，通过泡沫消防车或其他泡沫供给设备向保护场所内供给泡沫混合液实施灭火。这种系统的保护对象不是单一的，它可以用消防水带将泡沫产生装置与不同的保护对象连接起来，组成

一个个独立系统。这种系统灵活多变，节省投资，但应在灭火时连接水带，不能用于联动控制。

3. 移动式泡沫灭火系统

移动式泡沫灭火系统指用水带将消防车或机动消防泵、泡沫比例混合装置、移动式泡沫产生装置等临时连接组成的灭火系统。当被保护对象发生火灾之时，靠移动式泡沫产生装置向着火对象供给泡沫灭火。需要指出，移动式泡沫灭火系统的各组成部分都是针对所保护对象设计的，其泡沫混合液供给量、机动设施到场时间等方面都有要求，而不是随意组合的。

（二）按发泡倍数分类

第一，低倍数泡沫灭火系统指发泡倍数小于 20 的泡沫灭火系统。

第二，中倍数泡沫灭火系统指发泡倍数为 21～200 的泡沫灭火系统。

第三，高倍数泡沫灭火系统指发泡倍数为 201～1000 的泡沫灭火系统。

高倍数泡沫灭火系统分为全淹没式、局部应用式和移动式三种类型。一是全淹没式，指用管道输送高倍数泡沫液和水，发泡后连续地将高倍数泡沫施放并按规定的高度充满被保护区域，并将泡沫保持到所需的时间，进行控火或灭火的固定系统。二是局部应用式，指向局部空间喷放高倍数泡沫，进行控火或灭火的固定、半固定系统。三是移动式指车载式或便携式系统。

（三）按泡沫喷射形式分类

低倍泡沫灭火系统按泡沫喷射形式不同可分为以下五种类型。

1. 液上喷射泡沫灭火系统

液上喷射泡沫灭火系统指将泡沫产生装置或泡沫管道的喷射口安装在罐体的上方，使泡沫从液面上部喷入罐内，并顺罐壁流下覆盖燃烧油品液面的灭火系统。这种灭火系统的泡沫喷射口应高于液面，常用于扑救固定顶罐的液面火灾。

2. 液下喷射泡沫灭火系统

液下喷射泡沫灭火系统是将泡沫从液面下喷入罐内，泡沫在初始动能和浮力的推动下上浮到达燃烧液面，在液面与火焰之间形成泡沫隔离层以实施灭火的系统，如图4-22 所示。这种灭火系统既能用于固定顶罐液面火灾，也适用于浮顶罐的液面火灾。

3. 半液下喷射泡沫灭火系统

将一轻质软带卷存于液下喷射管内，在使用时，在泡沫压力和浮力的作用下软带漂浮到燃烧液表面使泡沫从燃烧液表面上施放出来实现灭火。这种灭火系统的优点是泡沫由软带直接送达液面或接近液面，省了一段泡沫漂浮的距离，泡沫到达液面的时间短、覆盖速度快，灭火效率自然高。这种灭火系统由于喷射管内的软带长度有限，液面高度也会不同，有时软带会达不到液面，泡沫仍会有一段漂浮上升距离，故称为半液下喷射泡沫灭火系统。

4. 泡沫喷淋灭火系统

泡沫喷淋灭火系统是在自动喷水灭火系统的基础上发展起来的一种灭火系统，其

主要由火灾自动报警及联动控制设施、消防供水设施、泡沫比例混合器、雨淋阀组、泡沫喷头等组成。其工作原理与雨淋系统类似，利用设置在防护区上方的泡沫喷头，通过喷淋或喷雾的形式释放泡沫或释放水成膜泡沫混合液，覆盖和阻隔整个火区，用来扑救室内外甲、乙、丙类液体初期的地面流淌火灾。

5.泡沫炮灭火系统

泡沫炮灭火系统的组成和工作原理基本和固定消防炮系统相同，其只不过是增加了泡沫发生器。

第八节　干粉灭火系统

一、干粉灭火系统的作用

干粉灭火系统是指由干粉供应源通过输送管道连接到固定的喷嘴上，通过喷嘴喷放干粉的灭火系统。该系统借助于惰性气体压力的驱动，并由这些气体携带干粉灭火剂形成气粉两相混合流，经管道输送至喷嘴喷出，通过化学抑制和物理灭火共同作用来实施灭火。

二、干粉灭火系统的设置场所

第一，石油化工企业内烷基铝类催化剂配制区宜设置局部喷雾式 D 类干粉灭火系统。

第二，火车、汽车装卸液化石油气栈台宜设置干粉灭火设施。

第三，对污染要求不高的丙类物品仓库、配电室等。

第四，某些轻金属火灾。

三、干粉灭火系统的组成及工作原理

干粉灭火系统在组成上与气体灭火系统相类似，由灭火剂供给源、输送灭火剂管网、干粉喷嘴、火灾探测与控制启动装置等组成。

干粉灭火系统工作原理：当保护对象着火后，温度迅速上升达到规定的数值，探测器发出火灾信号到控制器，当启动机构接收到控制器的启动信号后，将启动瓶打开，启动瓶中的一部分气体通过报警喇叭发出火灾报警，大部分气体通过管道上的止回阀，把高压驱动气体气瓶的瓶头阀打开，瓶中的高压驱动气体进入集气管，经高压阀进入减压阀，减压至规定的压力后，通过进气阀进入干粉储罐内，搅动罐中干粉灭火剂，使罐中干粉灭火剂疏松形成便于流动的粉气混合物，当干粉罐内的压力上升到规定压力数值时，定压动作机构开始动作，将干粉罐出口的球阀打开，干粉灭火剂则经总阀门、选择阀、输粉管和喷嘴喷向着火对象，或者经喷枪喷射到着火物的表面，并实施灭火。

四、干粉灭火系统类型

（一）按灭火方式分类

1. 全淹没式干粉灭火系统

全淹没式干粉灭火系统指将干粉灭火剂释放到整个防护区，可通过在防护区空间建立起灭火浓度来实施灭火的系统形式。该系统的特点是对防护区提供整体保护，适用于较小的封闭空间、火灾燃烧表面不宜确定且不会复燃的场合，如油泵房等场合。

2. 局部应用式干粉灭火系统

局部应用式干粉灭火系统指通过喷嘴直接向火焰或燃烧表面喷射灭火剂实施灭火的系统。当不宜在整个房间建立灭火浓度或仅保护某一局部范围、某一设备、室外火灾危险场所等，可选择局部应用式干粉灭火系统，例如用于保护甲、乙、丙类液体的敞顶罐或槽，不怕粉末污染的电气设备以及其他场所等。

3. 手持软管干粉灭火系统

手持软管干粉灭火系统具有固定的干粉供给源，配备有一条或数条输送干粉灭火剂的软管及喷枪，火灾时通过人来操作实施灭火。

（二）按设计情况分类

1. 设计型干粉灭火系统

设计型干粉灭火系统指根据保护对象的具体情况，通过设计计算确定的系统形式。该系统中的所有参数都需经设计确定，并按设计要求选择各部件设备的型号。一般较大的保护场所或有特殊要求的保护场所宜采用设计型系统。

2. 预制型干粉灭火系统

预制型干粉灭火系统指由工厂生产的系列成套干粉灭火设备，系统的规格是通过对保护对象做灭火试验后预先设计好的，即所有设计参数都已确定，使用时只需选型，不必进行复杂的设计计算，当保护对象不是很大且无特殊要求的场合，一般选择预制型系统。

（三）按系统保护情况分类

1. 组合分配系统

当一个区域有几个保护对象且每个保护对象发生火灾后不会蔓延时，可选用组合分配系统，即用一套系统同时保护多个保护对象。

2. 单元独立系统

若火灾的蔓延情况不能预测，则每个保护对象应单独设置一套系统保护，即单元独立系统。

（四）按驱动气体储存方式分类

1. 储气式干粉灭火系统

储气式干粉灭火系统指将驱动气体(氮气或二氧化碳气体)单独储存在储气瓶之中，灭火使用时，再将驱动气体充入干粉储罐，进而携带驱动干粉喷射实施灭火。干粉灭火系统大多数采用的是该种系统形式。

2. 储压式干粉灭火系统

储压式干粉灭火系统指将驱动气体与干粉灭火剂同储于一个容器，灭火时直接启动干粉储罐。这种系统结构比储气系统简单，但要求驱动气体不能泄漏。

3. 燃气式干粉灭火系

燃气式干粉灭火系统指驱动气体不采用压缩气体，而是在火灾时点燃燃气发生器内的固体燃料，通过其燃烧生成的燃气压力来驱动干粉喷射实施灭火。

第九节　建筑灭火器

灭火器是由人操作的，能在其自身内部压力的作用下，将装于内部的灭火剂喷出实施灭火的器具。灭火器具有结构简单、轻便灵活、易操作使用等特点，其是扑救建筑初起火灾最基本、最有效的灭火器材。

一、灭火器的类型

灭火器类型繁多，分类方式主要有三种：即按使用方法分、按充装灭火剂分和按驱动压力形式分，这里主要介绍前两种分类方式。

（一）按使用方法分

1. 手提式灭火器

灭火剂充装量小于 20kg 的灭火器为手提式灭火器。它具有重量小、能够手提移动、灭火轻便等特点，是应用比较广泛的一种灭火器。

2. 推车式灭火器

推车式灭火器的灭火剂充装量在 20kg 以上，其车架上设有固定的车轮，可推行移动实施灭火，操作一般需要两人协同配合进行。推车式灭火器主要适用于石油、化工等企业。

3. 背负式灭火器

能够用肩背着实施灭火的灭火器是背负式灭火器，充装量一般也较大，适合于消防专业人员专用。

4. 手抛式灭火器

手抛式灭火器内充干粉灭火剂，充装量较小，多数做成工艺品形状。灭火时将其抛掷到着火区域，干粉散开实施灭火，一般适用于家庭灭火。

5. 悬挂式灭火器

悬挂式灭火器是一种悬挂在保护场所内，依靠着火时的热量将其引爆自动实施灭火的灭火器。

（二）按充装的灭火剂分

1. 水型灭火器

水型灭火器充装的灭火剂主要是清洁水。有的加入适量的防冻剂，以降低水的冰点。也有的加入适量润湿剂、阻燃剂、增稠剂等，以增强灭火性能。

2. 泡沫型灭火器

泡沫型灭火器充装的泡沫灭火剂，可分为空气泡沫型灭火器和化学泡沫型灭火器两种，实际工作中较常用的是空气泡沫型灭火器。

3. 干粉型灭火器

干粉型灭火器内充装的灭火剂是干粉。干粉灭火剂的品种较多，因此根据灭火器内部充装的干粉灭火剂的不同，可分为碳酸氢钠干粉灭火器、磷酸铵盐干粉灭火器、氨基干粉灭火器。由于碳酸氢钠干粉只适用于灭 B、C 类火灾，因此又称 BC 干粉灭火器。磷酸铵盐干粉能适用于 A、B、C 类火灾，因此又称 ABC 干粉灭火器。干粉型灭火器是我国目前使用比较广泛的一种灭火器。

4. 二氧化碳型灭火器

二氧化碳型灭火器是一种利用其内部充装的液态二氧化碳的蒸气压将二氧化碳喷出实施灭火的灭火器。由于二氧化碳灭火剂具有灭火不留痕迹，并具有电绝缘性能等特点，因此比较适用于扑救 $600V$ 以下的带电电器、贵重设备、图书资料、仪器仪表等场所的初起火灾。但其灭火效能较差，使用时应注意避免冻伤的危害。

（三）按驱动压力形式分

1. 储气瓶式灭火器

这类灭火器的动力气体储存在专用的小钢瓶内，是和灭火剂分开储存的，小钢瓶有外置和内置两种形式。使用时将高压动力气体释放，充装到灭火剂储瓶内作为驱动灭火剂的动力。

这种类型的灭火器平时筒体不受压，筒体若存在质量问题不易被发现，使用时筒体突然受到高压，有可能会出现事故。

2. 储压式灭火器

储压式灭火器是将高压动力气体和灭火剂储存在同一个容器内，使用时依靠动力气体的力驱动灭火剂喷出，是一种较常见的驱动压力形式。

3. 化学反应式灭火器

在灭火器筒体内将酸性水溶液和碱性水溶液混合，以两者发生化学反应产生的二氧化碳气体作为驱动压力将灭火剂喷出的灭火器为化学反应式灭火器。碱性灭火器和化学泡沫灭火器就属于这类灭火器，但由于安全原因，这类灭火器已被淘汰。

二、灭火器的主要技术性能

（一）灭火器的喷射性能

1.有效喷射时间

这是指灭火器在最大开启状态下，自灭火剂从喷嘴喷出，到灭火剂喷射结束的时间。不同的灭火器，对有效喷射时间的要求也不同，但须满足在最高使用温度条件下不得低于6s。

2.喷射滞后时间

这是指自灭火器开启后到喷嘴开始喷射灭火剂的时间。喷射滞后时间反映了灭火器动作速度的快慢，技术上一般要求在灭火器的使用温度范围内，其喷射滞后时间不大于5s，间歇喷射的滞后时间不大于3s。

3.有效喷射距离

这是指灭火器有效喷射灭火的距离，它指的是从灭火器喷嘴顶端起，到喷出的灭火剂最集中处中心的水平距离。不同的灭火器都有不同的有效喷射距离要求。

4.喷射剩余率

这是指额定充装状态下的灭火器，在喷射到内部压力与外部环境压力相等时（也就是不再有灭火剂从灭火器喷嘴喷出时），内部剩余灭火剂量相对于额定充装量的百分比。一般的要求是：在（20±5）℃时，不大于10%；可在灭火器的使用温度范围内，不大于15%。

（二）灭火器的灭火性能

灭火器的灭火性能是通过实验来测定的。对于同一种灭火剂类型的灭火器而言，灭火能力强弱由其充装量决定，衡量标准是灭火级别。充装量大的灭火能力强，灭火级别大。

1.灭A类火的能力

按照标准的试验方法，由灭火器能够扑灭的最大木条垛火灾来确定其灭火级别。主要有3A、5A、8A、13A、21A、34A等几个级别。

2.灭B类火的能力

按照标准的试验方法，由灭火器能够扑灭的最大油盘火来确定其灭火级别。油盘的面积与灭火级别有一个一一对应关系，例如 $0.2m^2$ 大的油盘对应的灭火级别是 $1B$，$24m^2$ 大的油盘对应的灭火级别是 $120B$ 等。

从以上规定可以看出，在灭火器的灭火级别中，前面的系数代表的是灭火器灭火能力的强弱，系数大的灭火能力强；后面的字母代表的是所能扑救的火灾类别。

三、灭火器的应用

正确、合理地应用灭火器是成功扑救初起火灾的重要保证，应予以充分的重视。

（一）灭火器的选择

1. 灭火器的类型选择

每一类灭火器都有其特定的扑救火灾类别，配置灭火器时，要根据不同的火灾种类，选择相适应的灭火器。火灾种类按照燃烧物质的类别可划分为 A、B、C、D、E 五类，其中 A 类火灾为固体物质火灾；B 类火灾为液体火灾或可熔化固体物质火灾；C 类火灾为气体火灾；D 类火灾为金属火灾；E 类火灾为带电物体燃烧的火灾。

第一，扑救 A 类火灾场所应选择水型灭火器、磷酸铵盐干粉灭火器、泡沫灭火器或卤代烷灭火器。

第二，扑救 B 类火灾场所应选择泡沫灭火器、碳酸氢钠干粉灭火器、磷酸铵盐干粉灭火器、二氧化碳灭火器、灭 B 类火灾的水型灭火器或卤代烷灭火器。极性溶剂的 B 类火灾场所应选择灭 B 类火灾的抗溶性灭火器。

第三，扑救 C 类火灾场所应选择磷酸铵盐干粉灭火器、碳酸氢钠干粉灭火器、二氧化碳灭火器或卤代烷灭火器。

第四，扑救 D 类火灾场所应选择扑灭金属火灾的专用灭火器。

第五，扑救 E 类火灾场所应选择磷酸铵盐干粉灭火器、碳酸氢钠干粉灭火器、卤代烷灭火器或二氧化碳灭火器，但不得选用装有金属喇叭喷筒的二氧化碳灭火器。

第六，非必要场所不应配置卤代烷灭火器。

在选用灭火器时，应考虑不同灭火剂间可能产生的相互反应、污染及其对灭火的影响。

2. 同一配置场所内灭火器的选择

第一，在同一配置场所，应当尽量选用同一类型的灭火器，并选用操作方法相同的灭火器。这样可以为培训灭火器使用人员提供方便，为灭火器使用人员熟悉操作和积累灭火经验提供方便，同时也便于灭火器的维护保养。

第二，在同一配置场所，当选用 2 种或 2 种以上类型灭火器时，应选用灭火剂相容的灭火器，以便充分发挥各自灭火器的灭火效能。

磷酸铵盐灭火剂与碳酸氢钠灭火剂或与碳酸氢钾灭火剂之所以不相容，是因为在火灾中的水蒸气的水解作用下，前者呈酸性（生成磷酸），后者呈碱性（生成氢氧化钠），两者会发生酸碱中和反应，降低了灭火效力。碳酸氢钠或碳酸氢钾灭火剂与蛋白泡沫或化学泡沫灭火剂之所以不相容，除了会发生上述的酸碱中和反应外，还因为碳酸氢钠或碳酸氢钾灭火剂会从泡沫液中吸收一定量的水分而产生泡沫消失现象。水成膜泡沫与蛋白泡沫或氟蛋白泡沫联用会因水溶性而降低后者的灭火效能。

3. 选择灭火器的注意事项

第一，对保护对象的污损程度。不同类型的灭火器在灭火时不可避免地要对被保护物品产生程度不同的污渍。泡沫、水、干粉灭火器的污损较为严重，而气体灭火器（如二氧化碳灭火器）则非常轻微。为了保证贵重物质与设备免受不必要的污渍损失，选择灭火器时应充分考虑其对保护物品的污损程度。

第二，配置场所的人员情况。灭火器是靠人来操作的，由此，选择灭火器时还应

考虑到配置场所内工作人员的年龄、性别、职业等情况，以适应他们的身体素质。如一般情况下多选择手提式灭火器，对女性、年龄小或老的人员较多场所，应设置充装量小、重量轻的灭火器。

第三，配置场所的环境温度。配置场所的环境温度对灭火器的技术性能和安全性能有较大的影响，如环境温度过低，灭火器的喷射性能就会变差；环境温度过高，灭火器内部压力倍增，就有爆炸伤人的危险。因此，在选择灭火器时应注意灭火器的使用温度范围是否与环境温度相符

第四，灭火器的有效灭火程度。在选择灭火器时，有时会出现某一类火灾可采用多种类型的灭火器来扑救的情况。如在扑救 B 类火灾时，一具 7kg 的二氧化碳灭火器的灭火能力（55B）就不如一具 5kg 的干粉灭火器的灭火能力（89B）强。一般而言，可供选择的灭火器类型有两种以上时，在灭火器灭火级别大致相等的情况下，可选择充装量较小（重量小）的灭火器，以减轻灭火时的负重。

（二）灭火器操作使用注意事项

一是要熟悉灭火器使用说明书。了解灭火器适宜扑救的火灾种类、使用温度范围、操作使用要求及日常维护等。

二是扑救室外火灾时要站在着火部位的上风或侧风方向，以防火灾对身体造成危害。

三是扑救电气火灾时，要注意防触电。例如应加强绝缘防护，穿绝缘鞋和戴绝缘手套，并站在干燥地带等。

四是使用大多数手提式灭火器灭火时，要保持罐体直立，切不可将灭火器平放或颠倒使用，以防驱动气体泄漏，中断喷射。

五是使用泡沫灭火器扑救可燃液体火灾时，如果液体呈流淌状，喷射的泡沫应从着火区边缘由远而近地覆盖在液体表面上。如果是容器中的液体着火，应将泡沫喷射在容器的内壁上，使泡沫沿容器内壁流入液体表面加以覆盖，要避免将泡沫直接喷射在液体表面，以防射流的冲击力将液体冲出容器而扩大燃烧范围，增加扑救难度。

六是在狭小的空间使用二氧化碳型灭火器灭火时，灭火后操作者要迅速撤离。火灾被扑救熄灭后，应先打开房间门窗通风，然后人员方可进入，以防窒息或中毒的。另外，使用二氧化碳灭火器时，应佩戴防护手套，而未佩戴时，不要直接用手握灭火器喷筒或金属管，以防冻伤。

（三）灭火器的设置

1.设置位置

灭火器应设置在配置场所内明显易取的部位，否则应有明显的指示标志。当在室内设置时，应设置在走道、楼梯间、大厅等公共部位，且不得影响安全疏散。当设置于室外时，应有相应的保护措施。

2.设置高度

手提式灭火器的设置应保证其顶部距离地面的高度不大于 1.5m，底部距离地面的高度不小于 0.08m。

3.设置环境

灭火器应设置在干燥、无强腐蚀性的地方或部位，否则应有相应的保护措施。

4.设置数量

为确保安全，一个配置场所至少应设置2具灭火器，保证在一具灭火器不能使用时，可以使用另一具灭火器实施灭火。一个配置点配置的灭火器不应超过5具，这主要是考虑当一个配置点配置的灭火器数量太多时，每具灭火器的型号就会太小，灭火剂充装量少，喷射时间短，不利于灭火。

四、灭火器配置设计计算步骤

（一）确定灭火器配置场所的危险等级

1.工业建筑灭火器配置场所的危险等级

根据工业建筑（厂房、仓库）生产、使用、储存物品的火灾危险性、可燃物数量、火灾蔓延速度、扑救难易程度等因素，将工业建筑灭火器配置场所的危险等级划分为严重危险级、中危险级以及轻危险级三个级别。

第一，严重危险级：火灾危险性大，可燃物多，起火后蔓延迅速，扑救困难，容易造成重大财产损失的场所。

第二，中危险级：火灾危险性较大，可燃物较多，起火后蔓延较迅速，扑救较难的场所。

第四，轻危险级：火灾危险性较小，可燃物较少，起火后蔓延较缓慢，扑救较易的场所。

2.民用建筑灭火器配置场所的危险等级

根据民用建筑灭火器配置场所的使用性质、人员密集程度、用电用火情况、可燃物数量、火灾蔓延速度、扑救难易程度等因素，将民用建筑危险等级划分为严重危险级、中危险级和轻危险级三个级别。

第一，严重危险级：使用性质重要，人员密集，用电用火多，可燃物多，起火后蔓延迅速，补救困难，容易造成重大财产损失或人员群死群伤的场所。

第二，中危险级：使用性质较重要，人员较密集，用电用火较多，可燃物较多，起火后蔓延较迅速，扑救较难的场所。

第三，轻危险级：使用性质一般，人员不密集，用电用火较少，且可燃物较少，起火后蔓延较缓慢，扑救较易的场所。

（二）确定灭火器配置场所的火灾种类

火灾种类有A、B、C、D、E五类，扑救不同种类的火灾应选择相适应的灭火器。为正确配置灭火器，在灭火器配置设计时应准确确定配置场所的火灾种类。

（三）划分灭火器配置场所的计算单元

划分灭火器配置场所的计算单元应遵循下列三条规定：

第一，灭火器配置场所的危险等级和火灾种类均相同的相邻场所，可将一个楼层或一个防火分区作为一个计算单元。如办公楼每层的成排办公室，宾馆每层的成排客房等，就可以按照楼层或防火分区将若干个配置场所合并作为一个计算单元配置灭火器。

第二，灭火器配置场所的危险等级或火灾种类不相同的场所，应分别作为一个计算单元。如建筑物内相邻的化学实验室和电子计算机房，即可分别单独作为一个计算单元配置灭火器。

第三，同一个计算单元不得跨越防火分区和楼层。

（四）计算灭火器配置场所各计算单元的面积

第一，建筑物灭火器配置场所计算单元的面积按照建筑面积计算。

第二，可燃物露天堆场，甲、乙、丙类液体储罐区，可燃气体储罐区应按堆垛、储罐的占地面积计算。

（五）计算灭火器配置场所各计算单元所需灭火级别

一般情况下，每个计算单元所需灭火级别应按下式计算

$$Q \geqslant \frac{KS}{U}$$

歌舞娱乐放映游艺场所、网吧、商场、寺庙以及地下场所等的每个计算单元所需灭火级别应按下式计算

$$Q \geqslant 1.3 \frac{KS}{U}$$

式中 Q—计算单元所需灭火级别（A 或 B）；

S—计算单元的保护面积（m^2）；

K—计算修正系数；

U—灭火器配置基准（m^2/A 或 m^2/B）。

（六）确定灭火器配置场所各计算单元的灭火器设置点位置和数量

灭火器设置点的位置和数量应根据灭火器的最大保护距离确定，应保证最不利点至少在一个灭火器设置点的保护范围内。

1. 灭火器的最大保护距离

灭火器的最大保护距离是指计算单元内任意一点至最近灭火器设置点的距离。

2. 灭火器设置点的合理性判断

判定灭火器设置点是否合理，关键是看计算单元内任意一点是否在至少在一个灭火器设置点的保护范围内。判定的方法通常有两种：一种方法是以每一个灭火器设置点为圆心，以灭火器的最大保护距离为半径作圆，看计算单元内任意一点是否至少被一个圆覆盖；另一种方法是量取最不利点至最近灭火器设置点的距离，看其是否小于

或等于灭火器的最大保护距离。当满足上述要求时，证明灭火器设置点设置合理。

（七）计算每个灭火器设置点的灭火级别

计算单元内每个灭火器设置点的灭火级别应按下式计算：

$$Q_c \geq \frac{Q}{N}$$

式中 Q_e—计算单元中每个灭火器设置点的灭火级别（A 或 B）；

Q—计算单元所需灭火级别（A 或 B）；

N—计算单元内灭火器设置点的数量（个）。

（八）确定每个灭火器设置点的灭火器类型、规格和数量

根据每个灭火器设置点的灭火级别，确定每个灭火器设置点的灭火器类型、规格以及数量。

第五章 火灾自动报警系统

第一节 火灾自动报警系统概述

火灾自动报警系统，是用于尽早探测初期火灾并发出警报，以便采取相应措施（例如：疏散人员，呼叫消防队员，启动灭火系统，操作消防门、防火卷帘、防烟、排烟风机等）的系统。火灾自动报警系统的优势在于能够在火灾早期探测到火灾，并发出火灾报警信号，有助于尽早扑灭火灾，最大限度地减少火灾带来的损失。

一、基本设计形式

火灾自动报警系统主要由触发装置、火灾报警装置、火灾警报装置及电源四部分组成，具有火灾报警、故障报警、主/备电源自动切换、报警部位显示、系统自检等功能。如图 4-1 所示。

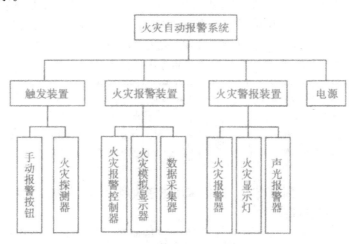

图 4-1　火灾自动报警系统基本组成

根据《火灾自动报警系统设计规范》（GB50116—2013）的规定、保护对象的特点和系统的大小，火灾自动报警系统可分为区域报警系统、集中报警系统和控制中心

报警系统。

（一）区域报警系统

区域报警系统由火灾探测器、手动火灾报警按钮、火灾声光警报器及火灾报警控制器等组成，系统可包括消防控制室图形显示装置和指示楼层的区域显示器。这类报警系统适用于只需要局部设置火灾探测器的场所，对各个火灾报警区域进行火灾探测。一般应用于二类建筑、工业厂房、大型库房、商场及多层图书馆等需设置报警装置的建筑内。

（二）集中报警系统

集中报警系统由火灾探测器、手动火灾报警按钮、火灾声光警报器、消防应急广播、消防专用电话、消防控制室图形显示装置、火灾报警控制器、消防联动控制器等组成。这类报警系统适用于多层民用建筑和大面积工业厂房等需要装设各种火灾探测器和火灾自动报警装置控制器的地方。

（三）控制中心报警系统

控制中心报警系统由火灾探测器、手动火灾报警器、区域火灾报警控制器或用作区域火灾报警控制器的通用火灾报警控制器、集中火灾报警控制器、消防控制室的消防控制设备和其他辅助功能设备构成。这类系统一般应用于高层民用建筑的旅游饭店、宾馆和大中型工业企业厂房库房等。

二、基本要求

为了有效防止、及时控制和扑灭火灾，最大限度减少火灾造成的损失，保证人们的人身和财产安全，我国的消防技术规范《建筑设计防火规范》（GB50016—2014）、《建筑内部装修设计防火规范》和《火灾自动报警系统设计规范》（GB50116—2013）等对火灾自动报警系统及其系列产品提出了以下基本要求：

一是确保建筑物火灾探测和报警功能有效，保证不漏报；

二是减小环境因素对系统的影响，降低系统的误报率；

三是确保系统工作稳定，信号传输及时准确可靠；

四是要求系统设计灵活，产品成系列兼容性强，可以适应不同工程需求；

五是要求系统的工程适用性强，布线简单、灵活、方便；

六是要求系统应变能力强，工程调试、系统管理和维护方便；

七是要求系统的性能价格高比；

八是要求系统联动功能丰富、逻辑多样、控制方式有效。

总之，火灾自动报警系统是确保建筑减轻甚至防止火灾危害的极其重要的安全设施，上述对系统的要求能确保系统正常、高效地运行，确保被保护对象的消防安全。因此，对从事消防系统工程的技术人员而言，掌握消防技术规范相关的要求和火灾自动报警系统工程设计、安装调试等规则是必不可少的。

三、火灾自动报警系统巡查

消防员开展"六熟悉"时应对辖区单位的火灾自动报警系统进行巡查，掌握其工作状态是否符合相关技术要求并对相应检查方法展开必要测试。

（一）巡查内容

系统组件，包括火灾探测器、手动火灾报警按钮、火灾报警控制器、火灾显示盘、火灾警报装置、主备电源的安装位置、外观、工作状态及其功能，消防联动控制器的自检、故障报警、远程控制功能，消防广播、消防电话、消防电梯等设备受控及运行情况，系统自动联动功能。

（二）巡查方法及相应技术要求

1. 系统组件

（1）火灾探测器

根据被探测区域火灾参数的不同，查看火灾探测器选型是否正确；检查火灾探测器与边、墙、通风口、遮挡物的间距，查看探测区域是否均被有效保护；查看火灾探测器外观是否有损，保护罩是否未拆除；检查火灾探测器是否处于正常监控状态，指示灯显示是否正常；

用加烟器向点型感烟火灾探测器施加烟气，或用热风机向点型感温火灾探测器的感温元件加热，观察点型火灾探测器的红色报警确认灯是否点亮并保持，核查报警信息是否正确，现场排除火情，并在消防控制中心手动复位火灾报警控制器，观察点型火灾探测器的报警确认灯是否复位正常。

（2）手动火灾报警按钮

检查手动火灾报警按钮是否安装在明显和便于操作的部位，底边距地面是否为 $1.3 \sim 1.5m$；检查手动火灾报警按钮外观是否完好，是否处于正常监控状态，指示灯显示是否正常。

按下手动火灾报警按钮的启动键，观察手动火灾报警按钮的红色报警认灯是否点亮并保持，核查报警信息是否正确，更换或复位手动火灾报警按钮的启动零件，并在消防控制中心手动复位后，观察观察手动火灾报警按钮的报警确认灯是否复位正常。

（3）火灾报警控制器

查看火灾报警控制器的安装位置是否便于检查、操作和维护，周边间距是否符合规范要求；查看控制面板上的各种按钮、开关、指示灯等外观和结构是否完好，标识是否清晰；查看火灾报警控制器是否处于正常监控状态，指示灯显示是否正常。

按下火灾报警控制器面板上自检功能键，观察火灾报警控制器是否对火灾报警控制器的音响器件、面板上的所有指示灯、显示器、打印功能进行检查。

触发火灾探测器或手动报警按钮，观察火灾探测器或手动火灾报警按钮是否输出火警信号，报警红色确认灯是否闪亮并保持至复位，在消防控制中心观察火灾报警控制器能否接收来自触发器件的火警信号，以及声光报警是否实现，按下消音键，观察

声报警信号是否消除，当再次有火警信号输入时是否再次启动；查看火灾报警控制器上液晶显示屏是否准确显示或记录火灾发生的部位及时间，打印机是否准确打印，有图形显示器的观察其是否准确显示火警及其报警部位、时间，现场消除火情或复位手动报警按钮，在消防控制中心按下复位键，观察系统是否恢复正常。

拆下一只探测器，观察火灾报警控制器是否在 100s 内发出与火灾报警信号有明显区别的故障声，黄色故障指示灯点亮，按下消音键，观察故障声信号是否消除，再有故障信号输入时是否再次启动；查看火灾报警控制器上液晶显示屏是否准确显示或记录故障发生的部位、时间，图形显示器是否准确显示故障警及其故障部位、时间，现场排除故障后，在消防控制中心观察系统是否恢复正常。

在故障状态下，使任意一火灾触发器件处于火灾报警状态，观察火灾报警控制器是否接收到火警信号，发出声光报警信号，指示火灾发生部位并予以保持，再使其他火灾触发器件发出火灾报警信号，观察火灾报警控制器是否再次报警。

按下火灾报警控制器面板上记录检查键，通过液晶显示屏查看是否储存有火警、故障及相关联动设备动作信号的历史记录。

（4）火灾显示盘

检查火灾显示盘是否安装在明显且便于操作的部位，其底边距地面高度是否为 1.3 ~ 1.5m；查看显示盘外观是否完好，是否处于正常监控状态，指示灯显示是否正常；按下自检功能键，查看火灾显示盘声光及液晶显示是否正常；

通过火灾报警触发器件使火灾报警控制器发出火灾报警信号，观察火灾显示盘是否发出声光报警信号，显示火灾发生部位并保持。按下消音键，观察声报警信号是否消除，现场排除火情并在消防控制中心手动复位后观察火灾显示盘是否复位正常。

（5）消防联动控制器

查看消防联动控制器总线控制盘、多线控制盘面板上的各种按键、开关、指示灯等外观和结构等是否完好、标识是否清晰，查看消防联动控制器是否处于正常监控状态，信号指示灯显示是否正常，开关旋转是否灵活，消防广播功放、分配盘、消防电话主机、图形显示装置等是否完好且处于正常工作状态。

按下消防联动控制器面板上自检功能键，观察消防联动控制器是否对其音响器件、面板所有指示灯、显示器进行检查。观察在执行自检功能期间其数控设备是否动作。

将与消防联动控制器相连的某个负载断开，观察消防联动控制器是否在 100s 内发出故障声光报警信号，按下消音键，观察故障声信号是否消除。再有故障信号输入时是否再次启动，查看故障光信号是否保持至故障排除，控制设备是否准确显示或记录故障部位和类型，排除故障，观察系统是否恢复正常。

在消防控制中心将消防联动程序置于手动状态，根据检查需要按下消防联动控制盘上消火栓泵或喷淋泵、正压送风风机、排烟风机、防火卷帘等相应联动设备的启动、停止控制按钮，观察相应联动设备是否被远程控制启动或停止，运行设备的指示灯是否点亮，观察联动设备动作后，联动控制盘上是否接收到反馈信号，查看液晶显示屏上是否显示相关设备动作状态，打印机是否准确打印。现场查看相应联动设备是否按照指令动作，取消操作命令后，现场将动作设备复位，查看系统是否恢复正常。

（6）消防应急广播系统

查看扬声器外观是否完好，设置是否符合规范要求，在消防控制中心拿起话筒，按下应急广播键，手动启动应急广播并选择播音区域，查看应急广播启动后应急广播指示灯是否点亮，播音区域是否正确，音质是否清晰，消防广播主机的录音功能是否正常，对于环境噪音较大的场所，用声级计测试其噪音，当噪音大于60dB时，火灾应急广播扬声器播放范围内最远点的声压级应高于背景噪声15dB；按下应急广播紧急启动按钮，测试预录信息的播放功能。

在火灾自动报警系统置于自动状态下，模拟火灾报警，检查广播控制器是否在接收广播联动信号后按照预设逻辑选择播音区域并启动应急广播，同时查看火灾报警控制器面板上应急广播灯是否点亮，液晶屏是否显示应急广播状态和选择的播音区域，打印机打印相关信息。现场排除火情，观察系统是否恢复正常。

（7）消防电话设备

检查消防电话分机或电话插孔外观是否完好，设置墙面上的消防电话分机或电话插口其底边距地面高度是否为1.3～1.5m，拿起消防电话分机或将手柄接人电话插孔，查看消防控制室的电话主机是否振铃，拿起消防电话主机，辨别通话音质是否清晰，拿起消防电话主机手柄，选择并接人电话分机，查看相应的消防电话分机是否接通，通话音质是否清晰。测试消防电话通话质量的同时，观察、测试电话主机的录音功能。

（8）消防电梯

在消防控制中心对消防电梯进行远程控制测试，查看相关消防电梯是否下降首层并打开电梯门，同时反馈信号至控制中心；按下首层的消防电梯专用按钮，查看消防电梯是否下降至首层并发出反馈信号，此时只能在轿厢内控制电梯，在其他任意楼层均无法控制消防电梯的运行。

在火灾自动报警系统置于自动状态下模拟火灾报警，查看消防电梯是否自动迫降至首层并打开电梯门，同时反馈信号至消防控制中心。用轿厢内专用电话查看能否与消防控制室或电梯机房通话。查看从首层至顶层的运行时间是否在60s以内；查看消防电梯的井底排水设施。

（9）火灾警报装置

查看每个防火防区是否设置不少于1个火灾警报装置，查看火灾警报装置外观是否完好，模拟火警，观察火灾警报装置是否发出声或光警报信号，在其正前方3m水平处，用声压计测试，观察其音量是否在75dB～115dB范围内，用照度仪测试光信号，在11Lx～500Lx环境光线下，距火灾警报装置10m处，观察光信号是否清晰可见。

（10）电源功能

查看系统的主电源、备电源，自动切换装置外观是否完好，状态指示灯是否正常，主备电源标识是否清晰，开关操作是否灵活；查看系统主电源的保护开关是否采用漏电保护开关，控制器主电源引人线是否与消防电源直接连接。

在主备电源均处于工作状态情况下，切断火灾报警控制器的主电源开关，观察火灾报警控制器主电源故障指示灯是否点亮，备用电源是否供电。再恢复主电源，观察火灾报警控制器是否恢复正常供电，指示灯显示是否为正常。

2. 系统自动联动功能

将火灾自动报警系统联动方式置于自动状态，在模拟确认火警的情况下进行自动联动功能的检查，观察着火层及相邻楼层声光警报装置、消防应急广播是否启动，防火卷帘是否动作，消防电梯及普通电梯是否迫降首层并自动打开，着火层非消防电源是否被切断，应急照明和疏散标志灯是否亮起，有关部位的空调送风机是否被停止，有关部位的防烟和排烟风机是否被启动，上述联动设备动作后，是否有信号反馈到控制中心。排除火情，控制中心复位，各联动设备停止运行复位之后，观察系统是否恢复正常。

（三）注意事项

1. 检查前应做好充分准备

查看被检查对象的系统竣工图纸，收集设计文件中相关技术要求，了解系统整体框架，掌握关键设备的操作方法及注意事项，最好能制订一份检查方案。

2. 检查过程中应注意安全

在火灾自动报警系统组件功能检查测试时，应将消防联动控制器设置为手动方式；在火灾自动报警系统自动联动功能检查测试前，应视情况告知被检查单位；在对联动设备检查测试过程中，消防控制中心应保持与受控设备现场，如消防泵房、风机房等的通信联络，现场受控设备如需长时间运行时应严格按照操作规程进行，防止设备、管道及管线等出现损坏，部分消防联动设备，如风阀、防火卷帘等须在现场复位。

3. 合并检查

为提高巡查效率，火灾自动报警系统组件功能的检查可合并展开。

4. 恢复原状态

系统组件或系统测试完成后，应使控制器及相关组件、受控设备复位，正压送风机、排烟风机、消火栓泵、喷淋泵等联动设备电气控制柜转换开关恢复"自动"状态。

5. 问题整改

对巡查过程中发现的问题，应及时督促有关单位予以整改。

第二节　火灾探测器及报警控制器

一、火灾探测器

火灾探测器是火灾自动报警系统和灭火系统最基本和最关键的部分之一，是整个报警系统的检测元件，其工作稳定性、可靠性和灵敏度等技术指标直接影响着整个消防系统的运行。

（一）火灾探测器的分类

火灾探测器，是指用来响应其附近区域由火灾产生的物理以及化学现象的探测器件，通常由敏感元件、电路、固定部件和外壳四部分组成。常按探测器的结构、探测的火灾参数、输出信号的形式和使用环境等分类。

1. 按火灾探测器的结构造型分类

可以分为点型和线型两大类：

线型火灾探测器，是一种响应某一连续线路周围的火灾参数的火灾探测器。其连续线路既可以是"硬"的（可见的），也可以是"软"的（不可见的）。

点型火灾探测器，是一种响应空间某一点周围的火灾参数的火灾探测器。

2. 按火灾探测器探测的火灾参数的不同

可以分为感温、感烟、感光、气体和复合式几大类：

感温火灾探测器，是对警戒范围内某一点或某一线段周围的温度参数（异常高温、异常温差和异常温升速率）敏感响应的火灾探测器。根据其作用原理，可分为定温式火灾探测器、差温式火灾探测器和差定温式火灾探测器。与感烟探测器和感光探测器比较，它的可靠性较高、对环境条件的要求更低，但对初期火灾的响应要迟钝些。报警后的火灾损失要大些。

感烟火灾探测器，是一种响应燃烧或热介产生的固体或液体微粒的火灾探测器。由于它能探测物质燃烧初期在周围空间所形成的烟雾浓度，因此它具有非常良好的早期火灾探测报警功能。根据烟雾粒子可以直接或间接改变某些物理量的性质或强弱，感烟探测器，可分为离子型、光电型、激光型、电容型和半导体型几种。

感光火灾探测器（火焰探测器或光辐射探测器），是一种能对物质燃烧火焰的光谱特性、光照强度和火焰的闪烁频率敏感响应的火灾探测器。它能响应火焰辐射出的红外、紫外和可见光。和感温、感烟、气体等火灾探测器比较，感光探测器具有以下三方面优势：响应速度快；不受环境气流的影响，是唯一能在户外使用的火灾探测器；性能稳定、可靠，探测方位准确。

可燃性气体探测器，是一种能对空气中可燃性气体含量进行检测并发出报警信号的火灾探测器。它由气敏元件、电路和报警器三部分组成。除具有预报火灾、防火防爆的功能外，还可以起到监测环境污染的作用。气体探测器的核心部件是传感器，传感器分为催化燃烧式传感器、电化学传感器、半导体传感器、红外传感器和光离子传感器。

复合式火灾探测器，是一种能响应两种或是两种以上火灾参数的火灾探测器。主要有感烟感温、感光感温、感光感烟火灾探测器。

3. 按火灾探测器所安装场所的环境条件

可以分为陆地型、船用型、耐酸型、耐碱型和防爆型：

陆用型火灾探测器，主要用于陆地，无腐蚀性气体，温度范围为 –10 ~ +50℃，相对湿度在 85% 以下的场合中。

船用型火灾探测器，主要用于舰船上，其也可用于其他高温、高湿的场所。其特

点是耐温和耐湿。

耐酸型火灾探测器，适用于空间经常积聚有较多的含酸气体的场所。其特点是小受酸性气体的腐蚀。

耐碱型火灾探测器，适用于空间经常积聚有较多含碱性气体的场所。其特点是不受碱性气体的腐蚀。

防爆型火灾探测器，适用于易燃易爆的危险场合。为此，它要求较严格，在结构上必须符合国家防爆的有关规定。

（二）火灾探测器的使用与选择

火灾探测器是火灾自动报警系统中的主要部件之一，合理地选择和使用火灾探测器，对整个自动报警系统的有效保护和减少误报等都具有极其重要的作用。

1. 火灾探测器数量设置

在探测区域内的每个房间应至少设置一只火灾探测器，在不同的探测区域，不宜将探测器并联使用。当某探测区域较大时，探测器的设置数量应根据探测器不同种类、房间高度以及被保护面积的大小而定。还要注意，若房间顶棚有 $0.6m$ 以上梁隔开时，每个隔开部分应划分一个探测区域，然后再确定探测器数量。

确定探测器数量的具体步骤如下：

根据探测器监视的地面面积 S、房间高度 h、屋顶坡度 θ 及火灾探测器的类型，查表 4-1 得出使用不同种类探测器的保护面积 A 和保护半径 R。其中，保护面积是指一只火灾探测器能有效探测的地面面积，用 A 表示，单位为 m^2，它是用来作为设计人员确定火灾自动报警系统中采用探测器数量的主要依据。保护半径是指一只探测器能有效探测的单向最大水平距离，用 R 表示，单位为 m，它可作为布置探测器的校核条件使用。在考虑修正系数的条件下，按下式计算一个探测区域内所需设置探测器的数量：

$$N \geqslant \frac{S}{K \cdot A}$$

式中：N——一个探测区域内所需设置的探测器数量，单位为只；

S——一个探测区域的面积，单位 m^2；

A——一个探测器的保护面积，单位 m^2；

K—修正系数，容纳人数超过 10000 人的公共场所宜取 0.7 ~ 0.8；容纳人数为 2000-10000 人的公共场所宜取 0.8 ~ 0.9；容纳人数为 500-2000 人的公共场所宜取 0.9 ~ 1.0；其他场所可取 1.0。

表 4-1　感烟、感温探测器的保护面积和保护半径

火灾探测器的种类	地面面积 S（m2）	房间高度 A（m）	探测器的保护面积 A 和保护半径 R					
			房顶坡度 θ					
			θ ≤ 15°		15 <° θ ≤ 30°		θ > 3Q°	
			A（m2）	R（m）	A（m2）	R（m）	A（m2）	R（m）
感烟探测器	S ≤ 80	h ≤ 12	80	6.7	80	7.2	80	8.0
	S > 80	6 < h ≤ 12	80	6.7	100	8.0	120	9.9
		h ≤ 6	60	5.8	80	7.2	100	9.0
感温探测器	S ≤ 30	h ≤ 8	30	4.4	30	4.9	30	5.5
	S > 30	h ≤ 8	20	3.6	30	4.9	40	6.3

2. 火灾探测器的灵敏度

火灾探测器的灵敏度是指其响应火灾参数的灵敏程度。其是在选择探测器时的一个重要参数，并直接关系到整个系统的运行。

（1）感烟探测器的灵敏度

即探测器响应烟雾浓度参数的敏感程度。根据国家消防规定，感烟探测器的灵敏度应根据烟雾减光率来标定等级。每米烟雾减光率，是指用标准光束稳定照射时，在通过单位厚度（1m）的烟雾后，照度减少的百分数，可用下式来确定：

$$\delta\% = \frac{I_0 - I}{I_0} \times 100\%$$

式中：$\delta\%$——每米烟雾减光率；

I_0——标准光束无烟时在 1m 处的光强度；

I——标准光束有烟时在 1m 处的光强度。

当感烟探测器的灵敏度用减光率来标定时，通常是标定为三级：Ⅰ级：

Ⅰ级：$\delta\% = 5\% \sim 10\%$

Ⅱ级：$\delta\% = 10\% \sim 20\%$

Ⅲ级：$\delta\% = 20\% \sim 30\%$

灵敏度的高低表示对烟雾浓度大小的敏感程度，不代表探测器质量的好坏，应用时需根据环境条件、建筑物功能等选择不同的灵敏度。通常Ⅰ级用于无（禁）烟及重要场所；Ⅱ级用于少烟场所；除此外可选用Ⅲ级。

（2）感温探测器的灵敏度

是指火灾发生时，探测器达到动作温度（或温升速率）时发出报警信号所需要的时间，用它来作为标定探测器灵敏度的依据。动作温度，又称之为额定（标定）动作

温度，是指定温探测器或差定温探测器中的定温部分发出报警信号的温度值。温升速率，是指差温探测器或差定温探测器的差温部分发出报警信号的温度上升的速度值。我国将定温、差定温的灵敏度分为三级：Ⅰ级、Ⅱ级、Ⅲ级，并分别在探测器上用绿色、黄色和红色三种色标表示。表4-1给出了定温探测器各级灵敏度对应的动作时间范围。

表4-2　定温探测器动作时间表

级别	动作时间下限	动作时间上限
Ⅰ级	30	40
Ⅱ级	90	110
Ⅲ级	200	280

差定温探测器各级灵敏度差温部分的动作范围与温升速率间的关系由表4-2给出。定温部分在温升速率小于 *1℃/min* 时，各级灵敏度的动作温度均不可小于 54℃，也不得大于各自的上限值，即：

表4-3　定温、差定温探测器的响应时间

升温速率	相应时间下限		响应时间上限					
	各级灵敏度		Ⅰ级		Ⅱ级		Ⅲ级	
（℃/min）	(min)	(s)	(min)	(s)	(min)	(s)	(min)	(s)
1	29	0	37	20	45	10	54	0
3	7	13	12	40	15	40	18	40
5	4	9	7	44	9	40	11	36
10	0	30	4	2	5	10	6	18
20	0	22.5	2	11	2	55	3	37
30	0	15	1	34	2	8	2	42

Ⅰ级：54℃＜动作温度＜62℃标志绿色；

Ⅱ级：54℃＜动作温度＜70℃标志黄色；

Ⅲ级：54℃＜动作温度＜78℃标志红色。

温差探测器的灵敏度没有分级，其动作时间范围与升温速率间的关系由表4-3给出。它的动作时间比差定温探测器的差温部分来得快。

表4-4　差温探测器的响应时间

升温时间	相应时间下限		相应时间上限	
（℃/min）	(min)	(s)	(min)	(s)
5	2	0	10	30
10	0	30	4	2
20	0	22.5	1	30

由上面各表可见，灵敏度为 I 级的，动作时间最快，在环境温度变化达到动作温度后，报警所需要的时间最短，常用在需要对温度上升作出快速反应的场所。

3. 火灾探测器类型的选择

火灾探测器的一般选用原则是：充分考虑火灾形成规律与火灾探测器选用的关系，根据火灾探测区域内可能发生的初期火灾的形成和发展特点、房间高度、环境条件和可能引起误报的因素等综合确定。

火灾探测器的选择应符合下列要求：

（1）对火灾初期有阴燃阶段

产生大量的烟和少量的热，很少或没有火焰辐射的场所，应选择感烟探测器。

下列场所宜选择点型感烟探测器：

一是，饭店、旅馆、教学楼、办公楼的厅堂、卧室、办公室、商场、列车载客厢等；

二是，电子计算机房、通讯机房、电影或电视放映室等；

三是，楼梯、走道、电梯机房、车库等；

四是，书库、档案库等；

五是，有电气火灾危险的场所。

对无遮挡大空间或有特殊要求的场所，宜选择红外光束感烟探测器。

符合下列条件之一的场所，不宜选择离子感烟探测器：

一是，相对湿度经常大于 95%；

二是，气流速度大于 5m/s；

三是，有大量粉尘、水雾滞留；

四是，可能产生腐蚀性气体；

五是，在正常情况下有烟滞留；

六是，产生醇类、醚类、酮类等有机物质。

符合下列条件之一的场所，不宜选择点型光电感烟探测器：

一是，高海拔地区；

二是，有大量粉尘、水雾滞留；

三是，可能产生蒸汽和油雾；

四是，在正常情况下有烟滞留。

（2）对火灾发展迅速，可产生大量热、烟和火焰辐射的场所

可选择感温探测器、感烟探测器、火焰探测器或其组合。

符合下列条件之一的场所，可选择点型感温探测器，且应根据使用场所的典型应用温度和最高应用温度选择适当类别的感温火灾探测器。

一是，相对湿度经常大于 95%；

二是，可能发生无烟火灾；

三是，有大量粉尘；

四是，吸烟室等在正常情况下有烟和蒸汽滞留的场所；

五是，厨房、锅炉房、发电机房、烘干车间等不宜安装感烟火灾探测器的场所；

六是，需要联动熄灭"安全出口"标志灯的安全出口内侧；

七是，其他无人滞留且不适合安装感烟火灾探测器，但发生火灾时需要及时报警的场所。

符合下列条件之一的场所，不宜选择点型感温探测器：

一是，可能产生阴燃火或发生火灾不及时报警将造成重大损失的场所，不宜选择点型感温探测器；

二是，温度在0℃以下的场所，不宜选择定温探测器；

三是，温度变化较大的场所，不宜选择差温探测器。

下列场所或部位，宜选择缆式线型感温探测器：

一是，电缆隧道、电缆竖井、电缆夹层、电缆桥架等；

二，是配电装置、开关设备、变压器等；

三是各种皮带输送装置；

四是，不宜安装点型探测器的夹层、闷顶；

五是，其他环境恶劣不适合点型探测器安装的危险场所。

（3）对火灾发展迅速，有强烈的火焰辐射以及少量的烟、热的场所

应选择火焰探测器。

符合下列条件之一的场所，宜选择点型或图像型火焰探测器：

一是，火灾时有强烈的火焰辐射；

二是，可能发生液体燃烧火灾等无烟燃阶段的火灾；

三是，需要对火焰做出快速反应。

符合下列条件之一的场所，不宜选择火焰探测器：

一是，探测区域内的可燃物是金属和无机物；

二是，在火焰出现前有浓烟扩散；

三是，探测器的镜头易被污染；

四是，探测器的"视线"易被油雾、烟雾、水雾和冰雪遮挡；

五是，探测器易受阳光、白炽灯等光源直接或间接照射；

六是，在正常情况下有明火作业以及X射线、弧光等影响。

（4）对使用、生产或聚集可燃气体或可燃液体蒸汽的场所

应选择可燃气体探测器。下列场所宜选择可燃气体探测器：

一是，使用可燃气体的场所；

二是，煤气站和煤气表房以及存储液化石油气罐的场所；

三是，其他散发可燃气体和可燃蒸气的场所；

四是，在火灾初期有可能产生一氧化碳气体的场所，宜选择一氧化碳气体探测器。

五是，装有联动装置、自动灭火系统以及用单一探测器不能有效确认火灾的场合，宜采用感烟探测器、感温探测器、火焰探测器（同类型或不同类型）的组合。

六是，对火灾形成特征不可预料的场所，可根据模拟试验的结果选择探测器。

七是，对不同高度的房间，则按表4-5选择火灾探测器。

表4-5 不同高度的房间火灾探测器的选择

房间高度（m）	感烟探测器	感温探测器			火焰探测器
		一级	二级	三级	
$12 < h \leqslant 20$	不合适	不合适	不合适	不合适	合适
$8 < h \leqslant 12$	合适	不合适	不合适	不合适	合适
$6 < h \leqslant 8$	合适	合适	不合适	不合适	合适
$4 < h \leqslant 6$	合适	合适	合适	不合适	合适
$h \leqslant 4$	合适	合适	合适	合适	合适

随着房间高度的增加，感温探测器能响应的火灾规模越大，因此感温探测器要按不同的房间高度划分三个灵敏度等级。较灵敏的探测器宜用于较大高度的房间。

感烟探测器对各种不同类型火灾的灵敏度有所不同，但难以找出灵敏度与房间高度的对应关系，考虑到房间越高，烟越稀薄，在房间高度增加时，可将探测器灵敏度等级相应提高。

（三）探测器与系统的连接

火灾探测器是通过底座与系统连接的，火灾探测器与系统的连接是指探测器与报警控制器间的连接及探测器与辅助功能部分的连接。随着现在火灾报警探测技术的发展，早期产品中所采用的多线制连接方式已经被淘汰。而所谓多线制，即每个部位的探测器出线，除共享线外，至少要有一根信号线，因此探测器的连接为N+共享线。现在的产品中多采用总线制的连接形式，即多个火灾探测器2~4根线共同连接到报警控制器上，每个探测器所占部位号由地址编码后确定。总线制系统中，探测器的连接形式主要有以下两种：

1. 树枝状布线

由报警控制器发出一条或多条干线，干线分支，分支再分支。这种布线可自由排列，故能做到管路最短。

2. 环状布线

由报警控制器发出一条干线，它将所有监控部位顺序贯通后，再回到报警控制器。这种布线可靠性较高，单一断线都不影响整个系统的正常运行，当同一环上有两处断线时才需检修。

实际布线方式很多，但一般都以节约、可靠、方便为原则。实际布线中，要求用端子箱把探测器与报警控制器、报警控制器与报警控制器连接起来，以便于安装和维修。在总线制布线时，每一个报警区域或楼层还要加装短路隔离器。探测器的联机要区分单独连接和并联连接。对于总线制系统而言，探测器单独连接是指一个探测器拥

有一个独立的编码地址，即在报警控制器上占有一个部位号，而探测器并联连接则为几个探测器共享一个编码地址。

（四）火灾探测器的布置与安装

建筑消防系统在设计中应根据建筑、土建以及相关工种提供的图纸、资料等条件，正确地布置与安装火灾探测器。

1. 火灾探测器的布置

第一，探测器的安装间距，是指两只相邻探测器中心之间的水平距离。当探测器按矩形布置时，a 称为横向安装间距，b 称为纵向安装间距。

第二，探测器的平面布置，基本原则：当一个保护区域被确定后，就要根据该保护区所需要的探测器进行平面布置，即被保护区域都要处于探测器的保护范围之中。一个探测器的保护面积 A 是以 R 为半径的内接正四边形面积表示的，而它的保护区域又是保护半径为 R 的一个圆。探测器的安装间距以 a、b 水平距离表示。A、R、a、b 之间近似满足如下关系，即：

$$A = a \cdot b$$

$$R = \sqrt{\left(\frac{a}{2}\right)^2 + \left(\frac{b}{2}\right)^2}$$

$$D = 2R$$

二、火灾报警控制器

火灾报警控制器，也称为火灾自动报警控制器，用来接收火灾探测器发出的火警电信号，将此火警电信号转化为声、光报警信号，并指示报警的具体部位及时间，同时还执行相应辅助控制等任务，也是建筑消防系统的核心部分。

（一）火灾报警控制器的构成

火灾报警控制器主要由两大部分构成，即电源部分和主机部分。

1. 电源部分

控制器的电源部分在系统中占重要地位。鉴于系统本身的重要性，控制器有主电源和备用电源。主电源为 $220V$ 交流电，备用电源一般选用可充、放电反复使用的各种蓄电池。电源部分的主要功能有：供电功能，主电源、备用电源自动转换功能，备用电源充电功能，电源故障监视功能，电源工作状态指示功能。

2. 主机部分

在正常情况下，监视探测器回路变化情况及监视系统正常运行，遇有报警信号时，执行相应动作，其基本功能如有：火灾声、光警报，火灾报警计时，火灾报警优先，故障声、光报警，自检功能，操作功能，隔离功能，输出控制功能。

（二）火灾报警控制器的分类

火灾报警控制器分类的方法很多，按其容量分类，可分为单路和多路报警控制器；按其用途分类，可分为区域型、集中型和通用型报警控制器；按其使用环境分类，可分为陆用型和船用型报警控制器；按其结构分类，可分为台式、柜式和壁挂式报警控制器；按其防爆性能分类，可分为防爆型和非防爆型报警控制器；按其内部电路设计分类，可分为传统型和微机型报警控制器；按其信号处理方式分类，可分为有阈值和无阈值报警控制器；按其系统连线形式分类，可分为多线制和总线制报警控制器。

其中，比较常用的分类方式是按其用途来分类，区域报警控制器和集中报警控制器在结构上没有本质的区别，也只是在功能上分别适应区域报警工作状态与集中报警工作状态。现在分别概述如下：

1. 区域报警控制器

区域报警控制器往往是第一级的监控报警装置，装设于建筑物中防火分区内的火灾报警区域，接收该区域的火灾探测器发出的火警信号。所谓"基本单元"，是指在自动消防系统中，由电子线路组成的能实现报警控制器基本功能的单元。区域报警控制器的构成有以下几种基本单元：

声光报警单元：它将本区域各个火灾探测器送来的火灾信号转换为报警信号，即发出声响报警，并在显示器上显示着火部位。

记忆单元：其作用是记下第一次报警时间。一般最简单的记忆单元是电子钟，当火灾信号由探测器输入报警控制器时，电子钟停止，记下报警时间，火警消除后电子钟恢复正常。

输出单元：它一方面将本区域内火灾信号送到集中报警控制器显示火灾报警，另一方面向有关联动灭火子系统和联锁减灾子系统输出操作指令信号。

检查单元：其作用是检查区域报警控制器和探测器之间的连线出现断路、探测器接触不良或探测器被取走等故障。

电源单元：将 $220V$ 的交流电通过该单元转换为本装置所需要的高稳定度的直流电，其工作电压为 $24V$、$18V$、$10V$ 等，以满足区域报警控制器正常工作需要，同时向本区域各探测器供电。

区域报警控制器的主要功能是，对探测器和线路的故障报警。在接到火警信号后，可自动多次单点巡检，确认后，声、光报警，并由数码显示地址，且火警优先；有自检、外控、巡检等功能。

区域报警控制器的主要技术指标如下：

电源：主电源：$AC220V(\pm15\% \sim 20\%)$，频率 $50Hz$；备电源：$DC24V$，$3 \sim 20Ah$，全封闭蓄电池。

使用环境要求：温度为 $-10 \sim 40℃$，相对湿度为 $90\% \pm 3\%$（$30℃ \pm2℃$），火灾报警控制器监控功率 $\leq 20W$，报警功率 $\leq 60W$。

2. 集中报警控制器

集中报警控制器接收各区域报警控制器发送来的火灾报警信号，还可以巡回检测

与集中报警控制器相连的各区域报警控制器有无火警信号、故障信号，并能显示出火灾区域部位以及故障区域，同时发出声、光警报信号。集中报警控制器一般是区域报警控制器的上位控制器，它是建筑消防系统的总监控设备。从使用的角度来讲，集中报警控制器的功能要比区域报警控制器更多。在单元结构上，除了区域报警控制器所具有的基本单元外，它还具有其他的一些单元，具体有以下几种单元：

声光报警单元：与区域报警控制器类似。不同的是火灾信号主要来自各个监控区域的区域报警控制器，发出的声光报警显示的火灾地址是区域。集中报警控制器也可以直接接收火灾探测器的火灾信号而给出火灾报警显示。

记忆单元：与区域报警控制器的相同。

输出单元：当火灾确认后，输出启动联动灭火装置及联锁减灾装置的主令控制信号。

总检查单元：检查集中报警控制器与区域报警控制器之间的连接线是否完好，有无短路、断路现象，以确保系统工做安全可靠。

巡检单元：为有效利用集中报警控制器，使其依次周而复始地逐个接收由各区域报警控制器发来的信号，即进行巡回检测，实现集中报警控制器的实时控制。

消防专用电话单元：通常在集中报警控制器内设置一部直接与119通话的电话。无火灾时，此电话不能接通，只有当发生火灾时，方能与当地消防部门（119）接通。

电源单元：与区域报警控制器的基本相同，但是在功率上要比区域报警控制器的大。

集中报警控制器在功能方面与区域报警控制器的基本相同，具有报警、外控、故障自动监测、自检、火灾优先报警、电源及监控等功能。

（三）火灾报警控制器的功能及工作原理

1.火灾报警控制器的功能

由微机技术实现的火灾报警控制器已将报警与控制融为一体，即一方面可起到控制作用，来产生驱动报警装置及联动灭火、连锁减灾装置的主信号，同时又能自动发出声、光报警信号。随着现在火灾报警技术越来越成熟，火灾报警控制器的功能越来越齐全，性能也越来越优越。火灾报警控制器的功能可归纳如下：

第一，迅速准确地发送火警信号。火灾报警控制器发送火灾信号，一方面由报警控制器本身的报警装置发出报警，另一方面也控制现场的声、光报警装置发出的报警信号。

第二，火灾报警控制器在发出火警信号的同时，经适当延时，还能启动灭火设备。

第三，火灾报警控制器除能启动灭火设备外，还能启动联锁减灾设备。

第四，火灾报警控制器具有火灾报警优先于故障报警功能。

第五，火灾报警控制器具有记忆功能。当出现火灾报警或故障报警时，能立即记忆火灾或故障发生的地址和时间，尽管火灾或故障信号已消失，但记忆并不消失。

第六，由于火灾报警控制器工作的重要性、特殊性，为确保其安全可靠长期不间断运行，就必须要设置本机故障监测，即对某些重要线路和元部件，要能进行自动监测。

第七，当火灾报警控制器出现火灾报警或故障报警后，可首先手动消除报警，但光信号继续保留。消声后，如再次出现其他区域火灾或是其他设备故障时，音响设备

能自动恢复再响。

第八，可为火灾探测器提供工作电源。

以上所归纳的功能应看做基本功能，除此之外，也可以根据不同的消防系统的不同要求，对报警控制器的功能要求也不同。

2.火灾报警控制器的工作原理

电源部分是整个控制器的供电保证环节，承受主机部分和探测器的供电，输出功率要求较大，大多采用线性调节稳压电路，在输出部分增加相应的过压、过流保护。通常，火灾报警控制器电源的首选形式是开关型稳压电路。

主机部分承担着将火灾探测源传来的信号进行处理、报警并中继的作用。通常采用总线传输方式的接口线路工作原理是：通过监控单元将待检测的地址信号发送到总线上，经过一定时序，监控单元从总线上读回信息，执行相应报警处理功能。一般地，时序要求严格，每个时序都有其固定的含义。火灾报警控制器工作时的基本顺序要求为：发地址等待读信息等待。控制器周而复始地执行上述时序，完成对整个信号源的检测。

从原理上来讲，区域报警控制器和集中报警控制器都遵循同一工作模式，即收集探测源信号—输入单元—自动监控单元—输出单元。同时，为了使用方便，增加了辅助人机接口—键盘、显示部分、输出联动控制部分、计算机通信部分、打印机部分等。

（四）火灾报警控制器选择和使用

火灾报警控制器的选择和使用，应严格遵守国家有关消防法规的规定。我国颁布并实施了各种建筑物的防火设计规范，对火灾报警控制器的选择及使用做出了明确的规定。在实际工程中，应从以下几个方面来考虑火灾报警控制器的选择及使用：

第一，根据所设计的自动监控消防系统的形式确定报警控制器的基本规格（功能）。

第二，在选择与使用火灾报警控制器时，应使被选用的报警控制器与火灾探测器相配套，即火灾探测器输出信号与报警控制器要求的输入信号应属于同一种类型。

第三，被选用的火灾报警控制器，其容量不得小于现场使用容量。例如，区域报警控制器的容量不得小于该区域内探测器部位总数；集中报警控制器的容量不得小于它所监控的探测器部位总数及监控区域总数。

第四，报警控制器的输出信号回路数应尽量等于相关联动、联锁的装置数量，以使其控制可靠。

第五，需根据现场实际，确定报警控制器的安装方式，从而确定选择壁挂式、台式或是柜式报警控制器。

以上原则性地叙述了火灾报警控制器的选择方法。在实际工程中，会遇到许多意想不到的情况，因此报警控制器的选择与使用还应根据工程实际情况，进行折中处理。

第三节　消防应急照明及应急广播

火灾自动报警及消防联动控制是一种能在火灾早期发现火灾、控制并扑灭火灾，保障人们安全的行之有效的方法。而在整个系统运行过程中，火灾应急照明系统和应急广播系统虽然不是核心部分，但也是非常重要的，同时也是容易被忽视的部分，需要在设计中严格遵循设计规范。

一、火灾应急照明系统

火灾应急照明系统是建筑物安全保障体系的一个重要组成部分。完善的火灾应急照明设计，应在电源设置、导线选型与铺设、灯具选择及布置、灯具控制方式、疏散指示等各个环节严格执行相关规范，以保证在火灾紧急状态下应急照明系统能发挥应有的作用。

（一）火灾应急照明的分类

火灾应急照明根据其功能，可分为备用照明、疏散照明与安全照明三类。

1. 备用照明

备用照明是在正常照明失效时为继续工作（或暂时继续工作）而设置的。在因工作中断或误操作时可能引起爆炸、火灾等造成严重后果和经济损失的场所，应考虑设置备用照明。备用照明应结合正常照明统一布置，通常可以利用正常照明灯的部分或全部作为备用照明，发生故障时进行电源切换。

2. 疏散照明

疏散照明是为了使工作人员在发生火灾的情况下，能从室内安全撤离至室外（或某一安全地区）而设置的。疏散照明按照其内容性质可分为三类：

设施标志：标志营业性、服务性和公共设施所在地的标志，比如商场，餐厅、公用电话、卫生间等的标志。

提示标志：为了安全、卫生或保护良好公共秩序而设置的标志，比如"禁止逆行""请勿吸烟""请保持安静"等。

疏散标志：在非正常情况下，如发生火灾、事故停电等，设置的安全通向室外或临时避难层的线路标志，比如"安全出口"等。

疏散照明还可以按照其使用时间，分为常用标志照明和事故标志照明。一般场所和公共设施的位置照明和引向标志照明，属于常用标志照明；在火灾或意外事故时才开启的位置照明和引向标志照明，则属于事故标志照明。二者间没有严格的分界，对一些照明灯具而言，它既是常用标志照明，又是事故标志照明，即在平时也需要点亮，使人们在平时就建立起深刻的印象，熟悉一旦发生火灾或意外事故时的疏散路线和应急措施。

3. 安全照明

安全照明是在正常照明突然中断时，为确保处于潜在危险中的人员安全而设置的，比如手术室、化学实验室和生产车间等的照明。

（二）火灾应急照明的设置

1. 应设置备用照明部位

一是疏散楼梯（包括防烟楼梯间前室）、消防电梯及其前室、合用前室、高层建筑避难层（间）等；

二是消防控制室、自备电源室、消防水泵房、配电室、防烟与排烟机房以及发生火灾时仍需正常工作的其他房间；

三是观众厅、宴会厅、重要的多功能厅及每层建筑面积超过 $1500m^2$ 的展览厅、营业厅等；

四是通信机房、大中型电子计算机房、BAS 中央控制室等重要技术用房；

五是建筑面积超过 $200m^2$ 的演播室、人员密集的地下室、每层人员密集的公共活动场所等；

六是公共建筑内的疏散走道和居住建筑内长度超过 20m 的内走道。

2. 应设置疏散照明部位

一是除上面备用照明设置的第②、④条规定的部位外，均应设置安全出口标志照明；

二是在上面备用照明设置的第③、⑤和⑥条规定的部位中，当疏散通道距离最近安全出口大于 20m 或不在人员视线范围内时，应设置疏散指示标志照明。

三是一类高层居住建筑的疏散走道和安全出口应设置疏散指示标志照明，二类高层居住建筑可不设置。

3. 应急照明的设置，还应符合的要求

一是应急照明在正常供电常用电源终止供电后，其应急电源供电转换时间应满足：备用照明 ≤ 5s（金融商业交易场所 ≤ 1.5s）；疏散照明 ≤ 5s。

二是疏散照明平时应处于点亮状态，但在假日、夜间定期无人工作而仅由值班或警卫人员负责管理时可例外。当采用蓄电池作为照明灯具的备用电源时，在上述例外非点亮状态下，应保证不能中断蓄电池充电的电源，以使蓄电池处于经常充电状态。

三是可调光型安全出口标志灯，宜用于影剧院、歌舞娱乐游艺场所的观众厅，在正常情况下减光使用，应急使用时，应自动接通至全亮状态。

四是备用照明灯具位置的确定，还应满足容易寻找在疏散路线上的所有手动报警器、呼叫通信装置和灭火设备等设施。

五是走道上的疏散指示标志灯，在其正下方的半径为 0.5m 范围内的水平照度不应低于 0.5lx（人防工程为 1lx），楼梯间可按踏步和缓步台中心线计算。观众席通道地面上的水平照度为 0.2lx。

六是装设在地面上的疏散标志灯应防止被重物或受外力损伤。

七是疏散标志等设置应不影响正常通行，并且不应在其周围存放有容易混同以及遮挡疏散标志灯的其他标志等。

（三）火灾应急照明的安装

火灾应急照明的安装要求如下：

1. 应急照明位置

应急照明中的备用照明灯宜设在墙面或顶棚上

2. 疏散照明灯具安装

第一，安全出口标志灯具宜设置在安全出口的上部，距地不宜超过 2.2m，在首层的疏散楼梯应安装于楼梯口的里侧上方。

第二，疏散走道上的安全出口标志灯可明装，而厅室内宜采用暗装。安全出口标志灯应有图形和文字符号，在有无障碍设计要求时，宜同时设有音响指示信号。

第三，疏散走道（或疏散通道）的疏散指示标志灯具，宜设置在走道及转角处离地面 1m 以下墙面上、柱上或地面上，且间距不应大于 20m；在厅室面积太大，必须装设在天棚上时，则应明装，且距地不应大于 2.2m。

第四，应急照明灯应设玻璃或其他非燃材料制作的保护罩，必须采用能瞬时点亮的照明光源，如白炽灯、小功率卤钨灯、高频荧光灯等，当应急照明作为正常照明的一部分而经常点燃时，在发生故障不需拆换电源的情况下，可采用其他照明光源。

二、火灾应急广播系统

现在高层民用建筑或大型民用建筑，一般具有建筑面积大、楼层多、结构复杂、人员密集等特点，一旦发生火灾，建筑内的人员疏散就十分困难。利用火灾应急广播系统，可以作为疏散的统一指挥，指导人员有序疏散，防止因火灾带来的惊慌和混乱，从而让室内人员得以迅速地撤离危险场所到达安全区域；还可作为扑灭火灾的统一指挥，迅速组织有效的灭火救援工作。

（一）火灾应急广播概述

公共建筑应设有线广播系统。系统的类别应根据建筑规模、使用性质和功能要求确定。有线广播一般可分为业务性广播系统、服务性广播系统和火灾应急广播系统。现在大多数情况下，火灾应急广播系统与业务性广播系统、服务性广播系统合为一个系统，当火灾发生时转入火灾应急广播。合用系统的形式又可以分为以下两种：

第一，火灾应急广播系统仅利用业务性广播系统、服务性广播系统的馈送线路和扬声器，而火灾应急广播系统的扩音设备等装置是专用的。当火灾发生时，由消防控制室切换馈送线路，使业务性广播系统、服务性广播系统按照设定的疏散广播顺序，对相应层或区域进行火灾应急广播。

第二，火灾应急广播系统全部利用业务性广播系统、服务性广播系统的扩音设备、馈送线路和扬声器等装置，在消防控制室只设紧急播送装置。当火灾发生时，可遥控业务性广播系统、服务性广播系统，强制投入火灾应急广播。当广播扩音设备未安装在消防控制室内时，应采用遥控播音方式，在消防控制室能用话筒播音和遥控扩音设备的开、关，自动或手动控制相应的广播分路，播送火灾应急广播，能监视扩音设备

的工作状态。

当火灾应急广播与音响系统合用时，应符合以下条件：

一是发生火灾时，应能在消防控制室将火灾疏散层的扬声器和广播音响扩音机，强制转入火灾应急广播状态；

二是床头控制柜内设置的扬声器，应有火灾广播功能；

三是采用射频传输集中式音响播放系统时，床头控制柜内扬声器宜有紧急播放火警信号功能；如床头控制柜无紧急播放火警信号功能时，设在客房外走道的每个扬声器的实配输入功率不应小于 $3W$，且扬声器在走道内的设置间距不宜大于 $10m$；

四是消防控制室应能监控用于火灾应急广播时的扩音机的工作状态，并应具有遥控开启扩音机和采用传声器播音的功能；

五是应设置火灾应急广播备用扩音机，其容量不应小于发生火灾时需同时广播的范围内火灾应急广播扬声器最大容量总和的 1.5 倍。

（二）火灾应急广播设置

根据《火灾自动报警系统设计规范》（$GB50116—2013$）规定，控制中心报警系统应设置火灾应急广播，集中报警系统宜设置火灾应急广播。

1. 对火灾应急广播的扬声器的设置要求

第一，民用建筑内扬声器应设置在走道和大厅等公共场所，每个扬声器的额定功率不应小于 $3W$，其数量应能保证从一个防火分区的任何部位到最近一个扬声器的距离不大于 $25m$，走道内最后一个扬声器至走道末端的距离不可大于 $12.5m$；

第二，在环境噪声大于 $60dB$ 的场所设置的扬声器，在其播放范围内最远点的播放声压级应高于背景噪声 $15dB$；

第三，客房设置专用扬声器时，其功率不宜小于 $1W$。

2. 火灾应急广播分路配线规定

第一，应按疏散楼层或报警区域划分分路配线。各输出分路，应设有输出显示信号和保护控制装置等；

第二，当任一分路有故障时，不应影响其他分路的正常广播；

第三，火灾应急广播线路，不应和其他线路（包括火警信号、联动控制等线路）同管或同线槽敷设；

第四，火灾应急广播用扬声器不得加开关，如加开关或设有音量调节器，则应采用三线式配线强制火灾应急广播开放。

3. 火灾应急广播输出分路，应按疏散顺序控制

播放疏散指令的楼层控制程序如下：

第一，2 层及 2 层以上楼层发生火灾，宜先接通火灾层及其相邻的上、下层；

第二，首层发生火灾，宜先接通本层、2 层及地下各层；

第三，地下层发生火灾，宜先接通地下各层及首层。在首层与 2 层有大共享空间时，应包括 2 层。

第四节　火灾自动报警系统设计

在工程设计中，火灾自动报警系统在设计选型时需要考虑多种因素，为了规范火灾自动报警系统设计，又不限制其技术发展，国家标准对系统的基本设计形式仅给出了原则性规定，设计人员可在符合这些基本原则的条件下，根据消防工程的的规模、对消防设备联动控制的复杂程度、产品的技术条件，组成可靠火灾自动报警系统。

一、设计原则与要求

（一）设计原则

必须遵循国家现行的有关方针、政策，针对被保护对象的特点，做到安全可靠、技术先进、经济合理、使用方便。

（二）要求

第一，消防设计必须尽可能采用机械化、自动化，采用迅速可靠的控制方式，使火灾损失降到最小；

第二，系统的设计，必须由国家有关部门承认并批准的设计单位承担；

（三）设计的前期工作

系统设计的前期工作主要包含以下三个方面：

1. 摸清建筑物的基本情况

主要包括建筑物的性质、规模、功能以及平、剖面情况；建筑内防火区的划分，建筑、结构方面的防火措施、结构形式和装饰材料；建筑内电梯的配置与管理方式，竖井的布置、各类机房、库房的位置及用途等。

2. 摸清有关专业的消防设施及要求

主要包括消防泵的设置及其电气控制室与联锁要求，送、排风机及空调系统的设置；防排烟系统的设置，对电气控制与联锁的要求；供、配电系统，照明与电力电源的控制及其防火分区的配合；应急电源的设计要求等。

3. 明确设计原则

主要包括按规范要求确定建筑物防火分类等级及保护方式；制定自动消防系统总体方案；充分掌握各种消防设备及报警器材的技术性能指标等。

二、系统设计的主要内容

（一）探测区域和报警区域的划分

火灾探测区域是以一个或多个火灾探测器并联组成的一个有效的探测报警单元，可以占有区域火灾报警控制器的一个部位号。火灾探测区域也是火灾自动报警系统的最小单位，它代表了火灾报警的具体部位，这样才能迅速而准确地探测出火灾报警发出的具体位置，所以在被保护的报警区域内应按顺序划分探测区域。探测区域可以是一只探测器所保护的区域，也可以是几只探测器共同保护的区域，但一个探测区域对应在报警控制器（或楼层显示器）上只能显示一个报警部位号。

火灾探测区域的划分一般按照独立房（套）间划分，同一房（套）间内可以划分为一个探测区域，其面积不宜超过 $500m^2$，若从主要出口能看清其内部，且面积不超过 $1000m2$ 的房间，也可以划分为一个探测区域；特殊地方应单独划分探测区域，如楼梯间、防烟楼梯前室、消防电梯前室、坡道、管道井、走道、电缆隧道，建筑物闷顶、夹层等；对于非重点保护建筑，可将数个房间划分为一个探测区域，应满足下列某一条件：

一是，相邻房间不超过 5 个，总面积不超过 $400m^2$，并在每个门口设有灯光显示装置；

二是，相邻房间不超过 10 个，总面积不超过 $1000m^2$，在每个房间门口均能看清其内部，并在门口设有灯光显示装置。

报警区域，是指将火灾自动报警系统所警戒的范围按照防火分区或楼层划分的报警单元。它是由多个火灾探测器组成的火灾警戒区域范围，通过报警区域，可以把建筑的防火分区同火灾报警系统有机地联系起来。报警区域应按防火分区或楼层划分；一个火灾报警区域宜由一个防火分区或同一楼层的几个防火分区组成；同一火灾报警区域的同一警戒分路不应跨越防火分区。

（二）系统形式及设备的布置

1. 形式

报警控制器主要有三种基本形式：区域报警系统、集中报警系统、控制中心报警系统。具体工程中采用何种报警系统，还应根据工程的建设规模、被保护对象的性质、火灾报警区域的划分和消防管理机构的组织形式等多个因素确定。

2. 设备布置

（1）区域报警系统的设计要求

第一，一个报警区域宜设置一台区域火灾报警控制器或一台火灾报警控制器，系统中，区域火灾报警控制器或火灾报警控制器不应超过两台；

第二，系统中可设置消防联动控制设备；

第三，当用一台区域火灾报警控制器或一台火灾报警控制器警戒多个楼层时，应在每个楼层的楼梯口或消防电梯前室等明显部位，设置识别着火楼层的灯光显示装置；

第四，区域火灾报警控制器或火灾报警控制器应设置在有人值班的房间或场所；

第五，当区域火灾报警控制器或火灾报警控制器安装在墙上时，其底边距地面高度宜为1.3～1.5m，其靠近门轴的侧面距墙不应小于0.5m，正面操作距离不应小于1.2m。

（2）集中报警系统的设计要求

第一，系统中应设置一台集中火灾报警控制器和两台及以上区域火灾报警控制器，或设置一台火灾报警控制器和两台及以上区域显示器；

第二，系统中应设置消防联动控制设备；

第三，集中火灾报警控制器或火灾报警控制器，应能显示火灾报警部位信号和控制信号，亦可进行联动控制；

第四，集中火灾报警控制器或火灾报警控制器，应设置在有专人值班的消防控制室或值班室内；

第五，集中火灾报警控制器或火灾报警控制器、消防联动控制设备等在消防控制室或值班室内的布置，应符合消防控制室内设备的布置要求。

（3）控制中心报警系统的设计要求

第一，系统中至少应设置一台集中火灾报警控制器、一台专用消防联动控制设备和两台及以上区域火灾报警控制器；或者至少设置一台火灾报警控制器、一台消防联动控制设备和两台及以上区域显示器；

第二，系统应能集中显示火灾报警部位信号和联动控制状态信号；

第三，系统中设置的集中火灾报警控制器或火灾报警控制器和消防联动控制设备在消防控制室内的布置，应符合消防控制室内设备的布置要求。

（4）消防控制室内设备的布置要求

第一，设备面盘前的操作距离：单列布置时不应小于1.5m，双列布置时不应小于2m；

第二，在值班人员经常工作的一面，设备面盘至墙的距离不应小于3m；

第三，设备面盘后的维修距离不宜小于1m；

第四，当设备面盘的排列长度大于4m时，其两端应设置宽度不小于1m的通道；

第五，当集中火灾报警控制器或火灾报警控制器安装在墙上时，其底边距地面高度宜为1.3～1.5m，其靠近门轴的侧面距墙不应小于0.5m，正面操作距离不应小于1.2m。

（5）探测器设置要求

火灾探测器的设置位置可以按照下列基本原则布置：

第一，设置位置应该是火灾发生时烟、热最易到达之处，并且能够在短时间内聚积的地方；

第二，消防管理人员易于检查、维修，而一般人员不易触以及火灾探测器；

第三，火灾探测器不易受环境干扰，布线方便，安装美观。

对于常用的感烟和感温探测器来讲，其安装时还应符合以下要求：

第一，探测器距离通风口边缘不小于0.5m，如果顶棚上设有回风口时，可以靠近回风口安装；

第二，顶棚距离地面高度不小于 $2.2m$ 的房间、狭小房间（面积不大于 $10m^2$），火灾探测器宜安装在人口附近；

第三，在顶棚和房间坡度大于 $45°$ 斜面上安装火灾探测器时，应该采取措施使安装面成水平；

第四，在楼梯间、走廊等处安装火灾探测器时，应该安装在不直接受外部风吹的位置；

第五，在建筑物无防排烟要求的楼梯间，可以每隔三层装设一个火灾探测器，在倾斜通道安装火灾探测器的垂直距离不应大于 $15m$；

第六，在与厨房、开水间、浴室等房间相连的走廊安装火灾探测器时，应该避开人口边缘 $1.5m$；

第七，安装在顶棚上的火灾探测器边缘与照明灯具的水平间距不小于 $0.2m$，与电风扇间距不小于 $1.5m$，距嵌入式扬声器罩间距不小于 $0.1m$，与各种水灭火喷头间距不小于 $0.3m$，与防火门、防火卷帘门的距离一般为 $1\sim2m$，感温火灾探测器距离高温光源不小于 $0.5m$。

（三）火灾事故广播

控制中心报警系统应设置火灾应急广播，集中报警系统宜设置火灾应急广播。火灾应急广播扬声器的设置应符合下列要求：

第一，民用建筑内扬声器应设置在走道和大厅等公共场所，每个扬声器的额定功率不应小于 $3W$，其数量应能保证从一个防火分区的任何部位到最近一个扬声器的距离不大于 $25m$，走道内最后一个扬声器至走道末端的距离不应大于 $12.5m$；

第二，在环境噪声大于 $60dB$ 的场所设置的扬声器，可在其播放范围内最远点的播放声压级应高于背景噪声 $15dB$；

第三，客房设置专用扬声器时，其功率不宜小于 $1W$；

第四，涉外单位应用两种以上语言广播；

第五，对于火灾应急广播和公共广播系统合用一个系统时，火灾时要能够强行转入火灾应急广播状态。

（四）火灾警报装置

火灾警报装置是火灾报警系统中用以发出与环境声、光相区别的火灾警报信号的装置。未设置火灾应急广播的火灾自动报警系统，应设置火灾警报装置。每个防火分区至少应设 1 个火灾警报装置，其位置宜设在各楼层走道靠近楼梯出口处。警报装置宜采用手动或自动控制方式。在环境噪声大于 $60dB$ 的场所设置火灾警报装置时，其声警报器的声压级应高于背景噪声 $15dB$。

（五）手动报警按钮

每个防火分区应至少设置一只手动火灾报警按钮。从一个防火分区内的任何位置到最邻近的一个手动火灾报警按钮的距离不应大于 $30m$。手动火灾报警按钮可设置在

公共活动场所的出入口处。

手动火灾报警按钮应设置在明显的和便于操作的部位。应安装在墙上时，其底边距地高度宜为 $1.3 \sim 1.5m$，．且应有明显的标志。

（六）系统接地

火灾自动报警装置是一种电子设备，为保证系统运行安全可靠，火灾自动报警系统应设专用接地干线，并应在消防控制室设置专用接地板。专用接地干线应从消防控制室专用接地板引至接地体。专用接地干线应采用铜芯绝缘导线，其线芯截面面积不应小于 $25mm^2$。专用接地干线宜穿硬质塑料管埋设至接地体。由消防控制室接地板引至各消防电子设备的专用接地线应选用铜芯绝缘导线，其芯线截面面积不应小于 $4mm^2$。

火灾自动报警系统接地装置的接地电阻值应符合下列要求：

第一，采用专用接地装置时，接地电阻值不应大于 4Ω；

第二，采用共用接地装置时，接地电阻值不应大于 1Ω。

三、系统布线

火灾自动报警系统要求在火灾发生的第一时间发出警报，创造并及时扑救的条件，这就要求消防系统在布线上有其自身的特点。为了确保整个系统在火灾情况下有一定的抵御能力，在设计时必须按照有关建筑消防规范来执行。

（一）一般规定

第一，火灾自动报警系统的传输线路和 $50V$ 以下供电控制线路，应采用电压等级不低于交流 $300V/500V$ 的铜芯绝缘导线或铜芯电缆。采用交流 $220/380V$ 的供电或控制线路应采用电压等级不低于交流 $450V/750V$ 的铜芯绝缘导线或铜芯电缆。

第二，火灾自动报警系统的传输线路的线芯截面选择，除应满足自动报警装置技术条件的要求外，还应满足机械强度的要求。铜芯绝缘导线、铜芯电缆线芯的最小截面面积应符合下列规定：

一是穿管敷设的绝缘导线，线芯的最小截面面积为 $1mm^2$；

二是线槽内敷设的绝缘导线，线芯的最小截面面积为 $0.75mm^2$；

三是芯电缆，线芯的最小截面面积为 $0.50mm^2$。

（二）屋内布线

当火灾自动报警系统传输线路采用绝缘导线时，应采取穿金属管（高层建筑宜用）、硬质塑料管、半硬质塑料管或封闭式线槽保护方式布线，且应有明显的标志。消防控制、通信和警报线路采用暗敷设时，宜采用金属管或经阻燃处理的硬质塑料管保护，并应敷设在不燃烧体的结构层内，且保护层厚度不宜小于 $30mm$。当采用明敷设时，应采用金属管或金属线槽保护，并应在金属管或金属线槽上采取防火保护措施。采用经阻燃处理的电缆时，可不穿金属管保护，但应敷设在电缆竖井或吊顶内有防火保护措施

的封闭式线槽内。

屋内消防系统布线应符合以下基本要求：

第一，布线正确，满足设计，保证建筑消防系统在正常监控状态以及火灾状态能正常工作；

第二，系统布线采用必要的防火耐热措施，有较强的抵御火灾能力，即使在火灾十分严重的情况下，仍能保证消防系统安全可靠。

除上述基本要求之外，消防系统屋内布线还应遵照有关消防法规规定，符合下列具体要求：

一是线路短捷，安全可靠，尽量减少与其他管线交叉跨越，避开环境条件恶劣的场所，且便于施工维护；

二是建筑物内不同防火分区的横向敷设消防系统的传输路线，若采用穿管敷设，则不应穿于同一根管内；

三是不同系统、不同电压、不同电流类别的线路不应穿于同一根管内或线槽内的同一槽孔内；

四是火灾探测器的传输线路，宜选择不同颜色的绝缘导线或电缆。正极"+"线应为红色，负极线应为蓝色或黑色。同一工程中相同用途导线的颜色应一致，接线端子应有标号；

五是火灾自动报警系统用的电缆竖井，宜与电力、照明用的低压配电线路电缆竖井分别设置。如受条件限制必须合用，则两种电缆应分别布置在竖井的两侧；

六是穿管绝缘导线或电缆的总截面积，不应超过管内截面积的40%，敷设于封闭式线槽内的绝缘导线或电缆的总截面积，不应大于线槽的净截面积的50%；

七是建筑物内消防系统的线路宜按楼层防火分区分别设置配线箱。当同一系统不同电流类别或不同电压的线路在同一配线箱时，应将不同电流类别和不同电压等级的导线，分别接于不同的端子上，且各种端子板应做明确的标志和隔离；

八是从接线盒、线槽等处引到探测器底座盒、控制设备盒、扬声器箱的线路，均应加金属软管保护；

九是火灾自动报警系统的传输网络不应和其他系统的传输网络合用。

（三）报警系统布线

由于在火灾发生时，温度会急剧上升，消防设备布线将会受到损伤，为了保证消防系统正常可靠地运行，这部分线路就必须具有耐火、耐高温的性能，还必须采取延燃措施。建筑消防系统安全可靠的工作不仅取决于组成消防系统设备的本身，还取决于设备与设备之间的导线连接。

现行火灾自动报警系统基本上均采用总线制。除原来已安装使用的产品外，多线制产品由于布线复杂而呈淘汰趋势。总线制根据编码信息技术的不同，连接火灾报警控制器与火灾探测器的传输总线有二总线制、三总线制和四总线制，就目前而言，大多是二总线制的。总线制系统布线按接线方式可分为单支布线与多支布线两类：

一是单支布线又分为串形和环形两种。根据不同的产品和工程的不同特点，优先

采用其中之一布线方式。大多数产品是采用串形接法，这种方式总线的传输质量最佳，传输距离最长。而环形接法的优点在于系统线路中任一处断路时不会影响系统的正常运行，但是系统的线路较长。

二是多支布线亦称树状系统接法，可分为鱼骨形和小星形接法。采用鱼骨形接法时，总线的传输质量较好，但必须注意二总线主干线两边的分支距离应小于 $10m$，在这种布线方式下，传输距离较远。当使用小星形接法时，虽然传输效果不如串形或鱼骨形，但是传输距离也较远。一般小星形接线线路较短，但需注意分支不可过多，同一点分支线一般不宜超过 3 根，且分支点应在容易检查的位置。

第五节 消防联动控制

一、消防设施的联动控制

（一）消防联动控制要求

消防联动控制设备的控制信号和火灾探测器的报警信号在同一总线回路上传输，二者合用时应满足消防控制信号线路的敷设要求。

消防水泵、防烟和排烟风机等均属于重要的消防设备，其可靠与否直接关系到消防灭火的成败。这些设备除了接收火灾探测器发送来的报警信号可以自动启动工作外，还应能独立控制其启停，即使火灾报警系统失灵也不应影响其启停。因此，当消防控制设备采用总线编码模块控制时，还应在消防控制室设置手动直接控制装置，以保证系统设备的可靠性。

设置在消防控制室以外的消防联动控制设备的动作信号均应在消防控制室内显示。

（二）消防灭火设备的联动控制要求

灭火系统的控制视灭火方式而定。灭火方式是由建筑设备专业根据规范要求及建筑物的使用性质等因素确定，大致可分为消火栓灭火、自动喷水灭火（水喷淋灭火）、水幕阻火、气体灭火、泡沫灭火、干粉灭火等。建筑电气专业按灭火方式等要求对灭火系统的动力设备、管道系统及阀门等设计电气控制装置。

根据当前我国经济技术水平和条件，消防控制室的消防控制设备应具有控制、显示功能（控制消防设备的启、停，并显示其工作状态）；能自动及手动控制消防水泵、防烟和排烟风机的启、停；显示火灾报警、故障报警部位；显示保护对象的重点部位、疏散通道及消防设备所在位置的单面图或模拟图；显示系统供电电源工作状态。

1. 消火栓灭火系统

消火栓灭火是最常见的灭火方式，为使喷水枪在灭火时具有相当的水压，需要保证一定的管网压力，若市政管网水压不能满足要求，则需要设置消火栓泵。室内消火

栓系统应具有的控制、显示功能为：

第一，控制消防水泵的启、停。

第二，显示起泵按钮的工作状态。

第三，显示消防水泵的工作、故障状态。

2. 自动喷水灭火系统

自动喷水灭火系统属于固定式灭火系统，可分为湿式灭火系统和干式灭火系统两种，其区别主要在于喷头至喷淋泵出水阀之间的喷水管道是否处于充水状态。

湿式系统的自动喷水是由玻璃球水喷淋头的动作完成的。火灾发生时，装有热敏液体的玻璃球（动作温度分别为57、68、79、93℃等）因内部压力的增加而炸裂，此时喷头上密封垫脱开，喷出压力水。喷头喷水时由于管网水压的降低，压力开关动作启动喷水泵以保持管网水压。同时，水流通过装于主管道分支处的水流指示器，其桨片随着水流而动作，接通报警电路，发出电信号给消防控制室，以辨认发生火灾区域。

干式自动喷水系统采用开式洒水喷头，当发生火灾时由探测器发出的信号经过消防控制室的联动控制盘发出指令，打开电磁或手动两用阀，使得各开式喷头同时按预定方向喷洒水幕。与此同时，联动控制盘还发出指令启动喷水泵以保持管网水压，水流流经水流指示器，发出电信号给消防控制室，显示喷洒水灭火区域。

自动喷水和水喷雾灭火系统应具有的控制、显示功能为：

第一，控制系统的启、停。

第二，显示水流指示器、报警阀及安全信号阀的工作状态。

第三，显示消防水泵的工作、故障状态。

3. 水幕阻火灭火系统

水幕对阻止火势扩大与蔓延有良好的作用，其电气控制及自动喷水灭火系统相同。

4. CO_2 灭火系统

CO_2 灭火系统是由二氧化碳供应源、喷嘴和管路组成的灭火系统。其灭火原理是通过减少空气中氧的含量，使其降低到不支持燃烧的浓度。CO_2 在空气中的浓度达到15%以上时能使人窒息死亡；达到30%～35%时，能使一般可燃物质的燃烧逐渐窒息；达到43.6%时，能抑制汽油蒸气及其他易燃气体的爆炸。CO_2 灭火系统具有自动启动、手动启动和机械式应急启动三种方式，其中，自动启动控制应采用复合探测，即接收到两个独立的火灾信号后方可启动。

管网气体灭火系统应具有的控制、显示功能为：

第一，显示系统的手动、自动工作状态。

第二，在报警、喷射各阶段，控制室内应有相应的声光报警信号，并能手动切除声响信号。

第三，在延时阶段，应自动关闭防火门窗，停止通风空调系统，关闭有关部位防火阀。

第四，显示气体灭火系统防护区的报警、喷射及防火门、通风空调等设备的状态。

第五，由火灾探测器联动的控制设备，应具有30s可调的延时装置；在延时阶段，应自动关闭防火门、窗，停止通风、空气调节系统。

5. 泡沫灭火系统

泡沫灭火系统由水源、泡沫消防泵、泡沫液储罐、泡沫比例混合器、泡沫产生器、阀门、管道及其他附件组成。泡沫消防泵是能把泡沫以一定的压力输出的消防水泵。消防泵应在有火警时立即投入工作，并在火场非消防电源断电时仍能正常工作。

泡沫灭火系统应具有的控制、显示功能为：

第一，控制泡沫泵及消防水泵的启、停。

第二，显示系统的手动、自动工作状态。

6. 干粉灭火系统

干粉灭火系统应具有控制系统的启、停，显示系统工作状态等功能。

二、消防灭火设备的联动控制

（一）用于联动控制和火灾报警的设备

1. 湿式报警阀—报警装置

报警装置主要组件由水流指示器、压力开关、水力警铃、延时器等组成。

（1）水流指示器

一般装在配水干管上。当发生火灾喷头开启喷水或者管道发生泄漏故障时，水流就会流过装有水流指示器的管道，水流指示器将水流信号转换为电信号送至报警控制器或控制中心，显示喷头喷水的区域，起到辅助电动报警的作用。

水流指示器的工作原理是靠管内的压力水流动的推力推动水流指示器的桨片，带动操作杆使内部延时电路接通，经过 $20 \sim 30s$ 后使微型继电器动作，输出电信号供报警及控制用，其报警信号一般作为区域报警信号。也有的水流指示器是由桨片直接推动微动开关触点而发出报警信号的。

（2）水力报警器

它由水力警铃及压力开关两部分组成，可安装在湿式报警阀的延迟器后。当系统侧排水口放水后，利用水力驱动警铃，使之发出报警声。它也可用于干式、干湿两用式、雨淋及预作用自动喷水灭火系统中。

（3）压力开关

压力开关是装在延迟器上部的水压传感继电器，其功能是将管网水压力信号转变成电信号，以实现自动报警及启动消火栓泵的功能。

（4）水力警铃

水力警铃是利用水流的冲击力发出声响的报警装置，一般安装在延时器之后。当管网内的水不断流动，延时器充满水后，水流就会向水力警铃与压力开关流动，这时在水流的冲击下，水力警铃就发出警报。

（5）延时器

延时器主要用于湿式喷水灭火系统，其作用是防止误报警。

2. 消火栓按钮

消火栓按钮是消火栓灭火系统中的主要报警元件。按钮内部有一组常开触点、一

组常闭触点及一只指示灯，按钮表面为薄玻璃或半硬塑料片。火灾时打碎按钮表面玻璃或用力压下塑料面，按钮即可动作。消火栓按钮可用于直接启动消火栓泵，或者向消防控制中心发出申请启动消防水泵的信号。

消火栓按钮在电气控制线路中的连接形式有串联、并联及通过模块与总线相接等三种，接线如图4-2所示。图4-2（a）为消火栓按钮串联式电路，图中消火栓按钮的常开触头在正常监控时均为闭合状态。中间继电器KA_1正常时通电，当任一消火栓按钮动作时，KA_1线圈失电，中间继电器KA_2线圈得电，其常开触点闭合，启动消火栓泵，所有消火栓按钮上的指示灯燃亮。图4-2（b）为消火栓按钮并联电路，图中消火栓按钮的常闭触头在正常监控时是断开的，中间继电器KA_1不通电，火灾发生时，当任一消火栓按钮动作，KA_1即通电，启动消火栓泵。当消火栓泵运行时，其运行接触器常开触点KM闭合，所有消火栓按钮上的指示灯燃亮，并显示消火栓泵已启动。

并联线路比串联线路少用一只中间继电器，线路较为简洁。但采用并联连接时，不能在正常时监控消火栓报警按钮回路是否正常，按钮回路断线或接触不良时不易被发现，但并联接法的接线较方便。串联线路虽然多用一只中间继电器，但因KA_1继电器在正常监控时带电，只要有一处断线或连接处接触不良，KA_1继电器即失电。因此，可利用KA_1的常闭触点进行报警，达到监视控制线路正常与否的目的，以提高控制线路的可靠性；此外在发生火灾时，即使将消火栓报警按钮连线烧断也能保证消火栓泵正常启动。其缺点是串联接法将各按钮首尾串联，当消火栓较多或设置位置不规则时，接线容易出错。消火栓按钮的串联连接方式为传统式接法，适合用于中小工程。

为了避免因消火栓按钮回路断线或接触不良引起消火栓泵误启动，可用时间继电器KT代替KA_2的作用。

在大中型工程中常使用图4-2（c）的接线方式。这种系统接线简单、灵活（输入模块的确认灯可作为间接的消火栓泵启动反馈信号）。但火灾报警控制器一定要保证常年正常运行，且常置于自动连锁状态，否则会影响启泵。

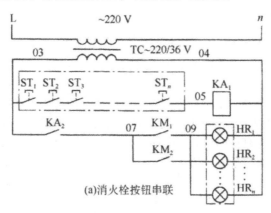

(a)消火栓按钮串联

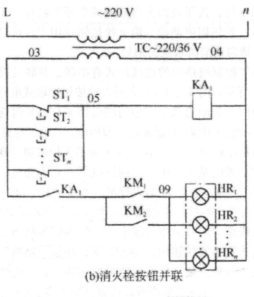

(b)消火栓按钮并联

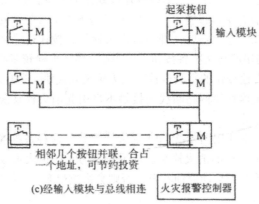

相邻几个按钮并联，合占
一个地址，可节约投资

(c)经输入模块与总线相连 | 火灾报警控制器

4-2 消火栓按钮接连线

（二）消防泵、喷淋泵及增压泵的控制

消防泵、喷淋泵分别为消火栓系统及水喷淋系统的主要供水设备。增压泵是为防止充水管网泄漏等原因导致水压下降而设的增压装置。消防泵、喷淋泵在火灾报警后自动或手动启动,增压泵则在管网水压下降到一定值时由压力继电器自动启动及停止。

1. 消防泵及喷淋泵启动方式的选择

启动方式的选择对提高水泵的启动成功率和降低备用发电机容量具有重要意义。

（1）启动成功率

当采用 $Y-\triangle$ 降压启动方式或串自耦变压器等设备降压启动方式时,在降压—全压的切换过程中将有短时断电的过程。短时断电的时间取决于两套接触器的释放及吸合时间之和,一般在 $0.04 \sim 0.12ms$。在电路切换过程中,电动机定子绕组可能会产生较

大的冲击电流。瞬时最大值可达电动机额定电流的数倍以上，此冲击电流可能会造成电动机电源断路器的瞬时过电流脱扣器动作，导致电源被切断，消防泵不能启动，造成严重的后果。

为此，对于消防泵推荐尽可能采用直接启动方式，例如按计算电压降不能保证启动要求，也宜选用闭式切换（即无短时断电）的降压启动设备。

（2）降低备用发电机容量

当消防泵由备用发电机供电时，由于异步电动机启动时的功率因数很低，启动电流大而启动转矩小，导致发电机端电压下降，有可能无法启动消防泵。因此，对于较大容量的异步电动机应限制其启动电流数值、尽可能采用降压启动方式。例如，采用 $Y-\triangle$ 降压启动方式后，由发电机提供的启动电流只有直接启动时启动电流的 1/3 左右，这可以使备用发电机的容量相应减小。

2. 消防泵及喷淋泵的系统模式

现代高层建筑防火工程中，消防泵与喷淋泵有两种系统模式。

第一，消火栓系统与喷淋系统都各自有专门的水泵和配水管网，这种模式的消防泵和喷淋泵一般为一台工作一台备用（一用一备）或二用一备；

第二，消火栓和喷淋系统各自有专门的配水管网，但供水泵是共用的，水泵一般是多台工作、一台备用（多用一备）。

消防水泵由消防联动系统进行自动启动（停车）或采用手动方式启动（停车）。

3. 消火栓泵电气控制线路

对消防泵的手动控制有两种方式：一是通过消火栓按钮直接启动消防泵，二是通过手动报警按钮将手动报警信号送入消防控制室的控制器后，发出手动或自动信号控制消防泵启动。

通常，消防泵经控制室进行联动控制。其联动控制方框图如图 4-3 所示。

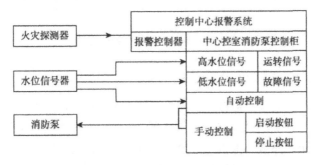

图 4-3　消火栓泵联动控制方框图

（1）一用一备消火栓泵的电气控制

采用消火栓泵时，在每个消火栓内设置消火栓打碎玻璃按钮，正常情况下，此按钮的常开触点被小玻璃窗压下而闭合。灭火时用小锤敲击按钮的玻璃窗，玻璃被打碎后，按钮恢复常开状态，从而通过控制电路启动消火栓泵。当设有消防控制室且需辨认哪一处的消火栓工作时，可在消火栓内装一个限位开关，当喷枪被拿起后限位开关

动作，向消防控制室发出信号。

（2）室外消火栓泵的电气控制

室外消火栓泵电气控制线路，两台泵一用一备，由万能转换开关 SA 转换职能。两台泵既可由机旁手动按钮控制，也可由消防控制室控制信号控制。水泵启动后，由水泵电源接触器常开触点接通信号指示灯将启泵信号返回消防控制室。

4. 喷淋泵的电气控制

喷淋泵系统电气控制示意图，如图 4-4 所示。

喷淋泵电气控制线路两台喷淋栗一用一备，其工作（备用）职能由转换开关 SA 分配。火灾时，喷头因受热炸裂喷水，水管网压力下降，压力开关（压力继电器）常开触点闭合，中间继电器 KA_1 线圈得电，常开触点闭合，启动喷淋泵（工泵）。同时，水流指示器因水管网水流动而动作，接通中间继电器 KA_2（KA_3），将火灾信号送至消防控制室。运行信号由喷淋泵电源接触器常开触点接通信号指示灯将启泵信号返回消防控制室。

当工泵因故障不能启动时，而经过短暂延时，中间继电器 KA_4 线圈得电，常开触点闭合，启动喷淋备泵。

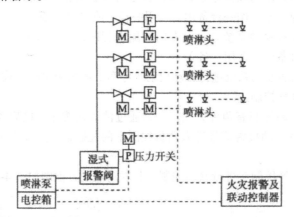

图 4-4　喷淋泵系统电气控制示意图

（三）有管网气体灭火系统的控制

有管网气体灭火系统一般设计为独立系统。在保护区设置气体灭火控制盘，控制盘将报警灭火信号送到消防控制中心，控制中心应显示控制盘处于手动或自动工作状态。有管网气体灭火系统一般设计为手动、自动、机械应急操作三种控制方式。在保护区现场还设计有紧急"启动"和紧急"停止"手动按钮。

1. 自动控制方式

每个保护区内设有感烟和感温探测器组。在感烟探测器组之间取"或"逻辑，在感温探测器组间取"或"逻辑，感烟、感温探测器组取"与"逻辑，只有在"与"逻辑条件满足时，才实施气体灭火。

2. 手动控制方式

由人工通过紧急"启动"按钮，实施气体灭火。当自动、手动控制都失灵时，由

人工手动打开灭火剂储瓶的瓶头阀，实施气体灭火。

3. 气体灭火延时阶段应急操作

无论手动还是自动控制方式，都要有 20 ~ 30s 的延时阶段，以防止误喷和保护防护区的人员安全。在延时阶段，应关闭防护区的防火门（窗、帘），停止对防护区的通风、空调，关闭防火阀，以保证灭火效果。在延时阶段，若人工确认为误报，应通过紧急"停止"按钮，停止灭火剂释放，以减少不必要的损失。

第六节　建筑消防供配电

一、消防设备的供电负荷

（一）负荷分级

根据供电可靠性要求及中断供电在政治、经济上所造成的损失或影响的程度，可将电力负荷分为三级，并据此采用相应的供电措施，满足其对用电可靠性的要求。

1. 一级负荷

一是中断供电将造成人身伤亡者。

二是中断供电将造成重大政治影响者；中断供电将造成重大经济损失者；中断供电将造成公共场所秩序严重混乱者。

三是对于某些特殊建筑，如重要的交通枢纽、重要的通信枢纽、国宾馆、国家级及承担重大国事的会堂、国家级大型体育中心，以及经常用于重要国际活动的大量人员集中的公共场所等的一级负荷，为特别重要负荷。

中断供电将影响实时处理计算机及计算机网络正常工作或中断供电后将发生爆炸、火灾，以及严重中毒的一级负荷亦为特别重要负荷。

2. 二级负荷

一是中断供电将造成较大政治影响者。

二是中断供电将造成较大经济损失者。

三是中断供电将造成公共场所秩序混乱者。

3. 三级负荷

不属于一级和二级负荷的电力负荷。

供配电系统的运行统计资料表明，系统中各个环节以电源对供电可靠性的影响最大。其次是供配电线路等其他因素。因此，为保证供电的可靠性，对于不同级别的负荷，有着不同的供电要求。

（二）供电要求

1. 一级负荷应由两个独立电源供电

所谓独立电源是指两个电源之间无联系，或两个电源之间虽有联系但在其中任何一个电源发生故障时，另一个电源应不致同时受到损坏。一级负荷容量较大或有高压用电设备时，应采用两路高压电源。一级负荷中的特别重要的负荷，除上述两个电源外，还必须增设应急电源。为了保证对特别重要负荷供电，严禁将其他负荷接入应急供电系统。一级负荷容量不大时，应优先采用从电力系统或临近单位取得第二低压电源，亦可采用柴油发电机组；若一级负荷仅为应急照明或是电话站负荷，宜采用蓄电池作为备用电源。

常采用的两个独立电源：一路市电和自备发电机；一路市电和自备蓄电池逆变器组。两路来自两个发电厂或是来自城市高压网络的枢纽变电站的不同母线段的市电电源。

2. 二级负荷的供电系统

二级负荷的供电系统应做到当发生电力变压器故障或线路常见故障时不致中断供电（或中断后能迅速恢复）。二级负荷宜采用两个电源供电，对两个电源的要求条件比一级负荷低，如来自不同变压器两路市电便可满足供电要求。

3. 三级负荷对供电无特殊要求

为保证建筑物的自动防火系统在发生火灾后能够可靠运行，达到防灾、灭火目的，必须保证消防系统中的供电电源安全可靠工作。因此，对于消防设备的配电系统、导线选择、线路敷设等方面都有特殊的要求。

二、消防配电系统的一般要求

为保证供电连续性，消防系统的配电应符合下列要求：

第一，消防用电设备的双路电源或双回路供电线路，应在末端配电箱处切换。火灾自动报警系统，应设有主电源和直流备用电源，其主电源应采用消防电源，直流备用电源宜采用火灾报警控制器的专用蓄电池。当直流备用电源采用消防系统集中设置的蓄电池时，火灾报警控制器应采用单独的供电回路，并保证在消防系统处于最大负载状态下不影响报警控制器的正常工作。消防联动控制装置的直流操作电源电压，应采用 $24V$。

第二，配电箱到各消防用电设备，应采用放射式供电。每一用电设备应有单独的保护设备。

第三，重要消防用电设备（如消防泵）允许不加过负荷保护。由于消防用电设备总运行时间不长，因此短时间的过负荷对设备危害不大，无过负荷保护可以争取时间保证顺利灭火。为了在灭火后及时检修，可设置过负荷声光报警信号。

第四，消防电源不宜装漏电保护，如有必要可设单相接地保护装置。

第五，消防用电设备、疏散指示灯，设备、火灾事故广播及各层正常电源配电线路均应按防火分区或报警区域分别出线。

第六，所有消防电气设备均应与一般电气设备有明显区别标志。

三、消防设备供电

消防设备供电系统应能充分保证用电设备的工作性能在火灾发生时充分发挥消防设备的功能，将损失降低到最低限度。对于电力负荷集中的高层建筑，常常采用单电源或双电源的双回路供电方式，即常用电源（工作电源）和备用电源两种。常用电源一般是直接取自城市输电网（又称市电网），备用电源可取自城市两路独立高压（一般为 $10kV$）供电中的一路为备用电源。在有高层建筑群的规划区域内，供电电源常常取自 $35kV$ 区域变电站，有的取自城市一路高压（一般为 $10kV$）供电；另一种取自自备柴油发电机。对于电力负荷较小的多层建筑，常用电源一般直接取自城市低压三相四线制输电网（又称低压市电网），其电压等级为 $380/220V$。备用电源可以取自与常用电源不同的变压器（$380/220V$），还可以采用蓄电池作为备用电源。当常用电源出现故障而发生停电事故时，备用电源保证高层建筑的各种消防设备（如消防给水、消防电梯、防排烟设备、应急照明和疏散指示标志、应急广播、电动防火门窗、卷帘、自动灭火装置）和消防控制室等仍能继续运行。

高层建筑发生火灾时，主要利用建筑物本身的消防设施进行灭火和疏散人员及物资。如果没有可靠的电源，就不能及时报警、灭火，也不能有效地疏散人员、物资和控制火势蔓延，将会造成重大的损失。因此，合理地确定负荷等级，保障高层建筑消防用电设备的供电可靠性是非常重要的。根据我国国情，高层建筑防火设计规范对一、二类建筑的消防用电的负荷等级分别做了规定：一类高层建筑要按一级负荷要求供电，二类高层建筑应按二级负荷要求供电。

为了保证一类高层建筑消防用电的供电可靠性，如果两路市电电源不满足"独立双电源"的条件，则还需设有自备发电机组，即设置三个电源。

二类高层建筑和高层住宅或住宅群，一般按两回线路要求供电。

四、消防备用电源的自动切换

为了保证发生火灾时各项救灾工作顺利进行，有效地控制和扑灭火灾，避免造成重大经济损失和人员伤亡事故，对消防用电设备的工作及备用电源应采取自动切换方式。

对消防扑救工作而言，切换时间越短越好。目前，根据我国供电技术条件，切换时间规定在 $30s$ 以内。要求一类高层建筑自备发电设备应设有自动启动装置，并能在 $30s$ 内供电。二类高层建筑自备发电设备，当采用自动启动有困难时，可采用手动启动装置。电源自动切换可采用双电源切换开关或采用断路器或接触器连锁控制（包括电气连锁和机械连锁）方式。

消防控制室、消防水泵、消防电梯、防烟排烟风机等的供电，应在最末一级配电箱处设置自动切换装置。这里，切换部位是指各自的最末一级配电箱，如消防水泵应在消防水泵房的配电箱处切换；消防电梯可在电梯机房配电箱处切换等。

第七节　智能建筑安全防护

　　智能建筑，是指以建筑物为平台，兼备信息设施系统、信息化应用系统、建筑设备管理系统、公共安全系统等，集结构、系统、服务、管理及其优化组合为一体，向人们提供安全、高效、便捷、节能、环保、健康的建筑环境。

　　近年来，随着高层现代化建筑和对建筑物智能化的需求的增加，越来越多的新型建筑要求采用智能化建筑设计环境。在智能建筑中的智能化系统工程设计宜由智能化集成系统、信息设施系统、信息化应用系统、建筑设备管理系统、公共安全系统、机房工程和建筑环境等设计要素构成。其中，公共安全系统就是智能建筑的安全防护系统，是为维护公共安全、综合运用现代科学技术，以应对危害社会安全的各类突发事件而构建的技术防范系统或保障体系。

　　智能建筑的基本功能就是为人们提供一个安全、高效、舒适、便利建筑空间，首要的就是确保人、财、物的高度安全以及具有对灾害和突发事件的快速反应能力，建立完善的安全防护系统。安全防护系统是智能建筑的一个重要组成部分，也是目前在建筑设计中比较优先考虑的一个系统。系统针对火灾、非法侵入、自然灾害、重大安全事故和公共卫生事故等危害人们生命财产安全的各种突发事件，建立应急和长效的技术防范保障体系，系统主要包括火灾自动报警系统、安全技术防范系统和应急联动系统。系统设计时必须遵照国家相关标准规范执行。

　　安全防护系统的功能应符合下列要求：

　　第一，具有应对火灾、非法侵入、自然灾害、重大安全事故和公共卫生事故等危害人们生命财产安全的各种突发事件，建立起应急及长效的技术防范保障体系；

　　第二，应以人为本、平战结合、应急联动与安全可靠。

一、火灾自动报警系统

　　火灾自动报警系统是由火灾探测器、报警控制器以及联动模块等组成。智能建筑中的火灾自动报警系统的配置除按现行国家规范执行外，尚应遵循"安全第一，预防为主"的原则，应严格保证系统及设备的可靠性，避免误报。智能建筑同一般（非智能建筑）的建筑有着显著的差别，一般具有重要性质和特殊地位，故火灾自动报警系统应具有先进性和适用性，系统的技术性能和质量指标应符合现行技术的水平，系统应能适合智能建筑的特点，达到最佳的性能价格比。

　　智能建筑中的火灾自动报警系统应符合下列要求：

　　第一，建筑物内的主要场所宜选择智能型火灾探测器；在单一型火灾探测器不能有效探测火灾的场所，可采用复合型火灾探测器；在一些特殊部位及高大空间场所宜选用具有预警功能的线型光纤感温探测器或空气采样烟雾探测器等。

　　第二，对于重要的建筑物，火灾自动报警系统的主机宜设有热备份，当系统的主

用主机出现故障时，备份主机能及时投入运行，以提高系统的安全性、可靠性。

第三，应配置带有汉化操作的界面，操作软件的配置应简单易操作。

第四，应预留与建筑设备管理系统的数据通信接口，接口界面的各项技术指标均应符合相关要求。

第五，宜与安全技术防范系统实现互联，可实现安全技术防范系统作为火灾自动报警系统有效的辅助手段。

第六，消防监控中心机房宜单独设置，当与建筑设备管理系统和安全技术防范系统等合用控制室时，应符合标准的规定。

二、安全技术防范系统

安全技术防范系统综合运用安全防范技术、电子信息技术以及信息网络技术等，构建先进、可靠、经济和适用的安全技术防范体系，主要包括安全防范综合管理系统、入侵报警系统、视频安防监控系统、出入口监控系统、电子巡查管理系统、停车场管理系统及各类建筑物业务功能所需的其他相关安全技术防范系统。

安全技术防范系统应符合下列要求：

第一，应以建筑物被防护对象的防护等级、建设投资及安全防范管理工作的要求为依据，综合运用安全防范技术、电子信息技术和信息网络技术等，构成先进、可靠、经济、适用和配套的安全技术防范体系。

第二，系统宜包括安全防范综合管理系统、入侵报警系统、视频安防监控系统、出入口控制系统、电子巡查管理系统、访客对讲系统、停车库（场）管理系统及各类建筑物业务功能所需的其他相关安全技术防范系统。

第三，系统应以结构化、模块化和集成化的方式实现组合。

第四，应采用先进、成熟的技术和可靠、适用的设备，应适应技术发展的需要。

三、应急联动系统

应急联动系统是大型公共建筑物或群体以火灾自动报警系统、安全技术防范系统为基础，构建的具有应急联动功能的系统。

（一）应急联动系统应具有的功能

第一，对火灾、非法入侵等事件进行准确探测与本地实时报警；

第二，采取多种通信手段，对自然灾害、重大安全事故、公共卫生事件和社会安全事件实现本地报警和异地报警；

第三，指挥调度；

第四，紧急疏散与逃生导引；

第五，事故现场紧急处置。

（二）应急联动系统宜具有的功能

第一，接受上级的各类指令信息；

第二，采集事故现场信息；

第三，收集各子系统上传的各类信息，接收上级以及应急系统的指令下达至各相关子系统；

第四，多媒体信息的大屏幕显示；

第五，建立各类安全事故的应急处理预案。

（三）应急联动系统应配置的系统

第一，有线／无线通信、指挥、调度系统；

第二，多路报警系统（110，119，122，120，水、电等城市基础设施抢险部门）；

第三，消防—建筑设备联动系统；

第四，消防—安防联动系统；

第五，应急广播—信息发布—疏散导引联动系统。

（四）应急联动系统宜配置系统

第一，大屏幕显示系统；

第二，基于地理信息系统的分析决策支持系统；

第三，视频会议系统；

第四，信息发布系统。

（五）应急联动系统宜配置地

应急联动系统宜配置在总控室、决策会议室、操作室、维护室和设备间等工作用房。

（六）应急联动系统

应急联动系统建设应纳入地区应急联动体系，并符合相关的管理规定。

第六章 建筑防排烟系统

第一节 火灾烟气的危害及控制方法

一、火灾烟气的危害

火灾指在时间和空间上失控的燃烧所造成的灾害。可燃物与氧化剂作用产生的放热反应称为燃烧，燃烧通常伴随有火焰、发光和发烟现象。实际上，在燃烧的同时，还伴随着热分解反应（简称热解）。热解是物质由于温度升高而发生无氧化作用的不可逆化学分解。在一定的温度下，燃烧反应的速度并不快，但热分解的速度却快得多。热分解没有火焰和发光现象，却存在发烟现象。火灾发生时，热分解的产物和燃烧产物与空气掺混在一起，形成了火灾烟气。

建筑物发生火灾的过程正是建筑构件、室内家具、物品、装饰材料等热解和燃烧的过程；由于火灾时参与燃烧的物质种类繁多，发生火灾时的环境条件各不相同，因此火灾烟气中各种物质的组成也相当复杂，其中包括可燃物热解、燃烧产生的气相产物（如未燃可燃气、水蒸气、二氧化碳以及一氧化碳、氯化氢、氰化氢、二氧化硫等窒息、有毒或腐蚀性的气体）、多种微小的固体颗粒（如炭烟）和液滴以及由于卷吸而进入的空气。烟气对人的危害性主要体现在高温、毒性、窒息、遮光、心理恐慌作用等方面。

高温：烟气是燃烧产物与周围空气的混和物，一般具有一定的温度，其温度与离火源距离以及火源大小燃料种类有关。烟气主要通过辐射、对流等传热方式对暴露于其中的人员造成伤害。研究表明，人体受到辐射强度超过 $2.5kW/m^2$ 的热辐射时便可发生危险。要达到这种状态，人员上方的烟气层温度一般高于 $180℃$；当人员暴露于烟气中时，烟气温度对人的危害体现在对表皮以及呼吸道的直接烧伤，这种危险状态可用人员周围烟气的温度是否达到 $120℃$ 来判断。

毒性：火灾烟气中往往含有 CO、SO_2、HCN、NO 等有毒成分，当人员暴露于烟气中时，这些有毒成分能使人呼吸系统、循环系统等身体机能受损，并导致人员昏迷、部分或全部丧失行动能力甚至死亡。有数据表明，在 CO 浓度达到 $2500ppm$ 时就可对人构成

严重危害。

窒息：烟气中的含氧量一般低于正常空气中的含氧量，且其中的 CO_2 和烟尘对人的呼吸系统也具有窒息作用，有数据表明，若仅仅考虑缺氧而不考虑其他气体影响，当含氧量降至 10% 时就可对人构成危险。

遮光：火灾一般都是不完全的燃烧，烟气中往往含有大量的烟尘，由于烟气的减光作用，人们在有烟场合下的能见度必然有所下降，而这会对火灾中人员的安全疏散造成严重影响。

心理恐慌：由于以上火灾烟气的特性，特别是它的遮光性以及窒息和刺激作用，很容易对暴露于其中的人群造成心理恐慌，增加疏散的困难。

同时，由于烟气的高温，建筑结构的受力性能也可能会因与烟气接触而受到影响；烟气的易流动性还可能会引发燃烧的蔓延。因此一旦发生火灾，如何减少烟气对人员的伤害和建筑的损伤，是降低火灾损失所需要考虑的重要问题，特别是在人员聚集的公用建筑中，防排烟系统更是其主动消防对策中必不可少的组成部分。

二、火灾烟气的控制方法

烟气控制，是指所有可以单独或组合起来使用，以减轻或消除火灾烟气危害的方法。建筑物发生火灾后，有效的烟气控制是保护人们生命财产安全的重要手段。烟气控制的首要目标是减少它对人员造成的伤害，对于大部分的公众聚集型建筑，如大型商场、剧院、展览馆、车站候车厅、机场候机厅等，因在其中往往有大量的人员聚集，因此这些建筑的首要消防安全设计策略应当是在烟气下降到对人构成危险的高度之前，让处于其中的人员安全疏散出去，或者采取排烟措施将烟气控制在某一高度以上；另外，还要减少由于烟气造成的火灾蔓延、结构损伤和由此带来的经济损失。建筑火灾烟气控制方法主要分为防烟和排烟两个方面。

防烟，是指用建筑构件或气流把烟气阻挡在某些限定区域，不让它蔓延到可对人员和建筑设备等产生危害的地方。通常实现防烟的手段有防烟分隔、加压送风、设置垂直挡烟板、反方向空气流等。对于大型剧院、展览馆、候车厅、候机厅等具有较大体积的建筑，一旦在其中发生火灾，烟气将在建筑上部聚集，并开始沉降。由于巨大空间的容纳作用，这些建筑中烟气的沉降速度往往比普通尺寸的室内火灾情形慢得多，此时也可以采用蓄烟的办法来延迟烟气的沉降。蓄烟便是借助于建筑（特别是大空间建筑）上部巨大的体积空间，同时配合适当的挡烟措施，让烟气在建筑中蓄积，在烟气下降至危险高度之前，采取各种消防措施（疏散、灭火等）以保证建筑和人员的安全。

排烟，是使烟气沿着对人和物没有危害的渠道排到建筑外，从而消除烟气有害影响的烟气控制方式。现代化建筑中广泛采用的排烟方法有自然通风和机械排烟两种形式。机械排烟利用专用的风机以及管道系统将室内烟气排出至室外，具有性能稳定、效率高的特点；自然通风则依靠烟气自身的浮力或烟囱效应自行通过排烟口流至室外。相对于机械排烟而言，自然通风具有安装简便，成本节约，不需专门的动力设备的特点，同时，自然通风具有自动补偿能力，且其排烟量可随着火灾发展规模的增大而自

动增加，具有良好的失效保护能力。但由于自然通风的驱动力来自烟气本身，因此其效率容易受到烟气自身性质以及环境因素的影响，烟气的温度越高，与环境气体之间的密度差越大，受到的浮力越大，则排烟驱动力越大，排烟速率越高；若烟气温度较低，流动的驱动力较小，排烟速率则越低，排烟口处的环境风也会对自然通风流动产生影响。

防烟分区是在建筑内部采用挡烟设施分隔而成，能在一定时间内防止火灾烟气向同一防火分区的其余部分蔓延的局部空间。划分防烟分区的目的：一是为在火灾时，将烟气控制在一定范围内；二是为了提高排烟口的排烟效果。防烟分区一般应结合建筑内部的功能分区和排烟系统的设计要求进行划分，不设排烟设施的部位（包括地下室）可不划分防烟分区。

（一）防烟分区面积划分

设置排烟系统的场所或部位应划分防烟分区。防烟分区不宜大于 $2000m^2$，长边不应大于 $60m$。当室内高度超过 $6m$，且具有对流条件时，长边不应大于 $75m$。设置防烟分区应满足以下几个要求：

第一，防烟分区应采用挡烟垂壁、隔墙、结构梁等划分；

第二，防烟分区不应跨越防火分区；

第三，每个防烟分区的建筑面积不宜超过规范要求；

第四，采用隔墙等形成封闭的分隔空间时，该空间宜作为一个防烟分区；

第五，储烟仓高度不应小于空间净高的10%，且不可小于 $500mm$，同时应保证疏散所需的清晰高度；最小清晰高度应由计算确定；

第六，有特殊用途的场所应单独划分防烟分区。

（二）防烟分区分隔措施

划分防烟分区的构件主要有挡烟垂壁、隔墙、建筑横梁等。

1. 挡烟垂壁

挡烟垂壁是用不燃材料制作，垂直安装在建筑顶棚、横梁或吊顶下，能在火灾时形成一定的蓄烟空间的挡烟分隔设施。挡烟垂壁常设置在烟气扩散流动的路线上烟气控制区域的分界处，和排烟设备配合进行有效的排烟。其从顶棚下垂的高度一般应距顶棚面 $50cm$ 以上，称为有效高度。当室内发生火灾时，所产生的烟气由于浮力作用而积聚在顶棚下，只要烟层的厚度小于挡烟垂壁的有效高度，烟气就不会向其他场所扩散。

挡烟垂壁分固定式和活动式两种，当建筑物净空较高时，可采用固定式的，将挡烟垂壁长期固定在顶棚上，如图 5-1 所示；当建筑物净空较低时，宜采用活动式的，由感烟控测器控制，或与排烟口联动，或受消防控制中心控制，同时也应能受就地手动控制。活动挡烟垂壁落下时，下端距地面的高度应大于 $1.8m$。

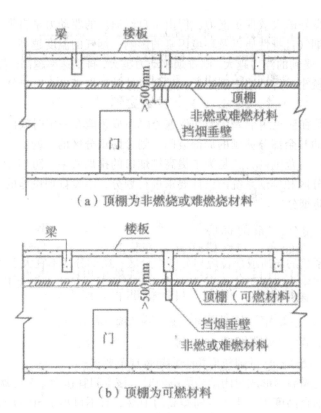

（a）顶棚为非燃烧或难燃烧材料

（b）顶棚为可燃材料

图 5-1　固定式挡烟垂壁

2. 挡烟隔墙

从挡烟效果看，挡烟隔墙比挡烟垂壁的效果好，如图 5-2 所示。因此，在安全区域宜采用挡烟隔墙，建筑内的挡烟隔墙应砌至梁板底部，且不宜留有缝隙，以阻止烟火流窜蔓延，避免火情扩大。

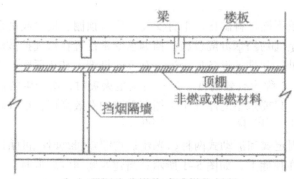

（a）顶棚为非燃烧或难燃烧材料

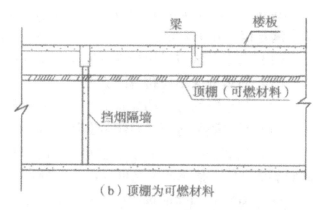

图 5-2　挡烟隔墙

3. 挡烟梁

有条件的建筑物可利用钢筋混凝土梁进行挡烟。其高度应超过挡烟垂壁的有效高度。若挡烟梁的下垂高度小于 $50cm$ 时，可以在梁的底部增加适当高度的挡烟垂壁，以加强挡烟效果。

防烟分区的划分，还应注意以下几个方面：

第一，安全疏散出口、疏散楼梯间、前室类、消防电梯前室类、救援通道应划为独立的防烟分区，并设独立的防烟、排烟设施。

第二，一些重要的、大型综合性高层建筑，特别是超高层建筑，需要设置专门的避难层和避难间。这种避难层或避难间应划分为独立的防烟分区，并设置独立的防烟、排烟设施。

第三，凡需设排烟设施的走道、房间，应采用挡烟垂壁、隔墙或从顶棚下突出不小于 $50cm$ 的梁划分防烟分区。

第四，不设排烟设施的房间（包括地下室）不划防烟分区。

第五，排烟口应设在防烟分区顶棚上或靠近顶棚的墙面上，且距该防烟分区最远点的水平距离不应超过 $30m$。这主要是考虑房间着火时，可燃物在燃烧时产生的烟气受热作用而向上运动，升到吊平顶后转变方向，向水平方向扩散，如果上部设有排烟口，就能及时将烟气排除。

第二节　自然通风

自然通风，是充分利用建筑物的构造，而在自然力的作用下，即利用火灾产生的热烟气流的浮力和外部风力作用通过建筑物房间或走道的开口把烟气排至室外的排烟方式。这种排烟方式的实质是使室内外空气对流进行排烟，在自然通风中，必须有冷空气的进口和热烟气的排出口。一般是采用可开启外窗以及专门设置的排烟口进行自

然通风。这种排烟方式经济、简单、易操作，并具有不需使用动力及专用设备等优点。自然通风是最简单、不消耗动力的排烟方式，系统无复杂的控制，操作简单，因此，对于满足自然通风条件的建筑，首先应考虑采取自然通风方式。

一、自然通风系统也存在一些问题

主要是：排烟效果不稳定；对建筑设计有一定的制约；火灾时存在烟气通过排烟口向上层蔓延的危险性。

（一）自然通风效果不稳定

自然通风的效果受到诸多因素影响：第一，排烟量以及烟气温度会随火灾的发展而产生变化；第二，高层建筑的热气压作用会随季节发生变化；第三，室外风速、风向多变等。这些因素本身是不稳定的，从而导致了自然通风效果的不稳定。

（二）对建筑设计有一定的制约

由于自然通风的烟气是通过外墙上可开启的外窗或专用排烟口排至室外，因此采用自然通风时，对建筑设计就有一些要求：第一，房间必须至少有一面墙壁是外墙；第二，房间进深不宜过大，否则不利于自然通风；第三，排烟口的有效面积与地面面积之比不小于1/50。此外，采用自然通风必须对外开口，所以对隔音、防尘、防水等方面都会带来一定的影响。

（三）火灾时存在烟气通过排烟口向上层蔓延的危险性

通过外窗等向外自然通风时，排出烟气的温度很高，且烟气中有时也会含有一定量的未燃尽的可燃气体，排至室外时再遇到新鲜空气后会继续燃烧，靠近外墙面的火焰内侧，由于得不到空气的补充而形成负压区，导致火焰有贴墙向上蔓延的现象，很有可能将上层窗烤坏，引燃窗帘，从而扩大火灾。

二、自然通风方式的选择

多层建筑优先采用自然通风方式，高层建筑受自然条件（如室外风速、风压、风向等）的影响会较大，一般采用机械排烟方式较多，多层建筑受外部条件影响较少，一般采用自然通风方式较多。工业建筑中，因生产工艺的需要，出现了许多没有窗或设置固定窗的厂房和仓库，丙类及以上的厂房和仓库内可燃物荷载大，一旦发生火灾，烟气很难排放。设置排烟系统既可为人员疏散提供安全环境，又可在排烟过程中导出热量，防止建筑或部分构件在高温下出现倒塌等恶劣情况，为消防队员进行灭火救援提供较好的条件。考虑到厂房、库房建筑的外观要求没有民用建筑的要求高，因此可以采用可熔材料制作的采光带、采光窗进行排烟。为保证可熔材料在平时环境中不会熔化和熔化后不会产生流淌火引燃下部可燃物，要求制作采光带、采光窗的可熔材料必须是只在高温条件下（一般大于最高环境温度50℃）自行熔化且不产生熔滴的可燃材料。

四类隧道和行人或非机动车辆的三类隧道，因长度较短、发生火灾的概率较低或火灾危险性较小，可不设置排烟设施。当隧道较短或隧道沿途顶部可开设通风口时可以采用自然通风。

三、自然通风系统的设计要求

现有的自然通风系统，由于各种设计和施工上的缺陷，导致自然通风的效果难以达到及时有效排烟的目的，因此，有必要对自然通风系统的设计进行整合，提出要点，保障自然通风效果，实现在有效、及时排除火灾烟气的同时，使着火区域烟层底部距着火区域地面的高度不低于清晰高度，确保室内人群安全撤离着火地。

（一）排烟窗应设置在排烟区域的顶部或外墙，并应符合要求：

第一，当设置在外墙上时，排烟窗应在储烟仓以内或室内净高度的 1/2 以上，并应沿火灾烟气的气流方向开启。

根据烟气上升流动的特点，排烟口的位置越高，排烟效果就越好，因此排烟口通常设置在墙壁的上部靠近顶棚处或顶棚上。当房间高度小于 3m 时，排烟口的下缘应在离顶棚面 80cm 以内；当房间高度在 3 ~ 4m 时，排烟口下缘应在离地板面 2.1m 以上部位；而当房间高度大于 4m 时，排烟口下缘在房间总高度一半以上即可。

第二，宜分散均匀布置，每组排烟窗的长度不宜大于 3m。

第三，设置在防火墙两侧的排烟窗之间水平距离不应小于 2m。

第四，自动排烟窗附近应同时设置便于操作的手动开启装置，手动开启装置距地面高度宜 1.3 ~ 1.5mo

第五，走道设有机械排烟系统的建筑物，当房间面积不大于 300m² 时，除排烟窗的设置高度及开启方向可不限外，其余仍按上述要求执行。

第六，室内或走道的任一点至防烟分区内最近的排烟窗的水平距离不应大于 30m，当室内高度超过 6m，且具有自然对流条件时，其水平距离可增加 25%。

（二）可开启外窗的形式有侧开窗和顶开窗。

侧开窗有上悬窗、中悬窗、下悬窗、平开窗和侧拉窗等。其中，除上悬窗外，其他窗都可以作为排烟使用。在设计时，必须将这些作为排烟使用的窗设置在储烟仓内。如果中悬窗的下开口部分不在储烟仓内，这部分的面积不能计入有效排烟面积之内。在计算有效排烟面积时，侧拉窗按实际拉开后的开启面积计算，其他型式的窗按其开启投影面积计算，用下式计算：

$$F_P = F_C \cdot \sin \alpha$$

式中：F_P—有效排烟面积，单位 m^2；

F_C—窗的面积，单位 m^2；

α—窗的开启角度。

第一，当窗的开启角度大于 70° 时，可认为已经基本开直，排烟有效面积可认为

与窗面积相等。对于悬窗,应按水平投影面积计算。对于侧推窗,应按垂直投影面积计算。

第二,当采用百叶窗时,窗的有效面积为窗的净面积乘以遮挡系数,根据工程实际经验,当采用防雨百叶时系数取 0.6,当采用一般百叶时系数取 0.8。

第三,当屋顶采用顶升窗时,其面积应按窗洞的周长一半与窗顶升净空高的乘积计算,但最大不超过窗洞面积;当外墙采用顶开窗时,其面积应按窗洞的 1/4 周长与窗净顶出开度的乘积计算,但最大不超过窗洞面积。

第三,室内净空高度大于 $6m$ 且面积大于 $500m^2$ 的中庭、营业厅、展览厅、观众厅、体育馆、客运站、航站楼等公共场所采用自然通风时,可采取下列措施之一:

一是有火灾自动报警系统的应设置自动排烟窗;

二是无火灾自动报警系统的应设置集中控制的手动排烟窗;

三是常开排烟口。

(三)厂房、仓库的外窗设置应符合的要求

第一,侧窗应沿建筑物的两条对边均匀设置;

第二,顶窗应在屋面均匀设置且宜采用自动控制;屋面斜度小于等于 12°,每 $200m^2$ 的建筑面积应设置相应的顶窗;屋面斜度大于 12°,每 $400m^2$ 的建筑面积应设置相应的顶窗。

(四)固定采光带(窗)

应在屋面均匀设置,每 $400m^2$ 的建筑面积应设置一组,且不应跨越防烟分区。严寒、寒冷地区采光带应有防积雪和防冻措施。

(五)采用可开启外窗进行自然通风

厂房、仓库的可开启外窗的排烟面积应符合下列要求:

第一,采用自动排烟窗时,厂房的排烟面积不应小于排烟区域建筑面积的 2%,仓库的排烟面积应增加 1.0 倍;

第二,用手动排烟窗时,厂房的排烟面积不应小于排烟区域建筑面积的 3%,仓库的排烟面积应增加 1.0 倍。

注:当设有自动喷水灭火系统时,排烟面积可减半。

(六)仅采用固定采光带(窗)进行自然通风

固定采光带(窗)的面积应达到第 6 条可开启外窗面积 2.5 倍

(七)同时设置可开启外窗和固定采光带(窗)

应符合下列要求:

第一,当设置自动排烟窗时,自动排烟窗的面积与 40% 的固定采光带(窗)的面积之和应达到第 6 条规定所需的排烟面积要求;

第二，当设置手动排烟窗时，手动排烟窗的面积与 60% 的固定采光带（窗）的面积之和应按厂房的排烟面积不应小于排烟区域建筑面积的 3%，而仓库的排烟面积应增加 1 倍来要求。

四、自然通风开窗面积的计算

（一）计算条件假定

民用建筑火灾的自然通风计算方程，是根据热压自然通风的原理，通过对若干计算条件的假定，进行简化后推演而得。这些计算条件的假定如下：

第一，排烟过程是稳定的，即计算所涉及诸因素在整个排烟过程中是稳定不变的；

第二，烟层温度无论在水平方向还是沿高度方向都均匀相等，并等于其烟层平均温度，即计算中用一个温度处处相等的烟气柱，替代一个温度场错综复杂的实际烟缕流；

第三，在整个烟气空间内，同一个水平面上的压力是固定的，各水平面间压力变化符合流体静力学法则；

第四，在烟气上升途中没有任何障碍，亦不考虑四周建筑墙、窗对烟气流动产生的阻力；

第五，不考虑建筑物各种缝隙渗入或渗出的空气量和烟气量；

第六，不考虑室外风压作用；

第七，不考虑烟气中固体及液体微粒对其容重的影响，只计算烟气温度对其容重的影响；

第八，在稳定的排烟过程中，高温烟气在热压作用下上升，直至排到室外，都是在相同大气压力作用下的等压过程。

上面的假定表明，自然通风的计算只适用于稳态火灾，不适用于非稳态火灾的计算。

自然通风的目的是要在有效排除火灾生成的烟气的同时，使着火房间中（除着火处以外的空间内）烟层底部距着火层地面的高度不低于清晰高度 H_q，确保室内人群安全撤离火灾建筑，最小清晰高度一般为

$$H_q = 1.6 + 0.1H_0$$

其中，H_0 为排烟空间的建筑高度，m。

因此，在进、排风（烟）口两侧热压差的计算中，自然通风要采用进、排风口中心高差 H；自然通风则应采用排烟窗中心以下的烟层厚度由于两者机理相同，只要将烟层实际厚度 d_b 替换热压自然通风计算式中的 H，就可获自然通风的计算式。

（二）自然通风计算方程

流过开口面积为 A 的建筑门、窗洞口的空气量 G 与洞口内外压差 ΔP 的关系可用流体力学公式来表示：

$$G = AC\sqrt{2g\Delta p\gamma}$$

式中：G—单位时间内流入进风洞口或流出排风洞口的空气重量，单位 kg/s；

A—进风或排风洞口的总面积，单位 m^2；

C—进风或排风洞口的流量系数；

γ—流过洞口的空气容重，单位 kg/m^3；

ΔP—洞口内外的压力差，单位 kg/m^2。

图 5-3 中 h 为进风口中心到中和界限（N-N）的高度，H 为进风口中心到排风口中心的高度，中和界限到排风口中心的高度为（$H-h$）。且得到进风口两侧的压差排风口两侧的压差 $\Delta P_v=（H-h）（\gamma_0-\gamma）$。

采用 G_0 表示流入建筑进风口的空气量，用 G_v 表示流出建筑排风口的空气量，根据空气平衡的原理可以得到下面的方程组：

$$G_0 = A_0C_0\sqrt{2g(H-h)(\gamma_0-\gamma)\gamma}$$

$$G_v = A_vC_v\sqrt{2g(H-h)(\gamma_0-\gamma)\gamma}$$

$$G_0 = G_v = G$$

将方程 $G_0 = A_0C_0\sqrt{2g(H-h)(\gamma_0-\gamma)\gamma}$ 两边平方，整理后可得：

$$h = \frac{G_0^2}{(A_0C_0)^2 2g(\gamma_0-\gamma)\gamma_0}$$

将此式代入方程 $G_v = A_vC_v\sqrt{2g(H-h)(\gamma_0-\gamma)\gamma}$，并用 G 替代 G_0 与后，可得到

$$G = A_vC_v\sqrt{2gH(\gamma_0-\gamma)\gamma - \frac{\gamma G^2}{\gamma_0(A_0C_0)^2}}$$

将等式子两边平方后得到：

$$2gH(\gamma_0-\gamma)\gamma - \frac{\gamma G^2}{\gamma_0(A_0C_0)^2} = \frac{G^2}{(A_vC_v)^2}$$

整理后，可得

$$(A_vC_v)^2 = \frac{G^2\left[\gamma_0(A_0C_0)^2 + \gamma(A_vC_v)^2\right]}{2gH(\gamma_0-\gamma)\gamma_0\gamma(A_0C_0)^2}$$

因假定建筑物在热压作用下的进风与排烟过程是在相同大气压力下进行等压过程，其气态方程可用下式描述：

$$\frac{V_0}{T_0} = \frac{V}{T}$$

又因为

$$V = \frac{1}{\gamma}$$

所以

$$T_0 \gamma_0 = T \gamma$$

或者

$$\gamma = \frac{T_0 \gamma_0}{T}$$

由此就可以得到：

$$\gamma_0 - \gamma = \gamma_0 - \frac{T_0 \gamma_0}{T} = \gamma_0 \frac{T - T_0}{T}$$

综合整理，将式 $\gamma = \frac{T_0 \gamma_0}{T}$ 、式 $\gamma_0 - \gamma = \gamma_0 - \frac{T_0 \gamma_0}{T} = \gamma_0 \frac{T - T_0}{T}$ 代入方程式 $T_0 \gamma_0 = T \gamma$ 后，可以得到：

$$\left(A_v C_v \right)^2 = \frac{G^2 \left[T^2 \left(A_0 C_0 \right)^2 + T T_0 \left(A_v C_v \right)^2 \right]}{2gH \left(T - T_0 \right) \gamma_0^2 T_0 \left(A_0 C_0 \right)^2}$$

将 $G = M_\rho g, \gamma_0 = \rho_0 g, \Delta T = T - T_0$ 代入上式，并用排烟窗中心以下烟气层厚度 d_h（形成热压的烟气高度）替代厂房热压自然通风的计算高度 H，将等式两边同时开方，就得到了自然通风的计算式：

$$A_v C_v = \frac{M_\rho}{\rho_0} \sqrt{\frac{T^2 + T_0 T \left(\frac{A_v C_v}{A_0 C_0} \right)^2}{2g d_h T_0 \Delta T}}$$

式中：M_ρ——烟缕质量流量，单位 kg/s，火灾热释放量的取值不可按非稳态火灾计算，应按稳态火灾释放量取值；

T——烟气平均温度，单位 K，$T = T_0 + \Delta T$；

T_0——环境空气的绝对温度，单位 K，通常 $T_0 = 293K$；

ΔT——烟气平均温度与环境温度的差，单位 ℃；其值可按公式 $\Delta T = \frac{Q_c}{M_\rho C_\rho}$ 来计算，其中 C_p 为空气的定压比热，一般取 1.02，$kJ/(kg \cdot K)$；

ρ_0——环境空气的密度，取 $\rho_0 = 1.2 kg/m^3$；

d_h——排烟窗中心以下烟气层的厚度，单位 m；

g—重力加速度，单位 m/s^2。

1. 烟缕质量流量应按以下公式计算

（1）轴对称型烟缕

$$当 Z > Z_1 \,, \quad M_p = 0.071Q_c^{\frac{1}{3}}Z^{\frac{5}{3}} + 0.0018Q_C$$

$$当 Z = Z_1 \,, \quad M_p = 0.035Q_c$$

$$当 Z < Z_1 \,, \quad M_p = 0.032Q_C^{\frac{3}{5}}Z$$

$$Z_1 = 0.166Q_C^{\frac{2}{5}}$$

式中：Q_c—热释放量的对流部分，一般取值为 $0.7Q$，单位 kW；

Z—燃料面到烟层底部的高度，单位 m；

Z_1—火焰极限高度，单位 m；

M_p—烟缕质量流量，单位 kg/s。

（2）阳台型烟缕

$$M_p = 0.41\left(QW^2\right)^{\frac{1}{3}}\left(Z_B + 0.3H\right)\left[1 + 0.063\left(Z_B + \frac{0.6H_1}{W}\right)\right]^{\frac{2}{3}}$$

式中：H_1—燃料至阳台的高度，单位 m；

Z_B—阳台之上的高度，单位 m；

W—烟缕扩散宽度，单位 m，$W = \omega + b$；

ω—火源区域的开口宽度，单位 m；

b—从开口至阳台边沿的距离，单位 m。

当 $Z_B > 13W$ 时，阳台型烟缕的质量流量使用公式

$$M_p = 0.071Q_c^{\frac{1}{3}}Z^{\frac{5}{3}} + 0.0018Q_C$$

（3）窗口型烟缕：

$$M_p = 0.68\left(A_wH_W^{\frac{1}{2}}\right)^{\frac{1}{3}}\left(Z_W + \alpha_w\right)^{\frac{5}{3}} + 1.59A_wH_W^{\frac{1}{2}}$$

$$\alpha_W = 2.4A_W^{\frac{2}{5}}H_w^{\frac{1}{5}} - 2.1H_W$$

式中：A_W—窗口开口的面积，单位 m^2；

H_w—窗口开口的高度，单位 m；

Z_W—开口的顶部到烟层的高度，单位 m；

α_W—窗口烟缕型的修正系数。

2.流量系数与进风、排烟口面积的确定

利用 $\sqrt{\frac{TA_vC_v}{L_v + L_s\left(\frac{A_vC_v}{A_0C_0}\right)^2}}$ 计算进风口及排烟口面积时，还需根据实际情况确定进风口和排烟口的流量系数 C_0 和 C_v，的值。按定义，薄壁孔口出流的流量系数为：

$$C = \varphi\varepsilon$$

式中：C—流量系数；

ψ—薄壁孔口的流速系数；

ε—孔口出流的断面收缩系数。

其中，薄壁孔口的流速系数

$$\varphi \approx \frac{1}{\sqrt{1+\zeta}}$$

经过试验测得孔口的流速系数

$$\varphi = 0.97 \sim 0.98$$

气流经孔口因速度改变形成的局部阻力系数

$$\zeta = \frac{1}{\varphi^2} - 1 = 0.06$$

若孔口的断面面积为 A，空气经孔口出流的收缩断面的面积为 A'，则断面收缩系数 $s=A'/A$。经过试验测得，完善收缩的收缩系数 $\varepsilon=0.60 \sim 0.64$.随热压的增加，收缩系数略有减少。

根据流量系数的定义式，可得到完善收缩情况下的孔口流量系数 $C=0.59 \sim 0.62$；当进风口底边到所在层地面的距离或排烟口顶部到吊顶的距离小于 3 倍窗口高度，以及进风口或排烟口到侧墙的距离小于 3 倍窗口宽度时，将影响气流的断面收缩，这种不完善收缩的流量系数比完善收缩的流量系数大，其值则可按下式计算：

$$C_1 = C(1+K)$$

式中：C_1—不完善收缩的流量系数；

C—完善收缩的流量系数，计算时可取 0.6；

K—系数，按孔口断面积 A 与孔口前空气的流通断面积 W 的比值确定。

第三节 机械排烟系统

机械排烟方式是利用机械设备强制排烟的手段来排除烟气的方式，在不具备自然通风条件时，机械排烟系统能将火灾中建筑房间、走道中的烟气和热量排出建筑，为人员安全疏散和灭火救援行动创造有利条件。

当建筑物内发生火灾时，采用机械排烟系统，将房间、走道等空间的烟气排至建筑物外.通常是由火场人员手动控制或由感烟探测器将火灾信号传递给防排烟控制器，

开启活动的挡烟垂壁，将烟气控制在发生火灾的防烟分区内，并打开排烟口以及和排烟口联动的排烟防火阀，同时关闭空调系统和送风管道内的防火调节阀，防止烟气从空调、通风系统蔓延到其他非着火房间，最后因设置在屋顶的排烟机将烟气通过排烟管道排至室外。

目前常见的有机械排烟与自然补风组合、机械排烟与机械补组合、机械排烟与排风合用、机械排烟与通风空调系统合用等形式，一般要求是：

第一，排烟系统与通风、空气调节系统宜分开设置。当合用时，应符合下列条件：系统的风口、风道、风机等应满足排烟系统的要求；当火灾被确认后，应能开启排烟区域的排烟口和排烟风机，并在 15s 内自动关闭与排烟无关的通风、空调系统。

第二，走道的机械排烟系统宜竖向设置，房间的机械排烟系统宜按防烟分区设置。

第三，排烟风机的全压应按排烟系统最不利环管道进行计算，其排烟量应增加漏风系数。

第四，人防工程机械排烟系统宜单独设置或与工程排风系统合并设置。当合并设置时，必须采取在火灾发生时能将排风系统自动转换为排烟系统的措施。

第五，车库机械排烟系统可与人防、卫生等排气、通风系统合用。

一、机械排烟系统的设置场所

建筑内应设排烟设施，但不具备自然通风条件的房间、走道及中庭等，均应采用机械排烟方式。高层建筑主要受自然条件（如室外风速、风压、风向等）影响会较大，一般采用机械排烟方式较多。具体如下：

（一）厂房或仓库的下列场所或部位应设置排烟设施

第一，人员或可燃物较多的丙类生产场所，丙类厂房内建筑面积大于 $300m^2$ 且经常有人停留或可燃物较多的地上房间；

第二，建筑面积大于 $5000m^2$ 的丁类生产车间；

第三，占地面积大于 $1000m^2$ 的丙类仓库；

第四，高度大于 $32m$ 的高层厂房（仓库）内长度大于 $20m$ 的疏散走道，其他厂房（仓库）内长度大于 $40m$ 的疏散走道。

（二）民用建筑的下列场所或部位应设置排烟设施

第一，设置在一、二、三层且房间建筑面积大于 $100m^2$ 和设置在四层及以上楼层、地下或半地下的歌舞娱乐放映游艺场所；

第二，中庭；

第三，公共建筑内建筑面积大于 $100m^2$、经常有人停留的地上房间和建筑面积大于 $300m^2$ 且可燃物较多的地上房间；

第四，建筑内长度大于 $20m$ 的疏散走道。

（三）地下或半地下建筑（室）、地上建筑内的无窗房间

当总建筑面积大于 $200m^2$ 或一个房间建筑面积大于 $50m^2$，经常有人停留或可燃物较多时，应设置排烟设施。

需要注意，在同一个防烟分区内不应同时采用自然通风方式和机械排烟方式，主要是考虑到两种方式相互之间对气流的干扰，影响排烟效果。尤其是在排烟时，自然通风口还可能会在机械排烟系统动作后变成进风口，使其失去排烟作用。

二、机械排烟系统的组成和设置要求

机械排烟系统由挡烟壁（活动式或固定式挡烟垂壁，或挡烟隔墙、挡烟梁）、排烟口（或带有排烟阀的排烟口）、排烟防火阀、排烟道、排烟风机和排烟出口组成。系统各部分的设置要求如下：

（一）排烟风机

第一，排烟风机可采用离心式或轴流排烟风机（满足 280℃时连续工作 $30min$ 的要求），排烟风机入口处应设置 280℃能自动关闭的排烟防火阀，该阀应与排烟风机连锁，当该阀关闭时，排烟风机应能停止运转。

第二，排烟风机宜设置在排烟系统的顶部，烟气出口宜朝上，并应高于加压送风机和补风机的进风口，两者垂直距离或水平距离应符合：竖向布置时，送风机的进风口应设置在排烟机出风口的下方，其两者边缘最小垂直距离不应小于 $3m$；水平布置时，两者边缘最小水平距离不应小于 $10m$。

第三，排烟风机应设置在专用机房内，该房间应采用耐火极限不低于 $2h$ 的隔墙和 $1.5h$ 的楼板及甲级防火门与其他部位隔开。风机两侧应有 $600mm$ 以上的空间。当必须与其他风机合用机房时，应符合下列条件：

一是机房内应设有自动喷水灭火系统

二是机房内不得设有用于机械加压送风的风机与管道

第四，排烟风机与排烟管道上不宜设有软接管。当排烟风机及系统中设置有软接头时，该软接头应能在 280℃的环境条件下连续工作不可少于 $30min$。

（二）排烟防火阀

排烟系统竖向穿越防火分区时垂直风管应设置在管井内，且与垂直风管连接的水平风管应设置 280℃排烟防火阀。排烟防火阀安装在排烟系统管道上，平时呈关闭状态；火灾时，由电信号或手动开启，同时排烟风机启动开始排烟；当管内烟气温度达到 280℃时自动关闭，同时排烟风机停机。

（三）排烟阀（口）

1.排烟阀（口）的设置应符合下列要求

第一，排烟口应设在防烟分区所形成的储烟仓内。或用隔墙或挡烟垂壁划分防烟

分区时，每个防烟分区应分别设置排烟口，排烟口应尽量设置在防烟分区的中心部位，排烟口至该防烟分区最远点的水平距离应不超过 30m。

第二，走道内排烟口应设置在其净空高度的 1/2 以上，在设置在侧墙时，其最近的边缘与吊顶的距离应不大于 0.5m。

2. 火灾时

由火灾自动报警系统联动开启排烟区域的排烟阀（口），应在现场设置手动开启装置。

3. 排烟口的设置宜使烟方向与人员疏散方向相反

排烟口与附近安全出口相邻边缘之间的水平距离不应小于 1.5m。

4. 每个排烟口的排烟量不应大于最大允许排烟量

5. 当排烟阀（口）设在吊顶内

通过吊顶上部空间进行排烟时，应符合下列规定：

第一，封闭式吊顶的吊平顶上设置的烟气流入口的颈部烟气速度不宜大于 1.50m/s，且吊顶应采用不燃烧材料；

第二，非封闭吊顶的吊顶开孔率不应小于吊顶净面积的 25%，且应均匀布置。

6. 单独设置的排烟口

平时应处于关闭状态，其控制方式可采用自动或手动开启方式；手动开启装置的位置应便于操作；排风口和排烟口合并设置时，应在排风口或排风口所在支管设置自动阀门，该阀门必须具有防火功能，并应与火灾自动报警系统联动；火灾时，着火防烟分区内的阀门仍应处于开启状态，其他防烟分区内的阀门应全部关闭。

7. 排烟口的尺寸

可根据烟气通过排烟口有效截面时的速度不大于 10m/s 进行计算。排烟速度越高，排出气体中空气所占比率越大，因此排烟口的最小截面积一般应不小于 0.04m^2。

8. 当同一分区内设置数个排烟口时

要求做到所有排烟口能同时开启，排烟量应等于各排烟口排烟量的总和。

（四）排烟管道

1. 排烟管道必须采用不燃材料制作

当采用金属风道时，管道风速不应大于 20m/s；在采用非金属材料风道时，管道风速不应大于 15m/s；当采用土建风道时，管道风速不应大于 10m/s。排烟管道的厚度应按现行国家标准《通风与空调工程施工质量验收规范》（GB50243）的有关规定执行。

2. 当吊顶内有可燃物时

吊顶内的排烟管道应采用不燃烧材料进行隔热，并应与可燃物保持不小于 150mm 的距离。

3. 排烟管道井

应采用耐火极限不小于 1h 的隔墙与相邻区域分隔；当墙上必须设置检修门时，应采用乙级防火门；排烟管道的耐火极限不应低于 0.5h，当水平穿越两个及两个以上防火分区或排烟管道在走道的吊顶内时，其管道耐火极限不应小于 1.5h；排烟管道不应

穿越前室或楼梯间，如果确有困难必须穿越时，其耐火极限不应小于2h，且不得影响人员疏散。

4.当排烟管道竖向穿越防火分区时

垂直风道应设在管井内，且排烟井道必须要有1h的耐火极限。当排烟管道水平穿越两个及两个以上防火分区时，或者布置在走道的吊顶内时，为了防止火焰烧坏排烟风管而蔓延到其他防火分区，要求排烟管道应采用耐火极限1.5h的防火风道，其主要原因是耐火极限1.5h防火管道与280℃；排烟防火阀的耐火极限相当，可以看成是防火阀的延伸。另外，还可以精简防火阀的设置，减少误动作，提高排烟的可靠性。

当确有困难需要穿越特殊场合（如通过消防前室、楼梯间、疏散通道等处）时，排烟管道的耐火极限不应低于2h，主要考虑在极其特殊的情况下穿越上述区域时，应采用2h的耐火极限的加强措施，以便确保人员安全疏散。排烟风道的耐火极限应符合国家相应试验标准的要求。

（五）挡烟垂壁

挡烟垂壁是为了阻止烟气沿水平方向流动而垂直向下吊装在顶棚上的挡烟构件，其有效高度不小于500mm。挡烟垂壁可采用固定式或活动式，当建筑物净空较高时可采用固定式的，将挡烟垂壁长期固定在顶棚上；当建筑物净空较低时，宜采用活动式。挡烟垂壁应用不燃烧材料制作，如钢板、防火玻璃、无机纤维织物、不燃无机复合板等。活动式的挡烟垂壁应由感烟控测器控制，或与排烟口联动，或受消防控制中心控制，但同时应能就地手动控制。当活动挡烟垂壁落下时，其下端距地面的高度应大于1.8m。

三、机械排烟量的计算与选取

（一）排烟量的计算

第一，走道的最小清晰高度不应小于其净高其他区域最小清晰高度应按以下公式计算：

$$H_q = 1.6 + 0.1H$$

式中：H_q—最小清晰高度，单位m；

H—排烟空间的建筑净高度，单位m。

火灾时的最小清晰高度是为了保证室内人员安全疏散和方便消防人员的扑救而提出的最低要求，也是排烟系统设计时必须达到的最低要求。对于单个楼层空间的清晰高度。对于多个楼层组成的高大空间，最小清晰高度同样也是针对某一个单层空间提出的，往往也是连通空间中同一防烟分区中最上层计算得到的最小清晰高度，然而在这种情况下的燃料面到烟层底部的高度Z是从着火的那一层起算的。

空间净空高度按如下方法确定：

一是对于平顶和锯齿形的顶棚，空间净空高度为从顶棚下沿到地面距离；

二是对于斜坡式的顶棚，空间净空高度为从斜坡顶棚中心到地面的距离；

三是对于有吊顶的场所，其净空高度应从吊顶处算起；设置格栅吊顶的场所，其净空高度应从上层楼板下边缘算起。

第二，火灾热释放量应按以下公式计算或是根据表 5-1 选取：

$$Q = \alpha \cdot t^2$$

式中：Q—火灾热释放量，单位 kW；

t—自动灭火系统启动时间，单位 s；

α—火灾增长系数，单位 kW/s^2（按表 5-2 取值）。

排烟系统的设计计算取决于火灾中的热释放量，因此首先应明确设计的火灾规模，设计的火灾规模取决于燃烧材料性质、时间等因素和自动灭火设置情况，为了确保安全，一般按可能达到的最大火势确定火灾热释放量。各类场所的火灾热释放量可按式的规定计算或按表 5-1 设定的值确定。设置自动喷水灭火系统（简称喷淋）的场所，其室内净高大于 $12m$ 时，应按无喷淋场所对待。

表 5-1　各场所下的热释放量

建筑类别		热释放量 Q（MW）
办公室、客房	无喷淋	6.0
	有喷淋	1.5
商场	无喷淋	10.0
	有喷淋	3.0
其他公共场所	无喷淋	8.0
	有喷淋	2.5
中庭	无喷淋	4.0
	有喷淋	1.0
汽车库	无喷淋	3.0
	有喷淋	1.5
厂房	无喷淋	8.0
	有喷淋	2.5
仓库	无喷淋	20.0
	有喷淋	4.0

表 5-2　火灾增长系数

火灾类别	典型的可燃材料	火灾增长系数（kW/s^2）	
慢速火	—	0.0029	
中速火	棉质 / 聚酯垫子	0.012	
快速火	装满的邮件袋、木制货架托盘、泡沫塑料	0.047	
超快速火	池火、快速燃烧的装饰家具、轻质窗帘	0.187	

第三，烟羽流质量流量：轴对称型烟羽流、阳台溢出型烟羽流、窗口型烟羽流为火灾情况下涉及的三种烟羽流形式。

第四，烟气平均温度与环境温度的差应按以下公式计算或查表 5-3：

$$\Delta T = \frac{KQ_c}{M_\rho C_p}$$

式中：ΔT—烟层温度与环境温度的差，单位 K；

C_p—空气的定压比热，一般取 $C_p=1.01$，单位 $kJ/（kg·K）$；

K—烟气中对流放热量因子。当采用机械排烟时，取 $K=1.0$；在采用自然通风时，取 $K=0.5$。

第五，排烟风机的风量选型除根据设计计算确定外，还应考虑系统的泄漏量。排烟量应按以下公式计算：

$$V = \frac{M_\rho T}{\rho_0 T_0}$$

$$T = T_0 + \Delta T$$

式中：V—排烟量，单位 m^3/s；

ρ_0—环境温度下的气体密度，单位 kg/m^3，通常 $t_0=20℃$，$\rho_0=1.2kg/m^3$；

T_0—环境的绝对温度，单位 K；

T—烟层的平均绝对温度，单位 K。

第六，机械排烟系统中，排烟口的最大允许排烟量要按以下公式计算，且 d_b/D 不宜小于 2.0：

$$V_{crit} = 0.00887 \beta d_6^{\frac{5}{2}} \left(\Delta T T_0 \right)^{\frac{1}{2}}$$

式中：V_{crit}—最大允许排烟量，单位 m^3/s；

β—无因次系数，当排烟口设于吊顶并且其最近的边离墙小于 0.50m 或排烟口设于

侧墙并且其最近的边离吊顶小于 0.50m 时，取 β=2.0；当排烟口设于吊顶并且其最近的边离墙大于 0.50m 时，取 β=2.8；

d_b—排烟窗（口）下烟气的厚度，单位 m；

D—排烟口的当量直径，单位 m，当排烟口为矩形时，$D = \dfrac{2a_1 b_1}{a_1 + b_1}$

a_1，b_1—排烟口的长和宽，单位 m。

如果从一个排烟口排出太多的烟气，则会在烟层底部撕开一个"洞"，使新鲜的冷空气卷吸进去，随烟气被排出，从而降低了实际排烟量，因此，这里规定了每个排烟口的最高临界排烟量。

（二）排烟量的选取

1. 当排烟风机担负多个防烟分区时

其风量应按最大一个防烟分区的排烟量、风管（风道）的漏风量及其他未开启排烟阀（口）的漏风量之和计算。

2. 一个防烟分区的排烟量

应根据场所内的热释放量以及按本节相关规定的计算确定，但下列场所可按以下规定确定：

第一，建筑面积小于等于 500m^2 的房间，且排烟量应不小于 60m^3/（$h \cdot m^2$），或设置不小于室内面积 2% 的排烟窗；

第二，建筑面积大于 500m^2、小于等于 2000m^2 的办公室，其排烟量可按 8 次 /h 换气计算且不应小于 30000m^3/h，或设置不小于室内面积 2% 的排烟窗；

第三，建筑面积大于 500m^2、小于等于 1000m^2 的商场和其他公共建筑，排烟量应按 12 次 /h 换气计算且不应小于 30000m^3/h，或设置不小于室内面积 2% 的排烟窗。

第四，当公共建筑仅需在走道或回廊设置排烟时，机械排烟量不应小于 13000m^3/h，或在走道两端（侧）均设置面积不小于 2m^2 的排烟窗，且两侧排烟窗的距离不应小于走道长度的 2/3；

第五，当公共建筑室内与走道或回廊均需设置排烟时，其走道或回廊的机械排烟量可按 60m^3/（$h \cdot m^2$）计算，或设置不小于走道、回廊面积 2% 的排烟窗；

第六，对于人防工程，担负一个或两个防烟分区排烟时，应按该部分总面积每平方米不小于 60m^3/h 计算，但排烟风机的最小排烟风量不应小于 7200m^3/h；担负 3 个或 3 个以上防烟分区排烟时，应按其中最大防烟分区面积每平方米不可小于 120m^3/h 计算。

3. 当公共建筑中庭周围场所设有机械排烟时

中庭的排烟量可按周围场所中最大排烟量的 2 倍数值计算，且不应小于 107000m^3/h（或 25m^2 的有效开窗面积）；当公共建筑中庭周围仅需在回廊设置排烟或周围场所均设置自然通风时，中庭的排烟量应对应表 5-1 中的热释放量计算确定。

第四节 机械加压送风系统

在不具备自然通风条件时，机械加压送风防烟系统是确保火灾中建筑疏散楼梯间及前室（合用前室）安全的主要措施。

机械加压送风方式是通过送风机所产生的气体流动和压力差来控制烟气流动，即在建筑内发生火灾时，对着火区以外的有关区域进行送风加压，使其保持一定正压，以防止烟气侵入的防烟方式。

为保证疏散通道不受烟气侵害，使人员能安全疏散，发生火灾时，从安全性的角度出发，高层建筑内可分为四类安全区：第一类安全区为防烟楼梯间、避难层；第二类安全区为防烟楼梯间前室、消防电梯间前室或合用前室；第三类安全区为走道；第四类安全区为房间。依据上述原则，加压送风时应使防烟楼梯间压力>前室压力>走道压力>房间压力，同时还要保证各部分之间的压差不要过大，以免造成开门困难而影响疏散。当火灾发生时，机械加压送风系统应能够及时开启，防止烟气侵入作为疏散通道的走廊、楼梯间及其前室，以确保有一个安全可靠、畅通无阻的疏散通道和环境，为安全疏散提供足够的时间。

一、机械加压送风防烟系统的设计要求

机械加压送风是一种有效的防烟措施，但是其系统造价较高，一般使用在重要建筑和重要部位。下列部位应设置防烟设施：防烟楼梯间及其前室；消防电梯间前室或合用前室；避难走道的前室、避难层（间）。

机械加压送风防烟系统的设计要求如下：

第一，建筑高度小于等于50m的公共建筑、工业建筑和建筑高度小于等于100m的住宅建筑，当前室或合用前室采用机械加压送风系统，且其加压送风口设置在前室的顶部或正对前室入口的墙面上时，楼梯间可采用自然通风方式。当前室的加压送风口的设置不符合上述规定时，防烟楼梯间应采用机械加压送风系统。将前室的机械加压送风口设置在前室的顶部，目的是为了形成有效阻隔烟气的风幕；而将送风口设在正对前室入口的墙面上，目的是为了形成正面阻挡烟气侵入前室的效应。

第二，建筑高度大于50m的公共建筑、工业建筑和建筑高度大于100m的住宅建筑，其防烟楼梯间、消防电梯前室应采用机械加压送风方式的防烟系统。

第三，当防烟楼梯间采用机械加压送风方式的防烟系统时，楼梯间应设置机械加压送风设施，前室可不设机械加压送风设施，但合用前室应设机械加压送风设施。防烟楼梯间的楼梯间与合用前室的机械加压送风系统应分别独立设置。

第四，带裙房的高层建筑的防烟楼梯间及其前室、消防电梯前室或合用前室，当裙房高度以上部分利用可开启外窗进行自然通风，裙房等范围内不具备自然通风条件时，该高层建筑不具备自然通风条件的前室、消防电梯前室或是合用前室应设置局部

正压送风系统。其送风口设置方式也应设置在前室的顶部或将送风口设在正对前室入口的墙面上。

第五,当地下室、半地下室楼梯间与地上部分楼梯间均需设置机械加压送风系统时,宜分别独立设置。在受建筑条件限制时,可与地上部分的楼梯间共用机械加压送风系统,但应分别计算地上、地下的加压送风量,相加之后作为共用加压送风系统风量,且应采取有效措施满足地上、地下的送风量的要求。

第六,地上部分楼梯间利用可开启外窗进行自然通风时,地下部分的防烟楼梯间应采用机械加压送风系统。当地下室层数为 3 层及以上,或室内地面与室外出入口地坪高差大于 10m 时,按规定应设置防烟楼梯间,并设有机械加压送风,其前室为独立前室时,前室可不设置防烟系统,否则前室也应按要求采取机械加压送风方式的防烟措施。

第七,自然通风条件不能满足每 5 层内的可开启外窗或开口的有效面积不应小于 $2m^2$,且在该楼梯间的最高部位应设置有效面积不小于 $1m^2$ 的可开启外窗或开口的封闭楼梯间,应设置机械加压送风系统,当封闭楼梯间位于地下且不与地上楼梯间共用时,可不设置机械加压送风系统,但应在首层设置不小于 $1.2m^2$ 的可开启外窗或直通室外的门。

第八,避难层应设置直接对外的可开启窗口或独立的机械防烟设施,外窗应采用乙级防火窗或耐火极限不低于 $1h$ 的 C 类防火窗。

第九,建筑高度大于 100m 的高层建筑,其送风系统应竖向分段设计,而且每段高度不应超过 100m。

第十,人防工程的下列部位应设置机械加压送风防烟设施:防烟楼梯间及其前室或合用前室,避难走道的前室。

二、机械加压送风系统送风方式与设置要求

机械加压送风量应满足走廊至前室至楼梯间的压力呈递增分布,余压值应符合下列要求:

第一,前室、合用前室、消防电梯前室、封闭避难层(间)与走道之间的压差应为 25 ~ 30Pa。

第二,防烟楼梯间、封闭楼梯间与走道之间的压差应为 40 ~ 50Pa。

(一)机械加压送风机

机械加压送风机可采用轴流风机或中、低压离心风机,其安装位置应符合下列要求:

第一,送风机的进风口宜直通室外。

第二,送风机的进风口宜设在机械加压送风系统的下部,应采取防止烟气侵袭的措施。

第三,送风机的进风口不应与排烟风机的出风口设在同一层面。当必须设在同一层面时,送风机的进风口与排烟风机的出风口应分开布置。竖向布置时,送风机的进

风口应设置在排烟机出风口的下方，其两者边缘最小垂直距离不应小于 $3m$；水平布置时，两者边缘最小水平距离不应小于 $10m$。

第四，送风机应设置在专用机房内。该房间应采用耐火极限不低于 $2h$ 的隔墙和 $1.5h$ 的楼板及甲级防火门与其他部位隔开。

第五，当送风机出风管或进风管上安装单向风阀或电动风阀时，采取火灾时阀门自动开启的措施。

（二）加压送风口

加压送风口用做机械加压送风系统的风口，具有赶烟、防烟的作用。加压送风口分常开和常闭两种形式。常闭型风口靠感烟（温）信号控制开启，也可手动（或远距离缆绳）开启，风口可输出动作信号，联动送风机开启。风口可设 280℃：重新关闭装置。

第一，除直灌式送风方式外，楼梯间宜每隔 2 ~ 3 层设一个常开式百叶送风口；合用一个井道的剪刀楼梯的两个楼梯间，应每层设一个常开式百叶送风口；分别设置井道的剪刀楼梯的两个楼梯间，应分别每隔一层设一个常开式百叶送风口；

第二，前室、合用前室应每层设一个常闭式加压送风口，并应设手动开启装置；

第三，送风口的风速不宜大于 $7m/s$；

第四，送风口不宜设置在被门挡住的部位。

需要注意的是，采用机械加压送风的场所不应设置百叶窗，不可设置可开启外窗。

（三）送风管道

一是，送风井（管）道应采用不燃烧材料制作，且宜优先采用光滑井（管）道，不宜米用土建井道；

二是，送风管道应独立设置在管道井内。当必须与排烟管道布置在同一管道井内时，排烟管道的耐火极限不应小于 $2h$；

三是，管道井应采用耐火极限不小于 $1h$ 的隔墙与相邻部位分隔，当墙上必须设置检修门时，应采用乙级防火门；

四是，未设置在管道井内的加压送风管，其耐火极限不应小于 $1.5h$；

五是，当采用金属管道时，管道风速不应大于 $20m/s$；当采用非金属材料管道时，不应大于 $15m/s$；当采用土建井道时，不应大于 $10m/s$。

（四）余压阀

余压阀，是控制压力差的阀门。为了保证防烟楼梯间及其前室、消防电梯间前室和合用前室的正压值，防止正压值过大而导致疏散门难以推开，应在防烟楼梯间与前室，前室与走道之间设置余压阀，控制余压阀两侧正压间的压力差不可以超过 $50Pa$。

三、加压送风量的计算与选取

（一）加压送风量的计算

一是楼梯间或前室、合用前室的机械加压送风量应按下列公式计算：

楼梯间：$L_j = L_1 + L_2$

前室或合用前室：$L_s = L_1 + L_3$

式中：L_s—加压送风系统所需的总送风量，单位 m^3/s；

L_1：—门开启时，达到规定风速值所需的送风量，单位 m^3/s；

L_2—门开启时，规定风速值下，其他门缝漏风总量，单位 m^3/s；

L_3—未开启的常闭送风阀的漏风总量，单位 m^3/s。

根据气体流动规律，如果正送风系统缺少必要的风量，送风口没有足够的风速，就难以形成满足阻挡烟气进入安全区域的能量。烟气一旦进入设计安全区域，将严重影响人员安全疏散。通过工程实测得知，加压送风系统的风量仅按保持该区域门洞处的风速进行计算是不够的，这是因为，门洞开启时，虽然加压送风开门区域中的压力会下降，但远离门洞开启楼层的加压送风区域或管井仍具有一定压力，存在着门缝、阀门和管道的渗漏风，使实际开启门洞风速达不到设计要求。因此，在计算系统送风量时，对于楼梯间、常开风口，按照疏散层的门开启时，其门洞达到规定风速值所需的送风量和其他门漏风总量之和计算。对于前室、常闭风口，按照其门洞达到规定风速值所需的送风量以及未开启常闭送风阀漏风总量之和计算。一般情况下，经计算后楼梯间窗缝或合用前室电梯门缝的漏风量，对总送风量的影响很小，在工程的允许范围内可以忽略不计。如遇漏风量很大的情况，计算中可加上此部分漏风量。

二是门开启时，达到规定风速值所需的送风量要按以下公式计算：

$$L_1 = A_k v N_1$$

式中：A_k—每层开启门的总面积，单位 m^2。

v—门洞断面风速，单位 m/s，当楼梯间机械加压送风、合用前室机械加压送风时，取 $v=0.7m/s$；当楼梯间机械加压送风、前室不送风时，门洞断面风速取 $v=1.0m/s$；当前室或合用前室采用机械加压送风方式且楼梯间采用可开启外窗的自然通风方式时，通向前室或合用前室疏散门的门洞风速不应小于 $1.2m/s$。

设计层数内的疏散门开启的数量，对楼梯间：采用常开风口，当地上楼梯间为 15 层以下时，设计 2 层内的疏散门开启，取：$N_1=2$；当地上楼梯间为 15 层及以上时，设计 3 层内的疏散门开启，取：$N_1=3$；当为地下楼梯间时，设计 1 层内的疏散门开启，取 $N_1=1$；当防火分区跨越楼层时，设计跨越楼层内的疏散门开启，取跨越楼层数，最大值为 3。对前室、合用前室：采用常闭风口，当防火分区不跨越楼层时，取 $N_1=$ 系统中开向前室门最多的一层门数量；当防火分区跨越楼层时，取 $N_1=$ 跨越楼层数所对应的疏散门数，最大值为 3。

三是门开启时，规定风速值下的其他门漏风总量可按以下公式计算：

$$L_2 = 0.827 \times A \times \Delta P^{\frac{1}{n}} \times 1.25 \times N_2$$

式中：A—每个疏散门的有效漏风面积，单位 m^2。

ΔP—计算漏风量的平均压力差，单位 Pa，当开启门洞处风速为 $0.7m/s$ 时，取 $\Delta P=0.6Pa$；当开启门洞处风速为 $1.0m/s$ 时，取 $\Delta P=12.0Pa$；当开启门洞处风速为 $1.2m/s$ 时，取 $\Delta P=17.0Pa$。

N—指数，一般取 $n=2$。

1.25—不严密处附加系数。

N_2—漏风疏散门的数量，对楼梯间：采用常开风口，取加压楼梯间的总门数 $-N_1$。

四是未开启的常闭送风阀的漏风总量应按下列公式计算：

$$L_3 = 0.083 \times A_f N_3$$

式中：A_f—每个送风阀门的面积，单位 m^2；

0.083—阀门单位面积的漏风量，单位 $m^3/(s \cdot m^2)$；

N_3—漏风阀门的数量，对合用前室、消防电梯前室：采用常闭风口，当防火分区不跨越楼层时，取 N_3= 楼层数 -1；当防火分区跨越楼层时，取 N_3= 楼层数 – 开启送风阀的楼层数，其中开启送风阀的楼层数为跨越楼层数，最多为3。

（二）加压送风量的选取

一是防烟楼梯间、前室的机械加压送风的风量应由上述计算方法确定，当系统负担建筑高度大于 $24m$ 时，应按计算值与表 5–3 至表 5–6 的值中较大值确定。

图5-3　消防电梯前室的加压送风量

系统负担高度 h（m）	加压送风量（m3/h）
24 ≤ h < 50	13800 ～ 15700
50 ≤ h < 100	16000 ～ 20000

图5-4　前室、合用前室（楼梯间采用自然通风）的加压送风量

系统负担高度 A（m）	加压送风量（m3/h）
24 ≤ h < 50	16300 ～ 18100
50 ≤ h < 100	18400 ～ 22000

图5-5　封闭楼梯间、防烟楼梯间（前室不送风）的加压送风量

系统负担高度（m）	加压送风量（m3/h）
24 ≤ h < 50	25400 ～ 28700
50 ≤ h < 100	40000 ～ 46400

图 5-6 防烟楼梯间及合用前室的分别加压送风量

系统负担高度 A (m)	送风部位	加压送风量 (m³/h)
24 ≤ h < 50	防烟楼梯间	17800 ~ 20200
	合用前室	10200 ~ 12000
50 ≤ h < 100	防烟楼梯间	28200 ~ 32600
	合用前室	12300 ~ 15800

这里要注意以下三点：

第一，表 5-3 至表 5-6 的风量按开启 2m×1.6m 的双扇门确定。当采用单扇门时，其风量可乘以 0.75 系数计算，当设有多个疏散门时，其风量应乘以开启疏散门的数量，最多按 3 扇疏散门开启计算；

第二，表 5-3 至表 5-6 中未考虑防火分区跨越楼层时的情况；当防火分区跨越楼层时应按照公式重新计算；

第三，风量上下限选取应按层数、风道材料、防火门漏风量因素综合比较确定。

二是住宅的剪刀楼梯间可合用一个机械加压送风风道和送风机，送风口应分别设置，送风量应按两个楼梯间风量计算。

三是封闭避难层（间）的机械加压送风量应按避难层（间）净面积每平方米不少于 30m³/h 计算。避难走道前室的送风量应按直接开向前室的疏散门的总断面积乘以 1.00m/s 门洞断面风速计算。

（三）人民防空工程的防烟楼梯间的机械加压送风量不可小于 25000m³/h。当防烟楼梯间与前室或合用前室分别送风时，防烟楼梯间的送风量不应小于 16000m³/h，前室或合用前室的送风量不应小于 12000m³/h。

第七章 消防监督检查

一、消防监督检查的目的

单位消防安全检查的目的则是通过对本单位消防安全管理和消防设施的检查了解单位消防安全制度、安全操作规程的落实和遵守情况以及消防设施、设备的配置和运行情况，以督促规章制度、措施的贯彻落实，提高和警示员工的安全防范意识和发现火灾隐患并督促落实整改，减少火灾的发生和最大限度减少人员伤亡及其财产损失。这既是单位自我管理、自我约束的一种重要手段，也是及时发现和消除火灾隐患、预防火灾发生的重要措施。

二、消防安全检查的形式

消防安全检查是一项长期的、经常性的工作，在组织形式上应采取经常性检查和定期性检查相结合、重点检查和普遍检查相结合的方式。具体检查形式包括以下几种：

（一）一般日常性检查

这种检查是按照岗位消防责任制的要求，以班组长、安全员、义务消防员为主对所处的岗位和环境的消防安全情况进行检查，通常以人员在岗在位情况、火源电源气源等危险源管理、灭火器配置、疏散通道和交接班情况为检查的重点。

一般日常性检查能及时发现不安全因素，及时消除安全隐患，它是消防安全检查的重要形式之一。

（二）定期防火检查

这种检查是按规定的频次进行，或者按照不同的季节特点，或者结合重大节日进行检查的。这种检查通常由单位领导组织，或由有关职能部门组织，除对所有部位进行检查外，还要对重点部位进行重点检查。这种检查的频次对企事业单位应当至少每

季度检查一次，对重点部位至少每月检查一次。

（三）专项检查

根据单位实际情况以及当前主要任务和消防安全薄弱环节开展的检查，如用电检查、用火检查、疏散设施检查、消防设施检查、危险品储存及使用检查等。专项检查应有专业技术人员参加。

（四）夜间检查

夜间检查是预防夜间发生大火的有效措施，检查主要依靠夜间值班干部、警卫和专、兼职消防管理人员。重点是检查火源电源的管理、白天的动火部位、重要仓库以及其他有可能发生异常情况的部位，及时堵塞漏洞，消除隐患。

（五）防火巡查

防火巡查是消防安全重点单位一种必要的消防安全检查形式，也是《消防法》赋予消防安全重点单位必须履行的一项职责。消防安全重点单位应进行每日防火巡查，并确定巡查的人员、内容、部位和频次。公共娱乐场所在营业期间的防火巡查应当至少每2h一次，营业结束时应当对营业现场进行检查，消除遗留火种。宾馆、饭店、医院、养老院、寄宿制的学校、托儿所、幼儿园应当加强夜间防火巡查；重要的仓库和劳动密集型企业也应当重视日常的防火巡查，其他消防安全重点单位可以结合实际需要组织防火巡查。

防火巡查人员应当及时纠正违章行为，妥善处置火灾危险，无法当场处置的，应当立即报告。发现初起火灾应当立即报警并及时扑救。

防火巡查应当填写巡查记录，巡查人员及其主管人员应当在巡查记录上签名。

单位防火巡查的内容，一般都是动态管理上的薄弱环节，而且一旦失查就可能造成重大事故的情况，包括以下内容：

第一，用火、用电有无违章情况；

第二，安全出口、疏散通道是否畅通，安全疏散指示标志、应急照明是否完好；

第三，消防设施、器材和消防安全标志是否在位、完整；

第四，常闭式防火门是否处于关闭状态，防火卷帘下是否堆放物品影响使用；

第五，消防安全重点部位的人员在岗情况；

第六，其他消防安全情况。

（六）其他形式的检查

根据要进行的其他形式检查，如重大活动前的检查、开业前的检查、季节性检查等。

第二节 消防安全检查的方法和内容

一、单位消防安全检查的方法

消防安全检查的方法是指单位为达到实施消防安全检查的目的所采取的技术措施和手段。消防安全检查手段直接影响检查的质量，单位消防安全管理人员在进行自身消防安全检查时应根据检查对象的情况，灵活运用下列各种手段，了解检查对象的消防安全管理情况。

1.查阅消防档案

消防档案是单位履行消防安全职责、反映单位消防工作基本情况和消防管理情况的载体。查阅消防档案应注意以下问题：

第一，消防安全重点单位的消防档案应包括消防安全基本情况和消防安全管理情况。

第二，制定的消防安全制度和操作规程是否符合相关法规和技术规程。

第三，灭火和应急救援预案是否可靠，演练是否按计划进行。

第四，防火检查、防火巡查记录是否完善。

第五，消防安全教育、培训内容是否完整。

2.询问员工

询问员工是消防安全管理人员实施消防安全检查时最常用的方法。为在有限的时间之内获得对检查对象的大致了解，并通过这种了解掌握被检查对象的消防安全知识和能力状况，消防管理人员可以通过询问或测试的方法直接而快速地获得相关的信息。

第一，询问各部门、各岗位的消防安全管理人员，了解其实施和组织落实消防安全管理工作的概况以及对消防安全工作的熟悉程度。

第二，询问消防安全重点部位的人员，了解单位对其培训的概况。

第三，询问消防控制室的值班、操作人员，了解其是否具备岗位资格。

第四，公众聚集场所应随机抽询数名员工，了解其组织引导在场群众疏散的知识和技能以及报火警和扑救初起火灾的知识和技能。

3.查看消防通道、安全出口、防火间距、防火防烟分区设置、灭火器材、消防设施、建筑及装修材料等情况

消防通道、安全出口、消防设施、灭火器材、防火间距、防火防烟分区等也是建筑物或场所消防安全的重要保障，国家的相关法律与技术规范对此都做了相应的规定。查看消防通道、消防设施、灭火器材、防火间距、防火分隔等，主要是通过眼看、耳听、手摸等方法，判断消防通道是否畅通，防火间距是否被占用，灭火器材是否配置得当并完好有效，消防设施各组件是否完整齐全无损、各组件阀门及开关等是否置于规定启闭状态、各种仪表显示位置是否处于正常允许范围，建筑装修材料是否符合耐火等级和燃烧性能要求，必要时再辅以仪器检测、鉴定等手段等，确保检查效果。

4.测试消防设施

按照《消防法》的要求，单位应对消防设施至少每年检测一次。这种检测一般由专业的检测公司进行。使用专用检测设备测试消防设施设备的工况，要求检测员具备相应的专业技术基础知识，熟悉各类消防设施的组成和工作原理，掌握检查测试方法以及操作中应注意的事项。对一些常规消防设施的测试，利用专用检测设备对火灾报警器报警、消防电梯强制性停靠、室内外消火栓压力、消火栓远程启泵、压力开关和水力警铃、末端试水装置、防火卷帘升降、防火阀启闭、防排烟设施启动等项目展开测试。

二、单位消防安全检查的内容

单位进行消防安全检查应当包括以下内容：

第一，火灾隐患的整改情况以及防范措施的落实情况；

第二，安全疏散通道、疏散指示标志、应急照明和安全出口情况；

第三，消防车通道、消防水源情况；

第四，灭火器材配置及有效情况；

第五，用火、用电有无违章情况；

第六，重点工种人员以及其他员工消防知识的掌握情况；

第七，消防安全重点部位的管理情况；

第八，易燃易爆危险物品和场所防火防爆措施的落实情况及其他重要物资的防火安全情况；

第九，消防（控制室）值班情况和设施运行、记录情况；

第十，防火巡查情况；

第十一，消防安全标志的设置情况和完好、有效情况；

第十二，其他需要检查的内容。

第三节　消防安全检查的实施

一、一般单位内部的日常管理检查要点

（一）消防安全组织机构及管理制度的检查

1. 检查方法

查看消防安全组织机构及管理制度的相关档案及文件。

2. 要求

消防安全责任人及消防安全管理人的设置及职责明确；消防安全管理制度健全；相关火灾危险性较大岗位的操作规程和操作人员的岗位职责明确；义务消防队组成和灭火及疏散预案完善；消防档案包括单位基本情况、建筑消防审批验收资料、安全检查、

巡查、隐患整改、教育培训、预案演练等日常消防管理并记录在案。

（二）单位员工消防安全能力的检查

1.检查方法

任意选择几名员工，询问其消防基本知识掌握的情况，对于疏散通道和安全出口的位置及数量的了解情况、疏散程序和逃生技能的掌握情况；模拟一起火灾，检查现场疏散引导员的数量和位置；检查疏散引导员引导现场人员疏散逃生的基本技能；常用灭火器的选用和操作方法等。

2.要求

第一，员工熟练掌握报警方法，发现起火能立即呼救、触发火灾报警按钮或使用消防专用电话通知消防控制室值班人员，并拨打"119"电话报警。

第二，熟悉自己在初起火灾处置中的岗位职责、疏散程序和逃生技能，及引导人员疏散的方法要领。

第三，熟悉疏散通道和安全出口的位置及数量，按照灭火和应急疏散预案要求，通过喊话和广播等方式，引导火场人员通过疏散通道和安全出口正确逃生。

第四，宾馆、饭店的员工还应掌握逃生器械的操作方法，指导逃生人员正确使用缓降器、缓降袋、呼吸器等逃生器械。

第五，员工掌握室内消火栓和灭火器材的位置和使用的操作要领，能根据起火物类型选用对应的灭火器并按操作要领正确扑救初起火灾。

第六，员工掌握基本的防火知识，熟悉本岗位火灾危险性、工艺流程、操作规程，能紧急处理一般的事故苗头。

第七，电、气焊等特殊工种相关操作人员具备电、气焊等特殊工种上岗资格，动火作业许可证完备有效；动火监护人员到场并配备相应的灭火器材；员工掌握可燃物清理等火灾预防措施，掌握灭火器操作等火灾扑救技能。

（三）重点火灾危险源的检查

1.检查方法

查看厨房、配电室、锅炉房及柴油发电机房等火灾危险性较大的部位和使用明火部位的管理情况。

2.要求

第一，厨房排油烟机及管道的油污定期清洗；电气设备的除尘及检查等消防安全管理措施落实；燃油燃气设施消防安全管理等制度完备，燃油储量符合规定（不大于一天的使用量）；

第二，电气设备及其线路未超负荷装设，无乱拉乱接；隐蔽线路应穿管保护；电气连接应当可靠；电气设备的保险丝未加粗或以其他金属代替；电气线路具有足够的绝缘强度和机械强度；未擅自架设临时线路；电气设备与周围可燃物保持一定的安全距离。

第三，使用明火的部位有专人管理，人员密集场所未使用明火取暖。

（四）建筑内、外保温材料及防火措施的检查

1. 检查方法

现场观察和抽样做材料燃烧性能鉴定。

2. 要求

第一，一类高层公共建筑和高度超过100m的住宅建筑，保温材料燃烧性能应为A级；

第二，二类高层公共建筑和高度大于27m但小于100m的住宅建筑，保温材料应采用低烟、低毒且燃烧性能不应低于B1级；

第三，其他建筑保温材料的燃烧性能不应低于B2级；

第四，保温系统应采用不燃材料做防护层，当采用B1级材料时，防护层厚度不低于10mm；

第五，建筑外墙的外保温系统与基层墙体、装饰层之间的空腔，可在每层楼板处采用防火封堵材料封堵。

（五）消防控制室的检查

1. 检查方法

第一，查看消防控制室设置是否合理，内部设备布置是否符合规定，功能是否完善；查看值班员数量及上岗资格证书；任选火灾报警探测器，用专用测试工具向其发出模拟火灾报警信号，待火灾报警探测器确认灯启动后，检查消防控制室值班人员火灾信号确认情况；模拟火灾确认之后，检查消防控制室值班人员火灾应急处置情况。

第二，检查其他操作如开机、关机、自检、消音、屏蔽、复位、信息记录查询、启动方式设置等要领的掌握情况。

2. 要求

第一，消防控制室的耐火等级应为一、二级，且应独立设置或设在一层或负一层并有直通室外的出口，内部设备布置合理，能满足受理火警、操控消防设施和检修的基本要求；

第二，同一时段值班员数量不少于两人，且持有消防控制室值班员（消防设施操作员）上岗资格证书；

第三，接到模拟火灾报警信号后，消防控制室值班人员以最快的方式确认是否发生火灾；模拟火灾确认之后，消防控制室值班人员立即将火灾报警联动控制开关转至自动状态（平时已处于自动状态的除外），启动单位内部应急灭火疏散预案，并按预案操作相关消防设施。如切换电源至消防电源、启动备用发电机、启动水泵、防排烟风机，关闭防火卷帘和常开式防火门，打开应急广播引导人员疏散，同时拨打"119"火警电话报警并报告单位负责人，然后观察各个设备动作后的信号反馈情况，并确认各项预案步骤落实到位。

第四，消防控制室内不应堆放杂物和无关物品。

（六）防火分区及建筑防火分隔措施的检查

1. 防火分区的检查

（1）检查方法

实际观察和测量。

（2）要求

防火分区应按功能划分且分区面积符合规范要求；无擅自加盖增加建筑面积或拆除防火隔断、破坏防火分区的情况；无擅自改变建筑使用功能使原防火分区不能满足现功能要求的情况。

2. 防火卷帘的检查

（1）外观检查

组件应齐全完好，紧固件无松动现象；门帘各接缝处、导轨、卷筒等缝隙应有防火密封措施，防止烟火窜入；防火卷帘上部、周围的缝隙应采用相同耐火极限不燃材料填充、封堵。

（2）功能检查

分别操作机械手动、触发手动按钮、消防控制室手动输出遥控信号、分别触发两个相关的火灾探测器，查看卷帘的手动和自动控制运行情况及信号反馈情况。

（3）要求

第一，防火卷帘应运行平稳，无卡涩。远程信号控制，防火卷帘应按固定的程序自动下降。设置在非疏散通道位置的仅用于防火分隔用途的防火卷帘，在火灾报警探测器报警之后能一步直接下降至地面。

第二，当防火卷帘既用于防火分隔又作为疏散的补充通道时，防火卷帘应具有二步降的功能，即在感烟探测器报警之后下降至距地面 $1.8m$ 的位置停止，待感温探测器报警之后继续下降至地面。

第三，对设在通道位置和消防电梯前室设置的卷帘，还应有内外两侧手动控制按钮，保证消防员出入时和卷帘降落后尚有人员逃生时启动升降。

第四，防火卷帘还应有易熔片熔断降落功能。

3. 防火门的检查

（1）外观检查

防火门设置合理，组件齐全完好，启闭灵活、关闭严密。

（2）功能检查

将常闭式防火门从任意一侧手动开启至最大开度之后放开，观察防火门的动作状态；对常开式防火门将消防控制室防火门控制按钮设置于自动状态，用专用测试工具向常开式防火门任意一侧的火灾报警探测器发出模拟火灾报警信号，观察防火门的动作状态。

（3）要求

第一，防火门应为向疏散方向开启的平开门，并在关闭后能从任何一侧手动开启。

第二，常闭式防火门应能自行关闭，双扇防火门应能按顺序关闭；电动常开式防

火门应能在火灾报警后按控制模块设定顺序关闭并将关闭信号反馈至消防控制室。设置在疏散通道上并设有出入口控制系统的防火门，应能自动和手动解除出入口控制系统。

第三，防火门的耐火极限符合设计要求，和安装位置的分隔作用要求相一致。防火门与墙体间的缝隙应用相同耐火等级的材料进行填充封堵。

第四，防火门不得跨越变形缝，并不得在变形缝两侧任意安装，应统一安装在楼层较多的一侧。

4.防火阀和排烟防火阀等管道分隔设施的检查

（1）检查方法

检查阀体安装是否合理、可靠，分别手动、电动与远程信号控制开启和关闭阀门，观察其灵活性和信号反馈情况。

（2）要求

第一，阀门应当紧贴防火墙安装，且安装牢固、可靠，铭牌清晰，品名与管道对应。

第二，阀门启闭应当灵活，无卡涩。电动启闭应当有信号反馈，且信号反馈正确。阀体无裂缝和明显锈蚀，管道保温符合特定要求。

第三，易熔片的熔断温度和火灾温度自动控制是否符合阀门动作温度要求。

第四，必要时，应打开防火阀检查内部焊缝是否平整密实，有无虚焊漏焊；油漆涂层是否均匀，有无锈蚀剥落；弹簧弹力有无松弛，阀片轴润滑是否正常，电气连接是否可靠；有无异物堵塞，特别是防火阀在经历火灾后应立即检查并即时更换易熔片和其他因火灾损坏的部件。

5.电梯井、管道井等横、竖向管道孔洞分隔的检查

（1）检查方法

查看电缆井、管道井等竖向井道以及管道穿越楼板和隔墙的孔洞的分隔及封堵情况。

（2）要求

第一，电缆井、管道井、排烟道、通风道等竖向井道，应分别独立设置。井壁的耐火极限不应低于 $1.00h$，检查门应采用丙级防火门。

第二，电缆井、管道井等竖向井道在每层楼板处采用不低于楼板耐火极限的不燃烧体或防火封堵材料封堵；与房间相连通的孔洞采用防火封堵材料封堵；特别是电缆井桥架内电缆空隙也应在每层封堵，且应满足耐火极限要求。

第三，电梯井应独立设置，井内严禁敷设可燃气体和甲、乙、丙类液体管道，不应敷设与电梯无关的电缆、电线等。电梯井的井壁除设置电梯门洞和通气孔洞外，不应设置其他洞口，电梯层门的耐火极限不应低于 $1.00h$。

第四，现代建筑一般不设垃圾井道，对老建筑的垃圾道应封死，防止有人随意丢弃垃圾或其他引火物。垃圾应实行袋装化管理。

第五，玻璃幕墙应在每层楼板处用一定耐火等级的材料展开封堵。

（七）安全疏散设施的检查

1.疏散走道和安全出口的检查

（1）检查方法

查看疏散走道和安全出口的通行情况。

（2）要求

第一，疏散走道和安全出口畅通，无堵塞、占用、锁闭及分隔现象，未安装栅栏门、卷帘门等影响安全疏散的设施；

第二，平时需要控制人员出入或设有门禁系统的疏散门具有保证火灾时人员疏散畅通的可靠措施；人员密集的公共建筑不宜在窗口、阳台等部位设置栅栏，当必须设置时，应设有易于从内部开启的装置；窗口、阳台等部位宜设置辅助疏散逃生设施。

第三，疏散走道、楼梯间应无可燃装修和堆放杂物。

第四，进入楼梯间和前室的门应为乙级防火门，平时多处于关闭状态。楼梯间的门除通向屋顶平台和一楼大厅的门外，其他各层进入楼梯间的门都应向楼梯间开启。楼梯间内一楼与地下室的连接梯段处应有分隔措施，防止人员疏散时误入地下层。

2.应急照明和疏散指示标志的检查

（1）检查方法

第一，查看外观、附件是否齐全、完整。

第二，应急照明灯的设置位置是否符合要求；疏散指示标志方向是否正确。

第三，断开非消防用电，用秒表测量应急工作状态的转换时间和持续时间。

第四，使用照度计测量两个应急照明灯之间地面中心的照度是否达到要求。

（2）要求

第一，应急照明灯能正常启动；电源转换时间应不大于 $5s$。

第二，应急照明灯和疏散指示灯的供电持续时间应符合相关要求，照度应符合设置场所的照度要求。

第三，消防应急灯具的应急工作时间应不小于灯具本身标称应急工作时间。

第四，应安装在走廊和大厅的应急照明灯应置于顶棚下或接近顶棚的墙面上，楼梯间应置于休息平台下，且正对楼梯梯段。

第五，消防疏散标志灯应安装在疏散走道 $1m$ 以下的墙面上，间距不应大于 $20m$；供电应连接于消防电源上，当用蓄电池作应急电源时，其连续供电时间应满足持续时间的要求。

第六，对安装在疏散通道高处的消防疏散指示标志，应使指示标志正对疏散方向，标志牌前不得有遮挡物；消防疏散指示标志灯安装在安全出口时应置于出口的顶部，安装在走道侧面墙壁上和安装在转角处时应符合相关要求。

第七，商场、展览等人员密集场所除在墙面设置灯光疏散指示灯外，还应在疏散通道地面上设置灯光疏散指示标志灯或蓄光型疏散指示标志，且亮度符合要求。

3.避难层（间）的检查

（1）检查方法

查看避难层（间）的设置和内部设施情况。

（2）要求

第一，保证避难层（间）的有效面积能满足疏散人员的要求（每平方米少于 5 人），不得设置办公场所和其他与疏散无关的用房。

第二，避难层（间）的通风系统应独立设置，建筑内的排烟管道和甲、乙类燃气管道不得穿越避难层（间），避难层（间）内不得有任何可燃装修和堆放可燃物品，通过避难层的楼梯间应错开设置。

第三，避难层（间）应设应急照明，地面照度不低于 $3Lx$；医院避难层（间）地面的照度不低于 $10Lx$。

第四，应急照明、应急广播和消防专用电话及其他消防设施的供电电源应连接至消防电源。

（八）火灾自动报警系统的检查

1. 火灾报警功能的检查

（1）检查方法

观察各类探测器的型号选择、保护面积、安装位置是否符合规范要求，并任选一只火灾报警探测器，用专用测试工具向其发出模拟火灾报警信号，观察其动作状态。

（2）要求

第一，探测器选型准确，保护面积适当，安装位置正确。

第二，发出模拟火灾信号后，火灾报警确认灯启动，将报警信号反馈至消防控制室，编码位置准确。

2. 故障报警功能的检查

（1）检查方法

任选一只火灾报警探测器，将其从底座上取下，观察其动作状态。

（2）要求

故障报警确认灯启动，并将报警信号反馈至消防控制室。

3. 火警优先功能的检查

（1）检查方法

任选一只火灾报警探测器，将其从底座上取下；同时，任选另外一只火灾报警探测器，用专用测试工具向其发出模拟火灾报警信号，观察其动作状态。

（2）要求

故障报警状态下，火灾报警控制器首先发出故障报警信号；火灾报警信号输出后，火灾报警控制器优先发出火灾报警信号。故障报警状态暂时中止，当处理完火灾报警信号（消音）后，故障信号还会出现，可以滞后处理，以保证火警优先。

4. 手报按钮和探测器安装位置检查

（1）检查方法

目测或工具测量。

（2）要求

第一，手报按钮应安装在楼梯口或疏散走廊的墙壁上，高度为 $1.3 \sim 1.5m$，间隔距离不大于 $20m$。

第二，感烟探测器应安装在楼板下，进烟口与楼板距离不大于10cm，斜坡屋面应安装在屋脊上，倾斜度不大于45°；安装在走廊时，两个感烟探测器间距不大于15m，对袋型走道间距不大于8m且应居中布置；两个感温探测器的安装间距不大于10m；探测器的工作显示灯闪亮并面向出入口。

第三，探测器与侧墙或梁的距离不应小于0.5m，距送风口不小于1.5m；当梁的高度大于0.6m时，两梁之间应作为独立探测区域。

（九）消防给水灭火设施的检查

1.室内消火栓组件的检查

（1）检查方法

任选一个综合层和一个标准层，查看室内消火栓的数量与安装要求；任选几个消火栓箱，查看箱内组件，用带压力表的枪头测试消火栓的静压。

（2）要求

室内消火栓竖管直径不小于100mm，消火栓间距对多层建筑不大于50m，对于高层建筑不大于30m。室内消火栓箱内的水枪、水带等配件齐全，水带长度不小于20m，水带与接口绑扎牢固。出水口应与墙面垂直。消火栓出水口静压大于0.3MPa，但不宜大于0.7MPa。消火栓箱的手扳按钮按下后既能发出报警信号还能启动消防水泵。

2.室内消火栓启泵和出水功能的检查

（1）检查方法

按照设计出水量的要求，开启相应数量的室内消火栓；将消防控制室联动控制设备设置在自动位置，按下消火栓箱内的启泵按钮，查看消火栓及消防水泵的动作情况，并目测充实水柱长度。

（2）要求

消火栓泵启动正常并将启泵信号反馈至消防控制室；水枪出水正常；充实水柱一般长度不应小于10m，体积大于25000m³的商店、体育馆、影剧院、会堂、展览建筑及车站、码头、机场建筑等，充实水柱长度不应小于13m。

3.室外消火栓的检查

（1）检查方法

任选一个室外消火栓，检查出水情况。

（2）要求

室外消火栓不应被埋压、圈占、遮挡，标志明显；安装位置距建筑外墙雾消防安全保卫不宜小于5m，距消防车道不宜大于2m，两个消火栓之间的间距不应大于60m；有专用开启工具，阀门开启灵活、方便，消火栓出水正常；在冬季冻结区域还应有防冻措施。设置室外消火栓箱的，箱内水带、枪头等备件齐全。

4.水泵接合器的检查

（1）检查方法

任选一个水泵接合器，检查供水范围。

（2）要求

水泵接合器不应被埋压、圈占、遮挡，标志明显，标明供水系统的类型及供水范围，安装在墙壁的水泵接合器的安装高度距地面宜为 0.7m，距建筑物外墙的门窗洞口不小于 2m，且不应设置在玻璃幕墙下。设置在室外的水泵接合器应便于消防车取水，且距室外消火栓或消防水池不宜小于 15m。

5. 消防水泵房、消防水池、消防水箱的检查

（1）检查方法

第一，消防水泵房设置是否合理，是否有直通室外地面的出口。

第二，储水池是否变形、损伤、漏水、严重腐蚀，水位标志是否清楚、储水量是否满足要求。寒冷地区消防水池（水箱）应有保温防冻措施。

第三，操作控制柜，检查水泵能否启动。

第四，水管是否锈蚀、损伤、漏水。管道上各阀门开闭位置是否正确。

第五，利用手动或减水检查浮球式补水装置动作状况。利用压力表测定屋顶高位水箱最远阀或试验阀的进水压力和出水压力是否在规定值之内。

第六，水质是否腐败、有无浮游物和沉淀。

（2）要求

第一，消防水泵房不应设置在地下三层及以下或埋深 10m 以下，并有直通室外出口，单独建造耐火等级不应低于二级。

第二，配电柜上的消火栓泵、喷淋泵、稳压（增压）泵的开关设置在自动（接通）位置。

第三，消火栓泵和喷淋泵进、出水管阀门，高位消防水箱出水管上的阀门，以及自动喷水灭火系统、消火栓系统管道上的阀门保持常开。

第四，高位消防水箱、消防水池、气压水罐等消防储水设施的水量达到规定的水位。

第五，北方寒冷地区，高位消防水箱和室内外消防管道有防冻措施。

（十）自动灭火系统的检查（系统的功能检验一般应在消防专业人员指导下进行）

1. 湿式喷水系统功能的检查

（1）检查方法

观察喷头安装的距离、位置、保护面积是否符合规范要求；将消防控制室的消防联动控制设备设置在自动位置，开启最不利点处的末端试水装置观察报警、各类控制器动作、信号反馈、测试压力等。

（2）要求

第一，闭式喷头易熔玻璃球的融化温度选择应符合场所的环境温度要求，两个喷头之间距离应为 3 ~ 4.5m，火灾荷载大的取大值，荷载小的取小值，一个喷头的最大保护面积不大于 $20m^2$ 下垂式喷头的溅水盘与楼板的距离不大于 0.10m，直立式喷头溅水盘与楼板的距离不大于 0.15m 但不小于 0.075m，喷头与梁间距不小于 0.6m，溅水盘与梁底面的高度差不大于 0.1m 不小于 0.025m。宽度大于 1.2m 的通风管道下应设喷头，走廊的喷头应居中布置。

第二，末端试水装置应设在消防给水管网的最不利点，出水压力不低于0.05MPa；报警阀、压力开关、水流指示器动作；末端试水装置出水5min内，消防水泵自动启动；水力警铃发出警报信号，且距水力警铃3m远处的声级不低于70dB；水流指示器、压力开关和消防水泵的动作信号反馈至消防控制室。

其他自动喷水灭火系统如干式灭火系统、预作用灭火系统的检查可参照湿式灭火系统的检查方法进行。

2. 水幕、雨淋系统的检查

（1）检查方法

将消防控制室的消防联动控制设备设置在自动位置（不宜进行实际喷水的场所，应在实验前关闭雨淋阀出口控制阀）。先后触发防护区内部两个火灾探测器或触发传动管泄压，查看火灾探测器或传动管的动作情况。

2. 要求

火灾报警控制器确认火灾后，自动启动雨淋阀、压力开关及消防水泵；水力警铃发出警报信号，且距水力警铃3m远处的声压级不低于70dB；水流的指示器、压力开关，电动阀及消防水泵的动作信号反馈至消防控制室。

3. 泡沫灭火系统的检查

泡沫灭火设备的检查除应参照上述供水系统的检查外，还应注意以下几点：

（1）灭火剂储罐的检查

灭火剂储罐各部分有无变形、损伤、泄漏，透气阀或通气管是否堵塞，外部有无锈蚀；通过液面计或计量杆检查储存量是否在规定量以上。

（2）泡沫灭火剂的检查

打开储罐排液口阀门，用烧杯或量筒从上、中、下三个位置采取泡沫液，目视检查有无变质和沉淀物；判定时注意，判断灭火剂的种类（蛋白、合成表面、轻水泡沫）及稀释容量浓度，最好与预先准备的试剂相比较。当难以判定能否使用时应同厂商联系。

（3）泡沫灭火剂混合装置检查

灭火剂混合方式有数种，按照有关说明资料，检查比例混合器、压力送液装置、比例混合调整机构及其连接的配管部分是否符合规定要求。

（4）泡沫出口的检查

第一，检查泡沫喷头安装角度，喷头、喷头网有无变形、损伤、零件脱落，泡沫喷射部分或空气吸入部分等是否堵塞。

第二，高倍泡沫出口，检查泡沫网是否破损、变形，网孔是否堵塞。用手转检查风扇的旋转及轴、轴承等部位有无影响性能的故障。

第三，检查周围有无影响泡沫喷射的障碍。

第四，全淹没方式防护区开口部设自动关闭装置时，应检查有无影响自动关闭装置性能（如泡沫严重泄漏）变形损伤等。

4. 气体灭火设备的检查

（1）外观检查

第一，储气瓶周围温度、湿度是否过高（温度应低于40℃），日光是否直射和雨淋，是否设于防护区外且不通过防护区可以进出的场所。其是否有照明设备，操作和检查空间是否足够。

第二，目视检查储气瓶、固定架、附件有无变形、锈蚀，储气瓶固定是否牢靠，固定螺栓是否紧固；储气瓶数目是否符合规定，压力是否处于安全区域；驱动气瓶压力是否符合要求，电气连接是否可靠；瓶头阀启动头是否牢固地固定在瓶头阀体上；电动式的导线是否老化、断线、松动；气动式的与驱动气瓶输气管连接部是否松脱；手动操作机构是否锈蚀，安全销是否损伤、脱落；气瓶连接管及集合管有无变形、损伤，连接部是否松动；单向阀是否变形、损伤，连接部是否松动；管网中的阀门、管道之间的连接是否可靠。

第三，气瓶间是否有气瓶设置及高压容器警示、说明标志。

第四，无管网装置的气瓶箱是否变形、损伤、锈蚀，安装是否牢靠，门的开关是否灵活，箱面是否有防护区名称和防护对象名称及使用说明。

第五，选择阀及启动头是否有变形损伤，连接部是否松动；手动操作处有无盖子或锁销；选择阀是否设在防护区外的场所，有无使用方法的标志说明牌（板）。

第六，手动启动装置操作箱是否设于易观察防护区的进出口附近，设置高度是否合适（应离地0.8～1.5m），操作箱是否固定牢靠，周围有无影响操作的障碍物。在手动装置或其附近有无相应的防护区名称或防护对象名称、使用方法、安全注意问题等标志；启动装置处有无明显的"手动启动装置"的标牌。

第七，在防护区进出口门头上是否设置声光报警装置和"施放灭火剂禁止入内"显示灯，防止灭火剂施放中或灭火后灭火剂未清除期间的人员误入。

第八，控制柜周围有无影响操作的障碍物，操作是否方便，设于室外时有无防止雨淋和无关人员胡乱触摸的措施；电源指示灯是否常亮；具有手动、自动切换开关的控制柜，自动、手动位置显示灯是否常亮；转换开关或其附件有无明显的使用方法说明标牌，转换状态的标志是否明显。

第九，防护区的进出口所设的"施放灭火剂禁止入内"显示灯是否破损、脏污、脱落。

（2）功能检查

将消防控制室的消防联动控制开关设置在自动位置，关断有关灭火剂存储器上的驱动器，安上相适应的指示灯具、压力表和试验气瓶及其他相应装置，在实验防护区模拟两个独立的火灾信号进行施放功能测试。

（3）要求

第一，检查试验保护分区的启动装置及选择阀动作应正常；压力表测定的气压足以驱动容器阀和选择阀。

第二，声光报警装置应设于防护区门口，且能发出符合设计要求的正常信号。

第三，有关的开口部位、通风空调设备以及有关的阀门等联动设备应关闭；换气装置应停止。

第四，延时阶段触发停止按钮，可终止气体灭火系统的自动控制。

第五，试验的防护分区的启动装置及选择阀应准确动作、喷射出试验气体，且管

道无泄漏。

第六，检查结束后，把试验用气瓶卸下，重新安装好气瓶，其他均恢复到原状。

第七，喷射分区门口应有喷射正在进行的提示标志，未完全换气前不得进入，必须进入时应佩戴空气呼吸器。

第八，无管网气体灭火装置的气体喷放口不得有任何影响气体施放的遮挡物。

（十一）通风、防排烟系统的检查

1. 外观检查

第一，风机管道安装牢固，附件齐全，排烟管道符合耐火极限要求，无变形、开裂和杂物堵塞；通风口、排烟口无堵塞，启闭灵活；管道设置合理，排烟管道的保温层符合耐火要求。

第二，防火阀、排烟防火阀标识清晰，表面不应有变形及明显的凹凸，不应有裂纹等缺陷，焊接应光滑平整，不允许有虚焊、气孔夹杂缺陷。

2. 功能检查

第一，采用自然通风的走道的开窗面积分别不小于走道面积的2%，防烟楼梯间及其前室的开窗面积不小于$2m^2$，与电梯间合用前室的开窗面积不小于$3m^2$，且在火灾发生时能自动开启或便于人工开启。

第二，机械排烟风机能正常启动，无不正常噪声；各送风、排烟口能正常开启；挡烟垂壁能自动降落。

第三，防火阀、排烟防火阀的手动开启与复位应灵活可靠，关闭时应严密。

第四，对电动防火阀应分别触发两个相关的火灾探测器或由控制室发出信号查看动作情况，防火阀和排烟防火阀在关闭后应向控制室反馈信号，确认阀门已关闭。

第五，将消防控制室防排烟系统联动控制设备设置在自动位置，任选一只火灾报警探测器，向其发出模拟火灾报警信号，报警区域内的排烟设施应能正常启动。

3. 要求

当系统接到火灾报警信号后，相应区域的空调送风系统停止运行；相应区域的挡烟垂壁降落，排烟口开启并同时联动启动排烟风机，排烟口风速不宜大于$10m/s$；设有补风系统的防排烟系统，相应区域的补风机启动；相应区域的正压送风机启动，送风口的风速不宜大于$7m/s$；相应区域的防烟楼梯间及其前室和合用前室的余压值符合要求，保证楼梯间风压大于前室，前室风压大于疏散走道。

（十二）灭火器设置的检查

1. 检查方法

查看灭火器的选型、数量、设置点；查看压力指示器、喷射软管、保险销、喷头或阀嘴、喷射枪等组件；查看压力指示器和灭火器的生产或是维修日期。

2. 要求

灭火器选型符合配置场所的火灾类别和配置规定；组件完好；压力指针位于绿色

区域，灭火器处于使用有效期内。

（十三）其他防火安全措施的检查

1. 消防电源的检查。

（1）检查方法

查看消防电源指示灯显示；切换消防主、备电源。

（2）要求

第一，对一类高层建筑、建筑高度大于 $50m$ 的乙、丙类厂房与丙类仓库，以及室外消防用水量 $30L/s$ 的厂房或仓库、二类高层民用建筑等要求一、二级负荷供电的建筑、罐区、堆场的消防用电应设置双回路供电。当采用自备发电机作备用电源时，自备发电设备应设置自动和手动启动装置，当采用自动方式启动时，应能保证在 $30s$ 内供电。

第二，从变压器端引出的消防电源与非消防电源相互独立；消防主、备电源供电正常，自动切换功能正常；备用消防电源的供电时间和容量应满足该建筑火灾延续时间内各消防用电设备的要求。

第三，消防控制室、消防水泵房、防烟和排烟风机房及消防电梯等的供电应在其配电线路的最末一级配电箱处设置自动切换装置。

第四，消防控制室应设置 UPS 备用电源，能保证消防控制室、应急照明灯、疏散指示标志灯和消防电梯等消防设备运行不少于 $30min$，以满足极端条件下人员安全疏散的需要。

第五，所有消防用电的电气线路除采用矿物绝缘类不燃电缆，都应当穿金属管或用封闭式金属槽盒保护。配电室的消防用电配电线路应有明显标志。

2. 防火间距、消防车道及应急救援场地的检查

（1）检查方法

实地查看防火间距、消防车道及应急救援场地的管理。

（2）要求

防火间距、消防车道及消防救援场地符合设计规范；防火间距未被侵占（无违章搭建或堆放杂物）；消防车道畅通，消防车道、回车场地及消防车作业场地未被堵塞、占用、设置临时停车位或开挖管沟未及时回填、覆盖以及设置影响消防车通行及展开应急救援的障碍物；扑救面设置的消防员出入口不得设置栅栏、广告牌等障碍物；通行重型消防车的管沟盖板承重能力符合要求。

二、其他重点场所的检查要点

（一）公共娱乐场所的检查

由于公共娱乐场所人员比较密集，一旦发生火灾，极易造成群死群伤的火灾事故。因此，此类场所的检查应抓住设置部位、安全疏散、消防设施等内容。

1. 设置部位

第一，不应设在古建筑、博物馆、图书馆建筑内，不宜设置在砖木结构、木结构

或未经防火处理的钢结构等耐火等级低于二级的建筑内；不应设置在袋形走道的两侧或尽头端（保龄球馆、旱冰场除外）。

第二，不应在居民住宅楼内改建公共娱乐场所，不得毗连重要仓库或危险物品仓库。

2. 安全疏散

第一，安全出口处不得设门槛，紧靠门口 1.4*m* 以内不应设踏步；疏散门应采用平开门并向疏散方向开启，不得采用卷帘门、转门、吊门和侧拉门、屏风等影响疏散的遮挡物；走道不应设台阶。

第二，营业时必须确保安全出口和疏散通道畅通无阻，严禁将门上锁、阻塞或用其他物品缠绕，影响开启；场所内容纳的最多人数不应超过公安机关核定的最多人数。

第三，营业时，安全出口、疏散通道上应设置符合标准的灯光疏散指示标志（间距 20*m*）。疏散走道、营业场所内应设应急照明灯，照明供电时间不得少于 30*min*，当营业场所设置在超高层建筑内时，照明供电时间不可少于 1.5*h*。

3. 疏散逃生措施

第一，每间包房内应配备应急照明灯或应急手电筒，每个顾客配备一块湿手（毛）巾，在每间包房门的背后或靠近门口的醒目位置及公共走道交叉处设置疏散导向图。

第二，卡拉 *OK* 厅及其包房内应设置声音或视像警报，保证在火灾发生初期将各卡拉 *OK* 房间的画面、音响消除，播送火灾警报，引导人们安全疏散。

4. 消防安全管理。

第一，严禁带入和存放易燃、易爆物品。在地下公共娱乐场所，严禁使用液化石油气。使用燃气的场所应按规范要求安装可燃气体浓度报警装置，规模较大的场所应安装气源自动切断装置。

第二，严禁在营业时进行设备检修、电气焊、油漆粉刷等施工、维修作业。

第三，不得封闭或封堵建筑物的外窗。因噪声污染影响居民等特殊原因确需封堵的应采用可开启窗，并安装自动喷水灭火装置、机械排烟设施等予以弥补。

第四，电气线路不得乱拉乱接，严禁超负荷使用。

第五，演出、放映场所的观众厅内禁止吸烟和演出时使用明火。

第六，建立烟蒂与普通生活垃圾分开清理的制度，垃圾篓不得采用塑料制品，应采用不燃材料制品。清理收集的垃圾必须放置在建筑主体外。

第七，营业与非营业期间都应当落实防火巡查，及时发现和处理事故苗头。

5. 内部装修防火措施的检查

第一，疏散通道、人员密集场所的房间、走道的顶棚、墙面和地面的装修材料的检查。

（1）检查方法

查看装修材料的燃烧性能。

（2）要求

防烟楼梯间、封闭楼梯间、无自然采光的楼梯间的顶棚、墙面和门厅的顶棚装修材料的燃烧性能等级为 *A* 级；房间墙面、地面的装修材料的燃烧性能等级不能低于 *B*1 级；当墙面、吊顶确需使用部分可燃材料时，可燃材料的占用面积不得超过装修面积的 10%；严禁使用泡沫塑料、海绵等易燃软包材料；地下建筑的疏散走道、安全出口

和有人员活动的房间的顶棚、墙面和地面装修材料都可采用 A 级。

第二，电气安装防火措施的检查。

（1）检查方法

查看电气连接、线路保护、隔热措施、电器性能等。

（2）要求

电气连接应当可靠，不许搭接、虚接、铜铝线混接。设置在顶棚内和墙体内等隐蔽处的电线必须穿管保护，且管头要封堵；所有穿过或安装在可燃物上的电气产品如开关、插座、镇流器和照明灯具等要有隔热散热措施；卤钨灯和功率大于 100W 的白炽灯其引入线应采用瓷管、矿棉作隔热保护；同一支线上连接的灯具不得超过 20 个。不许使用不符合有关安全标准规定的电气产品。

（二）建筑工地的检查

由于建筑工地内施工单位数量较多，规模参差不齐，外来务工人员的消防意识薄弱，人员流动性强，危险品数量、品种较多，各种建筑物资混放和缺少消防设施、器材，一旦发生火灾会很快蔓延，容易造成人员伤亡和经济损失，因此，也是消防检查的重点场所之一。此类场所的消防检查，要以明火管理、危险品管理、电气线路及住宿场所、消防水源、车道以及灭火器材等作为检查重点。

1. 明火管理

第一，施工现场动火作业必须严格执行动火审批制度。

第二，动火（电焊、气割等）作业人员必须经专业培训后持证上岗。

第三，动火场地应配备灭火器材，落实消防监护人员。

第四，施工现场内禁止吸烟，危险品仓库、可燃材料堆场、废品集中站及施工作业区等应设置明显的禁烟警告标志。

第五，内装修施工中使用油漆等带有挥发性的易燃、易爆材料时，要有良好的通风条件，并严禁在现场吸烟或动火作业。

2. 危险品管理

第一，工地内应按规范设置专用的危险品仓库（室），严禁乱堆、乱放。危险品仓库内应有良好的通风设施，仓库内电线应穿金属管保护并按相关规定采用防爆型电器。

第二，在建建筑内禁止设置易燃、易爆危险品仓库，禁止使用液化石油气。

第三，危险品仓库应派专人管理，危险品出库、入库应有记录。

第四，施工单位对施工中产生的刨花、木屑以及油毡、木料等易燃、可燃材料应当当天清理，严禁在施工现场堆积或焚烧。施工剩余的油漆、稀释料应集中临时存放，统一处理并远离火源。

3. 电气线路和设备

第一，施工现场采用的电气设备应符合现行国家标准的规定，动力线和照明线必须分开设置，并分别选择相应功率的保险装置，严禁乱接乱拉电气线路，严禁采用不符合规定要求的熔体代替保险丝。

第二，使用中的电气设备应保持完好，严禁带故障运行；电气设备不得超负荷运行；配电箱、开关箱内安装的接触器、刀闸、开关等电气设备应动作灵活，接触良好可靠，触头没有氧化烧蚀现象。

4.住宿场所

第一，在建工程的地下室、半地下室禁止设置施工和其他人员的住宿场所，禁止在库房内设置员工集体宿舍。在建工地内设置临时住宿、办公场所时，应在住宿、办公场所与施工作业区之间采取有效的防火分隔，落实安全疏散、应急照明等消防安全措施。

第二，住宿、办公场所的耐火等级不应低于三级，严禁搭建木板房和使用泡沫塑料板作夹层的彩钢板房作为住宿、办公场所。

第三，住宿场所内严禁乱接乱拉电线，严禁使用大功率电气设备（包括取暖设备、电加热设备），严禁存放、使用易燃、易爆物品。

5.其他安全措施

第一，施工现场应设有消防车道，宽度不应小于 $3.5m$，保证临警时消防车可以停靠施救。

第二，建筑物的施工高度超过 $24m$ 时，施工单位必须落实临时消防水源和供水设备。

第三，住宿、办公场所、施工现场要根据实际情况，配备足够的灭火器材，并安置在醒目和便于取用的地方。灭火器材应保养完好。

（三）仓库的检查

仓库是集中储存和中转物资的场所，一旦发生火灾，经济损失比较惨重，所以仓库是消防安全的重点。消防安全检查要抓住人员培训、堆存物品、建筑防火、制度管理和消防设施等要素。

1.一般物品的储存

第一，库内物品应当分类、分垛储存，每垛占地面积不宜大于 $100m^2$。仓库内货物的堆放间距要符合有关仓库管理规定要求，仓库内货物进出通道宽度应不小于 $1.5m$；垛与垛不小于 $1m$，垛与墙、垛与顶、垛与柱梁、垛与灯之间，各种水平间距要保证不小于 $0.5m$，灯具下方不宜堆放可燃物品，以利于通风和方便人员通行能进行安全巡查。

第二，物品堆垛应避开门、窗和消防器材等，以便于通行、通风和消防救援。

第三，库房内或危险品堆垛附近不得进行实验、分装、打包、易燃液体灌装或其他可能引起火灾的任何不安全操作。

第四，库房内不得乱堆、乱放包装残留物，特别是易自燃的油污包装箱、袋。

第五，露天堆场物品也应分类、分堆、分组、分垛堆放，并留出足够的防火间距。

2.易燃易爆物品的储存

第一，易燃易爆化学物品已超过存储期或因其他原因发生变质的要及时展开处理，防止变质物品因分解和氧化反应发生泄漏或产生热量引发火灾。

第二，凡包装、标志不符合国家标准，或破坏、残缺、渗漏、变形及变质、分解的货品，严禁入库。

第三，严禁将化学性质抵触、消防施救方法不同的易燃、易爆危险物品违章混存。

3. 仓库建筑

第一，经过消防审核（验收）的仓库建筑不得随意改变使用性质。确需改变使用性质的，应重新报批。

第二，存放易燃、易爆化学物品的库房不得设置在高层建筑、地下室或半地下室，库房地面应采用防火花或防静电材料，高温季节应有通风降温措施。

第三，存放甲、乙类物品库房的泄爆面不得开向库区内的主要道路，库房内不准设办公室、休息室。存放丙类以下物品的库房需设置办公室时，可以贴邻库房一角设置无孔洞的一级、二级耐火等级的建筑，其门窗应能直通室外。

第四，钢结构仓库顶棚必须设置由易熔材料制成的可熔采光带。易熔材料指能在高温条件（一般大于 $80℃$）自行熔化且不产生熔滴的材料。可熔采光带的面积不应小于顶棚总面积的 25%。或在建筑两个长边的外墙上方设置面积不小于仓库面积 5% 的外窗，以利于火灾情况下的排烟、排热和灭火行动。

第五，存放压缩气体和液化气体的仓库，应根据气体密度等性质，采取防止气体泄漏后积聚的措施。存放遇湿易燃物品的仓库应采取防火、防潮措施。

第六，库区内不得随意搭建影响防火间距的临时设施。

4. 电气设备

第一，所有库房内的电气设备都应为符合国家现行标准的产品。电气设计、安装、验收必须符合国家现行标准的有关规定。

第二，存放甲、乙类物品库区内的电气设备及铲车、电瓶车等提升、堆垛设备均应为防爆型。存放丙类物品的库房内应在上述机械设备易产生火花的部位设防护罩。

第三，库房内不准设置移动式照明灯具，不得随意拉接临时电线。

第四，库房内电气线路应穿管敷设或采用电缆，插座装在库房外，避免被碰砸、撞击和车轮碾压。

第五，库房内不准使用电炉等电热器具和家用电器。

第六，存放丙类以上物品的库房内不得使用碘钨灯和超过 $60W$ 的白炽灯等高温照明灯具；库房内使用低温照明灯具和其他防燃型照明灯具时，应当对镇流器采取隔热、散热等防火保护措施。

第七，库区电源应设总闸，每个库房单独设分电闸。开关箱设在库房外，并设置防雨设施，人员离开即拉闸断电。

5. 从业人员

第一，存放易燃、易爆化学物品仓库的保管员、装卸人员应参加消防安全知识、技能培训，并持证上岗，仓库管理人员同时也是义务消防队员。

第二，应建立 $24h$ 值班、定时巡逻制度，做好记录。

6. 火源

第一，库区内应设最醒目的禁火标志。进入存放甲、乙类物品库区的人员，必须交出随身携带的火柴、打火机等。进入甲、乙类液体储罐区的人员，应交出手机。

第二，进入库区的机动车辆的排气管应加装火星熄灭装置。

第三，库区内动火须经单位防火负责人批准，办理动火手续。

第四，库区周围禁止燃放烟花爆竹。

第五，防雷、防静电设施必须定期维护保养，保持正常、好用。

7. 消防设施。

仓库的消防设施应按照建筑消防设施的检查要求，对其完好有效情况实施检查。

（四）宾馆、饭店的检查

宾馆、饭店是人员聚集场所。在对宾馆、饭店进行检查时，应突出安全疏散、危险源控制、烟气控制、火种管理及消防设施等内容。

1. 安全疏散

第一，疏散走道、楼梯间及其前室应保持畅通，并严禁被占用、阻塞和堆物。疏散出口门应向疏散方向开启，不得设置门槛、台阶，营业期间严禁上锁。

第二，公共部位疏散指示、安全出口标志清楚，位置合理。疏散走道的指示标志灯应设在走道及其转角处距地面 $1m$ 以下的墙面上，间距不应大于 $20m$。安全出口标志应设在出口的顶部。

第三，楼梯间和疏散走道设置的应急照明灯位置合理，照度应符合要求。走道的应急照明灯应设在墙面或顶棚上，楼梯间的应急照明灯应设置在楼梯休息平台下，其走廊地面、厅堂地面、楼梯间的最低照度分别不应低于 $1.0Lx$，$3.0Lx$，$5.0Lx$，并满足持续供电时间的要求。

第四，客房内应配备应急疏散指示图、防烟面具和应急手电筒。高层建筑还要配置缓降绳，有条件的还应配置缓降袋等逃生避难器材。

第五，消防应急广播的强制切换功能完好，涉外宾馆、饭店应当事先准备好引导客人疏散的英语等外国语言广播。

第六，应按规定组织灭火、疏散应急预案的演练。

2. 危险源控制

第一，管道燃气的使用，应检查进户管总阀门的完好情况，竖向主管道进入各层面分管处的阀门完好情况，厨房管道总阀门、各灶具阀门的完好情况，以及使用管理责任人的落实情况。

第二，液化石油气的使用。应符合有关液化气使用安全的要求。应检查使用和储存液化气消防安全管理制度及责任人落实情况，以及禁止使用气体燃料的车辆停放地下车库的措施落实情况。

第三，厨房管道油污、洗衣房管道尘埃清洗。应检查厨房油烟管道内的油污以及洗衣房通风管道内的纤维等尘埃清理情况，每半年至少清理一次制度的落实情况。

第四，易燃、可燃液体（固体）的使用。要检查易燃、可燃液体（香蕉水、酒精、汽油、油漆、割草机油等）和固体（樟脑丸、火柴等）的安全管理状况及管理措施、责任人落实情况。

3. 烟气控制

第一，各竖向管道井内应进行防火封堵，防止火灾蔓延。

第二，玻璃幕墙建筑在每层楼板与玻璃的连接处防火封堵应符合规范要求，应采用与楼板相同耐火等级的材料。

第三，客房设置吊顶的，应注意吊顶内横向孔洞缝隙的检查，防止烟气水平蔓延。

第四，建筑的防排烟设施应保持完好。

第五，进入楼梯间及其前室的防火门应处于常闭状态。

4. 明火管理

第一，客房内应配有禁止卧床吸烟的标志。禁烟区域内应合理设置禁烟标志，严禁吸烟。

第二，清洁餐厅、客房等时，应将烟蒂与其他垃圾分开。

第三，餐厅使用蜡烛时，应将蜡烛固定在不燃材料制作的基座上；使用酒精等加热炉时，应与可燃物保持安全距离，切不可在未关闭火源时添加燃料。

第四，厨房应落实油锅、气源管理制度和明确管理责任，工作结束应及时切断油、气源。

第五，当厨房使用柴油、液化石油气、酒精做燃料时，应设置专用储存间（气化间），并和厨房内实墙分隔，且储存量不大于当时用量或 $1m^3$。

5. 消防设施、器材

第一，消防设施是否完善、运行是否正常、故障是否及时修复。

第二，消防器材配备是否到位、型号准确、数量充足、设置合理、维修及时。

（五）地下建筑的检查

地下空间由于通风不良、疏散逃生和施救困难，易发生群死群伤的火灾事故，也是消防检查的重点场所。

1. 地下建筑内应当禁止的行为

第一，内部存放液化石油气钢瓶、使用液化石油气和闪点小于 60℃ 的液体作燃料的。

第二，内部设置哺乳室、托儿所、幼儿园、游乐厅等儿童活动场所和残疾人员活动场所的。

第三，在地下二层及以下层面设置影院、礼堂等人员密集的公共场所和医院病房的。

第四，经营和储存火灾危险性为甲、乙类储存属性的物品的。

第五，营业厅设置在地下三层及三层以下的。

第六，歌舞、娱乐、放映、游艺场所设置在地下二层及以下。

第七，内部设置油浸电力变压器和其他油浸电气设备的。

第八，每个防火分区的安全出口数量少于两个的（仓库除外）。

检查中一旦发现上述行为，应立即责令停止使用。

2. 防火分区设置的检查

第一，每个防火分区允许的最大建筑面积应不大于 $500m^2$（设自动喷水灭火系统时为 $1000m^2$）。

第二，存放丙类可燃液体的仓库内，每个防火分区允许的最大建筑面积应不大于 $150m^2$。

第三，存放丙类可燃物品的仓库内，每个防火分区允许的最大建筑面积应不大于 $300m^2$。

第四，商业营业厅、展览厅等防火分区面积应不大于 $2000m^2$。

第五，电影院、礼堂的观众厅防火分区面积应不大于 $1000m^2$。

第六，歌舞、娱乐、放映、游艺场所内一个厅、室内建筑面积应不大于 $200m^2$。

3.消防设施的检查

第一，防火分区面积超过允许的最大建筑面积的地下歌舞、娱乐、放映、游艺场所，建筑面积大于 $500m^2$ 的地下商店都应当设置自动喷水灭火系统和防、排烟设施。

第二，建筑面积大于 $500m^2$ 的地下商店，建筑面积大于 $1000m^2$ 的地下丙、丁类物品生产车间和存放丙、丁类物品的库房，以及地下歌舞、娱乐、放映、游艺场所除应设置自动喷水灭火系统外，还应设置火灾自动报警系统。

第三，长时间有人员活动的地下建筑，按规定设置足够的火灾应急照明灯具和疏散指示标识。

4.防火措施的检查

第一，地下公共娱乐场所或中小旅馆、招待所应分别根据公安机关核定的场所最大允许容纳人数或床位数，按 1：1 的比例配置防烟面具，合理放置在每间客房内和公共走道上。每个放置点应采用表面为玻璃等透明物的箱体，做到醒目和便于取用。

第二，地下公共娱乐场所或中小旅馆、招待所的每间包房或客房内应配置一只应急手电筒；每间房门的背后或靠近门口的醒目位置应设置疏散导向图；公共走道交叉处墙壁上应设置疏散指示标志。

第三，烟蒂与普通生活垃圾应分开清理，将烟蒂倒入专门的铁质或其他金属垃圾桶内。废纸篓应采用不燃材料制品。

第四，疏散通道、安全出口必须保持畅通无阻。营业期间，严禁将安全出口上锁、阻塞或用其他物品缠绕，影响开启。一层与地下室的连通楼梯应用防火门可靠分隔，并向一楼平推开启。

第五，严禁在同一房间和防火分区内存在人员住宿、生产加工、储存货物的"三合一"现象。

第六，地下建筑内不得使用可燃材料装修。

（六）易燃、易爆化工单位的检查

易爆化工单位容易引发恶性火灾爆炸事故，历来是消防安全管理的重点。因此检查时应充分了解检查以下情况。

1.危险化学品生产或存储的基本情况

第一，生产过程中涉及的危险化学品的种类、性质,例如原料、中间体、产品的闪点、燃点、熔点、相对密度、腐蚀性、氧化性、沸点、爆炸极限、饱和蒸汽压等基础信息。

第二，火灾危险性级别高的重点部位、危险性较大的工序等。

2. 建筑情况

第一，易燃、易爆化工厂房、仓库的耐火等级、层数、占地面积、工艺布置、泄压面积、储罐设置、事故罐（池）容积、围堰体积等均应符合国家现行规范要求。

第二，新建、改建、扩建的建筑工程均应上报公安消防机构进行审核、验收；未经批准，不得擅自施工、使用。

3. 重点部位情况

第一，管道、阀门、泵、阻火器、防爆泄压等装置和附件应处于正常状态。

第二，生产、使用中涉及闪点、自燃点低、爆炸极限下限低、范围宽的易燃、易爆化学物品的工艺装置，应设置与工艺相配套的自动连锁、泄漏消除、紧急救护、自动灭火等设施。

第三，电气设备应采用符合国家现行标准的产品，危险区域应采用防爆型产品。

第四，防雷、防静电、可燃气体浓度报警等安全设施应保持正常、好用。

第五，作业人员应经过消防安全知识培训，熟悉掌握生产使用的易燃、易爆化学物品的火灾危险性，岗位的操作规程等消防安全知识和安全操作技能。

第六，健全和落实安全管理制度，并结合工艺流程制定危险岗位安全操作规程和事故状态下的处置程序。

第七，重点装置的温度、压力、流量、流速、液位等参数处于正常范围。

4. 检修施工场所

第一，单位应制定检修施工消防安全方案。

第二，动火施工时必须办理动火手续，进行电焊、气焊和其他具有火灾危险作业的人员应持证上岗。合理划定现场警戒区域，并清除周围杂草和可燃物质包括油污等，落实封堵地沟、水封井等安全措施。

第三，输油管线、储罐检修前应按相关规定要求进行蒸洗和自然通风。在可能产生可燃气体的场所，动火前应进行可燃气体检测，符合规定方可动火作业，该封堵的端口应采取有效的封堵措施。第一次与第二次动火的时间间隔超过规定有效安全时间的，必须重新进行检测。

第四，施工现场应落实消防安全监护措施，现场应配置足够的灭火器具。

5. 消防设施的配置

按照有关要求对单位内火灾自动报警系统、水灭火系统、泡沫灭火系统、气体灭火系统、建筑灭火器配置等展开检查。

第八章 消防安全管理

第一节 消防安全管理概述

一、消防安全管理主体

消防工作主体包括政府、部门、单位和个人这四者，它们同时也是消防安全管理工作的主体。

（一）政府

消防安全管理是政府进行社会管理和公共服务的重要内容，是社会稳定和经济发展的重要保证。

（二）部门

政府有关部门对消防工作齐抓共管，这是因消防工作的社会化属性所决定的。部门应当依据有关法律、法规和政策规定，依法履行相应的消防安全管理职责。

（三）单位

单位既是社会的基本单元，也是社会消防安全管理的基本单元。单位对消防安全及致灾因素的管理能力反映了社会公共消防安全管理水平，同时也在很大程度上决定了一个城市、一个地区的消防安全形式。各类社会单位是本单位消防安全管理工作的具体执行者，必须全面负责和落实消防安全管理职责。

（四）个人

消防工作的基础是公民个人，同时公民个人也是各项消防安全管理工作的重要参与者和监督者。在日常的社会生活中，公民在享受消防安全权利的同时也必须履行相应的消防义务。

二、消防安全管理的对象

消防安全管理的对象，或者消防安全管理资源，主要包括人、财、物、信息、时间、事务六个方面：

（一）人

消防安全管理系统中被管理的人员。任何管理活动以及消防工作都需要人的参与和实施，在消防管理活动中也需要规范及管理人的不安全行为。

（二）财

开展消防安全管理的经费开支。开展及维持正常的消防安全管理活动必然会需要正常的经费开支，在管理活动中也需要必要的经济奖励等。

（三）物

开展消防安全管理需要的建筑设施、物质材料、机器设备、能源等。要注意物应该是严格控制的消防安全管理对象，也是消防技术标准所要调整和需要规范的对象。

（四）信息

开展消防安全管理需要的文件、数据、资料、消息等。信息流是消防安全管理系统中正常运转的流动介质，应充分利用系统中的安全信息流，发挥其在消防安全管理中的作用。

（五）时间

消防安全管理的工作顺序、程序、时限、效率等。

（六）事务

消防安全管理的工作任务、职责、指标等。消防安全管理应当明确工作岗位，确定岗位工作职责，建立健全逐级岗位责任制。

三、消防安全管理的方法

（一）分级负责法

分级负责法是指某项工作任务，在单位或机关、部门之间，纵向层层负责，一级对一级负责，横向分工把关，分线负责，从而形成纵向到底，横向到边，纵横交错的严密工作网络的一种工作方法。此方法在消防安全管理的工作实践中，其主要有以下两种。

1. 分级管理

消防监督管理工作中的分级管理，指的是对各个社会单位和居民的消防安全工作在公安机关内部根据行政辖区的管理范围及权限等，按照市公安局、区（县）公安（分）

局和公安派出所分级进行管理。这种管理方法可按照所辖单位的行政隶属关系和保卫关系进行划分，中央及省所属的企事业单位的消防安全工作也由其所在地的市、县应急管理部门分级进行管理。这样，市公安局、区（县）公安（分）局及公安派出所各级的管理作用能够充分发挥，使消防监督工作在各级应急管理部门内部的行政管理上，可以做到与其他治安工作同计划、同布置、同检查、同总结以及同评比，使消防监督工作在应急管理部门内部形成一种上、下、左、右层层管理，层层负责的比较严密的管理网络，使整个社会的消防安全工作，上到大的机关、厂矿、企业，下到农村和城市居民社区，都能得到有效的监督管理，从而督促各种消防安全制度和措施层层得以落实，达到有效预防火灾及保障社会消防安全的目的。为此，各级应急管理部门的领导同志，应当把消防监督工作作为一项重要任务抓紧抓好。市级消防救援机构要加强对区、县消防科股的业务领导，及时帮助解决工作中的疑难问题；在违章建筑的督察，街道居民社区、企业以及商业摊点、集贸市场的消防监督上要充分发挥分局和派出所的作用，真正使市公安局、区（县）公安（分）局和公安派出所各级都能够负起责任来。

2. 消防安全责任制

所谓消防安全责任制，就是政府部门、社会单位及公民个人都要按自己的法定职责行事，一级对一级负责。对机关、团体以及企事业单位的消防工作而言，就是单位的法定代表人要对本单位的消防安全负责；法定代表人授权某项工作的领导人，要对自己主管内的消防安全负责。其实质即为逐级防火责任制。《消防法》规定，消防工作按照政府统一领导、部门依法监管、单位全面负责、公民积极参与的原则，实行消防安全责任制。这就使消防安全责任制更具有法律依据。

在消防安全管理的具体实践中，要遵循实行消防安全责任制的原则，充分调动机关、团体、企事业单位各级负责人的积极性，让他们把消防工作作为自己分内的工作抓紧抓好，并把本单位消防工作的好坏作为评价其实绩的一项主要内容。要使单位的消防安全管理部门充分认识到，自己是单位的一个职能部门，是单位行政领导人的助手及参谋，摆正本部门与单位所属分厂、公司、工段、车间及其他部门的关系，把消防工作从保卫部门直接管理转变为间接督促检查和推动指导，将具体的消防安全工作交由下属单位的法定代表人去领导、去管理，用主要精力指导本单位的下属单位及部门，制定消防规章制度和措施，加强薄弱环节，深化工作层次，解决共性及疑难问题等。

消防救援机构应正确认识消防安全管理和消防监督管理二者的关系，扭转消防监督员包单位的做法，切实抓好自身建设；强化火灾原因调查和对火灾肇事者、违章者的处理工作，强化建设工程防火审核的范围与层次，加强对易燃易爆危险品的生产、储存、运输、销售和包装的监督管理；坚决废除火灾指标承包制，并且切实提高消防监督人员的管理能力和执法水平；不要大包大揽企业单位应当干的工作，真正使消防安全管理工作形成一个政府统一领导、部门依法监管、单位全面负责和公民积极参与的健全的社会化消防工作网络。

（二）重点管理法

重点管理法即抓主要矛盾的方法，也是在处理存在两个以上矛盾的事务时，找出起着领导与决定作用的矛盾，从而抓住主要矛盾，化解其他矛盾，推动整个工作全面

开展的一种工作方法。

由于消防安全管理工作是涉及各个机关、工厂、团体、矿山、学校等企事业单位和千家万户以及每个公民个人的工作，社会性很强，因此在开展消防安全管理工作时，必须学会运用抓主要矛盾的领导艺术，从思维方法和工作方法上掌握抓主要矛盾的工作方法，以推动全社会消防安全管理工作的开展。

1. 专项治理

专项治理就是针对一个大的地区性各项工作或一个单位的具体工作情况，从中找出起领导及决定作用的工作，即主要矛盾，作为一个时期或者一段时间内的中心工作去抓的工作方法。

关于消防工作专项治理的实践，全国各地均有很多的经验，但其在实践中也有一些值得注意的问题：

（1）注意专项治理的时间性和地域性

消防安全管理工作的中心工作，在不同的时期、不同的地区是不同的。在执行中不能把某时期或某地区的中心工作硬套在另一时期或者另一地区。

（2）保证专项治理的专一性

一个地区在一定的时间内只能有一个中心工作，不能有多个中心工作。也就是说，一个地区在一定时间内仅能专项治理一个方面的工作，不能专项治理多个方面的工作，否则就不是专项治理。

（3）注意专项治理时的综合治理

所谓综合治理，就是根据抓主要矛盾的原理，围绕中心工作协调抓好与之相关联的其他工作。由于火灾的发生是由多种因素导致的，如单位领导的重视程度、人们的消防安全意识、社会的政治情势等，哪一项工作没跟上或是哪一个环节未处理好，均会成为火灾发生的原因。所以，在对某项工作进行专项治理时，要千方百计地找出问题的主要矛盾和与之相联系的其他矛盾。尤其要注意发现和克服薄弱环节，统筹安排辅以第二位、第三位的工作，使各项工作能够协调发展、全面加强。

（4）注意专项治理与综合治理的从属关系问

如在对消防安全工作进行专项治理时存在着与之相关联的治安工作、生产安全工作等又是治安综合治理的一项重要内容；在对治安工作和生产安全工作等进行专项治理时，消防安全工作又是治安综合治理的一项重要内容。不可把二者孤立起来、割裂开来。

2. 抓点带面

抓点带面就是领导决策机关为了推动某项工作的开展，或完成某项工作任务，根据抓主要矛盾与调查研究的工作原理，带着工作任务，深入实际，突破一点，取得经验（通常叫作抓试点），然后通过这种经验去指导其他单位，进而考验和充实决策任务的内容，并将决策任务从面上推广开来的一种工作方法。这种工作方法既可以检验上级机关的决策是否正确，又可以避免大的失误，还可以提高工作效率，以极小的代价取得最佳成绩。

消防安全管理工作是社会性非常强的工作。对防火政令、消防措施贯彻实施，宜采取抓点带面的方法贯彻。如消防安全重点单位的管理方法、专职消防队伍的建立和

措施的推广等，宜采取抓点带面的方法。

抓点带面的方法一般有决策机关人员或者领导干部深入基层，可在工作实践中发现典型并着力培养，以及有目的地推广工作试点两种方法。推广典型的方法，通常有召开现场会推广、印发经验材料推广和召开经验交流会推广三种。

3. 消防安全重点管理

消防安全重点管理，是根据抓主要矛盾的工作原理，将消防工作中的火灾危险性大，火灾发生后损失大、伤亡重、影响大，也就是对火灾的发生及火灾发生后的损失、伤亡和社会影响等起主要领导和决定作用的单位、部位、工种、人员和事项，作为消防安全管理的重点来抓，从而有效地预防火灾发生的一种管理方法。

（三）调查研究方法

调查研究既是领导者必备的基本素质之一，也是实施正确决策的基础。调查研究方法是管理者能否管理成功的最重要的工作方法。由于消防安全管理工作的社会性、专业性很强，因此在消防安全管理工作中调查研究方法的应用十分重要。加之目前随着社会主义市场经济的发展，消防工作出现了很多新问题、新情况，为了适应新形势、研究新办法、探索新路子，也必须大兴调查研究之风，这样才可以深入解决实际问题。

1. 消防安全管理中运用的调查研究方法

在消防安全管理的实际工作中，调查研究最直接的运用即为消防安全检查或消防监督检查。归纳起来大体有以下几种方法：

（1）普遍调查法

普遍调查法指的是对某一范围内所有研究对象不留遗漏地进行全面调查。比如某市消防救援机构为了全面掌握"三资"企业的消防安全管理状况，组织调查小组对全市所有"三资"企业逐个进行调查。通过调查发现该市"三资"企业存在安全体制管理不顺、过分依赖保险、主观忽视消防安全等问题，并且写出专题调查报告，上报下发，有力地促进了问题的解决。

（2）典型调查法

典型调查法是指在对被调查对象有初步了解的基础上，依据调查目的的不同，有计划地选择一个或者几个有代表性的单位进行详细的调查，以期取得对对象的总体认识的一种调查方法。这种方法是认识客观事物共同本质的一种科学方法，只要典型选择正确，材料收集方法得当，采取的措施就会有普遍的指导意义，比如某市消防支队依据流通领域的职能部门先后改为企业集团，企业性职能部门也迈出了政企分开的步伐这一实际情况，及时选择典型，对部分市县（区）两级商业、物资、供销以及粮食等部门进行了调查，发现其保卫机构、人员以及保卫工作职能都发生了变化。为此，他们认真分析了这些变化给消防工作可能带来的有利和不利因素，及时提出了加强消防立法、加强专职消防队伍建设、加强消防重点单位管理和加强社会化消防工作的建议和措施。

（3）个案调查法

个案调查法就是将一个社会单位（一个人、一个企业、一个乡等）作为一个整体，进行尽可能全面、完整、深入、细致的调查了解。这种调查方法属于集约性研究，探

究的范围较窄，但调查得深入，得到的资料也十分丰富。实质上这种调查方法，在消防安全管理工作中的火灾原因调查及具体深入到某个企业单位进行专门的消防监督检查等方面都是最具体和最实际的运用。如在对一个企业单位进行消防监督检查时，可以最直观地发现企业单位领导对于消防安全工作的重视程度、职工的消防安全意识、消防制度的落实、消防组织建设和存在的火灾隐患、消防安全违法行为和整改落实情况等。

（4）抽样调查法

抽样调查法是指从被调查的对象中，依据一定的规则抽取部分样本进行调查，以期获得对有关问题的总体认的一种方法。

2.调查研究的要求

开展一次调查研究，实际就是进行一次消防安全检查。我们不仅要注意调查方法，还要注意调查技巧，否则也会影响到调查的结果。

一是通过调查会做讨论式调查，不能仅凭一个人的经验和方法，也不能只是简单了解；要提出中心问题在会上讨论，否则很难得出正确的结论。

二是让深切明了问题的有关人员参加调查会，并且要注意年龄、知识结构和行业。

三是调查会的人数不宜过多，但也不宜过少，至少应在3人以上，以防囿于见闻，使调查了解的内容与真实情况不符。

四是事先准备好调查纲目。调查人要根据纲目问题进行研讨。对不明了的和有疑问的内容要及时明确。

五是亲自出马。担任指导工作的人，一定要亲自从事调查研究、亲自进行记录，不能只依赖书面报告，不能假手于人。

六是深入、细致、全面。在调查工作中要能深入、细致、全面地了解问题，不可走马观花、蜻蜓点水。

（四）PDCA循环工作法

PDCA循环工作法即领导或专门机关将群众意见（分散的不系统的意见）集中起来（经过研究，化为集中的系统的意见），又到群众中去做宣传解释，化为群众的意见，使群众坚持下去，见之于行动，并在群众行动中考验这些意见正确与否；从群众中集中起来，到群众中坚持下去，如此无限循环，一次比一次更正确、更生动、更丰富的工作方法。

由于消防安全工作的专业性很强，所以此工作方法在消防救援机构通常称为专门机关与群众相结合。如某省消防总队，每年年终或者年初都要召开全省的消防（监督管理）工作会议，总结全省消防救援机构上一年的工作，布置下一年的工作计划。其间分期、分批、分内容和分重点地深入到基层机构检查、了解工作计划的贯彻落实情况，及时检查指导工作，发现并且纠正工作计划的不足或存在的问题。每半年还要做工作小结，使全省消防救援机构的工作能够有计划、有规律、有重点、有步骤地进行，每年都有新的内容和新的起色。通常来讲，在运用此工作方法时可按以下四个步骤进行：

1.制订计划

制订计划，即决策机关或决策人员根据本单位、本系统或本地区的实际情况，在对所属单位、广大群众或基层单位调查研究的基础上，将分散的不系统的群众或专家意见集中起来进行分析和研究，进而确定下一步的工作计划。如在制定全省或者全市全年或者半年的消防安全管理工作计划时，也应在对基层人员或者群众调查研究的基础上，经过周密而系统的研究后，再制定出具体的符合实际情况的实施计划。

2. 贯彻实施

贯彻实施，即把制订的计划向要执行的单位和群众进行贯彻，并向下级或者"到群众中"做宣传解释，将上级的计划"化为群众的意见"，使下级及群众能够贯彻并且坚持下去，见之于行动，并在下级和群众的实践中考验上级制定的政策、办法以及措施正确与否。部署一个时期的工作任务，制定的消防安全规章制度，均应当向下级、向人民群众做宣传解释，让下级和下级的人民群众知道为什么要这样做，应如何做，把上级政府或消防监督机关制定的方针政策、防火办法以及规章制度变为群众的自觉行动。如利用广播、电视、刊物、报纸开展的各种消防安全宣传教育活动，以及举办各种消防安全培训班等均是向群众做宣传解释具体运用。

3. 检查督促

检查督促，即决策机关或决策人员要不断深入基层单位，检查计划、办法和措施的执行情况，查看哪些执行了，哪些执行得不够好，并找出原因；了解这些计划、办法以及措施通过实践途径的检验，正确与否，还存在哪些不足和问题。把好的做法向其他单位推广，把问题带回去，做进一步的改进和研究，对一些简单的问题可以就地解决。对实践证明是正确的计划、办法以及措施，由于认识或其他原因没有落实好的单位或个人，给予检查和督促。如经常运用的消防监督检查就是很好的实践。

4. 总结评价

总结评价，即决策机关或决策人员对所制订的计划、办法的贯彻落实情况，进行总结分析和评价。其方法是通过深入群众、深入实际，了解下级或群众对计划、办法的意见，以及计划、办法的实施情况，并把这些情况汇总起来进行分析、评价。对实践证明是正确的计划、办法，要继续坚持，抓好落实；对不正确的地方予以纠正；对有欠缺的方面进行补充、提高；对执行好的单位及个人给予表彰和奖励；对不认真执行和落实正确计划、办法的单位及个人给予批评；对导致不良影响的单位及个人给予纪律处罚。

最后，根据总结评价情况，提出下一步工作计划，再到群众和工作实际中贯彻落实，从而进入下一个工作循环。"如此无限循环，一次比一次更正确、更生动、更丰富。"这是消防安全管理决策人员应掌握的最基本管理艺术。

（五）消防安全评价法

1. 消防安全评价的意义

对具有火灾危险性的生产、储存以及使用的场所、装置、设施进行消防安全评价是预防火灾事故的一个重要措施，是消防安全管理科学化的基础，是利用现代科学技术预防火灾事故的具体体现。通过消防安全评价能够预测发生火灾事故的可能性和其

后果的严重程度，并根据其制定有针对性的预防措施和应急预案，从而使火灾事故的发生频率和损失程度降低。其意义主要表现在以下几个方面：

一是系统地从计划、设计、制造、运行等过程中考虑消防安全技术和消防安全管理问题，找出易燃易爆物料在生产、储存和使用中潜在的火灾危险因素，提出相应的消防安全措施。

二是对潜在的火灾事故隐患进行定性、定量的分析及预测，使系统建立起更加安全的最优方案，制定更加科学、合理的消防安全防护措施。

三是评价设备、设施或者系统的设计是否使收益与消防安全达到最合理的平衡。

四是评价生产设备、设施系统或易燃易爆物料在生产、储存以及使用中是否符合消防安全法律、法规和标准的规定。

2. 消防安全评价的分类

按照系统工程的观点，从消防安全管理的角度，消防安全评价可分为以下几种：

一是新建、扩建、改建系统，以及新工艺的预先消防安全评价。主要在新项目建设前，预先辨识、分析系统可能存在的火灾危险性，并提出预防及减少火灾危险的措施，制定改进方案，从而在项目设计阶段消除或者控制系统的火灾危险性。如新建、改建以及扩建的基本建设项目（工程）、技术改造工程项目和引进的工程建设项目应在初步设计会审前完成预评价工作。预评价单位应采用先进、合理的定性和定量评价方法，分析建设项目中潜在的火灾危险、危害性，以及其可能的后果，并提出明确的预防措施。

二是在役设备和运行系统的消防安全评价。主要是根据生产系统运行记录，同类系统发生火灾事故的情况，以及系统的管理、操作、维护状况，对照现行消防安全法规及消防安全技术标准，确定系统火灾危险性的大小，以便于通过管理措施和技术措施提高系统的防火安全性。

三是退役系统和有害废弃物的消防安全评价。退役系统的消防安全评价，主要是分析生产系统设备报废后带来的火灾危险性与遗留问题对生态、环境、居民安全健康等的影响，并提出妥善的消防安全对策；有害废弃物的消防安全评价，主要是火灾事故风险评价等，因为有害废弃物的堆放、填埋、焚烧三种处理方式均和热安全有关。

四是易燃易爆危险物质的消防安全评价。易燃易爆危险物质的危险性主要有火灾危险性、人体健康危险性、生态环境危险性以及腐蚀危险性等。对易燃易爆危险物质的消防安全评价主要是通过试验方法测定或是通过计算物质的生成热、燃烧热、反应热、爆炸热等，预测物质着火爆炸的危险性。易燃易爆危险物质消防安全评价的内容除一般理化特性外，还主要包括自燃温度、最小点火能量、爆炸极限、爆速、燃烧速度、燃烧热、爆炸威力、起爆特性等。由于使用条件不同，对易燃易爆危险物质的消防安全评价及分类也有多种方法。

五是系统消防安全管理绩效评价。消防安全管理绩效指的是单位根据消防安全管理的方针和目标在控制和消除火灾危险方面所取得的可测量的成绩及效果。这种评价主要是依据国家有关消防安全的法律、法规和标准，从生产系统或者单位的安全管理组织、安全规章制度、设备设施安全管理、作业环境管理等方面来评价生产系统或者单位的消防安全管理的绩效。一般采用以安全检查表为依据的加权平均计值法或者直

接赋值法，此种方法目前在我国企业消防安全评价中应用最多。通过对系统消防安全管理绩效的评价，能够确定系统固有火灾危险性的受控程度是否达到规定的要求，从而确定系统消防安全的程度或者水平。

3.消防安全评价的方法

目前，可以用于生产过程或设施消防安全评价的方法有安全检查表法、火灾爆炸危险指数评价法、危险性预先分析法、危险可操作性研究法、故障类型与影响分析法、故障树分析法、人的可靠性分析法、作业条件危险性评价法以及概率危险分析法等，已达到几十种。根据评价的特点，消防安全评价的方法可分为定性评价法、指数评价法、火灾概率风险评价法、重大危险源评价法等几大类。在具体运用时，可根据评价对象、评价人员素质，以及评价的目的进行选择。

（1）定性评价法

定性评价法主要是根据经验及判断能力对生产系统的工艺、设备、环境、人员、管理等方面的状况进行定性的评价。此类评价方法主要包括列表检查法（安全检查表法）、预先危险性分析法、故障类型和影响分析法以及危险可操作性研究法等。这类方法的特点是简单、便于操作，评价过程与结果直观。但是这类方法含有非常高的经验成分，带有一定的局限性，对系统危险性的描述缺乏深度，不同类型评价对象的评价结果没有可比性。

（2）指数评价法

指数评价法主要包括美国道（DOW）化学公司的火灾爆炸指数评价法、英国帝国化学公司蒙德工厂的蒙德评价法、日本的六阶段危险评价法，及我国化工厂危险程度分级法等。这种评价方法操作简单，避免了火灾事故概率和其后果难以确定的困难，使系统结构复杂、用概率很难表述其火灾危险性的单元评价有了一个可行的方法，为目前应用较多的评价方法之一。

（3）火灾概率风险评价法

火灾概率风险评价法是根据子系统的事故发生概率，求取整个系统火灾事故发生概率的评价方法。方法系统结构简单、清晰，相同元件的基础数据互相借鉴性强。这种方法在航空、航天以及核能等领域得到了广泛应用。同时，此方法要求数据准确、充分，分析过程完整，判断及假设合理。但该方法需要取得组成系统的各子系统发生故障的概率数据，目前在民用工业系统中，这类数据的积累还不是很充分，这是使用这一方法的根本性障碍。

（4）重大危险源评价法

重大危险源评价法分为固有危险性评价与现实危险性评价，后者在前者的基础上考虑了各种控制因素，反映了人对控制事故发生及事故后果扩大的主观能动作用。固有危险性评价主要反映物质的固有特性、易燃易爆危险物质生产过程的特点及危险单元内外部环境状况，分为事故易发性评价和事故严重度评价两种。事故的易发性取决于危险物质事故易发性与工艺过程危险性的耦合。易燃、易爆以及有毒重大危险源辨识评价方法填补了我国跨行业重大危险源评价方法的空白，在事故严重度评价中建立了伤害模型库，借助了定量的计算方法，使我国工业火灾危险评价方法的研究由定性

评价进入定量评价阶段。实际应用表明，使用该方法得到的评价结果科学、合理，符合我国国情。

由于消防安全评价不仅涉及技术科学，且涉及管理学、心理学、伦理学以及法学等社会科学的相关知识，评价指标及其权值的选取与生产技术水平、管理水平、生产者和管理者的素质以及社会文化背景等因素密切相关，因此，每种评价方法都有一定的适用范围和限度。目前，国外现有的消防安全评价方法主要适用于评价具有火灾危险的生产装置或者生产单元，发生火灾事故的可能性，以及火灾事故后果的严重程度。

4. 消防安全评价的基本程序

消防安全评价的基本程序主要包括以下四个步骤：

（1）资料收集

根据评价的对象及范围，收集国内外相关法规和标准，了解同类设备、设施、生产工艺和火灾事故情况，评价对象的地理、气象条件以及社会环境状况等。

（2）火灾危险危害因素的辨识与分析

根据所评价的设备、设施，或气象条件、场所地理、工程建设方案、工艺流程、装置布置、主要设备和仪表、原材料、中间体以及产品的理化性质等，辨识与分析可能发生的事故类型、事故发生的原因与机理。

（3）划分评价单元，选择评价方法

在上述危险分析的基础上，划分评价单元，根据评价目的和评价对象的复杂程度选择具体的一种或多种评价方法，对发生事故的可能性和严重程度进行定性或定量评价，并在此基础上做危险分级，以确定管理的重点。

（4）提出降低或控制危险的安全对策

按照消防安全评价和分级结果，提出相应的对策措施。对高于标准的危险情况，应采取坚决的工程技术或组织管理措施，降低或者控制危险状态。对低于标准的危险情况，若是可接受或者允许的危险情况，应建立监测措施，避免由于生产条件的变更而导致危险值增加；若是不可能排除的危险情况，应采取积极的预防措施，并且根据潜在的事故隐患提出事故应急预案。

5. 消防安全评价的基本要求

消防安全评价是一项非常复杂和细致的工作，为避免走不必要的弯路，在具体实施评价时，还应做好下列几项工作：

（1）由技术管理部门具体负责，并注意听取专家意见

无论是否在评价细节上求助于顾问或专业人员，消防安全评价过程都应由单位的技术管理部门具体负责，并认真考虑具有实践经验及知识的员工代表的意见。对复杂工艺或者技术的消防安全评价，要认真听取专家的意见，并确保其对特定的作业活动有足够的了解，要保证每一位相关人员（管理人员、员工及专家）的有效参与。

（2）确定危险级别应与危险实际状况相适应

评价对象的危险程度决定了消防安全评价复杂程度，因此消防安全评价中危险级别的确定应与实际危险状况相适应。针对只产生少量或者简单危险源的小型企业单位，消防安全评价可以是一个非常直接的过程。该过程可以以资料判断和参考合适的指南

（如政府管理机构、行业协会发布的指南等）为基础，不一定都要通过复杂的过程与技能来进行评价。但是对于危险性大、生产规模大的作业场所应采用复杂的消防安全评价方法，尤其是复杂工艺或新工艺，应尽可能采用定量评价方法。

因此，单位首先应当进行粗略的评价，以发现哪些地方需要进行全面的评价，哪些地方需要采用复杂的技术（如化学危险品监测）等，从而将那些不必要的评价步骤略去，增加评价的针对性。

（3）做到全面、系统、实际

消防安全评价并没有固定的规则，无论采取什么样的方法，都需要考虑生产的本质以及危险源和风险的类型等。必须通过系统科学的思想和方法，对人、机、环境三个方面进行全面系统的分析及评价，重要的是做到下列几点：

①全面

要保证生产活动的各个方面都得到评价，包括常规和非常规的活动等。评价过程应包括生产活动的各个部分，包括那些暂时不在监督管理范围内的作为承包方外出作业的员工、巡回人员等。

②系统

要确保消防安全评价活动的系统性，可通过机械类、交通类、物料类等分类方式来寻找危险源；或者按地理位置将作业现场划分为几个不同区域；或者采取一项作业接一项作业的方法来寻找危险源。

③实际

由于现场实际情况有时可能与作业手册中的规定有所不同，因此在具体进行评价时，要注意认真查看作业现场与作业时的实际情况，以保证消防安全评价活动的实用性。

（4）消防安全评价应当定期进行

企业的生产情况是不断变化的，因而消防安全评价也不应当是一劳永逸的，应当根据企业的生产状况定期进行。生产、储存以及使用易燃易爆危险品的装置，一般每两年应进行一次消防安全性评价。由于剧毒性易燃易爆危险品一旦发生事故可能导致的伤害和危害更严重，且相同剂量的危险品存在于同一环境，造成事故的危害会更大，因此，对剧毒性易燃易爆危险品应每年进行一次消防安全评价。

（5）消防安全评价报告应当提出火灾隐患整改方案

对消防安全评价中发现的生产及储存装置中存在的火灾隐患，在出具消防安全评价报告时，应提出整改方案。当发现存在不立即整改即会导致火灾事故的火灾危险时，应当立即停止使用，予以更换或修复，采取相应的消防安全措施。

（6）消防安全评价的结果应当形成文件化的评价报告

由于消防安全评价报告所记录的是安全评价的过程及结果，并包括了对于不合格项提出的整改方案、事故预防措施及事故应急预案，因此，消防安全评价的结果应当形成文件化的评价报告，并且报所在地县级以上人民政府负责消防安全监督管理工作的部门备案。

四、消防安全管理的职责

消防安全管理指的是各级人民政府对社会的消防行政立法和宏观规划决策管理，应急管理部门对社会的消防监督、执法管理，以及机关、团体、企业、事业单位自身的消防安全管理。

单位消防安全管理职责《消防法》中规定机关、团体、企业、事业单位应当履行下列消防安全职责。

一是落实消防安全责任制，制定本单位的消防安全制度、消防安全操作规程，制定灭火和应急疏散预案。

二是按照国家标准、行业标准配置消防设施、器材，设置消防安全标志，并定期组织检验、维修，确保完好有效。

三是对建筑消防设施每年至少进行一次全面检测，确保完好有效，检测记录应当完整准确，存档备查。

四是保障疏散通道、安全出口、消防车通道畅通，保证防火防烟分区、防火间距符合消防技术标准。

五是组织防火检查，及时消除火灾隐患。

六是组织进行有针对性的消防演练。

其实法律、法规规定的其他消防安全职责。

消防安全重点单位除应当履行以上职责外，还应履行下列消防安全职责。

一是确定消防安全管理人，组织实施本单位的消防安全管理工作。

二是建立消防档案，确定消防安全重点部位，设置防火标志，实行严格管理。

三是实行每日防火巡查，并建立巡查记录。

四是对职工进行岗前消防安全培训，定期组织消防安全培训和消防演练。

单位的主要负责人是本单位的消防安全责任人。《消防法》规定的社会各单位的消防安全职责，也是国家对社会各单位法定代表人或者主要负责人所赋予的法定的消防安全职责。

《机关、团体、企业、事业单位消防安全管理规定》中规定单位的消防安全责任人应当履行下列消防安全职责。

一要贯彻执行消防法规，保障单位消防安全符合规定，掌握本单位的消防安全情况。

二要将消防工作与本单位的生产、科研、经营、管理等活动统筹安排，批准实施年度消防工作计划。

三要为本单位的消防安全提供必要的经费和组织保障。

四要确定逐级消防安全责任，批准实施消防安全制度，保障消防安全的操作规程。

五要组织防火检查，督促落实火灾隐患整改，及时处理涉及消防安全的重大问题。

六要根据消防法规的规定建立专职消防队、义务消防队。

七要组织制定符合本单位实际的灭火应急疏散预案，并实施演练。

根据《机关、团体、企业、事业单位消防安全管理规定》，单位可以根据需要确定本单位的消防安全管理人。消防安全管理人对单位的消防安全责任人负责，实施与

组织落实以下消防安全管理工作。

一要拟订年度消防工作计划，组织实施日常消防安全管理工作。

二要组织制定消防安全制度，保障消防安全的操作规程并检查督促其落实。

三要拟订消防安全工作的资金投入和组织保障方案。

四要组织实施防火检查和火灾隐患整改工作。

五要组织实施对本单位消防设施、灭火器材和消防安全标志的维护保养，确保其完好有效，确保疏散通道和安全出口畅通。

六要组织管理专职消防队和义务消防队。

七要在员工中组织开展消防知识、技能的宣传教育和培训，组织灭火和应急疏散预案的实施和演练。

八要单位消防安全责任人委托的其他消防安全管理工作。

消防安全管理人应当定期向消防安全责任人报告消防安全情况，及时报告涉及消防安全的重大问题。未确定消防安全管理人的单位，前款规定的消防安全管理工作由单位消防安全责任人负责实施。

实行承包、租赁或者委托经营、管理时，产权单位应提供符合消防安全要求的建筑物，当事人在订立的合同中根据有关规定明确各方的消防安全责任；消防车通道、涉及公共消防安全的疏散设施和其他建筑消防设施应当由产权单位或者委托管理的单位统一管理。承包、承租或受委托经营、管理的单位，在其使用、管理范围内履行消防安全职责。对于有两个以上产权单位及使用单位的建筑物，各产权单位、使用单位对消防车通道、涉及公共消防安全的疏散设施以及其他建筑消防设施应当明确管理责任，可以委托统一进行管理。

根据《机关、团体、企业、事业单位消防安全管理规定》，居民住宅区的物业管理单位应当在管理范围内履行以下消防安全职责。

一要制定消防安全制度，落实消防安全责任，开展消防安全宣传教育。

二要开展防火检查，消除火灾隐患。

三要保障疏散通道、安全出口、消防车通道畅通。

四要保障公共消防设施、器材以及消防安全标志完好有效。

其他物业管理单位应当对受委托管理范围内的公共消防安全管理工作负责。

焰火晚会、集会、灯会等具有火灾危险的大型活动的主办单位、承办单位以及提供场地的单位，在订立的合同中应明确各方的消防安全责任。

建筑工程施工现场的消防安全由施工单位负责。实行施工总承包的，由总承包单位负责。分包单位向总承包单位负责，服从总承包单位对施工现场的消防安全管理。

对建筑物进行局部改建、扩建以及装修的工程，在订立的合同中，建设单位应当与施工单位明确各方对施工现场消防安全责任。

五、消防安全管理的方针

《消防法》第二条规定，我国消防安全管理实行"预防为主，防消结合"的方针，《机

关、团体、企业、事业单位消防安全管理规定》规定，贯彻预防为主、防消结合的消防工作方针。"预防为主、防消结合"的消防安全管理方针准确、科学地体现了对火灾的预防与扑救之间的辩证关系，正确地反映出同火灾作斗争的客观规律，这是我国人民长期同火灾作斗争的经验总结，它正确地、全面地反映了消防工作的客观要求。

（一）"预防为主"

"预防为主"是指在消防安全管理工作的指导思想上，将预防火灾放在首位，立足于防，动员、依靠各行各业的人民群众，贯彻落实各项防火的行政措施、技术措施以及组织措施，从根本上预防火灾的发生和发展。火灾是可以预防的，只要在思想上、管理上、物质上落实，就可以从根本上取得同火灾斗争主动权。

（二）"防消结合"

"防消结合"指的是同火灾作斗争的两个基本手段—预防和扑救，将它们有机地结合起来，做到相辅相成、互相促进。"防消结合"要求在做好防火工作的同时，还要大力加强消防队伍的建设，在思想上、组织上、技术上积极做好各项灭火准备，一旦发生火灾，能够迅速有效地予以扑灭，最大限度地减少火灾所导致的人身伤亡和物质损害。要加强国家综合性消防救援队、企业事业专职消防队和义务消防队的建设，搞好技术装备的配备，强化消防基础设施建设，致使灭火能力得到提高。

六、消除安全管理的原则

任何一项管理活动都必须遵循一定的原则。依据我国消防安全管理的性质，消防安全管理除应遵循普遍政治原则和科学管理原则外，还必须遵循下列特有原则。

（一）统一领导，分级管理

根据消防安全管理的性质与消防实践，我国的消防安全管理实行统一领导，即实行统一的法律、法规、方针、政策，以确保全国消防管理工作的协调一致。但是，我国是一个人口众多、地域广阔的国家，各地经济、文化以及科技发展不平衡，发生火灾的具体规律和特点也不同，不可能用一个统一的模式来管理各地区、各部门的消防业务。所以，必须在国家消防主管部门的统一领导下，实行纵向的分级管理，赋予各级消防管理部门一定的职责及权限，调动其积极性与主动性。

（二）专门机关管理与群众管理相结合

各级公安消防监督机构是消防管理的专门机关，其担负着主要的消防管理职能，但是消防工作涉及各行各业、千家万户，消防工作与每一个社会成员息息相关，如果不发动群众参与管理，消防工作的各项措施就很难落实。只有坚持在专门机关组织指导下群众参加管理，才能够卓有成效地搞好这一工作。

（三）安全与生产相一致

安全和生产是一个对立统一的整体。安全是为了更好地生产，生产必须要以安全为前提，二者不可偏废。公安消防监督机关在消防管理中，要认真坚持安全与生产相一致的原则，对机关、团体、企业以及事业单位存在的火险隐患决不姑息迁就，而应积极督促其整改，使安全与生产同步前进。若忽视这一点，则会导致很大的损失。

（四）严格管理、依法管理

由于各种客观因素的存在，一部分单位与个人往往对消防安全的重要性认识不足，存在着对消防安全不重视的现象，导致大量的火险隐患得不到发现或发现后不能及时进行整改。为了减少和消除引发火灾的各种因素，消防管理组织尤其是公安消防监督机构本着严格管理的原则，对所有监督管理范围内的单位、部门以及区域的消防安全提出严格的要求，发现火险隐患严格督促检查、整改。

依法管理，就是要依照国家司法机关和行政机关制定与颁布的法律、法规以及规章等，对消防事务进行管理。消防管理要依法进行，这是由于火灾的破坏性所决定的。火灾危害社会安宁，破坏人们正常的生产、工作以及生活秩序，这就需要有强制性的管理措施才能够有效地控制火灾的发生。而强制性的管理又必须有法律作后盾，因此消防安全管理工作必须坚持依法管理的原则。

第二节　消防安全管理与制度

一、消防安全管理制度

①消防管理制度。

②动用明火管理制度。

③防水作业的防火管理制度。

④仓库防火制度。

⑤宿舍防火制度。

⑥食堂防火制度。

⑦各级灭火职责及管理制度。

⑧雨期施工防火制度。

⑨施工现场消防管理规定。

⑩木工车间（操作棚）防火规定。

⑪冬季防火规定。

⑫吸烟管理规定。

⑬防火责任制。

⑭安全疏散设施管理制度

二、消防安全管理制度示例

（一）消防安全管理制度

为加强内部消防工作，保障施工安全，保护国家和人民的生命财产安全，根据中华人民共和国国务院令（第421号）、市政府 *XX* 号令精神特制定本规定。

一是施工现场禁止吸烟，现场重点防火部位按规定合理配备消防设施和消防器材。

二是施工现场不得随意动用明火，凡施工用火作业必须在使用之前报消防部门批准，办理动火证手续并有看火人监视。

三是物资仓库、木工车间、木料及易燃品堆放处、油库处、机械修理处、油漆房、配料房等部位严禁烟火。

四是职工宿舍、办公室、仓库、木工车间、机械车间、木工工具房不得违反下列规定：

第一，严禁使用电炉取暖、做饭、烧水，禁止使用碘钨灯照明，宿舍内严禁卧床吸烟。

第二，各类仓库、木工车间、油漆配料室冬季禁止使用火炉取暖。

第三，严禁乱拉电线，如需者必须由专职电工负责架设，除工具室、木工车间（棚）、机械修理车间、办公室、临时化验室使用照明灯泡不得超过150*W* 外，其他不得超过60*W*。

第四，施工现场禁止搭易燃临建和防晒棚，禁止冬季用易燃材料保温。

第五，不得阻塞消防车通道，消火栓周围3*m* 内不得堆放材料和其他物品，禁止动用各种消防器材，严禁损坏各种消防设施、标志牌等。

第六，现场消防竖管必须设专用高压泵、专用电源，室内消防竖管不得接生产、生活用水设施。

第七，施工现场的易燃易爆材料要分类堆放整齐，存放于安全可靠的地方，油棉纱与维修用油应妥善保管。

第八，施工和生活区冬季取暖设施的安装要求应按有关冬季施工的防火规定执行。

（二）动用明火管理制度

1. 项目部各部门、分包、班组及个人

凡由于施工需要在现场动用明火时，必须事先向项目部提出申请，经消防部门批准，办理用火手续之后方可用火。

2. 对各种用火的要求

（1）电焊

操作者必须持有效的电焊操作证，在操作之前必须向经理部消防部门提出申请，经批准并办理用火证后，方可按用火证批准栏内的规定进行操作。操作之前，操作者必须对现场及设备进行检查，严禁使用保险装置失灵、线路有缺陷及有其他故障的焊机。

（2）气焊（割）

操作者必须持有气焊操作证，在操作前首先向项目部提出申请，通过批准并办理用火证后，方可按用火证批准栏内的规定进行操作。在操作现场，乙炔瓶、氧气瓶及

焊枪应呈三角形分开，乙炔瓶与氧气瓶之间的距离不得小于5m，焊枪（着火点）同乙炔、氧气瓶之间的距离不得小于10m，禁止将乙炔瓶卧倒使用。

（3）因工作需要在现场安装开水器

必须经相关部门同意方可安装使用，用电地点禁止堆放易燃物。

（4）在使用喷灯、电炉和搭烘炉时

必须通过消防部门批准，办理用火证方可按用火证上的具体要求使用。

（5）安装冬季取暖设施时

必须经消防部门检查批准之后方可进行安装，在投入使用前须经消防部门检查，合格后方可使用。

（6）施工现场内严禁吸烟

吸烟应到指定的吸烟室内，烟头必须放入指定水桶内，且禁止随地抛扔。

（8）施工现场内需进行其他动用火作业时

必须经过消防部门批准，在指定的时间、地点动火。

（三）防水作业的防火管理制度

1.使用新型建筑防水材料进行施工之前

必须有书面的防火安全交底。较大面积施工时，要制定防火方案或措施，报上级消防部门审批之后方可作业。

2.施工前应对施工人员进行培训教育

了解掌握防水材料的性能、特点及灭火常识、防火措施，做到"三落实"，即人员落实、责任落实、措施落实。

3.施工时

应划定警戒区，悬挂明显的防火标志，确定看火人员和值班人员，明确职责范围，警戒区域内严禁烟火，不准配料，不准存放使用数量以外的易燃材料。

4.在室内作业时

要设置防爆、排风设备以及照明设备，电源线不得裸露，不可用铁器工具，并避免撞倒，防止产生火花。

5.施工时应采取防静电设施

施工人员应穿防静电服装，作业后警戒区应有确保易燃气体散发的安全措施，避免静电产生火花。

（四）仓库防火制度

1.认真贯彻执行公安部与上级有关制度

制定本部门防火措施，完善健全防火制度，做好材料物资运输和存放保管中的防火安全工作。

2.对易燃、易爆等危险及有毒物品

必须按照规定保管，发放要落实专人保管，分类存放，防止爆炸及自燃起火。

3.对所属仓库和存放的物资

要定期开展安全防火检查，及时将安全隐患清除。

4. 仓库要按规定配备消防器材

定期检修保养，保证完好有效，库区要设明显的防火标志、责任人严禁吸烟及明火作业。

5. 仓库保管员是本库的兼职防火员

对防火工作负直接责任，必须严格遵守仓库有关的防火规定，上班前对本库进行仔细检查，没有问题时，锁门断电方可离开。

（五）食堂防火制度

1. 食堂的搭设应采用耐火材料

炉灶应同液化石油气罐分隔，隔断应用耐火材料。炉灶和气罐的距离不小于 $2m$，炉灶周围严禁堆放易燃、易爆、可燃物品。

2. 食堂内的煤气及液化气炉灶等

各种火种的设备要有专人负责。

3. 一旦发现液化气泄漏应立即停止使用

将火源关灭，拧紧气瓶阀门，打开门窗进行通风，并立即报告有关领导，设立警戒，远离明火，立即维修或更换气瓶。

4. 炼油或油炸食品时

油温不得过高或跑油，设置看火人，不得远离岗位。

5. 食堂内要保持所使用的电器设备清洁

应做防湿处理，必须保持良好绝缘，开关、闸刀要安装在安全的地方，并设立专用电箱。

6. 炊事班长应在下班前负责安全检查

确认没有问题时，应熄火、关窗、锁门后方可下班。

（六）宿舍防火制度

第一，宿舍内不得使用电炉和 $60W$ 以上白炽灯及碘钨灯照明及取暖，不准私自拉接电源线。

第二，不准卧在床上吸烟，火柴、烟头、打火机不得随便乱扔，烟头要熄灭，放进烟灰缸里。

第三，宿舍区域内严禁存放易燃、易爆物品，宿舍内禁止用易燃物支搭小房或隔墙。

第四，冬季取暖需用炉火或电暖器时，必须经消防部门批准、备案后方可使用，禁止在宿舍内做饭或生明火。

第五，宿舍区应配备足够的灭火器材和应急消防设施。

（七）各级负责人灭火职责

1. 灭火作战总指挥的职责

接到报警后，迅速奔赴火灾现场，依据火场情况，组织指挥灭火，制定灭火措施，

控制火势蔓延，并且对火场情况做出判断。

2.物资抢救负责人的职责

带领义务消防队，组成物资抢救队伍，将现场物资材料及时运到安全地点，将损失减少到最低程度。

3.灭火作战负责人的职责

积极组织义务消防队伍，动用现场消防器材和设施行灭火作业。

4.人员救护负责人的职责

率领义务人员、红十字会成员及其他人员，负责伤员的救护以及运送工作。

5.宣传联络负责人的职责

负责及时传达总指挥的命令和各组的信息反馈工作，依据中心任务，对广大职工进行宣传教育，鼓舞斗志；迅速拨打火警电话，并到路口迎接消防车辆，协助警卫人员维护火场秩序，疏导围困人员至安全地点。

6.后勤供应负责人的职责

负责车辆、消防器材及各种必要物资的供应工作，确保灭火作战人员的茶水、食品、毛巾充足，做好后勤保障。

（八）雨期施工防火制度

第一，施工现场禁止搭设易燃建筑，搭设防晒棚时，必须符合易燃建筑防火规定。

第二，施工现场、库房、料厂、油库区、木工棚、机修汽修车间、喷漆车间部位，未经批准，任何人不得使用电炉和明火作业。

第三，易燃易爆、化学、剧毒物品应设专人进行管理，使用过程中，应建立领用、退回登记制度。

第四，散装生石灰不要存放在露天及可燃物附近。袋装生石灰粉不得储存于木板房内。电石库房使用非易燃材料建筑，应同用火处保持 $25m$ 以上距离。对零星散落的电石，必须随时随地清除。

第五，高层建筑、高大机械（塔吊）、卷扬机和室外电梯、油罐及电器设备等必须采取防雷、防雨、防静电措施。

第六，室内外的临时电线，不得随地随便乱拉，应架空，并且接头必须牢固包好；临时电闸箱上必须搭棚，防止漏雨。

第七，加强各种消防器材的雨期保养，要做到防雨、防潮。

第八，冬季施工保温不得采用易燃品。

（九）施工现场消防管理规定

第一，施工人员入场前，必须持合法证件到经理部保卫部门登记注册，经入场教育，办理现场出入证之后方可进入现场施工。

第二，易燃易爆、有毒等危险材料进场，必须提前以书面形式报消防部门，报告要写明材料性质、数量及将要存放的地点，经保卫负责人确认安全之后方可限量进入现场。

第三，在施工现场不得随意使用明火，凡施工用火，必须经消防部门批准办理动火手续，同时自备灭火器并设专职看火人员。

第四，施工现场严禁吸烟，现场各部位按照责任区域划分，各单位自觉管理，自备足够的消防器材和消防设施，并各自做好灭火器材的维护、维修工作。

第五，未经项目部、消防部批准，施工单位或者个人不得在施工现场、生活区以及办公区内使用电热器具。

第六，施工现场所设泵房、消火栓、灭火器具、消防水管、消防道路、安全通道防火间距以及消防标志等设施，禁止埋压、挪用、圈占、阻塞、破坏。

第七，工程内、现场内部由于施工需要支搭简易房屋时，应报请项目工程部、消防部，经批准后按要求搭设。

第八，现场内临时库房或者可燃材料堆放场所按规定分类码放整齐，并悬挂明显标志，配备相应的消防器材。

第九，工程内严禁搭设库房，严禁存放大量可燃材料。

第十，工程内不准住人，确因施工需要，必须经项目部及安全部消防负责人同意、批准后，按照要求进住。

第十一，施工现场、宿舍、办公室、工具房、临时库房、木工棚等各类用电场所的电线，必须由电工敷设、安装，不得随意私拉乱接电线。

第十二，冬季施工保温材料的购进。

第十三，各分包、外协力量要确定一名专职或者兼职安全员，负责本单位的日常防火管理工作。

第十四，遇有国家政治活动期间，各分包应服从项目统一指挥、统一管理，并且严格遵守项目部制定的"应急准备和响应"方案。

（十）木工车间（操作棚）防火规定

第一，木工车间和工棚的建筑应耐火。

第二，木工车间、木工棚内严禁吸烟及明火作业。车间内禁止使用电炉，不许安装取暖火炉。

第三，木工车间、木工棚的刨花、木屑、锯末、碎料，每天随时清理，集中堆放到指定的安全地点，做到工完场清。

第四，熬胶用的炉火，要设在安全地点，落实专人负责。使用的酒精、汽油、油漆、稀料等易燃物品，要定量领用，必须专柜存放、专人管理。油棉丝、油抹布禁止随地乱扔，用完后应放在铁桶内，定期处理。

第五，必须保持车间内的电机、电闸等设备干燥清洁。电机应采取封闭式，敞开式的电机应设防护罩。电闸应安装在铁皮箱内并加锁。

第六，车间内必须设一名专人负责，下班前进行详细检查，确认安全，断电、关窗以及锁门后方可下班。

（十一）吸烟管理规定

第一，施工现场禁止吸烟，禁止在施工和未交工的建筑物内吸烟。

第二，吸烟者必须到允许吸烟的办公室或者指定的吸烟室吸烟，允许吸烟的办公室要设置烟灰缸，吸烟室要设置存放烟头及烟灰和火柴棍的用具。

第三，在宿舍或休息室内不准卧床吸烟，烟灰、火柴棍不得随地乱扔，禁止在木料堆放地、材料库、木工棚、电气焊车间、油漆库等部位吸烟。

（十二）冬季防火规定

第一，施工现场生活区、办公室取暖用具，需经主管领导及消防部门检查合格，持合格证方准安装使用，并设专人负责，制定必要的防火措施。

第二，严禁用油棉纱生火，禁止在生火部位进行易燃液体、气体操作，无人居住的部位要做到人走火灭。

第三，木工车间、材料库、清洗间、喷漆（料）配料间，并禁止吸烟及明火作业。

第四，在施工程内一律不准暂设用房，不准使用炉火和电炉、碘钨灯取暖。若因施工需要用火，生产技术部门应制定消防技术措施，将使用期限写入设施方案，并且经消防部门检查同意后方可用火。

第五，各种取暖设施上严禁存放易燃物。

第六，施工中使用的易燃材料要控制使用，专人管理，不准积压，现场堆放的易燃材料必须满足防火规定，工程使用的木方、木质材料应码放在安全地方。

第七，保温须用岩棉被等耐火材料，禁止使用草帘、草袋、棉毡保温。

第八，常温后，应立即停止保温，将生活取暖设施拆除。

（十三）防火责任制

1.项目部主要负责人防火责任制

项目主要负责人为消防工作第一责任人、主要负责人，直接指导消防保卫工作。

一是组织施工和工程项目的消防安全工作，按照领导责任指挥和组织施工，要遵守有关消防法规和内部规定，逐级落实防火责任制。

二是把消防工作纳入施工生产全过程，认真落实保卫方案。

三是施工现场易燃暂设支架应符合要求，支搭前应经消防部门审批同意之后方可支搭。

四是坚持周一防火安全教育，周末防火安全检查，及时整改隐患，对于难以整改的问题，应积极采取临时安全措施，及时汇报给上级，不准强令违章作业。

五是加强对义务消防组织的领导，组织开展群防活动，并保护现场，协助事故调查。

2.项目部副经理防火责任制

一是对项目分管工作负直接领导责任，协助项目经理认真贯彻执行国家、市有关消防法律、法规，并落实各项责任制。

二是组织施工工程项目各项防火安全技术措施方案。

三是组织施工现场定期的防火安全检查，对检查出的问题要定时、定人、定措施予以解决。

四是组织义务消防队的定期学习、演练。

五是组织实施对职工的安全教育。

六是协助事故的调查，发生事故时组织人员抢救，并且保护好现场。

3. 项目部消防干部责任制

一是协助防火负责人制定施工现场防火安全方案及措施，并督促落实。

二是纠正违反法律、规章的行为，并报告给防火负责人，并提出对违章人员的处理意见。

三是对重大火险隐患及时提出消除措施的建议。

四是配备、管理消防器材，建立防火档案。

五是组织义务消防队的业务学习及训练。

六是组织扑救火灾，保护火灾现场。

4. 项目技术部防火责任制

一是依据有关消防安全规定，编制施工组织设计与施工平面布置图，应有消防车通道、消防水源，易燃易爆等危险材料堆放场，临建的建设要满足防火要求。

二是施工组织设计需有防火技术措施。对施工过程中的隐蔽项目及火灾危险性大的部位，要制定专项防火措施。

三是讨论施工组织设计及平面图时，应通知消防部门参加会审。

四是施工现场总平面图要注明消防泵、竖管及消防器材设施的位置及其他各种临建位置。

五是设计消防竖管时，管径不小于100mm。

六是施工现场道路须循环，宽度不小于3.5m。

七是做防水工程时，要有针对性的防火措施。

5. 项目土建工程部防火责任制

一是对负责组织施工的工程项目的消防安全负责，在组织施工中要遵守有关消防法规及规定。

二是在安排工作的同时要有书面的消防安全技术交底，并采取有效的防火措施，不准强令违章作业。

三是坚持周一进行防火安全教育，并且及时整改隐患。

四是在施工、装修等不同阶段，要有书面的防火措施。

6. 项目综合办公室防火责任制

一是负责本部门、本系统的安全工作，对食堂、生活用取暖设施及工人宿舍等要建立防火安全制度。

二是对所属人员要经常进行防火教育，建立记录，增强安全意识。

三是定期开展防火检查，及时将安全隐患清除掉。

四是生产区支搭易燃建筑，应符合防火规定。

五是仓库的设置与各类物品的管理必须符合安全防火规定，且配备足够的器材。

7.电气维修人员防火责任制

一是电工作业必须遵守操作规范及安全规定，使用合格的电气材料，依据电气设备的电容量，正确选择同类导线，并且安装符合容量的保险丝。

二是所拉设的电线应符合要求，导线与墙壁、顶棚以及金属架之间保持一定距离，并加绝缘套管，设备与导线、导线与导线之间的接头要牢固绝缘，铅线接头要有铜铅过渡焊接。

三是定期检查线路、设备，对老化及残缺线路要及时更新，通常情况下不准带电作业及维修电气设备，安装设备要接零线保护。

四是架设动力线不乱拉、不乱挂，经过通道时要加套管，通过易燃场所时应设支点、加套塑料管。

五是电工有权制止乱拉电线人员，有权制止非电工作业，有权禁止未经批准使用电炉。

8.油漆工防火责任制

一是油漆、调漆配料室内严禁吸烟，明火作业以及使用电炉要经消防部门批准，并配备消防器材。

二是调漆配料室要有排风设备，保持良好通风，稀料与油漆分库存放。

三是调漆应在单独房间进行，油漆库和休息室分开。

四是室内电器设备要安装防爆装置，电闸安装在室外，下班时随手拉闸断电。

五是用过的油毡棉丝、油布以及纸等应放在金属容器内，并及时清理排风管道内外的油漆沉积物。

9.分包队伍及班、组消防工作责任制

一是对本班、组的消防工作负全面责任，自觉遵守相关消防工作法规制度，将消防工作落实到职工个人，实行分片包干。

二是将消防工作纳入班组管理，分配任务要进行防火安全交底，且坚持班前教育、下班检查活动，消防检查隐患做到不隔夜，杜绝违章冒险作业。

三是支持义务消防队员和积极参加消防学习训练活动，发生火灾事故立即报告，并且组织力量扑救，保护现场，配合事故调查。

10.职工个人防火安全责任制

一是负责本岗位上的消防工作，学习消防法规和内部规章制度，提高法制观念，积极参加消防知识学习、训练活动，做到熟知本单位、本岗位消防制度，发生火灾事故会报警（火警电话119），并且会使用灭火器材，积极参加灭火工作。

二是工作生产中必须遵守本单位的安全操作规程及消防管理规定，随时对自己的工作生产岗位周围进行检查，保证不发生火灾事故、不留下火灾隐患。

三是勇于制止和揭发违反消防管理的行为，遇到火灾事故要奋力扑救，并注意保护现场。

11.易燃、易爆品和作业人员防火责任制

一是焊工必须经过专业培训掌握焊接安全技术，并经过考试合格之后持证操作，非电焊工不准操作。

二是焊割前应经本单位同意，消防负责人检查批准申请动火证，方可操作。

三是焊割作业之前要选择安全地点，焊割前仔细检查上下左右情况及设备安全情况，必须将周围的易燃物清理掉，对不能清理的易燃物要用水浇湿或者用非燃材料遮挡，开始焊割时要配备灭火器材，有专人看火。

四是乙炔瓶、氧气瓶不准存放在建筑工程内，在高空焊割时，不准放于焊接部位下面，并保持一定的水平距离，回火装置及胶皮管发生冻结时，只能用热水和蒸汽解冻，禁止用明火烤、用金属物敲打，检查漏气时严禁用明火试漏。

五是气瓶要装压力表，搬运时严禁滚动、撞击，夏季不可暴晒。

六是电焊机和电源符合用电安全负荷，严禁使用铜、铁、铝线代替保险丝。

七是电焊机地线不准接在建筑物、机械设备及金属架上，必须设置接地线，不得借路。地线要接牢，在安装时要注意正负极不要接错。

八是不准使用有故障的焊割工具。电焊线不要接触有气体的气瓶，也不要与气焊软管或气体导管搭接。氧气瓶管、乙炔导管不得从生产、使用、储存易燃易爆物品的场所或者部位经过。油脂或粘油的物品严禁与氧气瓶、乙炔气瓶导管等接触。氧气、乙炔管不能混用（红色气管为氧气专用管；黑色气管为乙炔专用管）。

九是焊割点火前要遵守操作规程，焊割结束或者离开现场前，必须切断气源、电源，并仔细检查现场，消除火险隐患，在屋顶隔墙的隐蔽场所焊接操作完毕半小时内要复查，避免自燃问题发生。

十是焊接操作不准与油漆、喷漆等易燃物进行同部位、同时间、上下交叉作业。

十一是当遇到5级以上大风时，应立即停止室外电气焊作业。

十二是施工现场动火证在一个部位焊割一次，申报一次，不可以连续使用。

十三是禁止在下列场所及设备上进行电、气焊作业。

生产、使用、存放易燃易爆和化学危险品的场所及其他禁火场所。

密封容器未开盖的，盛过或者存放易燃可燃气体、液体的化学危险品的容器，以及设备未经彻底清洗干净处理的。

场地周围易燃物、可燃物太多不能清理或者未采取安全措施，无人看火监视的。

（十四）看火人员（包括临时看火人员）防火责任制

一是动火须通过消防部门审批，办理动火证，看火人员要了解动火部位环境。

二是动火前要认真清理动火部位周围的易燃物，不能清理的要用水浇湿或者用非燃材料遮盖。

三是高空焊接、夹缝焊接或者邻近脚手架上焊接时，要铺设接火用具或用石棉布接火花。

四是准备好消防器材及工具，做好灭火准备工作。

五是使用碎木料明火作业时，炉灶要远离木料1.5m之外。

六是焊接和明火作业过程中，要随时检查，不得擅离职守。动火完毕应认真检查，确认没有危险后才可离去。

七是看火人员严禁兼职，必须专人，一旦起火要立即呼救、报警且及时扑救。

第三节 消防管理及日常工作

一、消防管理标准化体系的构建与运行

（一）含义

消防管理标准化体系是建立消防评价指标体系和消防管理认证制度的基础和前提，它运用了全新的消防管理模式、标准化的管理理念和系统化的管理思想来全面提升消防管理水平，有力推动企业贯彻执行消防相关法律法规和规章制度。同时，也便于有关消防标准的执行，使消防安全管理由被动行为转化为主动行为，为企业消防管理事业提供科学的内部监督管理保障。

作为管理体系中一项非常重要的内容，消防管理标准化运用了现代化管理模式来控制火灾风险、改进消防安全管理绩效、提高火场救援和火灾防控能力；并将消防安全管理工作中的目标的确定、人员的职责的执行、火灾隐患的排查及整改、火场救援、人员疏散以及消防宣传教育培训等过程管理实行规范化、制度化和标准化。

（二）消防管理标准化的相关理论概述

1.标准及标准化的相关含义

（1）标准

标准最初意为目的，也就是"标靶"的意思。其后根据标靶本身的特性，将标准衍生为"如何区分与其他事物的规则"的意思。后来又衍生为"用来判定技术或成果好坏的根据"，再将其广泛化就得到了"用来判断是否是某一事物的根据"的意思。从技术意义上分析，标准则是一种以确保服务、过程、产品甚至材料等是否符合要求而统一以文件形式发布的协定，其内容有为规范某一范围内的各项活动或产生的结果制定的各项规则、导则以及对某一活动或事物特定定义下的技术规范等等。

（2）标准化

标准化的定义则是"在一定范围内，为了获得最佳秩序，制定对现实问题或潜在问题都能够共同和重复使用的条款的活动"。它是通过执行标准、发布标准、然后再实施标准的方式，让处于科学、经济、管理和技术等社会实践中的重复性事件能够达到统一，以此来实现最佳秩序和效益。例如，一个企业单位实施标准化就是该企业为达到最佳生产经营秩序和获得最佳经济效益的目标，在生产经营活动过程中，严格将国家、行业和地方发布的各项标准贯彻落实，并制定和实施本企业标准。

标准化是制定、发布和实施标准所开展的一系列活动，这一系列活动会随着科学、管理、经济以及技术的进步，新材料、新产品、新技术的引入，形成一种不断循环、呈螺旋式上升的活动过程，并在这个过程中不断得到提高和完善。

2.消防管理标准化

消防管理标准化工作，是按照相关标准规定明确各管理内容是否满足规范、标准

规定，确保企业、单位的消防管理状态是否有效。同时，消防管理标准化也是企业在生产生活管理过程中，认真负责的贯彻执行我国各级和各部门的消防法律、法规，以及各种规程、规章和标准，并以这些法规为基础，结合自身特点制定出在消防管理方面的办法和标准，将其制定成文字性文件，并在消防管理过程中贯彻实施。消防管理标准化主要是借鉴和吸收发达国家的 *HSE* 管理体系（*health*、*safety*、*environment*）和国内的职业健康安全管理体系的相关管理理念，以标准化的思想来将企业消防安全管理中的各种法律法规、规章制度系统化，构建一个大家共同参与，权责分明的管理模式。

（三）消防标准化管理构建路线

1. 消防管理标准化的目标

（1）全面实现消防管理标准化达标

通过在各个领域全面推行消防管理标准化工作，力争在最短的时间内，全面实现管理标准化。

（2）全面实现消防管理在本质上达标

通过开展消防管理标准化工作，实现从传统的经验型管理转变为现代化管理，从事后被动管理转变为事前主动管理，从"强制实施消防安全管理"向"积极实施消防安全管理"转变，并能够及时排查消除一般事故隐患，并能够整治和监控重大事故隐患，同时也能明显提高职工安全意识和操作技能，从而打造出本质安全的消防安全管理屏障。

（3）要实现全方位的排查和整改火灾隐患，降低火灾事故发生率

通过不断开展消防标准化工作，及时排查和整改火灾隐患，防范于未然。尽量防范消防安全事故能力不断加强，杜绝重大火灾事故，遏制较大火灾事故，控制一般火灾事故，最大程度地降低消防安全事故的发生，保障人们的生命财产安全。

（4）全面保证消防管理标准化持续有效

通过各个领域不断开展消防标准化工作，使人、物、以及管理的标准化进入规范化、常态化，建立一套科学完整的消防管理标准化体系，实现消防安全形势持续稳定好转。

2. 消防标准化管理的基本原则

（1）统筹规划管理，实施分步执行的原则

消防管理标准化建设工作按照统筹规划、分步实施的原则推进。所谓分部推进，主要可以分为以下四个阶段：第一阶段：宣传发动阶段。主要任务是统一认识，明确目标。第二阶段：启动实施阶段。主要任务是反思自查，加强管理。第三阶段：稳步推进阶段。主要任务是规范过程，管理达标。第四阶段：巩固提高阶段。主要任务是持续改进，常态发展。通过以上四步走战略，可以推动消防管理标准化建设工作呈阶梯状推进，最终达到既定标准。

（2）突出管理重点，注重管理实效的原则

消防管理标准化工作的开展还需要根据实际环境变化因地制宜地开展。而不同地区，不同企业因实际情况的不尽相同在实施过程中会存在一定差异。标准化实施过程中需要统筹考虑，注重实践。要重实际，做实事，结实果，而不是只做表面文章，为了达标而达。消防管理标准化建设可以以危险源辨识和风险评价为抓手，致力于隐患排查与治理，加强动火作业及物料存放的管理等，保证各方面的工作有程序规定，

按程序实施。如此，才能切实在事故预防方面取得实质性功效，体现"预防为主，防消结合"的消防工作方针。

（3）典型示范引路，企业全面推进的原则

企业可以通过采用消防管理标准化工作中表现突出的单位作为典型示范的办法，全面带动其他企业开展消防管理标准化工作，以示范单位为管理标准化模板，通过召开消防标准化现场展示宣讲会，用完整且实在的消防管理标准化工作成果来提醒并感染相关企业的各方面责任主体，使其接受并按要求去执行，由此形成以点带面，全面开展消防管理标准化工作。

（4）企业自主管理，政府鼓励推动的原则

企业是实施消防管理标准化的主体，消防管理离不开企业，企业通过执行标准来实现消防管理标准化，同时也通过提高企业的消防管理水平来获得效益。企业通过加强对各方责任主体的落实，实施自主管理的模式，通过采取绩效考核、教育培训等激励和引导措施，全面调动员工的工作积极性，将消防管理标准化工作做到全员积极参与、形成良性互动、并持续改进。而政府消防相关部门主要负责监督鼓励职能，全面指导企业推进消防管理标准化工作。

3.消防标准化管理体系构建的主要路线

要构建一套完整的消防管理标准化体系，确定一条有效的构建路线非常重要。

（1）成立健全的消防组织机构

组织机构是完成有一定目标活动的保障。建立合理的消防组织机构能够有效的保障消防管理标准化实施。消防管理标准化组织机构的健全与否，是否明确与落实消防管理标准化组织机构中各级人员的职责与权限界定，直接关系到企业消防管理标准化工作是否能够全面开展以及消防管理标准化体系是否能够有效运行。

（2）确定消防管理标准化目标

目标管理在消防标准化管理工作中的具体应用，是单位消防管理责任人抓好消防管理工作的关键。良好的管理目标能够调动员工做好消防管理工作的积极性、主动性，同时也能推消防管理责任制的落实。

（3）制定管理制度

管理制度是消防管理标准化的指导性文件，通过及时识别、获取相应的法律、法规以及规章制度才能保证管理制度的时效，有效的改进消防管理制度体系。

（4）组织消防教育和培训

消防教育培训是对消防管理主体消防意识和消防技能的提升，只有保障了管理与被管理人员的消防意识和消防技能，才能保障消防管理标准化体系的有效运行。

（5）加强消防作业现场管理、保障消防设备设施的维护管理

消防作业现场管理以及保障合理消防设备设施的维护管理是消防标准化管理的重点内容，保证了消防作业现场的管理秩序、对消防设备设施进行合理的维护和管理，那么才能保证消防标准化管理体系的有效运行。

（6）现场检查和巡查

现场检查和巡查是实现火灾隐患排查的方法和手段，只有确定标准的检查和巡查

方案，并按照方案严格执行，才能确保体系的运行状态持续有效。

（7）自评

自评就是企业内部管理人员对消防标准化管理体系的执行情况进行评价，及时排查出隐患并予以整改，以确保其管理满足标准化管理要求。

（8）隐患整改

通过自评找出体系中存在的火灾隐患，对隐患提出整改意见并予以整改。这个环节是管理标准化体系中的核心环节，它决定一个管理体系能否达到标准化要求的重要标志。

（9）考评

考评是消防相关部门对企业单位消防管理标准化状态的考核，通过对文件档案的评审和消防现场管理的巡查来评判一个企业是否达到消防管理标准化状态。

（10）备案

公司通过考评，然后把结果报送到相关管理机构备案。

（四）消防管理标准化体系的构建

为了满足当前消防管理的要求，提升企业的消防管理现状，提高人员的消防管理工作能力，构建适用于现代化消防管理的消防管理标准化体系。

1.消防管理标准化体系的内容

从目前社会的消防管理现状来看，建立一套较完整的消防管理标准化体系是时势所需。为了避免火灾事故的发生，我们尽量采取一系列有效的方法在萌芽阶段将各类消防隐患消除，保证即使在火灾发生时我们也应当有足够的能力在火灾发生初期将火灾消灭。面对复杂的消防形势，从制度、人员、管理以及技术四个方面入手采取防控措施，建立一套具有消防特色的消防管理标准化体系。只有当制度、人员、管理及技术四个方面同时达到标准状态，消防管理体系才能达到最优，由此完善这四个方面的内容是实现消防管理标准化最有效的手段。

（1）制度是基础

当前，作为消防管理指导性文件的国家法律、法规、规章制度以及相应的管理办法等管理制度，其在消防管理体系中的作用是不容忽视的，因此制定一套完整的制度体系是消防管理标准化体系的核心内容。常言道："无规矩不成方圆"，消防管理标准化也不例外。对于消防管理标准化而言，除了应参照消防管理指导性文件以外，还应结合其自身的具体情况，如重大火灾隐患区域、重点防火岗位以及重点防火部位等应制定一系列特有的管理制度及预防措施，并严格要求在实际工作中按照相应的程序操作。

具体来说，消防管理标准化制度主要可以归纳为以下制度：

一是消防宣传教育培训制度，通过执行该制度来来提高员工的消防意识和消防技能。二是防火巡查和检查制度，通过执行该制度建立一套消防安全巡查和检查标准，并确保严格按照标准执行。三是疏散设施管理制度，通过执行该制度来保证建筑的安全疏散畅通、安全和有效状态。四是消防控制室值班制度，通过执行该制度来保证消防控制室处于良好的管理状态。五是火灾隐患整改制度，通过执行该制度来发现并及

时整改火灾隐患。六是消防设备设施维护管理制度，通过执行该制度来保证消防设施设备的完整及有效性。七是用火用电安全管理制度，通过执行该制度来保证用火用电的管理严格满足相关规范规定。八是专职和义务消防队的组织管理制度，通过执行该制度来保证消防组织力量的投入满足规定。九是用火用电用气设备采购制度，通过执行该制度来保障用火用电设备的引入。十是燃气及电气设备的检查管理制度，通过执行该制度来确保该设备的安全、有效状态。十一是灭火救援与应急疏散预案演练制度，制定消防应急预案及预警保障机制，确保在出现重大消防安全事故时不会出现人员慌乱，相关工作人员可以有章可依。十二是消防管理工作绩效评定制度，对于每次检查结果都依照相应的标准逐项对照，确认其是否符合规范，一旦发现火灾隐患则根据评分标准进行扣分，然后通过对比各单位最终得分与"安全奖"的得分，实现量化考核。

明确各项消防管理制度的内容，并监督各企业单位逐条落实以上十二项消防管理制度。将各项消防管理制度印发给每位员工学习，并将部分消防管理制度进行张贴、悬挂上墙。对单位的各项管理资料、台账的样式、内容和要求要统一。单位的消防档案由单位基本情况和内部管理情况两部分组成；消防控制室应保障其值班检查记录的内容，必须保证每天有记录。确保单位的组织机构健全、管理制度完善、场所的消防设备设施配置规范、开展的消防宣传教育培训合格，并保证其相关记录档案完整齐全。员工通过掌握管理制度的内容达到懂得判断火灾的危险性、懂得怎样采取措施预防火灾、懂得基本的火灾扑救方法、懂得怎样采取正确的火场逃生方法。

（2）人员是主体

在消防管理标准化体系中要遵循全员参与的原则，因为人员是管理的核心，在消防工作中，人的因素起着决定性作用。因此，不仅要从培训教育方面提高员工自身的防火意识，增强相应的消防技能；也要落实其相应的责任；同时要建立一支专职消防管理队伍，从主观防范和监督防范两个方面落实人员的消防意识。

一是落实逐级和岗位的消防职责，通过签署消防责任书，落实消防责任，提高各级以及各岗位人员的责任意识。让大家认识到自己承担的责任以及需要承担的后果。二是加强员工的消防知识教育培训，提高员工消防安全意识和技能，增强员工主观防范意识。要对全体员工实行相应的消防宣传教育，通过开展横幅展板宣传、组织消防知识培训、实施消防演习和典型案例讲解等方式提升广大员工的消防意识和技能，让全体员工认识到火灾事故造成的严重危害以及日常生活中存在的消防安全隐患，全面提升员工对消防安全的了解程度，培养员工的主观防火意识，形成人人参与消防管理的良好局面。三是组建一支专职的消防标准化管理队伍。消防标准化管理队伍建设，主要是指组建起一支既懂得消防专业知识和技能、熟悉和掌握消防设施设备的使用方法、通过考核并获得相应的从业资格证书，同时还具备一定的消防管理、宣传和教育能力，掌握必要的应对各种突发火灾事故措施的精干的专职消防队伍。这支队伍主要负责执行火灾隐患排查、消防设备设施的维护管理、消防系统调试检测等工作，确保所有消防设备设施能够真正使用起来，并确保企业消防全面管理。同时，可在企业内部建立全员参与的义务消防队，形成以点带面、点面结合的消防管理模式，最终将消防安全队伍发展成全面覆盖的网状结构。

（3）技术是保障

消防管理标准化体系中的技术不仅包括消防队伍中各人员工作素质、参与实际扑火所掌握的技术技能，还包括现代化防控火灾网络信息化程度，火灾风险评价分析、火灾预警等各方面的技术先进程度，以及消防设计、安装、检测等消防设备设施、材料研发技术。

一套有效且完善的消防管理标准化体系必须有技术作为后盾，技术是实现管理标准化的保障。技术主要体现在两个方面：一是防火控制和检查。为了保证能够有效的预防火灾的发生，必须保证消防设备实施处于正常状态。随着科学技术的发展，消防设施设备种类逐步增多，并且其功能也各不相同，由于许多消防设施设备在未发生火灾事故的日常生活中很容易被忽视，再加之很多地方缺乏相应的专业管理人员，对消防设备设施的维护和管理技术投入不够，因而不能保证消防设施设备的有效性。因此，防火控制和检查是技术投入的最基本的要求。防火控制就是为预防火灾提供设备设施保障，这部分的内容主要体现为是否按照规定设置消防设施、配备消防设备；消防设施设备是否符合相应标准等等。防火检查主要包括专项检查和日常检查，专项检查主要是针对火灾重点部位、火灾重点岗位或者重大火灾隐患区域是否存在不安全因素；日常检查就是对消防设施设备进行常规检查，及时发现需要维修或者过期需要更换的消防设备设施，以确保消防设备设施处于正常可运转状态。二是火灾响应。一旦火灾发生及时扑救也是技术投入的一个重要环节，及时发现和消灭已发生的火灾情况是火灾响应的主要内容。因此，设置专职消防队、培养专职消防技术人员都是实现火灾响应技术投入的重要部分。

（4）管理是核心

建立一套消防管理标准化体系的核心部分是管理，若对管理的投入不够，那么就很容易造成设施瘫痪或不能保证其有效的投入使用。管理对制度、人员和技术三个方面有着相当大的影响，它包括从建筑防火设计安装到日常消防监督检测、从消防知识宣传培训到消防队伍组织演练、从预警分析控制防范到应急消防救援灭火等全方位的组织管理。

2.消防管理标准化实施的方法

消防管理标准化主要是以企业、单位实行消防自主管理，具有相应资质的第三方指导咨询评价认证以及消防机构、政府职能部门监督的社会化模式实施。

（1）企业、单位全面负责消防工作，实行企业消防自主管理

目前，"典型引路"的方法在全国各地普遍被采用。该方法的实施办法是，通过在不同行业评选出消防管理工作表现突出的企业、单位，设置为示范单位。然后通过该示范单位的管理模式制作出管理样板，再推广到其他企业。推广的方式可以通过组织经验交流会或派出管理者做现场报告等。企业通过明确内部各部门成员管理职责，确定管理内容，实施管理工作。

（2）具有相应资质的第三方履行专业指导职能，参与协调指导评价认证

通过聘请具有资质的第三方指导完成自评，协助落实消防管理标准化建设。作为第三方的消防监督及咨询单位，主要是监督企业执行、落实消防管理标准化的相关部

门，其提供的主要包括软件性文件和硬件性现场实施情况的监督检测和指导。第三方履行的主要职能是"指导"，通过第三方专业性的指导，能更有效地协助企业完成消防管理标准化建设的相关工作以及及时排查和整改火灾隐患。

（3）消防机构及政府职能部门主要职能是监督

在消防管理标准化的宣传教育培训落实、火灾隐患排查整改、管理标准化建设自（考）评等工作中，消防机构、相关政府职能部门以及消防行业主管部门应根据企业特点，采取合适的方式对企业、单位实施监督职能。在评定要求严格的部位，实行消防管理标准化"一票否决制"。同时，消防机构、安监部门等消防监督执行机构应严格按照执法要求，对消防管理标准化工作落实不到位的、火灾隐患排查整改不按规定的企业、单位执行全面监督鞭策的良好局面。

3. 消防管理标准化体系的运行模式

消防管理标准化体系的运行，是参照职业安全卫生管理体系（OSHMS）、环境管理体系（EMS）和质量管理体系（QMS）运行的方法，以消防管理标准化内容为主线，以过程管理为核心，根据 PDCA 循环的原理，通过计划、实施、检查和处理的步骤展开控制。消防管理标准化体系的运行状态和结果的信息应及时反馈。

（1）计划（Plan）

计划是一个管理体系运行的首要环节，消防管理标准化同样要通过制定方针、目标以及实现方针、目标的措施和方案，从而确定消防管理标准化的具体实施计划。计划的主要目标就是实现消防管理标准化，杜绝火灾事故的发生。

（2）实施（Do）

实施的内容主要有计划执行方案的交底和按计划规定的方法及要求实施活动两个环节。在消防标准化管理执行过程中，首先，要通过消防标准化管理计划的交底，然后再严格按照计划落实执行。其次，在执行消防管理标准化计划过程之中，还要以保证质量为基础，结合思想工作体系的相关内容，做好消防宣传教育培训工作；同时要依靠组织管理体系的力量，确定组织机构成员、相应的职责以及制定完整的管理制度。

（3）检查（Check）

检查就是看执行的情况是否严格按照计划实施，及时发现存在的偏差和问题。其内容主要表现在两个方面：一是否严格按照计划方案执行，实际条件是否改变，总结执行过程中存在的成功经验，查明执行偏离计划的原因。二是计划执行的结果，然后将实际工作结果与计划相对比，看作业人员是否按计划、标准和规程操作，实施结果是否与计划标准存在差异。

（4）处理（Action）

通过检查，对检查过程中积累的成功经验进行验证，提出肯定的结论制定成标准，以便于以后方便的运用相关成功检验和巩固检查结果；与此同时，应当对检查过程中出现的错误采取控制措施，通过积累经验避免相同错误的再次出现；而对于在检查过程中没有得到解决的问题，通过下一次循环再对其进行解决。

消防管理标准化也是按照 PDCA 循环运转，其过程是通过循环运转来提高企业的消防安全性能。PDCA 循环的特点主要表现在大环套小环、环环相扣，互相衔接、互

相促进如同上楼梯，形成完整的循环回路和不断往前推进等。

二、消防管理标准化体系评估指标研究

（一）概念

为了能够有效的实现消防管理标准化并及时发现并消除消防事故隐患，这里利用层次分析法（简称 *AHP*），对消防管理标准化体系进行了全面评价，并制定出消防管理标准化评分表。

首先，通过消防管理标准化体系的研究现状确定评估指标选取应遵循的原则；其次，根据消防管理标准化体系的相关内容，确定评估指标体系的构成要素，进而确定各个层次中具体的各项消防管理标准化评估指标；最后，综合消防管理标准化体系的相关概念，我们参照安全生产标准化中的相关内容，制定出具有消防特色的消防管理标准化评估指标体系并确定消防管理标准化体系评价等级，并计算出各指标的权重，制定出消防标准化评分表。具体步骤如下：

第一，确定指标的选取原则

第二，确定指标体系构成要素

第三，确定指标体系的内容；

第四，制定消防标准化评分表。

（二）评估指标的选取原则

目前消防管理作为一项重点安全管理环节，建立一套准确、完善、有效的消防管理标准化评价体系，是消防管理的时势所需，也是目前消防管理的关键。消防管理标准化评估指标所要遵循的原则主要有：全面性原则，独立性原则，时效性原则，目的性原则，定性分析和定量分析相结合的原则，可比性原则。

1.全面性原则

指标的选定是为了能够有效地评价消防管理标准化体系的消防安全水平，因此选定的指标要全面展开，能够完整的反映出体系的消防特色。

2.独立性原则

指标的选取应保持相互独立，尽量避免重复或交叉项的出现，应尽量满足每一项指标只能说明被评价对象某一方面的属性或特征。

3.时效性原则

所选指标不仅要在一定时期内反映其火灾安全性的变化，而且要保证在指标发生改变时也能适用，也就是所谓的适时性。

4.目的性原则

选定的指标要具有较强的目的性，能够很好的反映评价对象，反映评价系统的火灾安全性。

5.定性和定量相结合原则

指标体系应遵循尽可能量化的原则，对难以量化的重要指标可采用定性描述，但为了让这些指标都可以参与计算，必须采取某种方式将其进行量化。

6.可比性原则

尽可能选取以标准的形式展现的指标（像采用标准的名称、概念等等），要保证所选取的指标与其他指标的可比性。

此外，指标体系还应当遵循层次分明和简明科学等原则。在实际的指标体系评价中，评价指标的多少对指标体系的影响并不是特别大，其关键取决于评价指标对评价体系所起的作用。其基本的原则就是在实际评价中用尽量少的"主要"评价指标，然后按照某种原则筛选评价指标集合中可能存在的一些"次要"评价指标，在确定过程中分清主次，合理的组合成评价指标集合。

（三）评估指标体系构成要素设计

1.一级指标的构成分析

消防管理标准化体系的评估指标应全面反映管理内容中有涉及到消防的各个方面各项因素。由于消防管理标准化是一个比较全面的消防管理体系，需要考虑的因素很多，因此，按照不同层次和类别对各个因素进行分类，然后对其进行多级综合评价。根据各个因素的相互关联及作用情况分析，评价指标可以参照目前已经推行的安全生产标准化中的13个一级要素的选取原则，选取及总结细化出有消防特色的消防管理标准化评价指标。消防管理标准化评估体系由消防组织机构和职责，法律法规、管理制度及操作规程，消防宣传教育培训，消防基础设施，消防档案管理，作业消防管理，消防事故和应急救援，隐患排查整改和绩效评定8个一级指标组成。这些指标能够较全面的评价消防管理标准化体系。

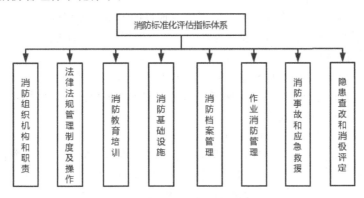

图8-1　消防标准化评估指标体系

2.二级指标的构成分析

正确地选取消防标准化管理体系一级指标下的二级指标能够有效体现企业消防管理水平和整体消防安全状况，是构建消防管理标准化评估指标体系基础。基于全面、简洁易行等原则，其指标构成具体如下：

（1）消防组织机构和职责

消防组织机构和职责直接影响消防管理标准化，它是对消防标管理准化重视程度的体现。主要包括由管理人员组成的消防组织机构、企业消防管理标准化的目标、各

层管理人员的职责以及对消防管理标准化的投入。

（2）法律法规、管理制度及操作规程

消防法律法规的建立主要体现为消防管理工作的社会化和法制化。制定完善的消防管理制度和有效的设备操作规程，也是消防工作发展的必然趋势。其内容主要包括涉及消防安全的消防法律法规、消防安全管理制度以及各消防设备设施的安全操作规程。

（3）消防宣传教育培训

在分析火灾原因中人为因素一直是重点考虑对象，对人员实行消防宣传教育培训是提高人的消防安全素质和意识的一项非常有效的手段，同时，提高人的消防安全意识及素质是提高一个地区乃至一个国家整体安全管理水平的首要因素。具体包括消防宣传教育培训管理、消防管理人员教育培训、从业人员教育培训、日常宣传教育培训。

（4）消防基础设施

消防基础设施的建设，是火灾防范和灭火应急救援的物质保障。主要的消防设备设施有安全疏散设施、建筑防火系统、消火栓及灭火器、自动喷水灭火系统、防烟排烟系统、火灾自动报警系统、电气系统以及消防控制室。

（5）消防档案管理

消防档案管理在消防标管理准化体系中也起着关键作用，它为管理标准化提供软件支持，它能有效的反应出消防管理标准化体系实施运行的各种状态。消防档案管理主要包括消防管理档案、防火巡查相关记录、防火检查相关记录、消防控制室的值班记录、其他必要的消防安全工作记录。

（6）作业消防管理

动火作业环境以及作业行为反应了作业现场的消防管理程度，它是消防管理标准化的具体表现，它主要包括作业行为管理、作业现场管理和消防标志。

（7）消防事故和应急救援管理

消防事故和应急救援的内容不单单只局限在"防火"的领域，它还表现在"灭火"，它为灭火以及事故处理提供技术保障。内容主要包括事故报告、事故调查和处理、应急预案、应急演练和事故救援。

（8）隐患排查整改和绩效评定

隐患排查和整改是消防管理标准化体系的核心内容，它是评定一个企业消防管理是否达标的重要程序。绩效评定是对企业消防隐患排查整改结果进行考核，判断其是否达到标准化。它主要包括隐患排查、隐患整改、绩效考核。

（四）评估指标体系的内容

1.消防标准化评估指标体系的建立

据现代事故致因理论分析，人的行为和物状态存在不安全因素是导致事故发生的直接原因，追溯其根本原因则是管理失误。针对消防管理标准化体系的特点，结合现有的安全生产标准化评分细则，构造了具有消防特色的消防管理标准化评估指标体系，其结构及其相互关系如表8-1。

表 8-1　消防管理标准化评估指标体系

目标层	准则层	指标层
消防管理标准化评估指标体系（A）	消防组织机构和职责（B1）	组织机构（C1）
		方针目标（C12）
		消防职责（C13）
		消防投入（C14）
	法律法规、管理制度及操作规程（B2）	法律法规、标准规范（C21）
		消防管理制度（C22）
		操作规程（C23）
	消防教育培训（B3）	教育培训管理（C31）
		消防管理人员教育培训（C32）
		从业职员的教育培训（C33）
		日常教育培训（C34）
	消防基础设施（B4）	安全疏散设施（C41）
		建筑防火系统（C42）
		消火栓及灭火器系统（C43）
		火灾自动报警系统（C44）
		自动喷水灭火系统（C45）
		防烟排烟系统（C46）
		电气系统（C47）
		消防控制室（C48）
	消防档案管理（B5）	消防管理档案（C51）
		防火巡查记录（C52）
		防火检查记录（C53）
		消防控制室值班记录（C54）
		其他必要的消防安全工作记录（C55）
	作业消防管理（B6）	作业现场管理（C61）
		作业行为管理（C62）
		消防标识（C63）
	消防事故和应急救援（B7）	事故报告（C71）
		事故调查和处理（C72）
		应急预案（C73）
		应急演练和事故救援（C74）
	隐患排查整改和绩效评定（B8）	隐患排查（C81）
		隐患整改（C82）
		绩效考核（C83）

2.评估体系中各指标权重的计算

（1）计算方法

由于各企业管理中存在的消防安全隐患有很多，并且很容易被忽视，在有限的条件下，为了能够更好的对消防管理标准化体系做出综合评价，本文采用系统工程上常用的层次分析法构建了消防管理标准化体系指标层次模型，再结合专家打分法的相关内容构建两两指标重要度判断矩阵，通过一致性检验来确定各项指标的权重值。

①判断矩阵

判断矩阵是由指标层各项指标对目标层指标影响的相对重要程度的比值组成。常使用 Saaty 方法来确定两个影响指标之间的相对重要度比值，判断矩阵中的因素通过专家进行调研来确定。其标度及涵义如表 8-2 所示：

表 8-2　判断矩阵标度及其涵义

标度	涵义
1	表示两个指标相比，具有相同的重要性
3	表示两个指标相比，一个指标比另一个指标稍微重要
5	表示两个指标相比，一个指标比另一个指标明显重要
7	表示两个指标相比，一个指标比另一个指标强烈重要
9	表示两个指标相比，一个指标比另一个指标极端重要
	指标 i 与指标 j 相比得 b_{ij}，且 i 与 j 比判断为 $1/b_{ij}$
	2，4，6，8 分别为上述相邻判断的中值

对每一层次中项指标相对重要性给出判断，并用上表中的标度值表示出来，构建成判断矩阵，然后通过计算与比较分析，并进行判断矩阵的一致性检验。经过多次比较调整和检验，即可得出合理的判断矩阵，如下式 8-1：

$$A = \begin{bmatrix} b_{11} & b_{12} & \cdots & b_{1n} \end{bmatrix}$$

式中，b_{ij} 为因素 i 与因素 j 相比，得到的重要性比值。

通过求解判断矩阵的最大特征根和相对应的特征向量，再求出归一化特征向量，即把其定义为各评价指标的权重向量

②权向量的确定

大多数分析者都是凭借个人知识及经验构建判断矩阵，由于存在多种主客观因素的影响，误差在所难免。为使判断结果与实际状况更好地吻合，在得到最大特征值后，还需对判断矩阵进行一致性检验。若检验通过，计算所得的特征向量进行归一化处理后即为权向量；若一致性检验不通过，则需要重新构建判断矩阵，直到其一致性检验满足要求为止。

式 8-2 为判断矩阵的一致性检验公式

$$CR = CI / RI$$

式中，CI 为一致性检验指标，其计算公式为式 8-3：

$$CI = \frac{\lambda_{max} - n}{n-1}$$

式中，n 为判断矩阵的阶数；RI 为平均随机一致性指标，其取值如表 8-3 所示。

表 8-3　随机一致性指标 RI 的数值表

n	1	2	3	4	5	6	7	8	9	10	11
RI	0	0	0.58	0.90	1.12	1.24	1.32	1.41	1.45	1.49	1.51

一般，由公式计算出的一致性比率 $CR<0.1$ 时，则其权向量可用归一化特征向量表示，否则要重新构造判断矩阵，再进行一致性检验，直到满足其一致性比率小于 0.1。

③运用 Delphi 法确定评分细则

Delphi 法又称专家打分法，是一种集很多专家集体智慧来确定各评价因素重要程度的一种方法。具体的操作步骤如下：

第一，组成专家小组。按照评价指标所涉及的知识范围，确定专家小组的成员组成。研究企业消防安全管理通常由安全技术专家、理论专家、消防专业学者、消防工程师和高层决策人员等组成，人数一般不超过 20 人。

第二，向所有专家提出该体系中各项指标相关资料，同时请专家提出还需要考虑哪些因素，然后专家给出书面答复。

第三，各个专家通过分析收到的各项资料，给出自己的预测意见，并提供相应的材料依据。

第四，通过对专家小组内各专家成员的意见进行汇总并绘制成图表，通过比较后，再把汇总表分发给各位专家，让专家通过比较他人的预测意见，进一步修改自己的意见和判断。

第五，然后将修改后的各专家组成员的意见收集起来，再汇总，再分发，以此做再次修改。

第六，最后对专家的意见进行综合处理。

（2）权重计算

①消防标准化管理评估体系中准则层指标权重的计算

根据前面的分析，一套较为完善的消防标准化管理体系应包含消防组织机构和职责、法律法规一管理制度及操作规程、消防宣传教育、消防基础设施、消防档案管理、作业消防管理、消防事故和应急救援、隐患排查整改和绩效评定八个方面。将以上这八方面的内容命名为 $B1$、$B2$、$B3$、$B4$、$B5$、$B6$、$B7$、$B8$，然后确定两两内容相对重要度的比值，把得到的比值填入下表：

表 8-4　消防标准化评估体系一级指标评判权重表

内容	消防组织机构和职责	法律法规一管理制度及操作规程	消防宣传教育	消防基础设施	消防档案管理	作业消防管理	消防事故和应急	隐患排查整改和绩效评定
消防组织机构和职责	1	1/2	1/2	1/4	3	1/2	1/2	1/2
法律法规一管理制度及操作规程	2	1	1/2	1/3	4	1/2	1	1/2
消防宣传教育	2	2	1	1/2	5	1	1	1
消防基础设施	4	3	2	1	9	2	3	3
消防档案管理	1/3	1/4	1/5	1/9	1	1/6	1/5	1/6
作业消防管理	2	2	1	1/2	6	1	2	1
消防事故和应急	2	1	1	1/3	5	2	1	2
隐患排查整改和绩效评定	2	2	1	1/2	6	1	1/2	1

根据上表的数据，构建判断矩阵如图 8-2

$$U_1 = \begin{bmatrix} 1 & 1/2 & 1/2 & 1/4 & 3 & 1/2 & 1/2 & 1/2 \\ 2 & 1 & 1/2 & 1/3 & 4 & 1/2 & 1 & 1/2 \\ 2 & 2 & 1 & 1/2 & 5 & 1 & 1 & 1 \\ 4 & 3 & 2 & 1 & 9 & 2 & 3 & 2 \\ 1/3 & 1/4 & 1/5 & 1/9 & 1 & 1/6 & 1/5 & 1/6 \\ 2 & 2 & 1 & 1/2 & 6 & 1 & 2 & 1 \\ 2 & 1 & 1 & 1/3 & 5 & 1/2 & 1 & 1/2 \\ 2 & 2 & 1 & 1/2 & 6 & 1 & 1/2 & 1 \end{bmatrix}$$

图 8-2　消防标准化评估体系一级指标评判权重矩阵

可得个评价指标的权重值，判断矩阵的一致性检验符合要求，则方案总排序的结果可以接受。消防组织机构和职责评价指标权重、法律法规、管理制度及操作规程评价指标权重、消防宣传教育评价指标权重、消防基础设施评价指标权重、作业消防管理评价指标权重、消防事故和应急救援评价指标权重及隐患排查整改和绩效考核评价指标权重的计算过程同上述过程。

3. 系统评价等级的确定

（1）消防管理标准化评分表的设计

确定评价指标层各指标累积权重，根据《建筑设计规范》《重大火灾隐患判定标准》对评价指标进行等级划分，不同的等级体现各指标在消防管理中的典型安全状态，设计成消防标准化管理评分表。

（2）消防管理标准化评价等级划分

系统打分可表示为

$$F_S = \sum P_{Ei} W_E$$

式中 Fs 为系统安全分；P_{Ei} 为评价指标 Ei 得分；W_{Ei} 为评价指标 Ei 累积权重。

消防管理标准化总共分为三个等级。定所对应的等级由评审评分和安全绩效两项要求来决定，通过两项要求等级的对比，取最低的等级来确定消防标准化管理等级，其具体内容见表 8-5。

表 8-5　消防安全绩效评定等级表

评定等级	评审评分	安全绩效
一级	≥ 90	申请评审前一年内未发生重伤及以上的火灾事故
二级	≥ 75	申请评审前一年内未发生人员死亡的火灾事故
三级	≥ 60	申请评审前一年内发生火灾事故死亡不超过 1 人

通过以上的分析、计算，可得消防标准化评估指标体系中各指标的权重关系，综合可得消防管理标准化评分表，详见表 8-6。

表 8-6　消防标准化评分表

目标层	准则层	指标层	权重	得分	备注
消防标准化管理评估指标体系	消防组织机构和职责（0.0650）	组织机构（0.2000）	0.0130		
		方针目标（0.2000）	0.0130		
		消防职责（0.2000）	0.0130		
		消防投入（0.4000）	0.0260		
	法律法规、管理制度及操作规程（0.0906）	法律法规、标准规范（0.3333）	0.0302		
		消防管理制度（0.3333）	0.0302		
		操作规程（0.3333）	0.0302		
	消防宣传教育培训（0.1380）	宣传教育管理（0.4547）	0.0627		
		消防管理人员宣传教育（0.1411）	0.0195		
		从业职员的宣传教育（0.2630）	0.0363		
		日常宣传教育（0.1411）	0.0195		
	消防基础设施（0.2736）	安全疏散设施（0.0301）	0.0082		
		建筑防火系统（0.0742）	0.0203		
		消火栓及灭火器系统（0.3332）	0.0911		
		火灾自动报警系统（0.1630）	0.0446		
		自动喷水灭火系统（0.2336）	0.0639		
		防烟排烟系统（0.0742）	0.0200		
		电气系统（0.0458）	0.0125		
		消防控制室（0.0458）	0.0125		
	消防档案管理（0.0246）	消防管理档案（0.0988）	0.0024		
		防火巡查记录（0.1765）	0.0044		
		防火检查记录（0.3130）	0.0077		
		消防控制室值班记录（0.3130）	0.0077		
		其他必要的消防安全工作记录（0.0988）	0.0024		

目标层	准则层	指标层	权重	得分	备注
	作业消防管理 （0.1528）	作业现场管理（0.5813）	0.0889		
		作业行为管理（0.3092）	0.0472		
		消防标志（0.1096）	0.0167		
	消防事故和应急救援 （0.1026）	事故报告（0.0664）	0.0068		
		事故调查和处理（0.1900）	0.0195		
		应急预案（0.3801）	0.0390		
		应急演练和事故救援（0.3634）	0.0373		
	隐患排查整改 和绩效考核（0.1528）	隐患排查（0.5390）	0.0824		
		隐患整改（0.2973）	0.0454		
		绩效考核（0.1638）	0.0250		

三、消防管理标准化体系评分细则的确定

（一）消防组织机构和职责标准化

1. 消防组织机构和职责标准化要求

消防组织机构和职责标准化包括建立完善的组织机构、树立明确的方针目标、确定全员参与的消防职责和投入足够消防资源。

（1）建立完善的组织机构

确定消防责任人、消防管理人员、专兼职消防技术人员以及各个岗位的消防安全负责人。

第一，企业法人是企业消防标准化管理的第一责任人，并对企业消防标准化管理全面负责。在企业中还应成立由总经理直接负责的消防安全监察部，成员包括由企业指派或任命的专职消防管理人员。

第二，部门消防安全负责人、消防控制室值班人员、消防设备设施操作维护人员、动火作业及易燃易爆物品操作人员、保安人员必须持有消防安全考核合格证书，并且定期接受消防安全教育培训。

第三，企业必须按照有关规定配备专职或兼职消防员，并设置消防安全部门，落实各成员的组织关系。

（2）树立明确的方针目标

为了贯彻相关消防法律法规，实现消防标准化管理目标，根据消防标准化管理工作的要求，制定消防管理方针、目标是必要的环节。企业应结合企业的消防管理现状制定出消防标准化管理方针目标，明确各个时期消防标准化管理应达到的状态。

（3）确定全员参与的消防职责

明确各个岗位及全体员工的消防职责，并逐级落实消防安全责任制，规定各级负

责人、各职能部门、各岗位及其工作人员在职责范围内对消防安全应当承担责任，并签署责任书，确保各一个环节的消防安全都有人负责。

（4）投入足够的消防资源

足够消防资源的投入是消防标准化管理体系正常运行的保障。消防投入属于固定成本，从构成上分析应该包括消防管理成本和消防技术成本两部分。企业为了避免火灾的发生，通常需要采取安全管理措施，执行消防安全监督或购置并安装消防安全设备设施等，而所有这些都需要支出费用，这些费用也就是消防投入内容的构成部分。企业要预防火灾事故的发生、及时消除火灾隐患、保证职工工作环境的安全，就首先得确保消防资源的投入。消防投入的项目应包括表8-7所涉及内容：

表8-7　消防费用投入

费用项		具体内容
管理费用	消防设备设施正常运营费	消防设备设施维持正常运营状态消耗的人工费、材料费等。
	消防管理费	为预防火灾事故、保障企业安全、实施消防管理所需要的各类文件及开展的活动所产生的费用。
	消防培训费用	为达到消防管理计划要求要求，对相应员工开展各类培训所支付的费用。
	消防教育费用	购置或编印相关消防教材、建立各类消防教育举办场所、消防教育配备的工具以及实施逃生训练等所需的各项费用。
	消防宣传费用	消防宣传特制的横幅、展板、防火宣传标语、张贴画等耗费。
	消防检查费	对作业现场消防管理进行检查和监督所产生的费用。
	消防检验费	对消防设备设施的状态及效果进行检验所支付的费用。
技术费用	消防设施费	购置和安装消防设备设施以及场地硬化设施维护等支出的费用。
	消防监测仪器仪表购置费	对消防监测仪器仪表的购置、日常维护管理、维修等支出的材料费和人工费。
	消防技术引进费	消防工程的设计、安装、专家评审、技术引进等费用。

2. 消防组织机构和职责评分细则

根据消防组织机构和职责达到标准化状态的要求，参照相关的法律法规、规章制度以及标准规范的内容制定了消防组织机构和职责评分细则，消防组织机构及职责中的每项二级指标均设置为100分，其具体的评分细则如表8-8：

表 8-8　消防组织机构和职责评分细则

考评项目		评分细则	得分
消防组织机构和职责	消防组织机构	1. 未设置消防管理机构或配备消防管理人员，扣 40 分；未已文件形式进行设置或任命，扣 40 分；设置或配备不符合规定，每处扣 10 分；扣满 40 分的，追加扣除 100 分。（该项总分 40 分） 2. 未设置消防领导机构，扣 30 分，为以文件形式任命的，扣 10 分；成员不完善的，扣 10 分。（该项总分 30 分） 3. 未定期召开消防专题会议的，扣 30 分；无会议记录的，扣 20 分；未跟踪上次会议工作要求的落实情况的或未制定新的工作要求的，扣 30 分；未完成项目且无整改措施的，每项扣 10 分。（该项总分 30 分）	
	消防方针目标	1. 未建立消防目标管理制度或未以文件形式发布生效的，扣 20 分；消防目标管理制度缺少制定、分解、实施、绩效考核等任一环节的，扣 10 分；未能明确相应环节的责任部门或责任人的相应责任的，扣 10 分。（该项总分 20 分） 2. 无年度消防管理目标的，扣 20 分；年度目标未以企业正式文件印发的，扣 20 分。（该项总分 20 分） 3. 消防目标未进行分解的或无实施计划或考核办法的，扣 20 分；实施计划无针对性，扣 20 分；缺少一个基层单位或职能部门的目标实施计划和考核办法的，扣 10 分。（该项总分 20 分） 4. 无消防目标实施情况的检查或检测记录的，扣 20 分；检查和检测不符合制度规定的，扣 10 分；检查和检测资料不齐全的，扣 10 分。（该项总分 20 分） 5. 未定期对消防目标进行效果评估和考核的，扣 20 分；未及时调整消防目标实施计划的，扣 20 分；调整后的消防目标或实施计划未以文件形式颁发的，扣 10 分；消防目标记录资料保存不齐全的，扣 10 分。（该项总分 20 分）	
	消防职责	1. 未建立消防安全责任制的或建立该制度后未以文件形式发布生效发的，扣 40 分；每缺少一个部门、岗位的责任制的，扣 10 分；责任制内容与岗位工作实际不符合的，每处扣 10 分；没有对消防责任制落实情况进行考核的，扣 10 分；考核未保存记录的扣 10 分。（该项总分 40 分） 2. 主要负责人消防职责不明确的或未按规定履行职责的，扣 30 分。（该项总分 30 分） 3. 各级人员未掌握本岗位相关消防安全职责的，每人次扣 10 分。（该项总分 30 分）	
	消防投入	1. 未建立消防费用提取和使用管理制度的，扣 20 分；制度中职责、流程、范围、检查等内容，没缺一项扣 5 分。（该项总分 20 分） 2. 未保证消防费用投入的，扣 30 分；在财务报表中无消防费用归类统计管理的，扣 20 分；无消防费用使用台账的，扣 30 分；台账不完整的，扣 10 分。（该项总分 30 分） 3. 无消防相关投入使用计划的，扣 50 分，计划中内容不完善的，每缺一方面扣 10 分；未按计划实施的，每项扣 10 分；有超范围使用的，每次扣 20 分。（该项总分 50 分）	

（二）法律法规、管理制度和操作规程标准化

1.法律法规、管理制度和操作规程标准化要求

作为消防管理标准化体系中一项作为参考依据重要指标，及时获取、更新、识别法律法规、管理制度和操作规程，并把这些内容做到标准化也是一个重要的环节。此项指标达到标准化具体表现在以下三个方面：

（1）完善的法律法规

法律、法规、标准及其他要求是保障消防管理标准化体系有效运行的指导性文件。企业应当及时获取、更新、识别适用于消防标准化管理的相关法律、法规、标准以及其它要求，确保其处于科学、有效状态。

（2）有效的消防管理制度

为了更好的实施消防管理标准化，提高企业的消防管理水平，保障企业的消防安全状态，实现消防管理标准化的各项目标和任务。根据相关法律法规、规章制度以及标准规范，并结合其自身的特点，制定出消防管理标准化的具体标准细则。这些细则应涉及消防管理的各个方面，并且应当做的科学、细致和有效，那么这些管理制度就是消防标准化管理的依托。消防管理标准化体系中的管理制度的内容应当完善，并要求保证其有效。

（3）准确的操作规程

操作规程标准化也是标准化管理体系中一个重要的方向，只有按照准确的操作规程操作才能保证设备的有效运行，减少事故的发生。准确的操作规程主要表现在两个方面，一是保证操作规程的内容准确，任何消防设备设施以及消防相关作业行为的操作规程均应严格按照相应要求制订，不能胡编乱造，保证操作规程的内容按照相应规定粘贴上墙。二是确保操作规程的操作过程准确，任何设备设施以及消防相关作业行为的工作人员都应严格按照操作规程的内容执行相应的操作行为，以确保人员与设备都处于健康安全的状态。

2.法律法规、管理制度和操作规程评分细则

根据法律法规、管理制度和操作规程达到标准化状态的要求,参照相关的法律法规、规章制度以及标准规范的内容制定了法律法规、管理制度和操作规程评分细则，法律法规、管理制度和操作规程中的每项二级指标均设置为100分，其具体的评分细则如表8-9。

表 8-9　法律法规、管理制度和操作规程评分细则

考评项目		评分细则	得分
法律法规、管理制度和操作规程	法律法规	1. 未建立识别、获取、评审、更新消防法律法规、标准规范与其他要求的管理制度的，扣25分；管理制度中缺少识别、获取、评审、更新等环节要求以及部门、人员职责等内容的，每缺一项扣5分；制度未以文件形式发布生效的，扣10分。（该项总分25分） 2. 未定期识别和获取本部门适用的消防法律法规、标准规范与其他要求的，扣25分；每少一个部门和基层单位定期识别和获取的，扣5分；相关法律法规、规章制度、标准规范和其他要求未及时汇总的，扣5分；无清单的，扣25分；每缺一个消防法律法规、标准规范与其他要求文本或电子版的，扣5分。（该项总分25分） 3. 未及时将识别和获取的消防法律法规、标准规范与其他要求融入到企业消防管理制度中的，每项扣10分，制度与消防法律法规与其他要求不符的，每项扣10分。（该项总分25分） 4. 未及时将适用的消防法律法规、标准规范与其他要求传达给从业人员或未进行相关培训考核或无培训考核记录的，扣25分；缺少培训考核的，每人次扣5分。（该项总分25分）	
法律法规、管理制度和操作规程	管理制度	1. 未建立消防管理制度或未以文件形式发布生效的，扣72分；每缺一项制度，扣6分（总计12项制度）；制度内容不符合规定或与实际不符的，每项扣3分；无制度执行记录的，每项制度扣3分。（该项总分72分） 2. 制度未发放到相关工作岗位的，每处扣12分；发放不到位的，每处扣7分；员工未掌握相关内容的，每人次扣7分。（该项总分28分）	
	操作规程	1. 无消防相关岗位或设备操作规程的，扣50分；相关操作规程不完善、不适用的，每缺一个扣10分；操作规程内容没有风险分析、评估和控制的，每个扣5分。（该项总分50分） 2. 未向相关员工发放操作规程的，扣25分；发放不到位的，每处扣5分；员工未掌握相关操作规程内容的，每人次扣5分；（该项总分25分） 3. 现场发现违反操作规程的，每人次扣5分。（该项总分25分）	

（三）消防宣传教育培训标准化

1. 消防宣传教育培训标准化要求

通过中国近些年的火灾统计数据表明，人为因素也是导致火灾发生的一个重要原因，我国由于人为原因造成的火灾事故占全国火灾起数的40%以上。此外，由于缺乏防火、灭火和逃生自救常识而造成重大火灾事故的案例也不在少数。因此，培养企业职工的消防安全素质、提高从业人员的消防安全意识是消防管理标准化活动的一项重要内容。

大力开展实用性和全员性的消防基础知识培训，严格落实新员工岗前培训和员工岗位定期培训。确保全体员工通过定期的消防宣传教育和培训，达到"四懂""五会"的要求。其中"四懂"是指懂得分析火灾的危险性、懂得预防火灾发生应当采取的措施、懂得运用消防器材扑救火灾的方法、懂得火场疏散逃生的方法。而所谓的"五会"则是指会报火警、会正确使用灭火器、会扑救初期火灾、会正确组织人员疏散以及会开展基本的消防宣传活动。与此同时，各级的消防管理责任人，要通过会议、学习、布置工作任务等方式，定期的对其所管辖部门的全体人员开展消防宣传教育活动。并

且要保证自动消防系统操作人员以及消防控制室的操作管理人员都通过消防专业机构的职业技能培训，并取得职业资格证书，同时要保证人员都持证上岗。而从事易燃易爆危险品生产、储存、销售、运输的作业人员或从事电焊、气焊等具有火灾危险的操作人员，也应接受依法批准成立的消防安全培训机构的专业培训，取得相应资格证书，并持证上岗。

消防安全培训应包括下列内容：

第一，国家以及企业消防管理工作方针、国家消防管理政策、相关消防法律法规、规章制度以及本企业制定的消防管理制度、以及消防有关的安全操作规程等等；

第二，本企业、企业内各岗位的火灾危险性程度和制定的防火灭火措施；企业建筑内设置的消防设备设施的性能、正确的使用方法和安全操作规程；

第三，正确火灾报警方法、正确的初期火灾扑救方法、有效组织人员疏散逃生和实施自救互救的相关知识、有关灭火救援和应急疏散预案的相关内容、操作程序；

第四，对于人员密集场所，对员工的消防培训除了以上内容以外还应包括：对本场所的安全疏散路线的培训以及对组织、引导人员疏散的正确程序与方法的培训。

2. 消防宣传教育培训评分细则

根据消防宣传教育培训达到标准化状态的要求，参照相关的法律法规、规章制度以及标准规范的内容制定了消防宣传教育培训评分细则，消防宣传教育培训中的每项二级指标均设置为 100 分，其具体的评分细则如表 8-10：

表 8-10　消防宣传教育评分细则

考评项目		评分细则	得分
消防宣传教育培训	宣传教育培训管理	1. 未建立消防宣传教育培训管理制度的，扣 20 分；制度未以文件形式发布生效的，扣 20 分；制度中每缺少一类宣传培训规定的，扣 4 分；培训要求不符合相关规定的，每处扣 4 分。（该项总分 20 分）	
		2. 消防宣传培训未确定主管部门的，扣 20 分；未定期识别消防宣传教育培训需要的，扣 4 分；识别不充分的，扣 4 分；无宣传培训计划的，扣 20 分；宣传培训计划中每缺一类宣传培训的，扣 4 分。（该项总分 20 分）	
		3. 未按计划进行宣传培训的，每次扣 6 分；宣传培训记录不完整的，每缺一项扣 3 分；对安全宣传培训效果未进行评估的，每次扣 3 分；未根据评估作出改进的，每次扣 3 分；未实行档案管理的，扣 30 分；档案资料管理不完整的，每个扣 3 分。（该项总分 60 分）	
	消防管理人员宣传教育	1. 消防管理人员未经考核合格上岗的，不得分；主要负责人或主要消防管理人员未按有关规定进行再培训的，扣 20 分；消防管理人员未经培训考核合格或未按有关规定进行再培训的，每人次扣 20 分。	
	从业职员的宣传教育	1. 从业人员未进行基本的消防宣传教育就上岗的，每人次扣 10 分。（该项总分 50 分）	
		2. 消防重点防火岗位或部位操作人员未经培训考核合格就上岗的，每人次扣 20 分；无操作资格证书上岗的，每人次扣 20 分；证书过期未及时审核的，每人次扣 10 分。（该项总分 50 分）	
	日常宣传教育	未开展企业消防安全日常宣传教育建设的，不得分；日常宣传不满足要求的，每项扣 10 分。	

（四）消防基础设施标准化

1.消防基础设施标准化要求

消防基础设施包括安全疏散设施、建筑防火系统、消火栓及灭火器、火灾自动报警系统、自动喷水灭火系统、防烟排烟系统、消防电源和消防电梯。为了创造安全的工作环境，消防基础设施的设置及其有效性是消防标准化管理的一项重要内容。企业内的消防基础设施应严格按照相关标准规定，保证其设置的位置、数量、间距等满足相应规范规定，确定其在日常维护管理中没有存在偏离规范规定的现象。在日常管理中，需保证消防设施的完整和有效性，应严格按照相关消防设施日常维护规定实施维护管理。

2.消防基础设施评分细则

根据消防基础设施达到标准化状态的要求，参照相关的法律法规、规章制度以及标准规范的内容制定了消防基础设施评分细则，消防基础设施中的每项二级指标均设置为100分，其具体的评分细则如表8-11：

表8-11　消防基础实施平分细则

考评项目		评分细则	得分
消防基础设施	安全疏散设施	未明确消防安全疏散设施管理和维护的负责部门、负责人以及相应的职责中任意一项的，不得分；对安全疏散设施的购入、安全疏散部位的确定未进行登记，未对安全疏散设施进行定期检测以及管理维护并保存相应记录的，不得分；安全疏散设施管理维护有一处未符合下列要求的，每处每项扣 10 分。 　　1. 要保证疏散通道和安全出口的畅通无阻，杜绝在疏散通道、安全出口处堆放杂物，避免出现阻碍疏散的现象； 　　2. 在人员密集的公共场所的安全疏散口的门应保持畅通，不应锁闭； 　　3. 应保证楼梯间门的正常使用功能，并且在门上粘贴正确启闭状态的标识，确保楼梯间门的完好状态； 　　4. 应经常保持常闭式防火门处于关闭状态； 　　5. 应保证经常处于开启状态的防火门能够在火灾发生时自动关闭，并保证其自动和手动控制装置处于完好并有效的状态。 　　6. 应对控制人员出入的疏散门制定可靠措施，保证其在火灾发生时的畅通无阻。 　　7. 在安全出口、疏散门 1.4m 的范围内不应设置影响疏散的台阶，并且不应在其附近设置像门槛类影响疏散的障碍物； 　　8. 应保证消防指示标志及应急照明系统的完好有效性，要及时更换、维修出现损坏的设备； 　　9. 疏散路径上设置的消防标准要完好清晰，避免出现遮挡现象； 　　10. 栅栏、卷帘门的设施不应安装在疏散走道或安全出口处； 　　11. 同时在疏散特殊部位（像窗口、阳台等）不应设置应急逃生和救援的栅栏； 　　12. 应将安全疏散指示图张贴在每个楼层最显眼的位置，并且要保证指示图能够有效地反映出正确疏散路线、安全出口以及人员所处的位置等内容； 　　13. 在举办大型聚会活动时，应根据现场疏散能力确定容纳人数，采取防控措施避免出现超员现象。	

消防基础设施	建筑防火系统	未明确建筑防火设施管理的责任部门、责任人和职责中任意一项的，不得分；对建筑防火部位未进行登记、未对建筑防火设施进行定期检测及管理维护并保存相应记录的，不得分；建筑防火系统有一处一项未符合下列要求的，每处每项扣10分。 1. 应保证由通过专门培训过的专业人员负责防火卷帘系统与防火门的操作和维护管理。 2. 应保证在防火卷帘下方以及防火门前方的地面上喷涂黄色警示标志，应保证警示标志的位置满足相关规定，并且要避免出现任何物品遮挡警示标志。 3. 应每日对建筑防火系统（防火门、防火卷帘等）进行巡查或检查，并保证有记录。保证每半年对建筑防火系统（防火门、防火卷帘等）进行检测和试验，并按要求填写记录。	
	消火栓及灭火器系统	未明确消火栓及灭火器系统管理的责任部门、责任人和职责中任意一项的，不得分；未确定消火栓及灭火器的登记、检测和维护管理要求、情况记录等要点的，不得分；消火栓及灭火器系统管理有一处一项未符合下列要求的，每处每项扣10分。 消火栓：1. 建筑产权单位全面负责设置在其建筑中的室内消火栓的维护管理，若产权属于多个单位，则应签订《消防责任状》来确定负责维护管理的单位。 2. 设有消火栓的管理单位应当明确其主管部门和相关责任人，并确定其职责，建立完善的消火栓维护管理制度，并定期组织执行维护保养。 3. 每年应保证有专业资质的单位对消火栓系统进行检测维护。 4. 消火栓系统由经过培训的专人负责操作维护管理，并且要保证操作员熟悉该系统的原理、性能以及操作和维护。 5. 应对消火栓故障的报告和消除进行登记，确保系统停用时间不超过24小时，若时间超过规定则应向当地消防机构备案，并采取相应措施。 6. 应保证在消火栓投入使用后处于有效运行状态，不得无故断电停运或者长期处于故障状态。	
	消火栓及灭火器系统	7. 消防重点单位的消火栓应在年底前完成本年度检验报告，并报送给当地消防机构备案。 8. 消火栓的系统配备应满足规定，不能出现配备不齐的现象。 9. 消火栓应保证每日对其进行外观检查。 10. 保证消火栓的功能检测试验定期组织完成。 灭火器：1. 保证至少每个季度要对灭火器的维护管理情况进行检查一次，检查的内容应该全面，其中包括：灭火器维护管理负责人的职责落实情况的检查，灭火器的完好有效性检查，灭火器的位置环境检查等等，并且应在灭火器上标注检查结果，并由负责人签字。 2. 为了保证灭火器功能的有效性，应当每年至少组织一次灭火器功能检测，检测的内容应当全面，其中包括：灭火器外观检测；铭牌字体是否清晰；喷嘴是否完好；灭火器压力表是否完好有效；灭火器压把、相关的阀体是否完好有效；灭火器的橡胶或塑料构建是否完好等等。 3. 在功能检测中应及时对存在问题的灭火器进行维修和更换。 4. 禁止随意移动配备的灭火器。 5. 在灭火器箱前严禁堆放杂物。	
	火灾自动报警系统	未明确自动报警系统的主管部门、主要负责人以及其相应的职责中任意一项的，不得分；对自动报警系统的引入未进行登记、未对火灾自动报警系统进行定期检测及管理维护并保存相应记录的，不得分；火灾自动报警系统管理有一处一项未符合下列要求的，每处每项扣10分。 1. 应保证由经过专业培训的人员负责该系统的操作维护管理。 2. 应完整保存正式启用的火灾自动报警系统的相关文件资料，其中包括：火灾自动报警系统竣工图、火灾自动报警系统构成的主要设备、以及设备的检测报告等技术资料；消防机构出具的有关法律文书；系统的安全操作规程及相应的维护管理制度；系统操作和维护管理人员名册并附上相应的职责。	

消防基础设施	火灾自动报警系统	3. 应建立火灾自动报警系统的技术档案，并建立电子文档进行备份，并进行长期保存。技术档案内容要完整，其中包括自动报警系统的基本情况以及其动态管理情况。 4. 对《消防控制室值班记录》和《火灾自动报警系统巡查记录》的存档时间至少为 1 年；而对《火灾自动报警系统检验报告》以及《火灾自动报警系统联动检查记录》的存档时间至少为 3 年。 5. 不得随意中断火灾自动报警系统，应保证其处于持续运行状态。一般情况下，应保证报警联动控制装置处于自动控制状态，自动灭火系统和防火卷帘的分割措施也应设置成自动控制状态。而其他的联动控制设备若需要设置为手动状态时，也应保证其能够在火灾发生时能快速改变自动控制状态。 6. 应在每日交接班时对火灾自动报警系统的功能进行检查，并填写相应的记录。检查的内容包括：(1) 控制器报警自检功能。(2) 消音、复位功能。(3) 故障报警功能。(4) 火灾优先功能。(5) 警记忆功能。(6) 源自动转换功能。(7) 屏蔽、隔离设备情况。 8. 并且每个季度应对系统的下列功能进行检测和试验，并填写相关记录。 (1) 探测器报警功能。(2) 手动火灾报警按钮报警。(3) 火灾显示盘、火灾警报装置的声光显示。(4) 火灾事故广播。(5) 消防通讯设备。(6) 消防电梯。(7) 电源的自动切换试验。(8) 消防控制设备的控制显示功能。 9. 同时应保证每年对系统的下列功能进行检测和试验，并做好相应记录。 (1) 探测器及手动报警装置功能检测。(2) 关闭电动防火阀以及空调系统，对防火门的控制装置进行检查试验。(3) 全部防火门、防火卷帘的功能检测试验。(4) 非消防电源强制切断功能试验。(5) 其他相关消防控制设备功能检测试验。 10. 应保证每隔 3 年对点型感烟火灾探测器至少进行清洗一遍。同时也至少保证对采样管清洗的时间间隔不超过 1 年。其清洗应保证由专业人员操作，并且严格按照规定进行清洗。
消防基础设施	自动喷水灭火系统	未明确自动喷水灭火系统管理的责任部门、责任人和职责中任意一项的，不得分；对自动喷水灭火系统的引入未进行登记、未对自动喷水灭火系统进行定期检测及管理维护并保存相应记录的，不得分；自动喷水灭火系统管理有一处一项不符合下列要求的，每处每项扣 10 分。 1. 应保证自动喷水灭火系统处于准工作状态，确保其管理维护规程。 2. 应保证由经过专业培训的人员负责该系统的操作维护管理，并确定操作人员对自动喷水灭火系统的原理、性能和操作规程的熟悉度。 3. 对供水能力的测定应保证每年一次。 4. 应保证每月启动运转消防水泵一次。 5. 自动控制启动的消防水泵应保证每月模拟自动控制的条件启动运转水泵一次。 6. 每月定期对电磁阀进行启动试验，及时更换失灵电磁阀。应保证每个季度对所有的末端的试水阀及放水试验阀进行防水试验一次，确保系统功能及出水情况处于正常情况。 7. 系统上所有的控制阀的连接方式应按照要求规定，并每月对连接处检查一次，及时修理和更换出现破损的地方。 8. 应保证每个季度对室外阀门井中的进水管上的控制阀门进行一次检查，并保证其处于全开启状态。 9. 应及时向主管部门值班人员汇报发生故障的自动喷水灭火系统，在取得维护负责人的同意的情况下才能进行停水修理，由值班人员临场监督并做好防范措施。 10. 每天应相关阀门进行外观检查，并应保证设备完好无损。 11. 保证每月对消防水池、消防水箱以及消防气压给水设备进行一次检查。保证消防用水的独立性，及时发现和处理故障。 12. 应根据不同的环境和气候条件不定期的更换消防水池、消防水箱、消防气压给水设备内的水。 13. 应保证消防储水设备的任何部位在寒冷季节不被冻结，保持设置储水设备的房间的稳定不低于 5℃。 14. 应保证对消防储水设备每年进行检查，及时修补缺损的外观。

消防基础设施	自动喷水灭火系统	15.每月应对消防水泵接合器的各个接口及相应的附件进行一次检查，确保接口完好有效。 16.每月应对水流指示器进行试验检测。 17.每月应对喷头的外观及备用数量进行一次检查，应及时发现并更换有不正常的喷头，及时清除喷头上存在的异物。	
	防排烟系统	未明确防排烟系统管理的责任部门、责任人和职责中任意一项的，不得分；未建立和完善防排烟系统维护管理制度的，不得分；对防排烟部位未进行登记、未对防排烟设施进行定期检测及管理维护并保存相应记录的，不得分；防排烟系统管理有一处一项未符合下列要求的，每处每项扣10分。 1.应由通过专业培训的专业人员负责防排烟系统的操作和维护管理。 2.应完整保存正式启用的防排烟系统的相关文件资料，其中包括：防排烟系统竣工图、防排烟系统构成的主要设备、以及设备的检测报告等技术资料；消防机构出具的有关法律文书；系统的安全操作规程及相应的维护管理制度；系统操作和维护管理人员名册并附上相应的职责。 3.应建立防排烟系统使用技术档案。 4.应保证每日对防排烟系统涉及的相关设备进行逐个检查，并认真做好相应的记录。保证每半年对机械加压送风系统以及机械排烟系统进行检测和试验，并按要求填写和保存相关记录。	
	消防电气系统	未明确消防电气系统的主管部门、主要负责人以及其相应的职责中任意一项的，不得分；未确定电气系统设置部位、设施的登记、检测和维护管理要求、情况记录等要点的，不得分；消防电气系统管理一处一项未符合下列要求的，每处每项扣10分。 1.电气系统的维护管理应由经过专门培训的人员负责系统的管理操作和维护。 2.定期对消防电气系统进行清洗。 3.定期对消防电气系统进行检验、维修，并做好相应的记录。 4.定期更换老化的电路，保证系统能正常的运行等等。	
消防基础设施	消防控制室	未明确消防控制室管理的主管部门、主要负责人以及其相应的职责中任意一项的，不得分；未确定消防控制室部位、设施的登记、检测和维护管理要求、情况记录等要点的，不得分；消防控制室管理有一处一项未符合下列要求的，每处每项扣10分。 1.消防控制室的设置应符合相关技术规范的要求，并严格执行公安部门《建筑消防设施的维护管理》《消防控制室通用技术要求》等规定。 2.消防控制室及控制设备标识要统一、清晰、规范。控制室出入口、消防控制设备、操作按钮应有明显、统一的固定标识或标注。 3.消防控制室应设置火灾事故应急照明、灭火器等消防器材，并配备相应的通讯联络工具，数量应满足正常工作的实施。 4.消防控制室应设置火灾事故应急照明、灭火器等消防器材，并配备相应的通讯联络工具，数量应满足正常工作的实施。 5.消防控制室内应设置向当地公安消防队直接报火警的直拨电话。 6.消防控制室工作、值班人员必须熟练掌握本消防控制室所控制的各建筑场所和消防设施的使用情况，做到"四会四能"（会检查，能发现火灾隐患；会记录，能及时向主管领导反映发现的问题；会操作，能正确使用控制设备；会处理，能及时发现并准确处置火灾和故障报警）。	

（五）消防档案管理标准化

1.消防档案管理标准化要求

消防档案管理中的消防档案是单位消防管理"户口簿"，它记载着单位的基本情况和有关消防管理的各种文献、资料以及各项台账，以便于单位领导、有关部门、公安消防机构以及消防安全管理有关的人员熟悉情况，为领导决策和日常工作服务。同时，消防档案也反映单位对消防安全管理工作的重视程度。平时可以把消防档案与现场检查结合起来作为上级领导机关、主管部门、公安消防机构考核单位开展消防安全管理工作的重要依据；发生火灾时，可以为查明火灾原因，分析火灾事故责任、处理事故责任者提供重要佐证材料。还可以为研究防火、灭火、修改消防技术规范、修订消防操作规程等提供第一首资料。再者，消防档案是单位检查相关岗位人员履行消防职责的实施情况，评判专（兼）职消防（防火）管理人员业务水平、工作能力的一种凭证。并且有利于强化单位消防安全管理工作的责任意识，推动单位的消防安全管理工作朝着规范化、标准化、制度化的方向发展。应确保档案记录的完整性及有效性，并及时保存和归档相关档案记录。

消防档案的相关内容具体表现如下：

（1）企业内部相关消防设计审核、消防验收以及使用、营业前消防检查文件，建设（装修）工程竣工图纸。

（2）公安机关或消防机构填发各类法律文书。

（3）消防管理组织机构。

（4）消防设施登记。

（5）消防安全管理制度登记。

（6）消防重点工种人员登记。

（7）消防重点防火部位登记。

（8）易燃易爆物品及场所登记。

（9）历次火灾记录。

（10）防火检查、巡查记录。

（11）消防设备设施检查报告、维修记录等。

（12）有关电气、燃气设备检测等记录资料，其中包括防雷、防静电检测。

（13）消防宣传培训记录、灭火和应急预案及演练记录。

（14）新增消防产品、防火材料出入登记情况。

（15）年度消防开销统计表。

（16）其它。

单位应统一保管由公安消防机构填发的各种法律文书文件、并与消防管理工作有关的各类材料和记录，以备查阅。

2.消防档案管理评分细则

根据消防档案管理达到标准化状态的要求，参照相关的法律法规、规章制度以及标准规范的内容制定了消防档案管理评分细则，消防档案管理中的每项二级指标均设置为100分，其具体的评分细则如表8-12：

表 8-12　消防档案管理评分细则

考评项目		评分细则	得分
消防档案管理	消防安全档案	1. 未建立文件和档案管理制度的，扣 30 分；建立的管理制度未形成文件的，扣 30 分；管理制度以及操作规程的制定、执行、审阅以及修订等过程中未明确主管部门、主要负责人、相应的流程、形式以及使用权限等内容的，每缺少一项扣 6 分；在档案管理过程中档案资料不具体、没有确定明确的保存周期以及保存方式的，每处扣 6 分。（该项总分 30 分） 2. 对档案未进行管理的，扣 70 分；未规范管理档案的，扣 14 分；其中消防安全基本情况应包括单位概况、消防安全重点部位、各类消防审批文件、消防安全制度和操作规程、消防安全管理组织机构和各级安全责任人、消防设施器材情况、重点工种人员情况、安全疏散图示、灭火和应急疏散预案、消防产品合格证明材料等内容；消防安全管理情况应包括公安消防机构填发的法律文书、消防设施检查和维保记录、火灾隐患及其整改记录、防火检查巡查记录、灭火和应急疏散演练记录、消防奖惩情况、灭火器档案等内容；重要的技术资料、图纸、审核验收和消防安全检查书等应永久保存，以上档案每缺少一类扣 7 分。（该项总分 70 分）	
	防火巡查记录	单位未保存防火巡查记录的，不得分；单位防火巡查应每日至少一次，若记录次数少于规定次数的每次扣 10 分；伪造巡查记录的，扣 10 分；巡查人员未签署巡查单的每处扣 10 分；防火巡查中发现问题未按要求记录的，每处扣 10 分。	
	防火检查记录	单位未保存防火检查记录的，不得分；防火检查记录频次少于规定次数的扣 10 分；消防安全责任人、消防安全管理人未按要求保存防火检查记录的扣 10 分；伪造检查记录的扣 10 分；防火检查内容记录不全面的扣 10 分；防火检查中发现问题未按要求记录的，每处扣 10 分。	
	消防控制室值班记录	1. 值班人员在值班期间擅自离岗，对发现问题未及时处理或未如实记录的，每次扣 10 分； 2. 单位消防管理人或归口管理部门负责人应当签字确认每日记录情况，每缺少一日扣 10 分； 3. 消防控制室值班记录应由值班人员填写，发现故障、报警等情况时应及时在台账中记录报警、故障地点、原因和处理情况，如未按要求记录，每次扣 10 分。	
消防档案管理	其他必要的消防安全工作记录	其他必要的消防记录每缺一项扣 10 分。	

（六）作业消防管理标准化

1. 作业消防管理标准化要求

（1）作业现场消防管理标准化

企业应严格按照要求建立各类生产现场、动火作业现场的消防管理制度；制度中应明确责任部门、人员、许可范围、审批程序、许可签发人员等内容。确保各类生产现场、动火作业现场的防火满足要求。要保证对作业现场进行消防隐患排查及评估分级，排查范围应全部涵盖，并对排查实施记录、归档。在作业现场岗位工作的人员应保证熟知相关岗位的有关消防隐患及其控制措施。这跟作业岗位无关的人员不能进入

存在重大火灾隐患的操作现场。

（2）作业行为消防管理标准化

在作业行为管理中应对各个岗位中人的不安全行为进行辨识，并保证工作人员熟悉火灾风险及控制措施。在作业过程中作业人员应严格按照工作票制度执行，确保工作票的有效性，做到持票上岗。并对消防重点设备实施操作牌管理制度，并保证操作牌的表面洁净，避免污损。

（3）消防标志标准化

应建立消防标志管理制度，并确保管理制度的内容完善有效。对存在较大火灾危险因素的作业场所或仓库，应按照相关法律法规及企业规定设置安全警示标志。在消防设施或设备处应设置显眼的消防标志，像疏散指示标志、应急照明、火警等等，其设置均应严格按照相关标准规定，其摆放、悬挂、张贴等内容应满足规定。

2. 作业消防管理评分标准

根据作业消防管理达到标准化状态的要求，参照相关的法律法规、规章制度以及标准规范的内容制定了作业消防管理评分细则，作业消防管理中每项二级指标均设置为 100 分，其具体的评分细则如表 8-13：

表 8-13　作业消防管理评分细则

考评项目		评分细则	得分
作业消防管理	作业现场消防管理	1. 没有建立消防危险作业的消防管理制度的，不得分；制度中对责任部门、责任人、制度执行许可范围、制度执行审批程序以及相应的许可签发人员等内容的，每缺少一项扣 5 分。（该项 30 分） 2. 对作业现场未进行火灾隐患排查及火灾风险评估分级的，不得分；没有保存记录及档案的，不得分；火灾隐患排查的范围没有全面覆盖的，每缺少一处扣 5 分；对排查到的火灾隐患没有制定控制措施或者是控制措施针对性不强的，每缺少一处扣 5 分；现场工作人员对岗位火灾隐患意识不清的，每人次扣 5 分；现场工作人员对火灾隐患未采取控制措施的，每人次扣 5 分。（该项 40 分） 3. 有无关人员进入存在火灾隐患重点操作现场而未佩戴相关通行牌的，每人次扣 5 分。（该项 30 分）	
	作业行为消防管理	1. 未对各个岗位中人的不安全行为进行辨识的，每缺一个扣 5 分；对作业中存在的不安全行为未制定控制措施或者是控制措施针对性不强的，每缺少一处扣 5 分；工作人员对作业行为中的不安全行为意识不清的，每人次扣 5 分；工作人员对不安全行为未采取控制措施的，每人次扣 5 分。（该项总分 40 分） 2. 未执行工作票制度的，扣 20 分；对工作票管理中存在危险因素未进行评估分级或者采取的风险控制措施不全的，每项工作票扣 2 分；工作票授权程序不清或者工作票上的签字不全的，每个扣 4 分；未在有效期间内保存好工作票的，每项扣 4 分。（该项总分 20 分） 3. 对消防重点设备的操作未实行操作牌制度的，扣 20 分；在作业过程中未挂操作牌的，每处扣 5 分；操作牌管理不善导致出现污损的，每个扣 5 分。（该项总分 20 分）	
	消防标志	1. 未建立消防标志管理制度的，不得分；建立该制度，但内容不完善的扣 10 分。（该项总分 20 分） 2. 在有较大火灾危险因素存在的作业现场或仓库，应按照相关法律法规及企业规定设置安全警示标志，设置不符合规定的，每处扣 4 分。（该项总分 40 分） 3. 在消防设施或设备处应设置显眼的消防标志，像疏散指示标志、应急照明等等，其设置不符合相关标准的，每处扣 4 分。（该项总分 40 分）	

（七）消防事故和应急救援管理标准化

1. 消防事故和应急救援管理标准化要求

一旦消防事故发生，事故单位应在事故发生时及时有效的向相关部门上报事故情况，并保存好相关事故报告记录。事故上报后事故单位必须协助相关部门查明事故原因、事故产生的后果以及对相关事故责任人追究事故责任。为了做好相应的消防管理工作，确保人员的生命和财产安全，落实好消防工作"预防为主，防消结合"的基本原则，应保证能有效的应付突发火灾事故而制定相应的应急预案，进行一系列预案演练并对演练效果进行评估。在火灾发生后应严格按照应急预案方案也对火灾事故实施火灾事故救援工作。

2. 消防事故和应急救援管理评分细则

根据消防事故和应急救援达到标准化状态的要求，参照相关的法律法规、规章制度以及标准规范的内容制定了消防事故和应急救援评分细则，消防事故和应急救援中的每项二级指标均设置为 100 分，其具体的评分细则如表 8-14：

表 8-14　消防事故和应急救援管理评分细则

考评项目		评分细则	得分
消防事故和应急救援	消防事故报告	消防事故发生后未及时报告给相关上级单位及政府部门的，不得分；对事故现场及有关证据未进行有效保护的，不得分；在事故报告中有意隐藏正确信息、破坏现场证据等行为的，不得分。	
	事故调查和处理	1.消防事故发生后未编写调查报告的，不得分；调查报告的内容不完善的，每处扣 10 分；对于事故调成报告的相关文件未进行整理归档的，每次扣 10 分；事故处理措施为落实到位的，每处扣 25 分；（此项总分 50 分） 2.未定期对事故、实践进行统计分析的，扣 20 分；统计分析不完整的，扣 10 分；（此项总分 20 分） 3.未对员工进行有关事故案例教育的，扣 30 分。（此项总分 30 分）	
消防事故和应急救援	应急预案	1.未建立消防事故应急救援制度的，扣 10 分；管理制度内容不完善或者管理内容不具针对性的，扣 2 分。（此项总分 10 分） 2.消防应急管理工作没有专职部门或专职人员负责的，扣 5 分；专职部门或者专职人员发生改变时未及时进行调整的，每次扣 2 分。(此项总分 5 分) 3.未建立专兼职应急救援队伍或指定专兼职应急救援人员的，扣 10 分；建立的队伍或人员不能严格按照应急救援工作规定的设置，扣 10 分。（此项总分 10 分） 4.无定期组织专兼职应急救援队伍或人员训练计划并保存相关记录的，扣 10 分；训练未定期开展的，扣 10 分；训练的内容为严格按照计划执行的，每次扣 2 分；训练内容或科目不齐全的，每项扣 2 分；救援人员对救援装备的使用认识不清的，每人扣 2 分。（此项总分 10 分） 5.未制定消防应急预案的，扣 20 分；未按照相关规定制定应急预案的，扣 20 分；对存在重大火灾隐患的作业现场未制定火灾应急处置方案或者控制措施的，每处扣 2 分；相关人员对应急处置方案或控制措施人事不到位，每人次扣 2 分。（此项总分 20 分）	

— 265 —

考评项目		评分细则	得分
消防事故和应急救援	应急预案	6. 制定的应急预案未向当地主管部门备案的，扣 15 分；未向有关协作单位通报的，每个扣 2 分。（此项总分 15 分） 7. 未定期对应急预案进行评审或未保存相关记录的，扣 15 分；未及时对制定的应急预案进行修订的，扣 15 分；对评审后的应急预案未进行跟进或根据实际情况的改变对应急预案进行修订的，每缺少一项扣 3 分；对修订后的应急预案未以文件正式发布或进行相关培训的，扣 3 分。（此项总分 15 分） 8. 未按照建立应急预案的相关要求配备应急设备设施按，储存足够的应急物资等内容的，每缺少一项扣 3 分。（此项总分 15 分） 9. 对配备的应急设备设施以及储存的物资未进行检查维护保养并保存记录的，扣 15 分；记录不完整的，每缺少一项扣 3 分；配备的应急设备设施以及储存的物资经检查又出现不合格的现象，每处扣 3 分（此项总分 15 分）	
消防事故和应急救援	应急演练和事故救援	1. 未组织应急演练的，或对应急演练未设计方案和进行登记记录的，扣 40 分；应急演练方案于简单或内容执行性不强，扣 4 分；参加演练的人员中没有高层管理人员的，每次扣 4 分。（此项总分 40） 2. 未对应急演练的效果进行评估的，扣 20 分；无评估报告的，扣 20 分；评估报告中未对各类问题进行总结或未确定改进措施的，扣 4 分；对评估后的建议未制定意见修订预案或者采取有效的应急措施的，扣 4 分。（此项总分 20 分） 3. 火灾事故应急预案未在火灾事故发生时及时启动的，扣 20 分；事故处理为满足应急预案要求的，每项扣 4 分；在应急救援工作完成后未及时进行全面总结分析的，每缺少一项扣 4 分；没有制定应急救援报告的，扣 20 分。（此项总分 40 分）	

（八）隐患排查整改和绩效评定标准化

1.隐患排查整改和绩效评定标准化要求

（1）隐患排查标准化

首先应建立隐患排查管理制度，制度的内容应符合有关规定。其在隐患排查之前应制定隐患排查工作方案，明确排查的目的、范围、方法和要求，并按照方案严格执行火灾隐患排查。根据排查的结果，对排查出的火灾隐患进行汇总，建立火灾隐患汇总登记台账，并对火灾隐患进行评估分级，保存隐患登记档案资料。企业生产经营相关岗位场所、生产的环境、工作人员的作业行为以及设备设施的状态均为隐患排查的范围，通过采用综合排查、日常巡查、专业检查、季节性及节假日重点检查等方式对企业进行全面隐患排查，制定检查标的和检查表，并保证检查表有相关负责人的签字。

（2）隐患整改标准化

应严格按照标准即是实施隐患整改，确定各项隐患整改方案，并严格按照方案执行。对重大火灾隐患应采取临时整改措施并制定应急预案。另外，对隐患整改完成后对整改情况应进行时效验证和评估。对隐患整改情况应建立统计分析表的，并将统计分析表及时报送到消防有关监管部门备案。

（3）绩效评定标准化

企业应每年对本单位消防标准化的实施情况进行评定，并且要保证评定的次数不应少于每年一次。在评定中应有完善评定内容并保存完整的支撑性材料，且应不断完善评定体系，及时对前次评定中提出问题的纠正情况重新进行评定。绩效评定的主要负责人应组织和参与绩效评定工作，并将评定过程和结果形成正式文件并进行通报。将消防管理绩效评定纳入年度考评，若发生死亡事故则应重新进行评定。

2.隐患排查整改和绩效评定评分细则

根据隐患排查整改和绩效评定达到标准化状态的要求，参照相关的法律法规、规章制度以及标准规范的内容制定了隐患排查整改和绩效评定评分细则，隐患排查整改和绩效评定中的每项二级指标均设置为100分，具体的评分细则如表8-15：

表8-15　隐患排查整改和绩效评定评分细则

考评项目		评分细则	得分
隐患排查整改和绩效评定	隐患排查	1. 未建立隐患排查管理制度的，扣10分；制度与有关规定不符的，扣2分。（该项总分10分） 2. 对火灾隐患排查工作未制定工作方案的，扣10分；方案内容不完整的，每缺少一项扣2分；火灾隐患排查工作未按计划执行的，扣20分；存在未排查出的火灾隐患，每处扣2分；对排查人员的能力未能达到要求的，每人次扣4分；对火灾隐患汇总未进行总结的，扣4分。（该项总分30分） 3. 对排查到的火灾隐患未进行汇总登记的，扣20分；对火灾隐患未进行评估分级的，扣20分；火灾隐患的登记档案资料保存不全的，每缺少一项扣2分。（该项总分20分） 4. 火灾隐患排查的范围应完整，每缺一处扣4分；未结合多种检查形式进行火灾隐患排查的，每缺少一次扣2分；对隐患排查未制定检查表的，扣10分；制定的检查表不规范的，每个扣3分；检查表没有针对性或者针对性不强的，每个扣2分；完成的检查表无负责人签字或签字不全的，每处扣2分。（该项总分40分）	
	隐患整改	1. 未及时整改火灾隐患，每处扣5分；需要制定隐患整改方案而未制定的，扣25分；方案内容（内容包括整改要达到目标或应完成任务、隐患整改实施的方法和采取措施、整改火灾隐患所需经费和物资、实施整改配备人员以及整改给时时限和要求）不全的，每缺一项内容扣2分；对于针对性不强的火灾隐患整改措施，每项扣2分；未对存在重大火灾隐患的部位制定并执行防护措施及应急预案的，扣25分。（该项总分50分） 2. 对隐患整改完成后对整改情况未进行验证或效果评估的，每项扣3分。（该项总分30分） 3. 对隐患整改情况未建立统计分析表的，扣20分；统计分析表未及时报送到消防有关监管部门的，扣20分。（该项总分20分）	

考评项目		评分细则	得分
隐患排查整改和绩效评定	绩效考核	企业未每年对本单位消防管理标准化的实施情况进行评定的，扣40分；评定的次数少于每年一次的，扣20分；评定中没有提供完整的项目、内容或者提供支撑性材料的，每缺少一个扣8分；对上一次评定中存在的问题或提出的建议的落实情况未进行重新评定的，扣8分；绩效评定工作中的成员没有主要负责人参与，扣30分；评定的过程和结果未以正式文件形式发布的，扣15分；未通报评定结果的，扣15分；将消防绩效评定纳入年度考评的，扣30分；发生重点火灾事故后对管理绩效未进行重新评定的，扣30分。	

第四节　消防安全检查

一、政府消防安全检查

（一）消防安全检查的作用

消防安全检查的作用，主要是通过实施检查活动体现出来的。

第一，通过开展消防安全检查，能够督促各种消防规章、规范和措施的贯彻落实。同时，对执行情况可以及时反馈给制定规章的领导机关，使领导机关可根据执行情况提出改进、推广或总结提高的措施。

第二，通过开展消防安全检查，能够及时发现所属单位以及其下属单位和职工在生产和生活中存在的火灾隐患，督促各有关单位和职工本人按规范及规章的要求进行整改或采取其他补救措施，从而消除火灾隐患，避免火灾事故的发生。

第三，通过开展消防安全检查，还可体现上级领导对消防工作的重视程度和对人民群众生命、财产的关心、爱护以及高度负责的精神，使职工群众看到消防安全工作的重要性；同时在检查过程中发现隐患、举证隐患，能够起到宣传消防安全知识的作用，从而提高领导干部和群众的防火警惕性，督促他们自觉做好防火安全工作，做到防患于未然。

第四，通过消防安全检查，可提供司法证据。

第五，通过开展消防安全检查，对所提出的整改意见及拟订的整改计划，经过反复论证，选择出最科学、最简便以及最经济的最佳方案，可以使企业或公民个人以尽可能少的资金达到消除隐患的目的。同时，通过检查可以及时发现并整改隐患，杜绝火灾的发生，或将火灾消灭在萌芽状态，从而也就避免了经济损失，收到了经济效益。

（二）政府消防安全检查的组织形式

第一，政府领导挂帅，并组织有关部门参加的对所属消防安全工作的考评检查。

第二，以政府名义组织，由消防监督机关牵头，政府有关部门参加的联合消防安全检查。

第三，以消防安全委员会的名义组织，政府有关部门参加消防安全检查。

（三）政府消防安全检查的内容

第一，消防监督管理职责。

第二，涉及消防安全的行政许可、审批职责。

第三，开展消防安全检查，督促主管单位整改火灾隐患的职责。

第四，城乡消防规划、公共消防设施建设及管理职责。

第五，多种形式的消防队伍建设职责。

第六，消防宣传教育职责。

第七，消防经费保障职责。

第八，其他依照法律、法规应当落实的消防安全职责。

（四）政府消防安全检查的要求

第一，地方各级人民政府对有关部门履行消防安全职责的情况检查之后，应当及时予以通报。对不依法履行消防安全职责的部门，责令限期改正。

第二，县级以上地方人民政府的国资委、教育、民政、铁路、交通运输、文化、农业、卫生、广播电视、体育、旅游、文物以及人防等部门和单位，应当建立健全监督制度，根据本行业及本系统的特点，有针对性地开展消防安全检查，及时督促整改火灾隐患。

第三，对于消防救援机构检查发现的火灾隐患，政府各有关部门应采取措施，督促有关单位整改。

第四，县级以上人民政府依据《消防法》第七十条第五款向应急管理部门报请的对经济和社会生活影响比较大的涉及供水、供热、供气以及供电的重要企业，重点基建工程，交通、通信、广电枢纽，大型商场等重要场所，以及其他对经济建设和社会生活构成重大影响的，责令停产停业，对经济和社会生活影响较大的，由住房和城乡建设主管部门或者应急管理部门报请本级人民政府依法决定。

第五，对各级人民政府有关部门的工作人员不履行消防工作职责，对涉及消防安全的事项未按照法律、法规规定实施审批、监督检查的，或对重大火灾隐患督促整改不力的，尚不构成犯罪的，应依法给予处分。

二、消防监督检查

（一）消防救援机构的消防监督检查

1. 形式

根据《消防法》的规定，消防救援机构所实施的监督检查，按照检查的对象和性质，通常有下列 5 种检查形式：

一是对公众聚集场所在投入使用、营业前消防安全检查。

二是对单位履行法定消防安全职责情况的监督抽查。

三是对举报投诉的消防安全违法行为的核查。

四是对大型群众性活动举办前的消防安全检查。

五是根据需要进行的其他消防监督检查。

2.分工

第一，直辖市、市（地区、州、盟）、县（市辖区、县级市、旗）消防救援机构具体实施消防监督检查。

第二，公安派出所可以实施对居民住宅区的物业服务企业、居民委员会、村民委员会履行消防安全职责的情况，以及上级应急管理部门确定的未设自动消防设施的部分非消防安全重点单位的日常消防监督检查。

第三，上级消防救援机构应当对下级消防救援机构实施消防监督检查的情况进行指导和监督。

第四，消防救援机构应对公安派出所开展的日常消防监督检查工作进行指导，定期对公安派出所民警进行消防监督业务培训。

第五，县级消防救援机构应当落实消防监督员，分片负责指导公安派出所，共同做好辖区消防监督工作。

（三）消防监督检查的方式

消防救援机构对单位履行消防安全职责的情况进行监督检查，可通过以下基本方式进行。

第一，询问单位消防安全责任人、消防安全管理人以及有关从业人员。

第二，查阅单位消防安全工作的有关文件及资料。

第三，抽查建筑疏散通道、安全出口、消防车通道是否保持畅通，及防火分区改变、防火间距占用的情况。

第四，实地检查建筑消防设施的运行情况。

第五，根据需要采取的其他方式。

（四）消防监督检查的内容

根据检查对象和形式确定。

1.对单位履行法定消防安全职责情况监督抽查的内容

消防救援机构，应结合单位履行消防安全职责情况的记录，每季度制订消防监督检查计划。对单位遵守消防法律、法规的情况，单位建筑物及其有关消防设施符合消防技术标准及管理规定的情况进行抽样检查。对单位履行法定消防安全职责情况的监督检查，根据单位的实际情况检查以下内容。

第一，建筑物或者场所是否依法通过消防验收，或者进行竣工验收消防备案；公众聚集场所是否通过投入使用和营业前的消防安全检查。

第二，建筑物或者场所的使用情况，是否和消防验收或者进行竣工验收消防备案时确定的使用性质相符。

第三，消防安全制度、灭火和应急疏散预案是否制定。

第四，消防设施、器材和消防安全标志是否定期组织维修保养，是否完好有效。

第五，电器线路、燃气管路是否定期维护保养、检测。

第六，疏散通道、安全出口、消防车通道是否畅通，防火分区是否改变，防火间距是否被占用。

第七，是否组织防火检查、消防演练和员工消防安全教育培训，自动消防系统操作人员是否持证上岗。

第八，生产、储存、经营易燃易爆危险品的场所是否与居住场所设置在同一建筑物内。

第九，生产、储存、经营其他物品的场所与居住场所设置在同一建筑物内的，是否符合消防技术标准。

第十，其他依法需要检查的内容。

对人员密集的场所还应当抽查室内装修材料是否符合消防技术标准，外墙门窗上是否设置影响逃生和灭火救援的障碍物。

2. 对消防安全重点单位检查的内容

对消防安全重点单位履行法定消防安全职责情况的监督检查，除了消防监督抽查的内容外，还应当检查以下内容。

第一，是否确定消防安全管理人。

第二，是否开展每日防火巡查并建立巡查记录。

第三，是否定期组织消防安全培训和消防演练。

第四，是否建立消防档案、确定消防安全重点部位。

对属于人员密集场所的消防安全重点单位，还应当检查单位灭火和应急疏散预案中承担灭火和组织疏散任务的人员是否确定。

3. 大型人员密集场所及特殊建设工地监督检查的内容

对大型人员密集场所及特殊建设工程的施工工地进行消防监督抽查，应重点检查施工单位履行以下消防安全职责的情况。

第一，是否明确施工现场消防安全管理人员，是否制定施工现场消防安全制度、灭火和应急疏散预案。

第二，在建工程内是否设置人员住宿、可燃材料及易燃易爆危险品储存等场所。

第三，是否设置临时消防给水系统、临时消防应急照明，是否配备消防器材，并确保完好有效。

第四，是否设有消防车通道并保持畅通。

第五，是否组织员工消防安全教育培训和消防演练。

第六，施工现场人员宿舍、办公用房的建筑构件燃烧性能、安全疏散是否符合消防技术标准。

4. 大型群众性活动举办前活动现场消防安全检查的内容

第一，室内活动使用的建筑物（场所）是否依法通过消防验收或者进行竣工验收消防备案，公众聚集场所是否通过使用、营业前消防安全检查。

第二，临时搭建的建筑物是否符合消防安全要求。

第三，是否制定灭火和应急疏散预案并组织演练。

第四，是否明确消防安全责任分工并确定消防安全管理人员。

第五，活动现场的消防设施、器材是否配备齐全并完好有效。

第六，活动现场的疏散通道、安全出口和消防车通道是否畅通。

第七，活动现场的疏散指示标志和应急照明是否符合消防技术标准并完好有效。

5.错时监督抽查的内容

错时消防监督抽查指的是消防救援机构针对特殊的监督对象，把监督执法警力部署到火灾高发时段及高发部位，在正常工作时间以外时段开展的消防监督抽查。实施错时消防监督抽查，消防救援机构可以会同治安、教育以及文化等部门联合开展，也可以邀请新闻媒体参加，但检查结果应当通过适当方式予以通报或者向社会公布。消防救援机构夜间对营业的公众聚集场所进行消防监督抽查时，应重点检查单位履行以下消防安全职责的情况。

第一，自动消防系统操作人员是否在岗在位，是否持证上岗。

第二，消防设施是否正常运行，疏散指示标志和应急照明也是否完好有效。

第三，场所疏散通道及安全出口是否畅通。

第四，防火巡查是否按照规定开展。

（五）人员密集场所的消防监督检查要点

1.单位消防安全管理检查的要点

第一，消防安全组织机构健全。

第二，消防安全管理制度完善。

第三，日常消防安全管理落实。火灾危险部位有严格的管理措施；定期组织防火检查及巡查，能够及时发现和消除火灾隐患。

第四，重点岗位人员经专门培训，持证上岗。员工会报警、会扑救初期火灾以及会组织人员疏散。

第五，对消防设施定期检查、检测、维护保养，并且有详细完整的记录。

第六，灭火和应急疏散预案完备，并且有定期演练的记录。

第七，单位火警处置及时准确。对于设有火灾自动报警系统的场所，随机选择一个探测器吹烟或手动报警，发出警报之后，值班员或专（兼）职消防员携带手提式灭火器到现场确认，并及时向消防控制室报告。值班员或者专（兼）职消防员会正确使用灭火器、消防软管卷盘以及室内消火栓等扑救初期火灾。

2.消防控制室的检查要点

第一，值班员不少于2人，经过培训，持证上岗。

第二，有每日值班记录，记录完整准确。

第三，有设备检查记录，记录完整准确。

第四,值班员能熟练掌握《消防控制室管理及应急程序》,可熟练操作消防控制设备。

第五，消防控制设备处于正常运行状态，能正确显示火灾报警信号及消防设施的

动作、状态信号，能正确打印有关信息。

3.防火分隔设施的检查要点

第一，防火分区和防火分隔设施满足要求。

第二，防火卷帘下方无障碍物。自动、手动启动防火卷帘，卷帘能够下落至地板面，反馈信号正确。

第三，管道井、电缆井，以及管道、电缆穿越楼板和墙体处的孔洞应封堵密实。

第四，厨房、配电室、锅炉房以及柴油发电机房等火灾危险性较大的部位与周围其他场所采取严格的防火分隔，并且有严密的火灾防范措施与严格的消防安全管理制度。

4.人员安全疏散系统的检查要点

第一，疏散指示标志及应急照明灯的数量、类型以及安装高度符合要求，疏散指示标志能在疏散路线上明显看到，并且明确指向安全出口。

第二，应急照明灯主、备用电源切换功能正常，将主电源切断后，应急照明灯能正常发光。

第三，火灾应急广播可以分区播放，正确引导人员疏散。

第四，封闭楼梯、防烟楼梯及其前室的防火门向疏散方向开启，具有自闭功能，并且处于常闭状态；平时由于频繁使用需要常开的防火门能自动、手动关闭；平时需要控制人员随意出入的疏散门，不用任何工具可从内部开启，并有明显标识和使用提示；常开防火门的启闭状态在消防控制室能够正确显示。

第五，安全出口、疏散通道、楼梯间保持畅通，未锁闭，无任何物品堆放。

5.火灾自动报警系统的检查要点

第一，检查故障报警功能。摘掉一个探测器，控制设备能够正确显示故障报警信号。

第二，检查火灾报警功能。可任选一个探测器进行吹烟，控制设备能够正确显示火灾报警信号。

第三，检查火警优先功能。摘掉一个探测器，同时给另一探测器吹烟，控制设备能够优先显示火灾报警信号。

第四，检查消防电话通话情况。在消防控制室和水泵房及发电机房等处使用消防电话，消防控制室与相关场所能相互正常通话。

6.湿式自动喷水灭火系统的检查要点

第一，报警阀组件完整，报警阀前后的阀门、通向延时器的阀门处在开启状态。

第二，对自动喷水灭火系统进行末端试水。把消防控制室联动控制设备设置在自动位置，任选一楼层，进行末端试水，水流指示器动作，控制设备可以正确显示水流报警信号；压力开关动作，水力警铃发出警报，喷淋泵启动，控制设备能正确显示压力开关动作和启泵信号。

7.消火栓、水泵接合器的检查要点

第一，室内消火栓箱内的水枪及水带等配件齐全，水带与接口绑扎牢固。

第二，检查系统功能。任选一个室内消火栓，把水带、水枪接好，水枪出水正常；把消防控制室联动控制设备设置在自动位置，按下消火栓箱内的启泵按钮，消火栓泵

启动，控制设备能够正确显示启泵信号，水枪出水正常。

第三，室外消火栓不被埋压、圈占以及遮挡，标识明显，有专用开启工具，阀门开启灵活、方便，出水正常。

第四，水泵接合器不被埋压、圈占、遮挡，标识明显，并标明供水系统的类型及供水范围。

8. 消防水泵房、给水管道、储水设施的检查要点

第一，配电柜上控制消火栓泵、喷淋泵以及稳压（增压）泵的开关设置在自动（接通）位置。

第二，消火栓泵及喷淋泵的进、出水管阀门，高位消防水箱出水管上的阀门，以及自动喷水灭火系统、消火栓系统管道上的阀门保持常开。

第三，高位消防水箱、消防水池以及气压水罐等消防储水设施的水量达到规定的水位。

第四，北方寒冷地区的高位消防水箱及室内外消防管道有防冻措施。

9. 防烟排烟系统的检查要点

第一，检查加压送风系统。自动、手动启动加压送风系统，相关送风口开启，送风机启动，送风正常，且反馈信号正确。

第二，检查排烟系统。自动、手动启动排烟系统，相关排烟口开启，排烟风机启动，排风正常，且反馈信号正确。

10. 灭火器的检查要点

第一，灭火器配置类型正确。有固体可燃物的场所，配有能扑灭 A 类火灾的灭火器。

第二，储压式灭火器压力满足要求，压力表指针在绿区。

第三，灭火器设置在明显和方便取用的地点，不会影响安全疏散。

第四，灭火器有定期维护检查的记录。

11. 室内装修的检查要点

第一，疏散楼梯间及其前室和安全出口的门厅，其顶棚、墙面以及地面采用不燃材料装修。

第二，房间、走道的顶棚、墙面以及地面使用符合规范规定的装修材料。

第三，疏散走道两侧和安全出口附近，无误导人员安全疏散的反光镜及玻璃等装修材料。

12. 外墙及屋顶保温材料和装修的检查要点

第一，了解、掌握建筑外墙及屋顶保温系统构造和材料的使用情况。

第二，了解外墙及屋顶使用易燃、可燃保温材料的建筑，其楼板与外保温系统之间的防火分隔或封堵情况，以及外墙和屋顶最外保护层材料的燃烧性能。

第三，对外墙和屋顶使用易燃、可燃、保温、防水材料的建筑，有严格的动火管理制度及严密的火灾防范措施。

13. 消防监督检查的其他检查要点。

第一，消防主、备电源供电以及自动切换正常。可切换主、备电源，检查其供电功能、设备运行正常。

第二，电气设备、燃气用具、开关、插座、照明灯具等的设置和使用，以及电气线路、燃气管道等的材质和敷设满足要求。

第三，室内可燃气体、液体管道采用金属管道，且设有紧急事故切断阀。

第四，防火间距符合要求。

第五，消防车通道符合要求。

（六）消防监督检查的步骤

工作程序是否正确对工作效果的好坏有着十分重要的影响。工作程序正确，往往会收到事半功倍的效果。根据实践经验，消防安全检查应当按下列程序进行。

1. 拟订计划

在进行消防监督检查前，要首先拟订检查计划，确定检查目标和主要目的，根据检查目标及检查目的，选抽各类人员组成检查组织；然后确定被检查的单位，进行时间安排；再明确检查的主要内容，并提出检查过程中的要求。

2. 检查准备

在实施消防监督检查前，负责检查的有关人员，应当对所要检查的单位或部位的基本情况有所了解。如对被检查单位所在位置及四邻单位情况，单位的消防安全责任人、管理人以及安全保卫部门负责人、专职防火干部情况，生产工艺及原料、产品、半成品的性质，火灾危险性类别及储存和使用情况，重点要害部位的情况，以往火灾隐患的查处情况和是否有火灾发生的情况等，均应有一个基本的了解。必要时，还应当将所要检查单位、部位的检查项目一一列出消防安全检查表，防止检查时有所遗漏。

3. 联系接洽

在具体实施消防监督检查前，应当与被检查单位进行联系。联系的部门通常是被检查单位的消防安全管理部门，或者是专职的消防安全管理人员，或是基层单位的负责人。把检查的目的、内容、时间，以及需要哪一级领导参加或接待等需要被检查单位做的工作告知被检查单位，以便被检查单位做好准备和接待上的安排。但是不宜通知过早，以防造假应付。必要时，也可采取突然袭击的方式进行检查，以利问题的发现。

与被检查单位的接待人员接洽时，应当首先自我介绍，并应主动出示证件，向接待的有关负责人重申本次检查的目的、内容以及要求。在检查过程中，一般情况下被检查单位的消防安全责任人或者管理人，以及消防安全管理部门的负责人和防火安全管理人员都应当参加。

4. 情况介绍

在具体实施实地检查前，要听取被检查单位有关的情况汇报。汇报通常由被检查单位的消防安全责任人或者消防安全管理部门的负责人介绍。汇报及介绍的主要内容应包括：消防安全制度的建立和执行情况；本单位的消防工作基本概况、消防安全管理的领导分工情况；消防安全组织的建立和活动情况；职工的消防安全教育情况；工业企业单位的生产工艺过程和产品的变更情况；其是否有火灾等情况；上次检查发现的火灾隐患的整改情况及未整改的理由；消防工作的奖惩情况；其他有关防火灭火的重要情况等内容。

5. 实地检查

在汇报和介绍完情况后，被检查单位应当派熟悉单位情况的负责人或者其他人员等陪同上级消防安全检查人员深入到单位的实际现场进行实地检查，以协助消防安全检查人员发现问题，并要随时回答检查人员提出的问题。亦可随时质疑检查人员提出的问题。

在对被检查单位的消防安全工作情况进行实地检查时，应从显要的并在逻辑上的必然地点开始。在通常情况下，应根据生产工艺过程的顺序，从原料的储存、准备，到最终产品的包装入库等整个过程进行，特殊情况也可以例外。但是，无论情况如何，消防安全检查人员不可只是跟随陪同人员简单观察，而必须是整个检查过程的主导；不能假定某个部位没有火灾危险而不去检查。疏散通道的每一扇门均应打开检查，对于锁着的疏散门，应要求陪同人员通知有关人员开锁。

6. 检查评议，填写法律文书

检查评议，就是将在实地检查中听到及看到的情况，进行综合分析，最后做出结论，提出整改意见及对策。对出具的《消防安全检查意见书》《责令当场改正书》《责令限期改正通知书》等法律文书，要抓住主要矛盾，情况概括要全面，归纳要有条理，用词要准确，并且要充分听取被检查单位的意见。

7. 总结汇报，提出书面报告

消防安全检查工作结束后，应对整个检查工作进行总结。总结要全面、系统，对好的单位要给予表扬及适当奖励；对差的单位应当给予批评；并对检查中发现的重大火灾隐患，应通报督促整改。

8. 复查、督促整改和验收

对于消防救援机构在监督检查中发现的火灾隐患，在整改过程中，消防部门应现场检查，督促整改，避免出现新的隐患。整改期限届满或单位申请时，消防监督部门应主动或者在接到申请后及时（通常 2 天内）前往复查。

（七）消防监督检查的要求

根据多年的实践经验，消防救援机构在进行消防监督检查时应注意下列几点：

1. 检查人员应当具备一定的素质

消防监督检查人员应具有一定的素养，具备一定的知识结构，不能随便安排一个人去充当消防安全检查人员。消防监督检查人员必须是经公安部统一组织考试合格，并且具有监督检查资格的专业人员。一般消防监督检查人员应当具备下列知识结构。

第一，应当具有一定的政治素养及正派的人品。所谓政治素养，就是有为人民服务的思想，有满腔热忱和对技术精益求精的工作态度，有严格的组织纪律性和拒腐蚀及不贪财的素养。要具备这些素养，就不能够见到好的东西就想跟被检查单位要，就不能够几杯酒下肚就信口开河，就不能够接受特殊招待。

第二，应当具有一定的专业知识。消防监督检查所需的专业知识主要包括建筑防火知识、火灾燃烧知识、电气防火知识、危险物品防火知识、生产工艺防火知识、消防安全管理知识和公共场所管理知识，以及灭火剂、灭火器械和灭火设施系统知识、

消防法等同消防安全有关的行政法规知识等。

第三，应当具有一定的社交协调能力和满足社会行为规范的举止。消防监督检查不仅仅是一项专业工作，它所面对的工作对象是各种不同的企业事业单位、机关团体，或是不同的社会组织。他代表上级领导机关或国家政府机关的行为，因此，消防监督检查人员还应当具有一定的社会交际能力，其言谈、举止以及着装等，都应当符合社会行为规范。

2. 发现问题要随时解答，并说明理由

在实地检查过程中，要注意提出并解释问题，引导陪同人员解释所观察到的情况。每发现一处火灾隐患，均要给被检查单位解释清楚，为什么认定它是火灾隐患，它如何会导致火灾或造成人员伤亡，应当怎样消除、减少和避免此类火灾隐患等。对发现的每一处不寻常的作业、新工艺、新产品和所使用的新原料（包括温度、压力、浓度配比等新的工艺条件、新的原料产品的特性）等值得提及的问题，均要记录下来，并分项予以说明，以供今后参考。当被检查单位提出质疑的问题时，能回答的尽量予以回答；若难以回答，则应当直率地告诉对方："此问题我还不太清楚，待我弄清楚后再告诉你。"但事后一定找出答案，并及时告诉对方。也万不可不懂装懂，装腔作势，信口蒙人。

3. 提出问题不可使用"委婉之术"

对在消防监督检查中发现的火灾隐患或者不安全因素，应当非常慎重地、有理有据地以及直言不讳地向被检查单位指出，不可竭力追求"委婉之术"。

在消防监督检查工作中，指出被检查单位存在的问题时，适当运用委婉的语气，不用盛气凌人、颐指气使的态度，无疑是正确的。但如果采取不痛不痒、触而无感隔靴搔痒的委婉之术，则对督促火灾隐患的整改是十分不利的，故必须克服。

4. 要有政策观念、法制观念、群众观念以及经济观念

具体问题的解决，要以政策和法规为尺度，绝不能随心所欲；要有群众观念，充分地相信和依靠群众，深入群众及生产第一线，倾听职工群众的意见，以得到更多的真实情况，掌握工作主动权，达到检查的目的；还要有经济观念，将火灾隐患的整改建立在保卫生产安全及促进生产安全的指导思想基础之上，并且将其看成是一种经济效益，当成一项提高经济效益的措施去抓。

5. 要科学安排时间

科学安排时间是一个时间优化问题。检查时间安排不同，所收到的效果也不尽相同。如生产工艺流程中的问题，只有在生产过程中才会暴露得更充分，检查时间就应当选择在易暴露问题的时间进行；再如，值班问题在夜间及休假日最能暴露薄弱环节，那么就应该选择在夜间及休假日检查值班制度的落实情况和值班人员的尽职尽责情况。因为防火干部管理范围广，部门数量较多，所以科学地安排好防火检查时间，将会大大提高工作效率，收到事半功倍的效果。

6. 要认真观察、系统分析、实事求是，做到原则性与灵活性相结合

对消防监督检查中发现的问题需要认真观察，对问题进行合乎逻辑规律的、全面的、

系统的、由此及彼的、由表及里的分析，抓住问题的实质以及主要方面；并有针对性地、实事求是地提出切合实际的解决办法。对于重大问题，要敢于坚持原则，但是在具体方法上要有一定的灵活性，做到严得合理，宽得得当。检查要同指导相结合，检查不仅要能够发现问题，更重要的是能够解决问题，所以应提出正确合理的解决问题的办法和防止问题再发生的措施，且上级机关应给予具体的帮助及指导。

7. 要注重效果，不走过场

消防监督检查是集社会科学和自然科学于一体的一项综合性的管理活动，是实施消防安全管理的最具体、最生动、最直接以及最有效的形式之一，所以必须严肃认真、尊重科学、脚踏实地、注重效果。切不可以图形式、走过场，只图检查的次数，不图问题解决的多少。检查一次就应有一次的效果，就应解决一定的问题，就应对某方面的工作有大的推动。但也不应有靠一两次大检查即可以一劳永逸的思想。要根据本单位的发展情况和季节天气的变化情况，有重点地定期组织检查。但是平时有问题，要随时进行检查，不要使问题久拖，以致酿成火灾。

8. 要注意检查通常易被人们忽略的隐患

要注意寻找易燃易爆危险品的储存不当之处及垃圾堆中的易燃废物；检查需要设置"严禁吸烟"标志的地方是否有醒目的警示标志，在"严禁吸烟"的区域内有无烟蒂；爆炸危险场所的电气设备、线路以及开关等是否符合防爆等级的要求，以及防静电和防雷的接地连接紧密、牢固与否等；寻找被锁或被阻塞的出口，查看避难通道是否阻塞或标志合适与否；灭火器的质量、数量，与被保护的场所和物品是否相适应等。这些隐患常常易被人们忽略而导致火灾，故应当引起特别注意。

9. 态度要和蔼，注意礼节礼貌

在整个检查过程中，消防监督检查人员一定要注意礼貌，举止大方，着装规范，谈吐文雅，提问题要有理有据有逻辑；不可以着奇装异服、举止粗俗、讲话条理不清，说话必须言而有信。在检查结束离去时，应对被检查单位的合作表示感谢，以建立友好的关系。

10. 监督抽查应保证一定的频次

消防救援机构应根据本地区的火灾规律、特点，同时结合重大节日、重大活动等的消防安全需要，组织监督抽查。消防安全重点单位应作为监督抽查的重点，但是非消防安全重点单位，必须在抽查的单位数量中占有一定比例。一般情况下，对消防安全重点单位的监督抽查，应至少每半年组织一次；对属于人员密集场所的消防安全重点单位，应至少每年组织一次；对于其他单位的监督抽查，应至少每年组织一次。

消防救援机构组织监督抽查，宜采取分行业或地区、系统随机抽查的方式确定检查单位。抽查的单位数量，依据消防监督检查人员的数量和监督检查的工作量化标准和时间安排确定。消防救援机构组织监督检查时，可事先公告检查的范围、内容、要求以及时间。监督检查的结果可通过适当方式予以通报或者向社会公布。本地区重大火灾隐患的情况应当定期公布。

11. 消防监督检查应当着制式警服，出示执法身份证件，填写检查记

消防救援机构实施消防监督检查时，检查人员不得少于两人，应着制式警服并出

示执法身份证件。消防监督检查应当填写检查记录，如实记录检查情况，并且由消防监督检查人员、被检查单位负责人或有关管理人员签名；被检查单位负责人或有关管理人员对记录有异议或者拒绝签名的，检查人员应在检查记录上注明。

12.实施消防监督检查不得妨碍被检查单位正常的生产经营活动

为不妨碍被检查单位正常的生产经营活动，消防救援机构在实施消防监督检查时，可事先通知有关单位，以便被检查单位的生产经营活动有所准备及安排。被检查单位应当如实提供以下材料：消防设施、器材以及消防安全标志的检验、维修、检测记录或者报告；防火检查、巡查及火灾隐患整改情况记录；灭火和应急疏散预案及其演练情况；开展消防宣传教育和培训情况的记录；依法查阅的其他材料等。

（八）消防监督检查必须要严格遵守法定时限

1.举报投诉消防安全检查的法定时限

消防救援机构接到消防安全违法行为的举报投诉后，应当及时受理、登记。属于本单位管辖范围内的事项，应当及时调查处理；属于应急管理部门职责范围，但不属于本单位管辖的事项，应当在受理后的24h内移送至有管辖权的单位处理，并告知举报投诉人；对不属于应急管理部门职责范围内的事项，应当告知当事人向其他有关主管机关举报投诉。

第一，对于举报投诉占用、堵塞、封闭疏散通道、安全出口或者其他妨碍安全疏散违法行为的，应当在接到举报投诉后24h内进行核查。

第二，对于举报投诉其他消防安全违法行为的，应当在接到举报投诉之日起3个工作日内进行核查。核查后，应当对消防安全违法行为依法处理。处理情况应当及时告知举报投诉人，无法告知的，应当在受理登记中注明。

2.消防安全检查责令改正的法定时限

具体分为以下几种情况：

第一，在消防监督检查中，消防救援机构对发现的依法应当责令限期改正的消防安全违法行为，应当当场制发责令改正通知书，并依法予以处罚。

第二，对于违法行为轻微并当场改正，依法可以不予行政处罚的，可以口头责令改正，并在检查记录上注明。

第三，对于依法需要责令限期改正的违法行为，应当根据消防安全违法行为改正的难易程度合理确定改正的期限。

第四，消防救援机构应当在改正期限届满之日起3个工作日内展开复查。对逾期不改正的，依法予以处罚。

3.恢复施工、使用、生产、营业检查的法定时限

具体分为以下两种情况：

第一，对于被责令停止施工、停止使用、停产停业的当事人申请恢复施工、使用、生产、经营的情况，消防救援机构应当自收到书面申请之日起3个工作日内进行检查，自检查之日起3个工作日内作出书面意见，并送达当事人。

第二，对于当事人已改正消防安全违法行为、具备消防安全条件的，消防救援机

构应当同意其恢复施工、使用、生产、营业；对于违法行为尚未改正、不具备消防安全条件的，消防救援机构应当拒绝其恢复施工、使用、生产、经营，并说明理由。

4.报告政府的情形、程序和时限

在消防监督检查中，发现城乡消防安全布局、公共消防设施不符合消防安全要求，或者发现本地区存在影响公共安全的重大火灾隐患时，消防救援机构负责人应当组织集体研究。自检查之日起7个工作日内提出处理意见，由公安机关书面报告本级人民政府解决。若本地区存在影响公共安全的重大火灾隐患，还应在确定之日起3个工作日内书面通知存在隐患的单位进行整改。

（九）消防救援机构要接受社会监督

完善制约机制消防救援机构应当公开办事制度及办事程序，建立警风警纪监督员制度，自觉接受社会和群众的监督。应公布举报电话，受理群众对消防执法行为的举报投诉，并及时调查核实，反馈查处结果。

消防救援机构应当实行消防监督执法责任制，建立并完善消防监督执法质量考核评议、执法过错责任追究等制度，防止及纠正消防执法中的错误或者不当行为。

（十）消防救援机构及其人员在消防监督检查中的法律责任

如消防救援机构及其人员在消防监督检查中违反规定，有以下行为尚不构成犯罪的，应当依法给予有关责任人处分。

第一，不按规定制作、送达法律文书，不可按照规定履行消防监督检查职责且拒不改正的行为。

第二，对不符合消防安全要求的公众聚集场所准予消防安全检查合格的行为。

第三，无故拖延消防安全检查，不在法定期限内履行职责的行为。

第四，未按照规定组织开展消防监督抽查的行为。

第五，发现火灾隐患不及时通知有关单位或者个人整改的行为。

第六，利用消防监督检查职权为用户指定消防产品的品牌、销售单位或者指定消防安全技术服务机构、消防设施施工、维修保养单位的行为。

第七，接受被检查单位或者个人财物及其他不正当利益的行为。

第八，近亲属在管辖区域或者业务范围内经营消防公司、承揽消防工程、推销消防产品的行为。

第九，其他滥用职权、玩忽职守、徇私舞弊的行为。

三、单位消防安全检查

（一）单位消防安全检查的组织形式

消防安全检查不是一项临时性措施，不能一劳永逸。它是一项长期的、经常性的工作，因此，单位在组织形式上应采取经常性检查和季节性检查相结合、群众性检查和专门机关检查相结合、重点检查和普遍检查相结合的方法。根据消防安全检查的组

织情况，单位消防安全检查通常有以下几种形式。

1.单位本身的自查

单位本身的自查，是在各单位消防安全责任人的领导之下，由单位安全保卫部门牵头，由单位生产、技术、专（兼）职防火干部以及志愿消防队员和有关职工参加的检查。单位本身的自查，是单位组织群众开展经常性防火安全检查的最基本的形式，它对火灾的预防起着非常重要的作用，应当坚持厂（公司）月查、车间（工段）周查、班（组）日查的三级检查制度。基层单位的自查按检查实施的时间和内容，可分为下列几种。

（1）一般检查

这种检查也叫日常检查，是根据岗位防火安全责任制的要求，以班组长、安全员以及消防员为主，对所在的车间（工段）库房、货场等处防火安全情况所进行的检查。这种检查一般以班前、班后和交接班时为检查的重点。这种检查能够及时发现火险因素，及时消除火灾隐患，应坚持落实。

（2）防火巡查

是消防安全重点单位常用的一种检查形式，是预防火灾发生的有效措施。根据《消防法》规定，消防安全重点单位应当实行每日防火巡查，并且建立巡查记录。公共聚集场所在营业期间的防火巡查应当至少2小时一次；营业结束时要对营业现场进行安全检查，消除遗留火种。医院、养老院，寄宿制的学校、托儿所、幼儿园应当加强夜间的防火巡查，至少每晚巡逻不应少于2次。其他消防安全重点单位应当结合单位的实际情况进行夜间防火巡查。防火巡查主要依靠单位的保安（警卫），单位的领导或值班的干部和专职、兼职防火员要注意检查巡查的情况。检查的重点是电源、火源，并注意其他异常情况，及时堵塞漏洞，消除事故隐患。

（3）定期检查

这种检查也称季节性检查，按照季节的不同特点，并与有关的安全活动结合起来在元旦、春节、"五一"劳动节、国庆节等重大节日进行，一般由单位领导组织并参加。定期检查除了对所有部位进行检查外，还应对重点要害部位进行重点检查。通过定期检查，解决平时检查很难解决的重大问题。

（4）专项检查

是根据单位的实际情况及当前的主要任务，针对单位消防安全的薄弱环节进行的检查。常见的有电气防火检查、用火检查、消防设施设备检查、安全疏散检查、危险品储存与使用检查、防雷设施检查等。专项检查应有专业技术人员参加，也可以与设备的检修结合进行。对生产工艺设备、压力容器、电气设施设备、消防设施设备、危险品生产储存设施以及用火动火设施等进行检查，为了检查其功能状况和安全性能等，应当由专业部门，使用专门仪器、设备进行检查，以检查细微之处的事故隐患，真正做到防患于未然。

2.单位上级主管部门的检查

这种检查由单位的上级主管部门或者母公司组织实施，对推动和帮助基层单位或子公司落实防火安全措施、消除火灾隐患，具有十分重要的作用。此种检查通常有互查、

抽查以及重点查三种形式。此种检查，单位主管部门应每季度对所属重点单位进行一次检查，并应当向当地公安消防机关报告检查情况。

3.单位消防安全管理部门的检查

这种检查是单位授权的消防安全管理部门，也为督促查看消防工作情况和查寻验看消防工作中存在的问题而对不具有隶属关系的所辖单位进行的检查。这是单位的消防安全管理活动，也是单位实施消防安全管理的一条重要措施。

（二）消防安全检查的方法

消防安全检查的方法指的是在实施消防安全检查过程中所采取的措施或手段。实践证明，只有运用方法正确才可以顺利实施检查，才能对检查对象的安全状况作出正确的评价。总结各地的做法，消防安全检查的具体方法，主要有下列几种。

1.直接观察法

直接观察法就是用眼看、手摸、耳听以及鼻子嗅等人的感官直接观察的方法。这是日常采用的最基本的方法。比如在日常防火巡查时，用眼看一看哪些是不正常的现象，用手摸一摸是否有过热等不正常的感觉，用耳听一听有无不正常的声音，用鼻子嗅一嗅是否有不正常的气味等。

2.询问了解法

询问了解法即是找第一线的有关人员询问，了解本单位消防安全工作的开展情况和各项制度措施的执行落实情况等。这种方法是消防安全检查中不可缺少的手段。通过询问可以了解到一些平时根本查不出来的火灾隐患。

3.仪器检测法

仪器检测法指的是利用消防安全检查仪器对电气设备、线路，安全设施，可燃气体、液体危害程度的参数等进行测试，利用定量的方法评定单位某个场所的安全状况，确定是否存在火灾隐患的检查方法。

（三）不同单位（场所）消防安全检查的基本内容

1.工业、企业单位消防安全检查的主要内容

一是明确生产的火灾危险性类别。

二是四至的防火间距是否足够。

三是建筑物的耐火等级、防火间距是否足够。

四是车间、库房所存物质是否构成重大危险源。

五是车间、库房的疏散通道、安全门是否符合规范要求。

六是消防设施、器材的设置是否符合规范要求。

七是电气线路敷设、防爆电器标示、工艺设备安全附件情况是否良好。

八是用火、用电管理有何漏洞等。

2.大型仓库消防安全检查的主要内容

一是明确储存物资的火灾危险性类别。

二是库房所存物资是否构成重大危险源。

三是四至的防火间距是否足够。

四是库房建筑物的耐火等级、防火间距是否足够。

五是物资的储存、养护是否符合《仓库防火安全管理规则》要求。

六是库房的疏散通道、安全门是否符合规范要求。

七是防、灭火设施,灭火器材的设置是否符合规范要求。

八是用火、用电管理有何漏洞等。

3.商业大厦消防安全检查的主要内容

一是明确大厦的保护级别,高层建筑的类别。

二是消防车通道及防火间距是否足够。

三是商品库房所存物资是否构成重大危险源。

四是安全疏散通道、安全门是否符合规范要求。

五是防火分区,防烟、排烟是否符合规范要求。

六是用火、用电管理有何漏洞等。

七是防、灭火设施,灭火器材的设置是否符合规范要求。

八是有无消防水源,消防水源是否符合国家现行的规范标准。

4.公共娱乐场所消防安全检查的内容

一是明确场所的保护级别,高层建筑的类别。

二是消防车通道及防火间距是否足够。

三是防火分区,防烟、排烟是否符合规范要求。

四是安全疏散通道、安全门是否符合规范要求。

五是用火、用电管理有无漏洞等。

六是消防设施、器材的设置是否符合规范要求。

七是有无消防水源,消防水源是否符合国家现行的规范标准。

八是有无紧急疏散预案,是否每年都进行实际演练。

5.建筑施工消防安全检查的主要内容

一是检查该工程是否履行了消防审批手续。

二是检查消防设施的安装与调试单位是否具备相应的资格。

三是消防设施的安装施工是否履行了消防审批手续,是否符合施工验收规范的要求。

四是选用的消防设施、防火材料等是否符合消防要求,也是否选用经国家产品质量认证、国家核发生产许可证或者消防产品质量检测中心检测合格的产品。

五是检查施工单位是否按照批准的消防设计图纸进行施工安装,是否有擅自改动的现象。

六是检查有无其他违反消防法规的行为。

第五节　火灾隐患整改

一、火灾隐患整改概述

（一）火灾隐患的概念

火灾隐患有广义和狭义之分。广义上讲，火灾隐患指是在生产和生活活动中可能直接造成火灾危害的各种不安全因素；狭义上讲，火灾隐患指的是因违反消防安全法规或者不符合消防安全技术标准，而增加的发生火灾的危险性，或发生火灾时会增加对人的生命、财产的危害，或在发生火灾时严重影响灭火救援行动的一切行为和情况。据此分析，火灾隐患通常包含以下三层含义。

1.增加了发生火灾的危险性

例如违反规定生产、储存、运输、销售、使用及销毁易燃易爆危险品；违反规定用火、用电、用气，明火作业等。

2.如果发生火灾，会增加对人身、财产的危害

如建筑防火分隔、建筑结构防火，以及防烟、排烟设施等随意改变，失去应有的作用；建筑物内部装修及装饰违反规定，使用易燃材料等；建筑物的安全出口及疏散通道堵塞，不能畅通无阻；消防设施、器材不能完好有效等。

3.一旦导致火灾，会严重影响灭火救援行动

如缺少消防水源，消防车通道堵塞，消火栓、水泵结合器以及消防电梯等不能使用或者不能正常运行等。

（二）火灾隐患的分类

火灾隐患根据其火灾危险性的大小及危害程度，按国家消防监督管理的行政措施可分为下列三类。

1.特大火灾隐患

特大火灾隐患指的是违反国家消防安全法律、法规的有关规定，不能立即整改，可能造成火灾发生或使火灾危害增大，并可能造成特大人员伤亡或特大经济损失的严重后果及特大社会影响的重大火灾隐患。特大火灾隐患一般指需要政府挂牌督导整改的重大火灾隐患。

2.重大火灾隐

重大火灾隐患指的是违反消防法律、法规，可能导致火灾发生或火灾危害增大，并由此可能导致重大火灾事故后果和严重影响社会的各类潜在不安全因素。

3.一般火灾隐患

指除特大、重大火灾隐患之外的隐患。因为在我国消防行政执法中只有重大火灾隐患与一般火灾隐患之分，还未将特大火灾隐患确定为具体管理对象，所以，我们常说的重大火灾隐患也包括特大火灾隐患。

（三）火灾隐患的确认

火灾隐患与消防安全违法行为应是互有交集的关系。火灾隐患并不一定都是消防安全违法行为，而消防安全违法行为则一定都是火灾隐患。例如，由于国家消防技术标准的修改而造成的火灾隐患就不属于违法行为。因此，一定要正确区分火灾隐患与消防安全违法行为的关系。确定一个不安全因素是否是火灾隐患，其不仅要从消防行政法律上有依据，而且还应当在消防技术上有标准。由于其专业性、思想性以及科学性很强，因此，应当根据实际情况，全面细致地考察和了解，实事求是地分析和判定，并注意区分火灾隐患和消防安全违法行为的界限。

消防工作中存在的问题包括的范围很广，通常是指思想上、组织上、制度上和包括火灾隐患在内的所有影响消防安全的问题。火灾隐患只是能够引起火灾和火灾危害的那部分问题。正确区别火灾隐患和一般工作问题很有实际意义。如果把消防工作中存在的一般性工作

问题也视为火灾隐患，采取制发通知书的法律文书方式，将不适宜用消防行政措施解决的问题也不加区别地用消防行政措施去解决，就失去了消防安全管理的科学性及依法管理的严肃性，不利于火灾隐患的整改，由此这些都是在实际工作中值得注意的。

根据公安部规定，以下情形可以直接确定为火灾隐患：

第一，影响人员安全疏散或者灭火救援行动，不能立即改正的情形。

第二，消防设施未保持完好有效，影响防火灭火功能的情形。

第三，擅自改变防火分区，容易导致火势蔓延、扩大的情形。

第四，在人员密集场所违反消防安全规定，使用、储存易燃易爆危险品，不能立即改正的情形。

第五，不符合城市消防安全布局要求，影响公共安全的情形。

第六，其他可能增加火灾实质危险性或者危害性的情形。

（四）火灾隐患的整改方法

火灾隐患的整改，根据隐患的危险、危害程度和整改的难易程度，可以分为"立即改正"和"限期整改"两种方法。

1. 立即改正

立即改正指的是对于不立即改正就随时有发生火灾的危险，或是对于整改起来比较简单，不需要花费较多的时间、人力、物力以及财力，对生产经营活动不产生较大影响的隐患等，存在隐患的单位、部门当场对其进行整改的方法。消防安全检查人员在安全检查时，应责令立即改正，并在《消防安全检查记录》上记载。

2. 限期整改

限期整改指的是对过程比较复杂，涉及面广，影响生产比较大，又要花费较多的时间、人力、物力以及财力才能整改的隐患，而采取的一种限制在一定期限内进行整改的方法。限期整改在通常情况下都应由隐患存在的单位负责。负责单位成立专门组

织，各类人员参加研究，并根据消防救援机构的《重大火灾隐患整改通知书》或者《停产停业整改通知书》的要求，结合本单位的实际情况制定出一套切实可行并限定在一定时间或者期限内整改完毕的方案，并将方案报请上级主管部门与当地消防救援机构批准。火灾隐患整改完毕后，应申请复查验收。

（五）整改火灾隐患的基本要求

1. 抓住主要矛盾，重大火灾隐患要组织集体讨论和专家论证

隐患即为矛盾，一个隐患可能包含着一对或者多对矛盾，因此整改火灾隐患必须学会抓主要矛盾的方法。通过抓主要矛盾及解决主要问题的方法使其他矛盾迎刃而解，起到纲举目张的作用，使问题得到彻底解决。抓住整改火灾隐患的主要矛盾，要分析影响火灾隐患整改的各种因素及条件，制定出几种整改方案，经反复研究论证，选择最经济、最有效以及最快捷的方案，防止顾此失彼而导致新的火灾隐患。确定重大火灾隐患及其整改期限应当组织集体讨论；涉及复杂或者疑难技术问题的，应当在确定前组织专家论证。

2. 树立价值观念，选最佳方案

整改火灾隐患应当树立价值观念，分析隐患的危险性和危害程度。若虽有危险性，但危害程度比较小，就应提出简便易行的办法，从而得到投资少且消防安全价值大的整改方案。如拆除部分建筑，提高建筑物的耐火等级，改变部分建筑的使用性质，堵塞建筑外墙上的门窗孔洞或者安装水幕装置，设置室外防火墙等，以解决防火间距不足的问题；安装火灾自动报警、自动灭火设施和防火门、防火卷帘及水幕装置等，以解决防火分区面积过大的问题；增加建筑开口面积，加强室内通风，既可达到防爆泄压的目的，又可防止可燃气体、蒸气以及粉尘的聚积；向室内输送适量水蒸气或者经常向地面上洒水，还可降低可燃气体、蒸气的浓度，避免可燃粉尘飞扬；改变电气线路型号，减少用电设备，采取错峰用电措施，解决电气线路超负荷的问题，延缓电线绝缘的老化过程。

但是，对于关键性的设备及要害部位存在的火灾隐患，要严格整改措施，拟订可行方案，力求干净、彻底地解决问题，不留后患，从根本上保证消防安全。

3. 严格遵守法定整改期限

对于依法投入使用的人员密集场所和生产、储存易燃易爆危险品的场所（建筑物），当发现有关消防安全条件未达到国家消防技术标准要求的，单位应当按照下列要求限期整改。

一是安全疏散设施未达到要求，不需要改动建筑结构的，应当在10日内整改完毕；需要改动建筑结构的，应当在1个月内整改完毕。应当设置自动灭火系统、火灾自动报警系统而未设置的，应当在1年内整改完毕。

二是对于应当限期整改的火灾隐患，消防救援机构应当制作《责令限期改正通知书》；构成重大火灾隐患的，应当制作《重大火灾隐患限期整改通知书》，也自检查之日起3个工作日内送达。限期整改，应当考虑隐患单位的实际情况，合理确定整改期限和整改方式。组织专家论证的，可以延长10个工作日送达相应的通知书。单位在

整改火灾隐患过程中，应当采取确保消防安全、防止火灾发生的措施。

三是对于确有正当理由不能在限期内整改完毕的，隐患单位在整改期限届满前应当向消防救援机构提出书面延期申请。消防救援机构应当对申请进行审查，并作出是否同意延期的决定；同意或不同意的《延期整改通知书》应当自受理申请之日起3个工作日内制作、送达。

四是消防救援机构应当自整改期限届满次日起3个工作日内对整改情况进行复查，并自复查之日起3个工作日内制作并送达《复查意见书》。对逾期不改正的，应当依法予以处罚；对无正当理由，逾期不改正的，应当依法从重处罚。

4.从长计议，纳入企业改造和建设规划加以解决。对于建筑布局、消防车通道以及水源等方面的火灾隐患，应从长计议，纳入建设规划解决。比如对于厂、库区布局或功能分区不合理，主要建筑物之间的防火间距不足等隐患，可结合厂、库区改造以及建设，纳入企业改造和建设规划中加以解决；对于厂、库位置不当隐患，可以结合城镇改造、建设，将危险建筑迁至安全地点。

5.报请当地人民政府整改

在消防安全检查中发现城市消防安全布局或公共消防设施不符合消防安全要求时，应书面报请当地人民政府或者通报有关部门予以解决；发现医院、养老院、学校、托儿所、幼儿园、地铁以及生产、储存易燃易爆危险品的单位等存在重大火灾隐患，单位自身确无能力解决的，或本地区存在影响公共安全的重大火灾隐患难以整改，以及涉及几个单位的比较重大的火灾隐患时，应取得当地消防救援机构及上级主管部门的支持。消防救援机构应书面报请当地人民政府协调解决。

任何火灾隐患，在问题未解决前，均应采取必要的临时性防范补救措施，防止火灾的发生。

6.消防安全检查人员要严格遵守工作纪律

消防安全检查人员要严格遵守工作纪律，不得滥用职权、玩忽职守以及徇私舞弊。对于以下行为，构成犯罪的，应依法追究刑事责任；尚不构成犯罪的，应当依法给予责任人员行政处分。

第一，不按规定制作、送达法律文书，超过规定的时限复查，或有其他不履行及拖延履行消防监督检查职责的行为，经指出不改正的。

第二，依法受理的消防安全检查申报，未经检查或经检查不符合消防安全条件，同意其施工、使用、生产、营业或举办的。

第三，利用职务为用户指定消防产品的销售单位、品牌，或者消防设施施工、维修、检测单位的；对当事人故意刁难或在消防安全检查工作中弄虚作假的。

第四，接受、索要当事人财物或者谋取不正当利益的。

第五，向当事人强行摊派各种费用、乱收费的。

第六，其他滥用职权、玩忽职守、徇私舞弊行为。

二、重大火灾隐患的判定方法

根据判定的程序，重大火灾隐患可采取"要件、要素综合分析判定"的方法。所谓"要件、要素综合判定法"是指将事物的构成要件和制约事物的要素进行对照、综合分析判定的方法。要件是指构成事物的主要条件；要素是指制约事物存在和发展变化的内部因素。

（一）重大火灾隐患的构成要件

根据隐患的火灾危险程度、一旦导致火灾的危害程度，以及火灾自救、逃生、扑救的难度，构成重大火灾隐患这一事物的要件一般包括以下几点。

一是场所或者设备内的物品属于易燃易爆危险品（包括甲、乙类物品和棉花、秫秸、麦秸等丙类易燃固体），并且其量达到了重大危险源标准。

二是场所建筑物属于二类以上保护建筑物。

三是建筑物属于高层民用建筑。

这三个要件中的任一要件均为构成重大火灾隐患的最基本要件，不具备任何一个要件都不构成重大火灾隐患。影响火灾隐患的任一因素，只能是一般火灾隐患。

（二）影响火灾隐患的要素

1.违反规定进行生产、储存以及装修等

增加了原有火灾危险性和危害性的要素，具体包括如下方面。

第一，场所或设备改变了原有的性质，增加了其火灾危险性及危害性（如温度、压力、浓度超过规定，丙类液体、气体储罐改储甲类液体及气体等）；违反安全操作规程操作，增加了可燃性气体、液体的泄漏及散发。

第二，生产或储存设备、设施违反规定，未设置或缺少必要的安全阀、压力表、温度计、爆破片、安全连锁控制装置、紧急切断装置、阻火器、放空管、水封以及火炬等安全设施，或虽有但不符合要求，或存在故障不能安全使用。

第三，设备及工艺管道违反规定安装，造成火灾危险性增加（如加油站储罐呼气管的直径小于 $50mm$ 而导致卸油时憋气、不安装阻火器等）；场所或者设备超量储存、运输、营销、处置。

第四，违反规定使用可燃材料装修（如建筑内的疏散走道、疏散楼梯间以及前室室内的装修材料燃烧性能低于 $B1$ 级）。

第五，原普通建筑物改为人员密集场所，或场所超员使用。

2.违反规定用火、用电以及产生明火等

能够形成着火源而导致火灾的要素，具体包括如下方面。

第一，违反规定进行电焊、气焊等明火作业，或者存在其他足以导致火灾的作业。

第二，违反规定使用能够产生火星的工具或进行开槽及凿墙眼等能够产生火星的作业。

第三，违反规定使用电器设备、敷设电气线路（例如违反规定，在可燃材料或者

可燃构件上直接敷设电气线路或安装电气设备）。

第四，违反规定在易燃易爆场所使用非防爆电器设备或者防爆等级低于场所气体、蒸气的危险性。

第五，未按规定设置防雷、防静电设施（含接地及管道法兰静电搭接线），或者虽设置但不符合要求。

3.建筑物的防火间距、防火分隔

以及建筑结构、防火、防烟排烟、安全疏散违反国家消防规范标准，若发生火灾，会增加对人身、财产危害的要素，具体包括如下方面。

第一，建筑物的防火间距（包括建筑物之间、建筑物与火源，或者重要公共建筑物与重大危险源之间的间距等）不能符合国家消防规范标准；或建筑之间的已有防火间距被占用。

第二，建筑物的防火分区不符合国家消防规范标准，或擅自改变原有防火分区，造成防火分区面积超过规定。

第四，厂房或库房内有着火、爆炸危险的部位未采取防火防爆措施，或者这些措施不能满足防止火灾蔓延的要求。

第四，擅自改变建筑内的避难走道、避难间、避难层和其他区域的防火分隔设施，或者避难走道、避难间、避难层被占用、堵塞而无法正常使用。

第五，建筑物的安全疏散通道、疏散楼梯、安全出口、安全门以及消防电梯或防烟排烟设施等安全设施应设置但未设置，或者虽已设置但不符合国家消防规范标准；未按规定设置疏散指示标志、应急照明，或者虽已设置但不符合要求。

如按规定安全出口应独立设置而未独立，或数量、宽度不符合规定或是被封堵；安全出口、楼梯间的设置形式不符合规定；疏散走道、楼梯间以及疏散门或安全出口设置栅栏、卷帘门，或者未按规定设置防烟、排烟设施，或已设置但不能正常使用。

4.违反国家消防规范标准

消防设施、器材未保持完好有效，一旦引起火灾会严重影响灭火救援行动的要素，具体包括如下方面。

第一，根据国家现行消防规范标准应当设置消防车通道但未设置，或者虽设置但不符合国家消防规范标准，以及消防车通道被堵塞、占用不可正常通行。

第二，根据国家消防规范标准应当设置消防水源、室外（内）消防给水设施、相关灭火器材但未设置，或虽设置但不符合国家消防规范标准，或者虽已设置但不能正常使用。

第三，根据国家消防规范标准应设置火灾自动报警系统、自动灭火系统、但未设置，或虽设置但不符合国家消防规范标准；或系统处于故障状态不能正常使用、不能恢复正常运行、不能正常联动控制。

第四，消防用电设备未按规定采用专用的供电回路、设备末端自动切换装置，或者虽设置但不能正常工作；消防电梯无法正常运行。

第五，举高消防车作业场地被占用，影响消防扑救作业；建筑既有外窗被封堵或者被广告牌等遮挡，影响灭火救援。

（三）重大火灾隐患的判定原则

1.重大火灾隐患的三个构成要件

构成重大火灾隐患的最基本要件，不具备任何一个要件都不构成重大火灾隐患。

2.根据以上要件，若任一要素只要有一个因素与任一要件同时具备的。

则应当确定为重大火灾隐患。但以下隐患违反规定达到一定的量时才能确定为重大火灾隐患。

第一，场所或设备可燃物品（含易燃易爆危险品）的储存量超过原规定储存量的25%。

第二，人员密集场所（如商店营业厅）内的疏散距离超过规定距离，或超员使用达25%。

第三，高层建筑和地下建筑未按规定设置疏散指示标志、应急照明，或损坏率超过30%；其他建筑未按规定设置疏散指示标志、应急照明，或损坏率超过50%。

第四，设有人员密集场所的高层建筑的封闭楼梯间、防烟楼梯间门的损坏率超过20%；其他建筑的封闭楼梯间、防烟楼梯间门的损坏率超过50%。

第五，建筑物的防火分区不符合国家消防规范标准，或擅自改变原有防火分区，造成防火分区面积超过规定的50%；防火门、防火卷帘等防火分隔设施损坏的数量超过该防火分区防火分隔设施数量的50%。

3.根据上述要件，如果任一要素只要有2个以上因素和任一要件同时具备的

则应当确定为特大火灾隐患，即省政府挂牌督办的重大火灾隐患。

4.其他的任一要素只具备了其中一个要素的

则可以认定为一般火灾隐患。

5.可以立即整改的

或由于国家标准修订引起的（法律法规有明确规定的除外），或依法进行了消防技术论证，发生火灾不足以造成特大火灾事故后果或严重社会影响，并已采取相应技术措施的火灾隐患，可以不判定为重大火灾隐患。

（四）可直接判定的重大火灾隐患

根据上述条件，以下情形均可直接判定为重大火灾隐患。

第一，生产、储存和装卸易燃易爆危险物品的工厂、仓库、专用车站、码头、储罐区，未设置在城市的边缘或相对独立的安全地带。

第二，甲、乙类厂房设置在建筑的地下、半地下室。

第三，甲、乙类厂房与人员密集的场所或住宅、宿舍混合设置在同一建筑内。

第四，公共娱乐场所、商店、地下人员密集场所的安全出口、楼梯间的设置形式及数量不符合规定。

第五，旅馆、公共娱乐场所、商店、地下人员密集场所未按规定设置自动喷水灭火系统或火灾自动报警系统。

第六，可燃性液体、气体储罐（区）未按规定设置固定灭火与冷却设施。

（五）重大火灾隐患整改程序

1.发现

消防监督检查人员在进行消防监督检查或核查群众举报、投诉时，针对被检查单位存在的可能构成重大火灾隐患的情形，应在《消防安全检查记录》中详细记明，并收集建筑情况、使用情况等能够证明火灾危险性、危害性的资料，并在两个工作日内书面报告本级公安消防部门的有关负责人。

2.论证

消防救援机构负责人对消防监督人员报告的可能构成重大火灾隐患的不安全因素，应当及时组织集体讨论；若涉及复杂或疑难技术问题，应当由支队以上（含支队）地方消防救援机构组织专家论证。专家论证应根据需要邀请当地政府有关行业的主管部门、监管部门和相关技术专家参加。

经集体讨论、专家论证判定的火灾隐患，可能造成严重后果的，应当提出判定为重大火灾隐患的意见，并且提出合理的整改措施和整改期限。集体讨论、专家论证应当形成会议记录或纪要。

论证会议记录或者纪要的主要内容应当包括：会议主持人以及参加会议人员的姓名、单位、职务、技术职称；拟判定为重大火灾隐患的事实及依据；讨论或论证的具体事项、参会人员的意见；具体判定意见、整改措施以及整改期限；集体讨论的主持人签名，参加专家论证的人员签名。

3.立案并跟踪督导

构成重大火灾隐患的,报本级消防救援机构负责人批准之后,应及时立案并制作《重大火灾隐患限期整改通知书》，消防救援机构应当自检查之日起3个工作日内，将《重大火灾隐患限期整改通知书》送达重大火灾隐患单位。若需组织专家论证的，送达时限可以延长至10个工作日。同时，应当抄送当地人民检察院、法院、有关行业主管部门、监管部门和上一级地方公安机关消防机构。

消防救援机构应当督促重大火灾隐患单位落实整改责任、整改方案及整改期间的安全防范措施，并根据单位的需要提供技术指导。

4.报告政府，提请政府督办

消防救援机构应定期公布和向当地人民政府报告本地区重大火灾隐患情况并重点关注以下场所：医院、养老院、学校、托儿所、幼儿园、车站、码头以及地铁站等人员密集场所；生产、储存及装卸易燃易爆化学物品的工厂、仓库和专用车站、码头、储罐区、堆场，易燃气体和液体的充装站、供应站以及调压站等易燃易爆单位或者场所；不符合消防安全布局要求，必须拆迁的单位或场所；其他影响公共安全的单位和场所。若存在重大火灾隐患自身确无能力解决，但是又严重影响公共安全的，消防救援机构应当及时提请当地人民政府将其列入督办事项或者予以挂牌督办，协调解决。对经当地人民政府挂牌督办逾期仍未整改的重大火灾隐患，消防救援机构还应提请当地人民政府报告上级人民政府协调解决。

5. 复查与延期审批

消防救援机构应当自重大火灾隐患整改期限届满之日起 3 个工作日内进行复查，自复查之日起 3 个工作日内制作并送达《复查意见书》。

对确有正当理由不能在限期内整改完毕，单位在整改期限届满前提出书面延期申请的，消防救援机构应当对申请进行审查并做出是否同意延期的决定 6 自受理申请之日起 3 个工作日内制作并送达《同意 / 不同意延期整改通知书》。

6. 处罚

对于存在的重大火灾隐患，经复查，逾期未整改的，要依法进行处罚。其中，对经济和社会生活影响较大的重大火灾隐患，消防救援机构应报请当地人民政府批准，给予被检查单位停产停业的处罚。对存在重大火灾隐患的单位和其责任人逾期不履行消防行政处罚决定的，消防救援机构可依法采取措施，申请当地人民法院强制执行。

7. 舆论监督

消防救援机构对发现影响公共安全的火灾隐患，可向社会公告，以提示公众注意消防安全。如定期公布本地区的重大火灾隐患及整改情况，并视情况组织报刊、广播、电视以及互联网等新闻媒体对重大火灾隐患进行公示曝光和跟踪报道等。

8. 销案

重大火灾隐患经消防救援机构检查确认整改消除，或经专家论证认为已经消除的，应报消防救援机构负责人批准之后予以销案。政府挂牌督办的重大火灾隐患销案之后，消防救援机构应当及时报告当地人民政府予以摘牌。

9. 建立样案

消防救援机构应建立重大火灾隐患专卷。专卷的内容应当包括：卷内目录；《消防监督检查记录》；重大火灾隐患集体讨论、专家论证的会议记录、纪要；《重大火灾隐患限期整改通知书》《同意 / 不同意延期整改通知书》《复查意见书》或者其他法律文书；政府挂牌督办的有关资料；行政处罚情况登记；相关的影像、文件等相关材料。

三、消防安全违法行为的查处

（一）消防安全违法行为的处罚

1. 责令改正的处罚

在消防监督检查中，发现有以下消防安全违法行为之一的，应当责令当场改正，当场填发《责令改正通知书》，并依照《消防法》的规定予以处罚。

一是违反有关消防技术标准和管理规定，生产、储存、运输、销售、使用、销毁易燃易爆危险品；非法携带易燃易爆危险品进入公共场所，或者乘坐公共交通工具。

二是违反消防安全规定进入生产、储存易燃易爆危险品场所；违反消防安全规定使用明火作业或者在易燃易爆危险场所吸烟、使用明火。

易燃易爆场所是指生产、储存、装卸、销售、使用易燃易爆危险品的场所；或者

是在不正常情况下偶尔短时间存在可达燃烧浓度范围的可燃气体、液体、粉尘或氧化性气体、液体、粉尘的场所。由于与其他场所相比，易燃易爆场所用油、用气多，火灾致灾因素多，火灾危险大，一旦发生事故，易造成重大人员伤亡和严重的经济损失，而且往往会对社会产生较大影响，所以，易燃易爆危险场所都必须严格限制用火、用电和可能产生火星的操作。

三是消防设施、器材或者消防安全标志的配置、设置不符合国家标准、行业标准，或者损坏、挪用或者擅自拆除、停用，未保持完好有效；埋压、圈占、遮挡消火栓或者占用防火间距的。

四是占用、堵塞、封闭消防车通道、疏散通道、安全出口或其他妨碍安全疏散和消防车通行的行为。

五是在人员密集场所的门窗上设置影响逃生和灭火救援的障碍物。

六是消防设施检测和消防安全监测等消防技术服务机构出具虚假文件。

七是对火灾隐患经消防救援机构通知后不及时采取措施消除。

在消防监督检查中，消防救援机构对发现的应当依法责令改正的消防安全违法行为，应当当场制作责令改正的通知书，并依法予以处罚。对于违法行为轻微并当场改正完毕，依法可以不予行政处罚的，可以口头责令改正，在检查记录上注明。

2. 责令限期改正的处罚

在消防监督检查中，发现有以下消防安全违法行为之一的，应当责令限期改正，自检查之日起 3 个工作日内填发并送达《责令限期改正通知书》；对于逾期不改正的，应当依照《消防法》中的规定予以处罚或者行政处分。

一是人员密集场所使用不合格的消防产品或者国家明令淘汰的消防产品。

二是电器产品、燃气用具的安装、使用及其线路、管路的设计、敷设、维护保养、检测不符合消防技术标准和管理规定。

三是生产、储存、销售易燃易爆危险品的场所与居住场所设置在同一建筑物内，或者未与居住场所保持安全距离。

四是生产、储存、销售其他物品的场所与居住场所设置在同一建筑物内，不符合消防技术标准。

五是依法应当经消防救援机构进行消防设计审核的建设工程，未经依法审核或者审核不合格，擅自施工。

六是消防设计经消防救援机构依法抽查不合格，且不停止施工。

其实依法应当进行消防验收的建设工程，未经消防验收或者消防验收不合格，即擅自投入使用。

八是建设工程投入使用后经消防救援机构依法抽查不合格，且不停止使用。

九是公众聚集场所未经消防安全检查或者经检查不符合消防安全要求，便擅自投入使用、营业。

十是建设单位要求建筑设计单位或者建筑施工企业降低消防技术标准设计、施工。

十一是建筑设计单位不按照消防技术标准强制性要求进行消防设计。

十二是建筑施工企业不按照消防设计文件和消防技术标准施工，降低消防施工质量。

十三是工程监理单位与建设单位或者建筑施工企业串通，弄虚作假，降低消防施工质量。

十四是未履行《消防法》规定的消防安全职责，或消防安全重点单位消防安全职责。

十五是住宅区的物业服务企业未对其管理区域的共用消防设施进行维护管理、提供消防安全防范服务。

十六是进行电焊、气焊等具有火灾危险的作业人员和自动消防系统的操作人员，未持证上岗或者违反消防安全操作规程。

对责令限期改正的消防安全违法行为，消防救援机构应当根据违法行为改正的难易程度和所需时间，合理确定改正期限。

责令限期改正的，消防救援机构应当在改正期限届满之日起 3 个工作日内进行复查；对在改正期限届满前，违法行为人申请复查的，消防救援机构应在接到申请之日起 3 个工作日内进行复查。复查应当填写《消防监督检查记录》。

（二）临时查封的实施

1. 需临时查封的行为

消防救援机构在消防监督检查中发现火灾隐患时，应当通知有关单位或者个人立即采取措施消除；对不及时消除可能严重威胁公共安全的，或经责令拒不改正的以下行为，应当对危险部位或者场所予以临时查封。

一是疏散通道、安全出口数量不足或者严重堵塞，已不具备安全疏散条件。

二是消防设施严重损坏，不再具备防火灭火功能。

三是人员密集场所违反消防安全规定，使用、储存易燃易爆危险品。

四是公众聚集场所违反消防技术标准，采用可燃材料装修装饰，可能导致重大人员伤亡。

五是其他可能严重威胁公共安全的火灾隐患。

六是占用、堵塞、封闭疏散通道、安全出口或者有其他妨碍安全疏散的行为。

七是埋压、圈占、遮挡消火栓或者占用防火间距。

八是占用、堵塞、封闭消防车通道，妨碍消防车通行。

九是人员密集场所在门窗上设置影响逃生和灭火救援的障碍物。

十是当事人逾期不执行消防救援机构做出的停产停业、停止使用、停止施工决定的有关场所、部位、设施或者设备。

2. 临时查封的实施程序

一是告知当事人拟做出临时查封的事实、理由及依据，并告知当事人依法享有的权利，听取并记录当事人的陈述和申辩。

二是消防救援机构负责人应当组织集体研究，决定其是否实施临时查封。决定临时查封的，应当明确临时查封危险部位或者场所的范围、期限和实施方法，并自检查之日起 3 个工作日内制作和送达临时查封决定。

三是实施临时查封的，应当在被查封的单位或者场所的醒目位置张贴临时查封决定，并在危险部位或者场所及其有关设施、设备上加贴封条或采取其他措施，使危险

部位或者场所停止生产、经营或者使用。

四是对实施临时查封的情况制作笔录。必要时，可以进行现场照相或者录音、录像。

情况危急、不立即查封可能严重威胁公共安全的，消防监督检查人员可以在口头报请消防救援机构负责人同意后，立即对危险部位或者场所实施临时查封，并在临时查封后 24 小时内按照以上规定做出临时查封决定，送达当事人。

3. 临时查封的要求

一是临时查封由消防救援机构负责人组织实施。若需要应急管理部门或者公安派出所配合，消防救援机构应当报请所属应急管理部门组织实施。

二是实施临时查封后，若当事人请求进入被查封的危险部位或者场所整改火灾隐患，应当允许。但不得在被查封的危险部位或者场所进行生产、经营等活动。

三是临时查封的期限不得超过一个月。但逾期未消除火灾隐患的，不受查封期限的限制。

4. 临时查封的解除

火灾隐患消除后，当事人应当向做出临时查封决定的消防救援机构申请解除临时查封。消防救援机构应当自收到申请之日起 3 个工作日内进行检查，自检查之日起 3 个工作日内做出是否同意解除临时查封的决定，送达当事人。

对检查确认火灾隐患已消除的，应当做出解除临时查封的决定。

第六节　基于 BIM 的火灾安全管理和应用

一、BIM 语义丰富

（一）BIM 语义丰富的定义

建筑模型的语义丰富被定义为：专家系统推理规则引擎应用特定领域的规则集来识别有关输入建筑模型中建筑对象和关系的新事实，并将其添加到模型中的过程。输入包括既有建筑模型，来自其他来源的建筑信息以及基于领域专家知识形成的一组规则，输出是经推理后得到的具有新信息（即新对象、属性值、关系）的数字建筑模型。但是，随着 BIM 语义丰富的发展及相关研究的不断深入，语义丰富方法不仅限于基于规则的推理。因此，BIM 语义丰富的定义应当扩展为通过自动或半自动方式向 BIM 中添加有意义的语义信息的过程。

（二）BIM 语义丰富的内容

建筑模型语义丰富的最小起点是包含建筑实体几何的 IFC 文件。BIM 语义丰富的具体内容在不同的过程中存在差异。通常情况下 BIM 语义丰富主要存在于从 3D 几何模型到 BIM 模型的过程以及从既有 BIM 到语义丰富的 BIM 的过程。图 8-3 明确了上

述过程中 BIM 语义丰富的范围，以便进一步解释 BIM 语义丰富的内容，下图中的"既有 BIM"指的是原本就存在的 BIM 模型，不需要通过三维重建来获取 BIM 模型。

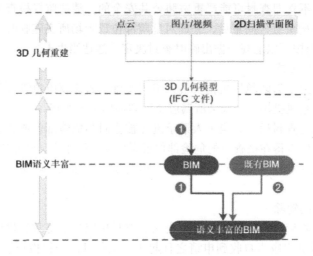

图 8-3　BIM 语义丰富的范围

　　在 3D 几何模型转化为 BIM 模型的过程中，语义丰富的目的是将缺少语义信息的 3D 几何模型转换为具有基本和必要语义信息的 BIM 模型，该过程通常是"Scan-to-BIM"的一部分。在该过程中不同对象类型的 BIM 模型（例如历史建筑，既有建筑和桥梁）的语义丰富内容存在差异，但总体而言是比较基本和通用的，见表 8-16。

表 8-16　从 3D 几何模型到 BIM 模型过程的 BIM 语义丰富内容

内容类别	历史建筑	既有建筑	桥梁
通用内容	对象识别与分类	对象识别和分类	对象识别和分类
差异化内容	文化遗产知识、缺陷等信息的添加	建筑材料等信息的添加	缺陷等信息的添加

　　从既有 BIM 到语义丰富的 BIM 的过程的目的是：丰富 BIM 的语义以满足将来接收 BIM 的平台或软件工具的要求。在此过程中 BIM 语义丰富的内容相对灵活，缺乏明确的统一标准。

（三）BIM语义丰富的方法

　　由于 BIM 语义丰富的需求导向性质，目前还没有方法能保证实现 BIM 的全面语义丰富。虽然 BIM 语义丰富仍在一定程度上依赖于专业人员基于自身的经验和知识去手动添加 BIM 语义信息，但已有一些研究提出了一些更系统的 BIM 语义丰富方法，例如语义 Web、基于规则的推理、机器学习、基于云的 BIM 平台、BIM-Annotator 等。

1. 语义 Web
语义 Web 技术可以有效地集成性质完全不同的建筑信息，也可以借助推理工具从

现有数据源中推理出新信息。因此，语义 Web 可用于实现 BIM 语义丰富以改善交互问题，例如工业基础类 (Industry Foundation Classes,IFC) 中语义连接的丢失，语义丢失和映射错误等。基于语义 Web 进行 BIM 语义丰富的局限性在于推理过程中需要手工构建本体，这是相对耗时且低效的。

2. 基于规则的推理

基于规则的推理是一类广泛使用的 BIM 语义丰富方法，在其中，BIM 语义丰富引擎 (Semantic Enrichment Engine for BIM, See BIM) 和桥梁语义丰富引擎 (Semantic Enrichment Engine for Bridges,See Bridge) 具有较强的代表性。这类方法的局限性在于其准确性依赖于规则集的准确性，而规则集通常是基于专家经验编写的，此外，目前复杂结构尚无法用规则集准确地表示，因此该类方法在复杂结构推理方面不适用。

3. 机器学习

机器学习被用于解决 BIM 语义丰富中的对象分类和语义完整性问题，其中对象分类问题包括构件分类和房间分类等。机器学习方法克服了基于规则的推理方法的局限性例如编译规则的复杂性和主观性，但在进行分类时仍然存在两个主要挑战，包括获取合适且足够大的数据集，以及提取最相关和最有意义的特征。

4. 基于云的 BIM 平台

为了克服语义丰富引擎的局限性，即某些模型视图定义所需的某些信息不能从几何和拓扑特征中推断出来，一种基于云的工作模式被提出，在该模式下用户可以自由查询和丰富模型对象。上述基于云的系统是使用 NoSQL 基于云的数据库实现的，并且能够以协作的方式丰富和共享 BIM 模型。该方法可以与其他语义丰富方法结合使用，例如将云平台用作 See BIM 的存储库。

5.BIM-Annotator

BIM-Annotator 是一种基于 Web 的注释工具，可改进 BIM 模型的语义质量并链接来自各个域的特定域信息，它为任何 3D 几何模型（例如从 CAD 模型转换或通过激光扫描技术生成的 3D 几何模型）的语义丰富提供了可能性，而不仅限于 IFC 模型。该方法的优点是可以链接不同域之间的数据进行交换，以用户友好的标准方式分析信息并实现在线协作，但缺点为尚不允许用户将非 BIM 数据（如文档和照片）链接到模型元素。

二、火灾危害对疏散的影响

（一）对疏散环境的影响

火灾危害对疏散环境的影响主要体现在火灾发生后疏散人员的可达区域面积小于正常情况下的可达区域面积。这是因为火灾发生后建筑内部分区域的温度、CO 浓度或可见度达到安全临界值，这些区域已不适合人员通行，尤其是当某些出口在火源附近时，原本可通行的出口将无法使用，人员需绕行逃生。因此，在构建疏散环境时需要考虑火灾仿真结果，对于因火灾危害而失效的出口应当封闭，避免在疏散仿真时对结

果产生干扰。

（二）对疏散人员的影响

火灾及其产物对疏散人员的生理及心理都会产生不良影响，其中疏散人员的生理影响主要源自火灾产生的高温、浓烟、有毒气体等，这导致逃生速度下降，对疏散人员的心理影响主要体现在人在紧急情况下会出现恐慌、焦虑等情绪，由此影响逃生行为。

1. 对疏散人员逃生速度的影响

火灾危害影响人员逃生速度的本质是影响人员的生理状态，逃生速度因人员生理状态的受损而降低。火灾产物从温度、CO浓度、烟雾（可见度、烟密度、烟层高度）等多方面损伤人员生理状态，如图8-4所示。尽管目前尚无公认、统一的标准能够量化温度、CO浓度和烟雾对人员逃生速度的直接影响，但已有一系列研究探索了烟雾对人员逃生速度的影响。

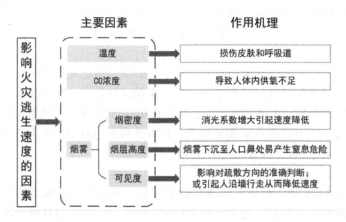

图8-4 影响火灾逃生速度的因素及其作用机理

火灾现场中快速蔓延的烟雾将显著降低建筑内人员的逃生速度，烟雾会对建筑内人员逃生速度的影响可以从烟密度、烟层高度及可见度三个方面进行分析。首先，消防系数常用来反映烟密度，随着消光系数的增大，人员的逃生速度将降低，尤其是当消光系数达到0.5/m之后，人员的逃生速度将迅速降低。Jensen指出人在浓烟下的逃生速度将降低至0.2m/s-0.5m/s。其次，烟层高度的降低也会对逃生速度造成影响，已有研究表明成年人的平均步行速度为1+25±0+3m/s，当烟层底部下沉至1.5m高时，速度将开始受烟雾影响，当烟层继续下沉至1.2m时，速度将进一步降低。Sun等人在上述研究的基础上根据火灾对人体的危害将可用安全疏散时间(Available Safe Egress Time,ASET)划分为三个阶段，从而进一步量化火灾危害对人员逃生速度的影响，见8-17。此外，可见度的下降会使疏散人员倾向于沿墙行走，由此降低其逃生速度。

表 8-17 不同 ASET 阶段对应的人员逃生速度

ASET 阶段	不同 ASET 阶段的临界点	逃生速度 (m/s)
ASET1	烟层达到 1.5m	1.25 ± 0.3
ASET2	烟层达到 1.2m	1.125 ± 0.27
ASET3	温度、CO 浓度、可见度中任一方面达到人体物理极限	0.75 ± 0.18

上述三方面对逃生速度的影响本质上都是由于烟雾增加而引发的,因此三者间存在耦合关系,并不能直接将三方面的影响进行简单的叠加以确定烟雾对逃生速度的总影响。因此,在分析具体火灾情景中人员的逃生速度时应结合实际情况综合考虑。

2. 对人员行为的影响

火灾危害影响人员行为的本质是影响人员的心理状态,这类影响虽然难以量化,但同样不可忽视。因为随着火灾的发展和变化,逃生人员的心理状态会出现变化,导致在慌乱和紧张情绪中产生降低疏散效率的行为,例如羊群行为、有限理性等,甚至发生踩踏事故。此外,上文提到的火灾危害对疏散环境的影响也会进一步影响人的行为,当疏散环境发生变化后,人员的路径选择会在一定程度上受限,而路径选择策略在疏散受阻时将直接影响疏散时间。

三、建筑火灾人员疏散评估

为了尽可能减小建筑火灾对人的生命财产安全的损害,设计人员通常会在事前开展建筑消防安全的性能化设计,其中人员疏散评估是重中之重。

(一)疏散评估流程

可用安全疏散时间 (Available Safe Egress Time,ASET) 和所需安全疏散时间 (Required Safe Egress Time,RSET) 是在世界范围内被广泛认可和应用的建筑火灾疏散评估标准,目前已被多个国家组织采用,包括中国国家标准化管理委员会、加拿大国家研究委员会 (National Research Council of Canada,NRCC)、国际标准化组织 (International Organization of Standardization,ISO) 和英国标准协会 (British Standard Institution,BSI) [53-57]。尽管上述组织通过制定规范、标准推动了 ASET 和 RSET 的应用,但是并未提供有关 ASET 和 RSET 量化和计算的明确步骤。

我国的《消防安全工程第 9 部分:人员疏散评估指南》(GB/T31593.9-2015) 将人员疏散评估定义为:"考察建筑结构及其各消防子系统保证人员疏散的安全性能",此外,该规范明确了 ASET 和 RSET 与疏散过程的对应关系,如图 8-5 所示。图 8-5 代表着理想的疏散评估结果,即 ASET 大于 RSET,有足够的时间供建筑内的人员进行疏散。一般而言,疏散评估过程指的是判断 ASET 与 RSET 间关系的过程。

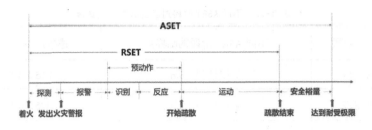

图 8-5　疏散过程示意图

（二）疏散策略

不同疏散策略对疏散时间具有显著影响，应当根据建筑物实际情况按需选择，例如当建筑物的出口多或人员密度低时，火灾情况下所有人员可以同时疏散，而当建筑物的疏散能力有限时，采用垂直或水平分阶段疏散的策略才能减少不必要的拥堵，从而有效地降低疏散时间。此外，建筑内部人员选择逃生出口的疏散策略也十分关键，常见的方式是在逃生时寻找离自己最近的出口（即认为只有走最近的出口才能尽快逃出去），但是最近距离不一定意味着最短疏散时间。对于特定的建筑设计，具体采用何种疏散策略还应经过模拟及评估后确定。

四、高层建筑施工火灾安全管理和BIM技术理论

（一）高层建筑工程施工火灾原因分析

1.施工火灾因素分析

在高层建筑施工过程中，火灾事故与违章焊接作业、用火不慎密切相关。高层建筑施工需要大量焊接作业，同时施工现场上易燃物多、通风性好，若起火很快便能进入轰燃状态，迅速蔓延形成立体火灾。火灾事故的发生大多是因为安全检查落实不到位、危险源预防控制不及时等原因造成。

（1）施工现场火灾燃烧条件

施工现场火灾事故主要是因为起火或扑救不及时，经过火灾发生、火势蔓延、充分燃烧等阶段，从而产生对人身安全、财物安全的威胁。火灾的严重程度主要取决于火灾荷载，即建筑内着火空间所有可燃物燃烧时所产生的总热能。火灾荷载决定了火势持续时间及达到的温度，同时又与燃烧荷载（可燃物性质、种类、数量、分布等）、助燃因素（室外风、空气流量、建筑空间等）等诸多因素有关，尤其是着火源的不同。因为火灾是时间和空间上失去控制的燃烧，一旦产生爆炸，后果将更为严重和不可控制。

火灾是个燃烧的过程，只有在可燃物、着火源、助燃物三个条件同时具备的情况下，才能发生燃烧。而高层建筑施工火灾的发生很大程度上由施工特点决定，在高层建筑工程施工现场中，可燃物、着火源、助燃物这三个火灾必备条件无时无刻不存在，这使得施工现场更具有火灾危险性。高层建筑施工现场火灾燃烧条件包括以下几个方面。

①易燃、可燃材料多

施工工地存放和使用大量的模板、安全防护网、装饰装修材料和有机外保温材料等可燃材料，环氧树脂、酚醛树脂、煤焦油、乙二胺等树脂类防腐材料，汽油、柴油、油漆、松香水、信那水等挥发性强、闪点低的一级易燃易爆化学流体材料，以及石灰、亚硝酸钠、电石等需要特别注意储存安全的易燃可燃材料。此外，在施工现场还存在大量木材屑、沥青碎块、油毡纸头等工程残留材料屑或碎块。

②明火作业多

电焊、气焊、熬制沥青、喷灯、锅炉，及在冬季施工中水、砂石等加热，施工现场明火使用频繁，尤其是在钢筋焊接、防水卷材铺贴等施工工艺中明火作业非常多。在高处进行明火作业时，周围和低处可能存在木材、安全防护网、防水卷材等可燃物，如果不进行相应的火花接收处理或可燃物转移，火花很可能接触到可燃物从而引起火灾事故。

③临时电气线路多，容易漏电起火

大型机械设备的使用，以及作业棚、办公区、宿舍区等用电，施工现场用电量大甚至超负荷，加上电气线路多且交错，易发生漏电短路，引起火灾事故。同时由于施工工地面积有限，办公区、宿舍区往往距离较近，生活用电和机械设备往往连接同一线路，机械设备也往往紧挨施工现场，互相缺乏应有的防火距离，因此一旦由于电气线路引发火灾，尤其是起风时，容易迅速蔓延到各个区域。

④多专业交叉流动施工作业，人员流动性大

由于建筑工地是一个多工种密集型立体交叉混合作业的施工场地，作业工种多，各作业工种之间相互交接，各工序之间相互交叉、流水作业，同时建筑工人处于分散、流动状态，个别工人或乱扔烟头，容易产生火灾隐患而不易及时发现。

（2）施工主要阶段的火灾燃烧条件

由于高层建筑工程施工活动具有动态性，依据建筑施工过程的基本程序，高层建筑工程施工过程可分为基础工程、主体结构、装饰工程等施工阶段。随着建筑产品建设实施过程的进行，不同阶段火灾燃烧条件有所不同，主要表现为：

①基础工程施工阶段，即从平整场地开始、到建筑基础施工结束后土方回填夯实

在地基防水施工过程中，需要用喷灯对防水卷材进行烘烤，由于喷灯喷出的火焰温度可达800～1000℃，一旦操作不慎很容易导致火灾在基础阶段施工过程中，如果易燃材料未清理干净，遇到明火后也容易引发火灾。

②主体结构施工阶段，即从基础完工后到室内外装修前

主体结构施工阶段建设周期长，现场堆放有大量的建筑材料，人员流动性大，各工种间交叉作业多，明火作业量比较大，火灾风险增大。当进行高层焊接施工时，如果电焊火花从高空散落到安全网、模板等其他易燃、可燃材料上时，极易引发立体燃烧火灾。主体结构施工时需使用大量大型机械设备，如果施工现场的临时用电未按照标准处理，容易因施工过程电负荷过大造成电路短路而引发火灾。

③装饰工程施工阶段，即从结构完工到竣工验收

在这一阶段，施工现场堆放大量易燃、可燃的装修装饰材料，频繁使用到电、气、火，若所用电气及电线未能严加管理，很容易发生断路打火现象。相较于前两个阶段，

这一阶段火灾风险陡增。如果施工工人违章操作、用火不慎、现场缺乏相应规范的安全管理制度，容易引燃保温材料、防水材料和其他可燃材料导致火灾。静电起火与工具碰撞打火也容易引发火灾。

（二）高层建筑施工火灾事故发生机理

1. 施工火灾危险源的分类

火灾危险源是指各种引发火灾事故发生的根源，即可能导致火灾事故引起人员伤亡和财产损失等后果的潜在的不安全因素。高层建筑工程系统庞大并且复杂，火灾危险源种类繁多，存在形式多种多样。基于两类危险源理论，高层建筑工程施工活动中的火灾危险源主要分为第一类危险源和第二类危险源两类。

第一类火灾危险源是指在高层建筑施工现场具有能量源或拥有能量的载体。施工现场的第一类火灾危险源一般以如下方式出现：一是提供热能或电能的装置或设备，如发电机、电焊机等；二是各种燃点较低的材料和物质，如可燃性固体、液体、气体等；三是一旦失控可能产生巨大异常能量的材料、装置设备和场所，如易爆易燃性材料、压力容器等。第一类火灾危险源具有的能量越高，发生火灾后果越严重；反之，拥有的能量越低，发生火灾后对人或物的危害越小。

第二类火灾危险源是导致第一类火灾危险源约束、限制能量措施失效或破坏的不安全因素。第一类火灾危险源是最根本的危险源，因此应该对第一类火灾危险源加以约束和控制，从源头防止安全事故的发生。但如果产生第二类火灾危险源，即对第一类火灾危险源的约束和控制受到破坏和影响，就会导致火灾安全事故的发生。第二类火灾危险源包括人、物、环境三个方面的问题。

在三类危险源理论中，第三类危险源是指前两类危险源的深层次原因，指在高层建筑施工现场不符合安全的管理因素（如组织制度、组织文化等）。如在现场防火工作中未采取规定消防措施、制度，未成立消防领导小组，未配备兼职消防员，未在禁火处张贴明显标识，无应急措施或应急措施不完善，明火作业未办理动火审批等。组织管理上的缺陷可能导致火灾安全管理失控，火灾发生时不能及时有效控制火情。

2. 火灾危险源构成要素

火灾危险源包含三个构成要素，分别是存在条件、潜在危害和触发因素。

存在条件是指火灾危险源所处的物理、化学状态和约束条件状态。包括材料的理化性能、储存条件，设备状态的完好程度，施工环境下为规避危险源所设置的防护条件，施工人员的操作水平和失误率，管理人员的管理能力和管理力度等。火灾危险源的存在条件是引发安全事故的充分条件，其中材料的理化性能决定了火灾安全事故的燃烧条件。

潜在危害是指火灾危险源可能释放的能量强度或危险物质量的大小。即火灾危险源一旦引发安全事故，可能带来的安全事故损失或危险程度。火灾危险源的潜在危害决定了其所能造成的火灾安全事故损失的严重程度。

触发因素是指火灾危险源引发安全事故的因素，主要包括人为因素、管理因素、自然因素和其他因素。火灾危险源的存在并不一定会导致火灾安全事故的发生，只有

在触发因素的影响下，危险源转化为危险状态，才会导致事故。触发因素不是危险源的固有属性，但它却是使危险源转化为事故的外因，且每一类型的危险源都有其对应的敏感触发因素，如热能是易燃易爆物质的敏感触发因素。

火灾危险源与触发因素的关系并不是一一对应的，往往是"多对多"关系，即一个危险源往往可能需要多个触发因素，而由于一个施工系统内部火灾危险源之间的连锁性，一个触发因素也可能会同时触发多个火灾危险源。同时，由于火灾危险源客观存在在施工活动中，如果触发因素对火灾危险源转化到危险状态的过程来说影响程度不大，火灾安全事故并不是必然发生的。因此，如果能对火灾危险源及其触发因素进行有效管理和控制，避免触发因素对火灾危险源产生足够的影响，保证火灾危险源一直处于稳定的安全状态，就可以做到对施工火灾安全事故的规避。

3. 火灾危险源引发事故机理

人的不安全行为、物的不安全状态和不安全环境将直接导致约束和限制第一类危险源能量释放的措施失效。对以下高层建筑施工现场主要的第二类火灾危险源进行分析，可以得出火灾危险源引发事故机理。

（1）人的不安全行为

①违规用电或用电不慎

如私拉或乱拉电线电缆、超负荷用电、离开房间时电器电源不断电等，由电火花引燃周围可燃物从而导致火灾。

②违章用火或用火不慎

如在施工现场，未按照技术操作规程要求用火、在进行明火作业时与其他作业产生交叉或未对周围可燃物进行防火阻燃处理等；在生活区用火时不慎引燃周围可燃物，由于现场各临时用房相互毗邻，容易产生大面积失火。

③未熄灭烟头乱扔或在禁止吸烟环境下吸烟

如将带火星烟头乱扔引燃未知可燃物，在进行包括可燃材料的施工活动间隙抽烟。

④进行不安全的配置、混合或接

如将两种可能发生爆炸反应的化学品混存，没有按照规定存放气瓶或其他有特殊保管要求的物料等。

（2）物的不安全状态

①电气故障

由于大多数项目施工用电都是临时接入、搭设的，施工现场所有功能区几乎都需要用电，加之线路纵横交错，大型机械设备、大功率电器的同频使用很可能超过其线路本身的负荷，如发生漏电、短路等情况，由电火花遇到可燃物、易爆物导致火灾。

②材料放置位置不当或存放方式不当

如易燃、可燃材料堆放位置选址不理想，与明火作业点安全距离不够；汽油、柴油和油漆等易燃易爆物在使用后未正确存放。此外还包括材料在运输过程中保管方式不当，如氧气罐和乙炔罐未分开运输或放置。

③消防设备不满足要求

如未按照规定要求配置消防设施、消防设施配置数量不足、长期未检查和更换失

效的防护消防设备、消防能力与施工进度或施工现场情况不匹配等情况，其在火灾发生时将无法及时有效控制火情。

（3）不安全环境

第一，室外不良气候，如大风吹散电焊火星、雷击造成电路击穿短路等不安全状。

第二，作业场所存在的各种职业危害因素及时间、空间方面的不安全状态，如仓储环境下照明温度高于规定值、空气湿度不当产生静电等。

火灾事故的发生是两类火灾危险源共同作用的结果。第一类火灾危险源的存在是火灾发生的前提，是导致火灾事故发生的能量主体，决定了安全事故损失的严重程度。如果没有第一类火灾危险源，就不存在能量或危险物质的意外释放和火灾安全事故的发生。在第一类火灾危险源的前提下，才会出现第二类火灾危险源。第二类火灾危险源是火灾安全事故发生的必要条件，决定了安全事故发生的可能性。如果没有第二类火灾危险源出现，破坏对第一类火灾危险源的控制或约束，能量或是危险物质也不会发生意外释放。

（三）高层建筑施工火灾安全管理理论

1. 高层建筑施工安全管理

从宏观角度来说，高层建筑施工安全管理主要是指由政府主管部门或机构按照法律法规、政策文件等，对高层建筑施工过程主导的安全管理；从微观角度来说，主要是指由建设单位、施工单位、监理单位等多方单位直接对高层建筑工程项目在施工阶段的安全管理。宏观管理和微观管理相辅相成，宏观管理为微观管理提供方向指导，而微观管理则是宏观管理的具体化。

高层建筑工程的施工特点决定了现场施工安全管理存在很大难度，并具有复杂性、动态性、多变性、综合性等特点。由于高层建筑工程项目施工涉及到多个参与方，同时高层建筑产品施工作业环境的有限性、生产要素的集中性和流动性，致使施工现场不安全因素多，因此施工安全管理过程复杂且需要结合现场实际情况灵活制定或优化安全管理措施。高层建筑施工安全管理的目的是通过对施工过程中的危险源进行控制和管理，避免安全事故的发生，保证施工过程中产品和工作人员安全。

2. 高层建筑施工火灾安全管理原理

高层建筑施工火灾安全管理作为施工安全管理中的一个方面，同样要求以预防为主，从施工组织管理层面上采取积极预防措施，同时在人力、物力、技术上积极做好灭火救援的充分准备。

火灾危险源不可能根除，只能减少其危险程度。火灾危险源的存在是长期的、持续的，但其潜在危险表征的伤害和损失是急性的、短暂的。火灾危险的产生，除了有危险源自身的存在条件和潜在危险外，还有引燃其发生的触发因素，这些触发因素对于火灾危险源由静默状态转变为活动状态有明显的触发作用。

由火灾危险源引发事故机理节可知，高层建筑施工火灾危险源主要包括人的不安全行为和失误，物的不安全状态和潜在的物质能量，自然环境、生产作业环境和社会环境中的各种不利于火灾安全的影响因素，以及管理疏漏和缺失等四个方面的原因。

人的不安全行为或失误大都与不利的作业环境条件，不利的自然因素及不科学、不合理的社会环境因素和背景有关；而管理因素是事故因果连锁中的一个最重要的因素，包括对人的不安全行为、物的不安全状态的控制，是火灾安全管理工作的核心。火灾安全事故的发生是多种因素综合作用的结果，但绝大部分的事故与管理因素有关。一旦管理上产生足够大的缺陷，某个触发因素或事件就有可能触发一个或多个事故。因此有效识别和控制这些触发因素可以减少火灾事故的发生率。

3.高层建筑施工火灾安全管理方法

高层建筑施工现场安全防火的源头是进行科学合理的施工组织设计，施工组织设计是指导高层建筑施工活动的组织、管理、控制、协调等进行全面性管理的重要手段，其中包括对施工消防安全管理工作的部署和实施。在施工组织设计方案中，主要从施工现场平面布置、消防设施配置等方面对施工消防安全展开管理。

施工现场合理的空间规划（包括平面布置和垂直面流水作业安排）是实现防火安全的重要措施之一，不仅能极大降低火灾危险源触发因素产生作用的可能，而且能大大减少施工现场火灾事故蔓延的途径。因此，针对高层建筑施工现场有限场地需要容纳大量生产要素的特点，在对施工现场进行空间规划时，必须参照施工消防安全规范，综合考虑临时用房和临时设施的防火间距、防火要求等问题。

传统施工现场空间规划通常是由工程技术人员计算出项目的总人工、材料和机械台班，进而安排现场的施工功能区域的布置，甚至仅凭技术人员的经验和推断来布置。然而施工现场并不是一成不变的，它会随着作业场所、现场情况变化或者突发状况的变化而变化，因此也要求施工管理人员根据施工现场的变化情况，不断对施工现场空间布置进行修改和优化。

基于施工消防安全规范对施工现场进行检查，是发现潜在火灾危险源的重要途径，是消除火灾事故隐患的重要方法。参考建筑工程项目目标动态控制的原理，并在高层建筑施工过程中，通过实时采集施工现场空间信息，将动态施工环境下各临时用房或临时设施之间的安全距离与施工消防安全规范条文进行对比，一旦出现不符合规范要求的情况立即采取防控措施予以纠正，使火灾危险源回归到可防可控的安全状态，摒弃采取单一措施、企图一劳永逸完成火灾危险源防控的思想，将不断出现的安全问题与改善措施构成一个不断循环的过程。

（四）BIM技术在施工火灾安全管理上的适用性分析

1.BIM技术在施工消防安全管理中的应用优势

BIM模型是对高层建筑工程项目全生命周期信息的全面描述，可以被建设项目各参与方普遍使用。BIM技术中参数化建模应用可以更有效地帮助施工组织方案的设计人员提高施工组织和部署的效率和质量，在施工火灾安全管理中也更有利于施工人员对危险源进行事前预测和控制。其应用优势主要表现在：

（1）信息完备

BIM模型是一个基于多源信息的混合数据模型，除了对工程对象进行3D几何信息和拓扑关系的描述，BIM还包括完整的工程信息描述，如设计信息、施工信息、维

护信息以及对象之间的工程逻辑关系等。BIM 可以为施工现场火灾安全管理提供完整的信息参数，实现各个专业之间的信息充分利用，提高信息的复用率；还可以直观展示施工现场场地布置情况，实现施工现场各区域空间更为细节化的火灾安全管理。

(2) 信息互相关联和可视化管理

传统施工安全管理中基于纸质图纸、文件的信息传递效率低下，而 BIM 将数据以 3D 模型的方式直观地展现，模型中的对象相互关联，整个施工过程中火灾安全管理都可在可视化环境下进行，既能直观地查看施工过程中潜在的安全隐患，并进行可视化颜色标注，又能在对象模型发生变化时及时更新所有相关联的对象，实现信息传递效率和质量的实质提高，便于管理人员迅速作出决策。

(3) 事前模拟排查隐患和安全培训

在进行明火作业前，利用 BIM 技术仿真模拟可以实现对施工火灾危险源的有效辨识和提前控制，规避火灾安全事故的发生。利用 BIM 模型进行仿真模拟，在焊接作业前可以让施工人员直观准确地了解正确的施工操作步骤和注意事项，增强施工人员在特殊环境下施工作业的认真性和警觉性，防止因电焊设备使用不当或焊接操作不当引起事故；还可以模拟制定火灾发生时人员疏散、救援应急方案，以确保现场施工人员逃生和紧急救援路径的合理性。

(4) 信息一致，施工火灾安全管理各参与方协同工作

BIM 可以解决分布式、异构工程数据之间的一致性和全局共享问题。即各参与方在建筑全寿命周期内各个阶段，都在共同的模型中进行信息的创建、管理与共享，不需要重新创建相同的信息。信息模型能够自动演化，各参与方只需在不同阶段对模型对象进行简单的修改和完善。在施工火灾安全管理中，各参与方在同一平台协同工作，共享一个 3D 模型，享有创建、查询、修改、使用信息等权限，实现信息交流畅通、对火灾危险源实时管理。

2.BIM 技术在施工消防安全管理中的适用性分析

BIM 技术应用在高层建筑施工火灾安全管理中，能够实现满足施工过程对火灾危险源协同管理和事前管理的要求，可以克服传统消防安全管理模式和技术存在的问题，实现信息有效传输、多方协同工作。

在如今土地资源稀缺的大环境下，高层建筑施工现场可利用空间狭小，往往导致现场空间规划忽视消防安全规范。高层建筑施工火灾安全管理中应用 BIM 技术，利用 BIM 三维可视化模型能实现对施工现场平面尺寸、空间使用规划等方面的直观展示和全面分析，动态规划施工现场空间使用功能，可视化分析施工方案是否满足消防安全要求。

添加时间维度后，结合施工进度中各作业环节对施工空间的需求，利用 BIM 4D 能实现对施工现场空间规划的模拟和碰撞检查，特别是在明火作业点范围内与可燃材料的碰撞问题，合理调整施工现场的空间规划并不断优化，以此来实现对火灾安全事故的有效规避。

（五）BIM在施工消防安全规则检查中的理论基础

1. 建筑信息模型

作为信息载体，建筑信息模型存储了建筑全生命周期的数字化信息，以信息为核心实现多个专业的集成应用。同时，也为建设项目的各个参与方提供了一个信息交互的基础和平台。在运用建筑信息模型时，项目各参与方将信息集成于模型中，并最终以模型作为项目管理工作开展的辅助手段，与其他信息系统和信息手段交互和协同，以最大程度地实现信息使用和共享。建筑信息模型的核心内容主要体现在对整个建筑工程项目的总体物理和功能特性进行了全方位的信息化表达，强化了知识资源的共享，并在此基础上为各项目参与方在建筑全生命周期中的决策和实施提供数据依据。

基于BIM的施工消防安全规则的建立与检查，也需要依靠建筑信息模型中存储的信息来实现。相较于传统绘图方式，在设计初期、施工初期，BIM技术可大量地减少由于设计方案或施工方案的错误招致施工现场消防安全管理出现纰漏的情况。进行施工现场临时用房和临时设施防火间距的检查时，利用BIM模型可视化的表达方式知会管理人员各类构件在空间中的位置信息，通过优化施工现场平面布置、深化模型设计，最终实现降低施工成本和安全成本的目的。

2. IFC标准格式

IFC（Industry Foundation Classes）标准是由国际协同工作联盟IAI（International Alliance of Interoperability）组织为建筑行业制定的建筑工程数据交换标准。IFC标准主要有三个特点：一是IFC标准是面向建筑工程领域，主要是工业与民用建筑；二是IFC标准是公开的、开放的；三是IFC是数据交换标准，用于异质系统交换和共享数据。

IFC确立了用于导入和导出建筑对象及其属性的国际标准，也为不同软件应用程序之间的协同问题提供了解决方案。IFC提高了整个建筑生命周期中的通讯能力、生产力和质量，并缩短了交付时间。由于为建筑行业中的常用对象确定了标准，因此它减少了从一个应用程序到另一个应用程序传输过程中的信息丢失情况。

当需要多个不同软件完成施工消防安全规则检查任务时，由于每种软件都有一套自己的数据格式，这给数据的交换和共享带来障碍。然而通过IFC标准格式的文件交换信息或通过IFC标准格式的程序接口，可以打破各软件数据不兼容的难题，以IFC作为数据交换的中介和中转站完成数据的无障碍的流通和链接，从而实现最大程度的数据共享和管理，为施工火灾安全管理提供最大程度的决策帮助。

五、基于BIM技术的高层建筑施工消防安全规则检查

（一）高层建筑施工消防安全规则库构建

1. 施工火灾危险源与施工消防安全规则的关系

第一，施工火灾事故的发生是由于在施工过程中会对火灾危险源管理不当所致，实质上是消防安全规则未能有效执行的原因。

在建筑施工活动中，设计方案、施工方案随着建设过程的推进逐渐具体化，防火

设计规范、施工消防安全规范作为指导施工火灾安全管理的依据，应当得到良好、有效地执行。施工火灾事故的发生，是施工现场消防安全规范未能有效执行的结果，是施工方案产生缺陷的结果；而设计工作作为工程安全组织施工的依据，火灾事故的发生在某种程度上也是设计方案不足、防火设计产生纰漏的原因。因此设计师在进行设计工作时、施工人员在进行施工方案编制时，都需要不断参考相应防火、消防规范，从而保证施工火灾安全。

第二，利用消防安全规则指导施工活动可减少火灾危险源危险程度，火灾危险源的信息可以不断更新扩充到安全规则中，以便为更多施工活动提供火灾安全管理指导。

火灾危险源始终存在在施工活动中不能根除，只有当其被触发才会引发火灾。施工火灾安全规范是通过总结建筑工程项目施工现场消防工作经验和火灾事故教训，充分考虑施工现场消防工作的实际需要，由专业人士将其积累的知识编纂而成。每一条安全规则都是有效的专家意见和行业经验，意味着采用安全规则可以有效减少火灾危险源由静默状态转变为活动状态的路径，阻止其触发。根据各类建筑工程项目的实际建造情况，将期间辨识的火灾危险源及其相关信息扩充到消防安全规则中，可为更多施工活动提供火灾安全指导。

第三，消防安全规则为火灾危险源的辨识提供数据基础，该数据基础也是火灾危险源主要触发因素具体化后的安全阈值。

2.施工消防安全规则库的构建依据

消防安全规则应当是能提供识别数据基础且对施工现场火灾危险源的触发因素起到约束和限制作用的规律模式。根据国家相关标准的划分原则以及建筑行业的施工安全要求，按照规则适用范围的划分有国家规范、行业规范、地方规范、协会规范和企业规范。

3.施工消防安全规则库的规则内容

施工消防安全规范约束驻现场所有人员的行为，它规定了对于规避火灾危险源或削弱其危险程度的一定行为模式，规定了规则具体的适用条件、适用范围、使用程序等，并提供识别工程建设中威胁施工安全火灾因素的约束条件和对应处理办法。其数据应来自比较权威的行业资料或者被专家认可的信息统计。如果将所有与建筑工程施工现场火灾安全相关的规范条款汇总，提取条款中的关键信息，就构成了安全规则的数据基础。

（1）以施工现场平面布置为依据的规则

施工现场平面布置的原则是在满足施工需要的前提下科学确定施工区域和场地面积，合理布置各项施工设施，科学规划施工道路，减少火灾安全隐患。通过对相关规则的整理、汇总，以施工现场平面布置为依据的规则，主要与距离设置、尺寸设置和其他设置有关。

第一，与距离设置有关的规则主要是对临时用房的防火距离、临时消防设施的设置距离进行规定，通过对施工现场场地内各临时用房、临时设施设置一定的空间间距，防止火灾在一定时间内蔓延到相邻临时用房，同时也保证施工现场处于临时消防设施的保护范围内。

第二，与尺寸设置有关的规则主要是对建筑产品本身及施工空间展开防火设计，主要有与长度、宽度、高度、面积等尺寸要求，如临时车道、临时疏散通道的宽度要求等。

第三，其他设置规则是指在距离和尺寸设置之外，与施工现场平面布置有关的规则。

（2）以处理措施为依据的规则

根据约束条件的不同，施工消防安全规范条文中以处理措施为依据的规则主要分为两类，一是阻隔火灾危险源三个构成要素产生联系并发作效果、避免引发火灾的规则；二是采取措施削弱燃烧、延缓火势蔓延的规则。

（二）基于BIM的高层建筑施工消防安全规则检查系统

1.系统框架设计

传统施工消防安全规则检查往往是在施工过程中通过人工核对检查表查找管理缺陷，这就造成无法在施工活动开展前对施工现场潜在火灾危险源来预防，在施工时已无法修正。BIM技术能够在施工方案设计阶段完成对施工现场消防安全的基础性检查，利用基于BIM的高层建筑施工消防安全规则检查系统，只需要合理设置安全检查规则，就可以自动检查施工消防安全设计的完整性、合规性。

基于BIM的消防安全规则检查系统主要分为四个层次。

(1) 数据采集层

基于BIM的消防安全规则检查系统需采集的信息包括建筑信息、施工信息、安全信息以及施工进度信息等数据。数据采集层是指对系统所需数据进行有针对性、精准性的数据抓取，以多维度方式存储到三维建筑信息模型上，并按照一定规则和筛选标准进行归类，并形成数据库文件。

(2) 数据集合层

数据集合层是在二维模型上从不同视角添加建筑信息后，集成规则检查模型所需的必要信息和三维模型，建立一个共享的BIM施工火灾安全管理信息模型，为特定对象的消防安全规则检查获得所需要的数据。BIM施工火灾安全管理模型成为所有信息的集合，是整个系统的核心，为后期数据处理和分析提供平台。

(3) 数据处理层

数据处理层是对施工过程进行消防安全检查。从技术上来讲，是对建立好的BIM施工火灾安全管理模型进行消防安全规则检查，由此需要选择性输入判断安全状态的数据信息，并在对数据处理的过程中建立详细的层次结构。层次结构越详细，则最后可筛查的数据结果也越详细，从而为多角度、多层次分析数据和制定决策提供依据。

(4) 数据应用层

实现施工过程消防安全是系统设计的主要目的。系统在施工过程中的应用实际上是从施工规划到施工结束，对整个过程施工现场消防安全信息的积累、扩展、集成和应用，在施工过程对注重材料周转、作业环境变化的及时更新，通过优化施工方案来实现对施工火灾安全的管理。

2. 系统功能模块

参考现有 BIM 系统的功能特点，基于 BIM 的高层建筑施工消防安全规则检查系统应具备信息收集和提取、信息可视化、信息存储、信息查询、信息共享与交换、信息安全等功能模块。

(1) 信息收集

施工消防安全规则库的数据来源主要是以国家强制性标准为主要参考标准的消防安全技术规范和典型在建工程消防安全案例信息。国家标准规范中包含了大量对于安全距离的规定，对其的信息收集要以安全距离阈值为基础。从典型工程火灾安全管理案例中提取建筑施工过程中存在的安全距离阈值，尽量避免同类管理缺失或错误现象的重复出现，提高施工火灾安全管理水平。

(2) 信息存储

建筑信息的数据在 BIM 模型中的存储，主要以各种数字技术为依托，从而以这个数字信息模型作为各个建筑项目的基础，去进行各个相关工作。基于 BIM 的施工消防安全规则检查系统应具备存储海量信息的能力，以满足体量庞大、工程信息海量复杂的建筑项目安全信息的数据存储需求。由于消防安全管理涉及多专业，这也要求系统具有各项专业信息的存储和使用能力。

(3) 信息查询

传统建筑项目施工现场平面布置是依靠二维图纸和文件来展开。基于 BIM 安全管理信息模型，可以便捷地对建筑物空间信息和设备材料的参数信息进行查询。BIM 可将较难反映的现象、问题转化为可见的模型和符号，把这些错综复杂的数据用三维模型展示，由管理人员直接对三维模型进行查阅，并从多个视角浏览，帮助管理人员理解和分析安全规则。

(4) 信息共享

基于 BIM 的数据共享机制，可以满足局域网或远程网络的信息交换，极大地节约项目相关参与方、相关管理人员之间的信息交流成本。同时，若直接使用从 BIM 模型获取的安全信息，可能会产生不利于结论准确性的问题。为了确保安全规则检查的质量，应该建立同类项目的数据采集标准，并统一数据格式和单位，通过对建模规则的一致性定义，实现统一格式和明确分类的数据信息。

(5) 信息安全

BIM 技术现在已经到了广域网应用的阶段，信息安全问题是个争议问题。因此，系统应建立协同工作环境下的数据访问权限控制机制，采取一定权限来控制管理人员对信息的操作。可采取基于角色的访问控制，根据管理人员对施工现场管理角色的不同设置相应的权限。

3. 系统构建流程

基于 BIM 的消防安全规则检查系统的构建流程，首先是通过将与施工火灾安全相关的消防技术规范进行整理，选择出适合数据化的规则范围（即可被数据化的规范条文）并编译成计算机读取的数据化规则，其次是建立 BIM 安全规则检查模型执行检查，输出检查结果后采取相应的措施。关键步骤主要包括以下几点：

(1) 选择可被数据化的规范条文

基于 BIM 的安全规则检查表面上是优化模型，实质上是对信息进行检查。只有将消防安全规范条文编译成为 BIM 安全规则检查可读、可执行的数据信息，才能对模型中的数据信息进行同种文件形式的检查。

事实上，并不是所有消防安全规范条文都能转化为数据化规则，由此被计算机读取。计算机所能识别的语言只有机器语言，即由"0"和"1"构成的代码。而一些规范条文存在大量不确定。因此，适合进行数据化的规范条文首先必须有一个明确定义的对象和要求，即"是谁"和"实现什么目的"。

然而仅仅存在明确对象和要求还不够。因此适合进行数据化的规范条文还需要被明确定义约束条件，如对距离的限制、对参数的设定等。

综上所述，规范条文被编译成计算机语言的前提条件是具有明确清晰的对象、需求和约束条件。即可被编译成计算机语言的规范条文必须具备明确清晰的适用背景、条件和属性。

(2) 消防安全规则编译

消防安全规则编译是要让计算机读取信息并执行计算。因此，需要将建筑施工相关消防安全规范在逻辑的基础上，从人类的语言映射到机器可读的格式的语言。这个编译过程需要提取规范条文中的名称、类型、属性等信息，形成一个由参数、对象、逻辑构成的规则模板。建立好规则模板后，可根据具体消防安全规范进行规则设定，并在不同的现场条件下使用，主要利用条件判断选择逻辑来确定对应情况下的相应的安全措施。将可被编译的安全规则提取后可以分为针对一个对象的规则和针对多个对象的规则。

①针对一个对象的规则

对于临时疏散通道的设置，提取规范条文中的名称、类型、属性后，有以下规定：一是设置在地面上时，其净宽度不应小于 1.5m；二是利用在建工程施工完毕的水平结构、楼梯时，其净宽度不宜小于 1.0m；三是设置在脚手架上时，脚手架应采用不燃材料搭设，其净宽度不应小于 0.6m；四是设置为坡道且坡度大于 25°时，应修建楼梯或台阶踏步或设置防滑条；五是不宜采用爬梯，在确需采用时，应采取可靠固定措施，其净宽度不应小于 0.6m；六是侧面为临空面时，应沿临空面设置高度不小于 1.2m 的防护栏杆；七是应设置明显的疏散指示标识和照明设施。将上述安全规则标准对应为参数化的规则。基于参数化规则，BIM 安全规则检查系统将在识别临时疏散通道后，以此作为对象获取其位置具体信息数据，对其进行规则检查，并反馈安全措施。

②针对两个对象的规则

以"防火间距"的相关规定为例，消防安全规范中有关距离的条文，所涉及的约束条件是指使临时用房或临时设施之间两两满足安全距离要求，使得施工现场整个内保持消防安全状态。防火间距定义了施工现场平面布置过程中作用的决策求解活动，最终必须满足约束并强制执行。在约束条件下不断逼近设定的安全阈值，从而在有限场地面积内不断优化平面布置方案。在此情况下，基于 BIM 的施工消防安全规则检查是对两个临时用房或设施进行安全距离检查，由此选定本次检查所涉及的对象，建立

起相关规则的先决条件。在对检查对象进行规则检查时，用规范条文中的约束条件来判断安全状态，如对安全距离检查时量化安全条件的防火间距等。经对比安全阈值后输出检查结果，并采取相应的安全措施。

(3) 建立 BIM 安全规则检查模型

实现规范检查的前提是对 BIM 模型中各个构件对象的自动识别，基于安全规则检查模型解析模型中各检查对象，并与规范条文中所述对象对应起来。在基于对象的模型中，所有的施工对象都有特定的对象类型和属性。这些信息将被用作检查施工对象几何特征的基础。因此，建筑模型的规则检查的要求比现有的 2D 绘图或三维建模的要求更加严格，必须严格执行 BIM 建模标准。以消防安全规则为基础的规则检查系统，必须满足每一个检查对象都具备名称、类型、属性、关系和元数据的基本要求，使得模型中识别对象能与规范条文中所述对象建立起一一对应的关系，并方便系统提取对应的参数和几何信息，展开计算。针对部分 BIM 模型不包含规范条文所述对象情况，还应建立相应的更新扩充机制。

(4) 消防安全规则检查

由于所有的规则标准都已经翻译为机器可读的代码，基于 BIM 建模标准建立的 BIM 检查模型为自动识别对象奠定技术基础，安全规则检查过程就可以利用 Revit API 解析模型对象的属性与几何信息，根据规则对施工现场所有构件对象进行自动检查。但是基于实际应用的消防安全规则检查，应在系统自动检查模型、根据默认设置输出检查结果和安全措施的基础上，定义更加复杂的算法。如添加尽可能详尽的解决方案，以便在自动检查后根据实际情况进行选择，而不是遵循系统默认的建议方案。

安全规则检查的执行应是不断重复、不断优化的。因为在对一个对象进行修改或者采取一项解决方案后，模型中相关联的对象、相关的信息将随之改变，进而有可能产生其他不符合规则的对象。

(5) 输出检查结果

检查和可视化过程结束后，系统将生成结果报告。安全检查的结果可以以两种方式展示：一是通过建立安全检查项及评分标准，由系统自动生成量化评估报告；二是以检查表形式的检查结果，表中包含对应模型对象和适用的解决方案的详细信息。结果报告应支持导出和打印。

(6) 采取安全措施

由于 BIM 消防安全规则检查整个过程都是在三维可视化情况下进行的，因此管理人员可以在该可视化环境下对模型进行优化、对现场施工活动进行决策。

4. 系统运行步骤

基于 BIM 的高层建筑施工消防安全规则检查系统，将实现对施工过程火灾危险源可视化的预测和控制，运行过程主要有四个步骤：

（1）前期准备

包括火灾安全事故关键危险源的梳理、消防安全规则的筛选以及两者之间的信息匹配。该阶段主要是找出与施工活动有关的关键火灾危险源，并考虑这些危险源在什么条件下会被触发以及可能会产生什么伤害。

（2）BIM 火灾安全管理模型准备

该阶段主要是准备安全管理模型所需的必要信息，把相关施工消防安全规范条文以中间方式映射成系统可读的形式，汇总为判断施工活动火灾安全状态的基于 BIM 模型的安全规则，用于进行施工现场火灾安全状态定性判断；建立 BIM 三维模型，整合安全规则与 BIM 模型，并提取安全规则中的阈值，用于进行施工现场火灾安全状态定量检查。

（3）执行

该阶段是对建筑项目施工模型进行消防安全规则检查，主要是解决系统在火灾危险源预警过程中的管理执行力的问题。

（4）报告反馈

该阶段是在执行完规则检查后，输出对于安全状态即火灾危险源预警结果的报告。这个阶段结束后，管理人员应针对检查结果进行对施工环境、施工活动进行相应的改进和完善，以在实现对火灾危险源预警的基础上有效、实际地规避火灾事故。

第九章 特殊场所的消防安全管理

第一节 商场、集贸市场消防安全管理

一、集贸市场的安全防火要求

（一）必须建立消防管理机构

在消防监督机构的指导下，集贸市场主办单位应建立消防管理机构，健全防火安全制度，强化管理，组建义务消防组织，并确定专（兼）职防火人员，制定灭火、疏散应急预案并开展演练。做到平时预防工作有人抓、有人管、有人落实；在发生火灾时有领导、有组织、有秩序地进行扑救。对于多家合办的应成立有关单位负责人参加的防火领导机构，统一管理的消防安全工作。

（二）安全检查、隐患整改必须到位

集贸市场主办单位应组织防火人员要进行经常性的消防安全检查，针对检查中发现的火灾隐患，一要将产生的原因找出，制定出整改方案，抓紧落实。二要把整改工作做到领导到位、措施到位、行动到位以及检查验收到位，决不走过场、图形式；对整改不彻底的单位，要责令重新进行整改，决不留下新的隐患。三要充分发挥消防部门监督职能作用，经常深入市场检查指导，发现问题，及时指出，将检查中发现的火灾隐患整改彻底。

（三）确保消防通道畅通

安全通道畅通是集贸市场发生火灾之后，保证人员生命财产安全的有效措施，市场主办单位应认真落实"谁主管、谁负责"，按照商品的种类和火灾危险性划分若干区域，区域之间应保持相应的防火距离及安全疏散通道，对所堵塞消防通道的商品应依法取缔，保证安全疏散通道畅通。

（四）完善固定消防设施

针对集贸市场内未设置消防设施、无消防水源的现状，主办单位要立即筹集资金。按照相关规范要求增设室内外消火栓、火灾自动报警系统及消防水池、自动喷水灭火系统、水泵房等固定消防设施，配置足量的移动式灭火器、疏散指示标志，尽快提高市场自身的防火及灭火能力，使市场在安全的情况之下正常经营。

二、商场、集贸市场的安全防火技术

目前，我国的一些大型商场为了满足人民群众的需求，大多集购物、餐饮、娱乐为一体，所以商场、集贸市场的火灾风险较高，一旦发生火灾，容易造成重大的经济损失和人员伤亡，所以商场、集贸市场的防火要求要严于一般场所。

（一）建筑防火要求

商场的建筑首先在选址上应远离易燃易爆危险化学品生产及储存的场所，要同其他建筑保持一定防火间距。在商场周边要设置环形消防通道。商场内配套的锅炉房、变配电室、柴油发电机房、消防控制室、空调机房、消防水泵房等设置应符合消防技术规范的要求。

对于电梯间、楼梯间、自动扶梯及贯通上下楼层的中庭，应安装防火门或者防火卷帘进行分隔，对于管道井、电缆井等，其每层检查口应安装丙级防火门，并且每隔 2～3 层楼板处用相当于楼板耐火极限的材料分隔。

（二）室内装修

商场室内装修采用的装修材料的燃烧性能等级，应按楼梯间严于疏散走道、疏散走道严于其他场所、地下严于地上、高层严于多层的原则予以控制。尽量采用不燃性材料和难燃性材料，避免使用在燃烧时产生大量浓烟或有毒气体的材料。

建筑内部装修不应遮挡安全出口、消防设施、疏散通道及疏散指示标志，不应减少安全出口、疏散出口和疏散走道的净宽度和数量，不应妨碍消防设施及疏散走道的正常使用。

（三）安全疏散设施

商场是人员集中的场所，安全疏散必须满足消防规范的要求。要按照规范设置相应的防烟楼梯间、封闭楼梯间或者室外疏散楼梯。商场要有足够数量的安全出口，并多方位的均匀布置，不应设置影响安全疏散的旋转门及侧拉门等。

安全出口的门禁系统必须具备从内向外开启并且发出声光报警信号的功能，以及断电自动停止锁闭的功能。禁止使用只能由控制中心遥控开启的门禁系统。

安全出口、疏散通道以及疏散楼梯等都应按要求设置应急照明灯和疏散指示标志，应急照明灯的照度不应低于 $0.5Lx$，连续供电时间不得少于 $20min$，疏散指示标志的间距不大于 $20m$。禁止在楼梯、安全出口与疏散通道上设置摊位、堆放货物。

（四）消防设施

商场的消防设施包括火灾自动报警系统、室内外消火栓系统、自动喷水灭火系统、防排烟系统、疏散指示标志、应急照明、事故广播、防火门、防火卷帘以及灭火器材。

1. 火灾自动报警系统

商场中任一层建筑面积大于 $3000m^2$ 或者总建筑面积大于 $6000m^2$ 的多层商场，建筑面积大于 $500m^2$ 的地下、半地下商场以及一类高层商场，应设置火灾自动报警系统。

2. 灭火设施

商场应设置室内、外消火栓系统，并应满足有关消防技术规范要求。设有室内消防栓的商场应设置消防软管卷盘。建筑面积大于 $200m^2$ 的商业服务网点应设置消防软管卷盘或者轻便消防水龙。

任一楼层建筑面积超过 $1500m^2$ 或总建筑面积超过 $3000m^2$ 的多层商场和建筑面积大于 $500m^2$ 的地下商场以及高层商场均应设置自动喷水灭火系统。

三、百货商品仓储防火

（一）百货物资的分类

日用百货种类繁多，用途广泛，按其燃烧特性多分为易燃商品、可燃商品和不燃商品。

1. 易燃商品

易燃商品包括用硝化纤维、赛璐珞制成的乒乓球，眼镜架、指甲油、手风琴、三角尺，漆布，以及日常生活用的酒精、花露水，打火机用的汽油和丁烷气体、樟脑丸、油布伞、火柴、摩丝发胶，还有蜡纸、改正液、补胎橡胶水、强力胶、鞭炮等。

有些易燃商品还有自燃的特性，如赛璐珞制品等，应按化学危险物品的要求储存。

2. 可燃商品

可燃商品包括各种棉、麻、毛、丝等天然纤维和人造纤维的纺织品；各种皮革、橡胶和塑料制品，簿、册，纸张、笔等各种文教用品以及各种可燃材料制成的玩具、体育器材和工艺美术品等。

可燃商品的着火点一般都比较低，遇到火种和高温就会燃烧，其中的棉、麻织品，即使在堆捆的条件下，也会阴燃。在扑灭这类商品火灾时，用水浇熄表面火焰之后，还会出现复燃。

3. 难燃和不燃商品

难燃和不燃商品包括钟表、照相机、缝纫机、自行车、日用五金；各种家用电器以及瓶装的药品；还有搪瓷、陶瓷、玻璃器皿、铝制品等。

难燃或不燃商品本身是用难燃或非燃材料制成的。但是，商品的包装材料都是木材、稻草、麻袋、纸板箱等可燃物，大件家用电器的包装箱内还使用极为易燃的且燃烧后产生有毒气体的聚苯乙烯泡沫塑料作填充保护物，同样会发生火灾。在发生火灾时，这些商品虽然不至于完全烧毁，但因受热、受潮，会造成严重损失。

（二）百货商品仓储火灾原因

1.库址选择不当

有些与工厂、居民住宅混杂在一起，俗称大杂院。这些仓库中的外来人员进出多，周围火种难以控制，往往因飞火或邻近失火而受殃及。

2.商品入库前没有检查

将运输途中接触到的火种夹带入库，或车辆进入库区不戴防火罩等。

3.值班人员没有警惕

在库区生火做饭、取暖，或在维修施工时动用明火不慎，以及随便吸烟等。

4.电瓶车和装卸机械

在操作时打出火花，汽车随便开进库房装卸时发动机起火，或排气管高温火星引起商品燃烧。

5.电气设备、线路安装使用不当

常见的如下：

第一，使用碘钨灯、日光灯等照明，镇流器发热起火或烤着可燃物；

第二，在开架存放的货架上乱拉电灯线，并经常移动，用后顺手到处挂放，使灯泡烤着可燃物或电线绝缘破损发生短路事故；

第三，电灯泡靠近商品或防潮、保暖的苫布或可燃的门、窗帘而起火；

第四，一些存放高档电器、照相器材、钟表等商品的库房隔间内，使用去湿机装置时，线路敷设和放置位置不当，又无专人管理，因内部电气故障起火。

6.将易燃商品混放在其他商品之中

如将油纸、漆布和油布伞等会自燃的商品卷紧长期堆积存放，不可散热而自燃。

7.以外状况

仓库或堆垛遭受雷击起火。

（三）百货商品仓储防火措施

1.仓库的布局和建筑

日用百货仓库要选择周围环境安全，交通方便，防水患的地方建库。仓库建筑的耐火等级、层数、防火间距、防火分隔、安全疏散等应符合相关要求，还应注意以下几点：

（1）仓库必须有良好的防火分隔

面积较大的多层的百货仓库中，按建筑防火要求而设计的防火墙或楼板，是阻止火灾扩大蔓延的基本措施。但是有些单位仅从装运商品的方便考虑，为了要安装运输、传送机械，竟随意在库房的防火墙或楼板上打洞，破坏防火分隔，将整个库房搞成上、下、左、右、前、后全都贯通的"六通仓库"。万一发生火灾，火焰就会从这些洞孔向各个仓间和各个楼层迅速蔓延扩大。因此，决不容许这种情况存在。百货仓库的吊装孔和电梯井一定要布置在仓间外，经过各层的楼梯平台与仓间相通，并孔周围还应有围蔽结构防护。仓库的输送带必须设在防火分隔较好的专门走道内，禁止输送带随

便穿越防火分隔墙和楼板。

（2）禁止在仓库内用可燃材料搭建阁楼

并且不准在库房内设办公室、休息室和住宿人员。

（3）库房内不得进行拆包分装等加工生产

这类加工必须在库外专门房间内进行。拆下的包装材料应及时清理，不得与百货商品混在一起。

2. 储存要求

（1）百货商品必须按性质分类分库储存

属于化学危险物品管理范围内的商品必须储存在专用仓库中，不可在百货仓库中混放。

（2）规模较小的仓库，对一些数量不多的易燃商品

如乒乓球、火柴等，又没有条件分库存放时，可分间、分堆隔离储存，但必须严格控制储存量，同其他商品保持一定的安全距离，并注意通风，指定专人保管。

（3）每个仓库都必须限额储存

否则商品堆得过多过高，平时检查困难，发生火灾时难于进行扑救和疏散，也不利于商品的养护。

（4）面对库房门的主要通道宽度一般不应小于 2m

仓库的门和通道不得堵塞。

（5）在商品堆放时，垛距、墙距、柱距、梁距均不应小于 50cm

库房照明灯应使用功率不超过 60W 的白炽灯，布置在走道或垛距空隙的上方。

3. 火源管理

第一，库内严禁吸烟、用火，严禁燃放烟花和爆竹。

第二，在生活区和维修工房安装和使用火炉，必须经仓库负责人批准。火炉的安装和使用必须严格按照安全规定。从炉内取出的炽热灰烬，必须用水浇灭后倒在指定地点。

第三，储存易燃和可燃商品的库房内，不准进行任何明火作业。

第四，库房内严禁明火采暖。商品因防冻必须采暖时，可用暖气。采暖管道的保温材料应采用非燃烧材料，散热器与可燃商品堆垛应保持一定安全距离。

第五，进入易燃、可燃百货仓库区的蒸汽机车和内燃机车必须装防火罩，蒸汽机车要关闭风箱和送风器，并不得在库区清炉出灰。仓库应当有专人负责监护。

第六，汽车、拖拉机进入库区时要戴防火罩，并不准进入库房。

第七，进入库房的电瓶车、铲车，必须有防止打出水花的防火铁罩等安全装置。

第八，运输易燃、可燃商品的车辆，一般应将商品用篷布盖严密。随车人员不准在车上吸烟。押运人员对商品要严加监护，防止沿途飞来火星落在商品上。

第九，仓库内确需动火时，电气焊应有严格的防火措施，包括配置灭火器材，动火点附近可燃物应清理出一定的间距，不能清理的应用不燃苫布覆盖，施工完或下班后应清理查巡现场，避免遗留火种。

4.电气设备

第一，库房的电线应当穿管保护，控制开关应安装在室外。严禁在库房的闷顶内架设电线。库房内不准乱拉临时电线，确有必要时，应经领导批准，可由正式电工安装，使用后应及时拆除。

第二，库房内不准使用碘钨灯、日光灯照明，应采用白炽灯照明，电灯应安装在库房的走道上方，并固定在库房顶部。灯具距离货堆、货架不应小于$50cm$，不准将灯头线随意延长，到处悬挂。灯具应该选用规定的形式，外面加玻璃罩或金属网保护。

第三，库区电源，应当设总闸、分闸，每个库房应单独安装开关箱，开关箱设在库房外，并安装防雷、防潮等保护设施。下班后库内的电源必须切断。

第四，库房为使用起吊、装卸等设备而敷设的电气线路，必须使用橡胶套电缆，插座应装在库房外，并避免被砸碰、撞击和车轮碾压，以保持绝缘良好。

第五，仓库内禁止使用不合格的保护装置3电气设备和线路不准超过安全负载。

第六，库房内不准安装使用电熨斗、电炉、电烙铁、电钟、电视机等。

第七，电气设备除经常检查外，每半年应进行一次绝缘测试，若发现异常情况，必须立即修理。

5.安全检查

第一，商品入库前必须进行认真检查。在检查进库商品中，如发现棉、毛、麻、丝、化纤等纺织品或用麻布、稻草、纸张包装的商品有夹带火种的可疑时，应将其放到观察区观察。一般应观察$24h$，确认无危险后，方可入库或归垛。

第二，仓库保管员离开库房前必须认真检查，库内是否有人潜入，货物有无可疑情况，窗户是否关闭等情况，确认安全后，再切断电源，闭门上锁。

第三，仓库的领导和守护人员，在节假日和夜间应加强值班，并不断巡回检查，以策安全。

6.灭火设施

第一，在城市给水管网范围所及的百货仓库，应设计安装消火栓。室外消火栓的管道口径不应小于$100mm$。为了防止平时渗漏而造成水渍损失，室内消火栓不宜设在库房内。

第二，百货仓库还应根据规定要求配备适当种类和数量的灭火器。

第三，大型的百货仓库应安装自动报警装置与自动灭火装置。

第二节 宾馆、饭店消防安全管理

宾馆和饭店是供国内外旅客住宿、就餐、娱乐和举行各种会议、宴会的场所。现代化的宾馆、饭店一般都具有多功能的特点，拥有各种厅、堂、房、室、场。厅：包括各种风味餐厅和咖啡厅、歌舞厅、展览厅等。堂：指大堂、会堂等。房：包括各种客房和厨房、面包房、库房、洗衣房、锅炉房、冷冻机房等。室：包括办公室、变电室、美容室、医疗室等。场：指商场、停车场等。从而组成了宾馆、饭店这样一个有"小社会"

之称的有机整体。

一、宾馆、饭店的火灾危险性

现代的宾馆、饭店，抛弃了以往那种以客房为主的单一经营方式，将客房、公寓、餐馆、商场和夜总会、会议中心等集于一体，向多功能方面发展。因而对建筑和其他设施的要求很高，并且追求舒适、豪华，以满足旅客的需要，提高竞争能力。这样，就潜伏着许多火灾危险，主要有：

（一）可燃物多

宾馆、饭店虽然大多采用钢筋混凝土结构或钢结构，但大量的装饰材料和陈设用具都采用木材、塑料和棉、麻、丝、毛以及其他纤维制品。这些都是有机可燃物质，增加了建筑内的火灾荷载。一旦发生火灾，这些材料就像架在炉膛里的柴火，燃烧猛烈、蔓延迅速，塑料制品在燃烧时还会产生有毒气体。这些不仅会给疏散和扑救带来困难，且还会危及人身安全。

（二）建筑结构易产生烟囱效应

现代的宾馆和饭店，特别是大、中城市的宾馆、饭店，很多都是高层建筑，楼梯井、电梯井、管道井、电缆垃圾井、污水井等竖井林立，如同一座座大烟囱；还有通风管道，纵横交叉，延伸到建筑的各个角落，一旦发生火灾，竖井产生的烟囱效应，便会使火焰沿着竖井和通风管道迅速蔓延、扩大，进而危及全楼。

（三）疏散困难，易造成重大伤亡

宾馆、饭店是人员比较集中的地方，这些人员中，多数是暂住的旅客，流动性很大。他们对建筑内的环境情况、疏散设施不熟悉，加之发生火灾时烟雾弥漫，心情紧张，极易迷失方向，拥塞在通道上，造成秩序混乱，给疏散和施救工作带来困难，因此往往造成重大伤亡。

（四）致灾因素多

宾馆、饭店发生火灾，在国外是常有的事，一般损失都极为严重。国内宾馆、饭店的火灾，也时有发生。

从国内外宾馆、饭店发生的火灾来看，起火原因主要是：旅客酒后躺在床上吸烟；乱丢烟蒂和火柴梗；厨房用火不慎和油锅过热起火；维修管道设备和进行可燃装修施工等动火违章；电器线路接触不良，电热器具使用不当，照明灯具温度过高烤着可燃物等四个方面。宾馆、饭店容易引起火灾的可燃物主要有液体或气体燃料、化学涂料、家具、棉织品等。宾馆、饭店最有可能发生火灾的部位则是：客房、厨房、餐厅以及各种机房。

二、宾馆、饭店的防火管理措施

宾馆、饭店的防火管理,除建筑应严格按照有关标准进行设计施工外,客房、厨房、公寓、写字间以及其他附属设施,可分别采取以下防火管理措施。

(一)客房、公寓、写字间

客房、公寓、写字间是现代宾馆、饭店的主要部分,它包括卧室、卫生间、办公室、小型厨房、客房、楼层服务间、小型库房等。

客房、公寓发生火灾的主要原因是烟头、火柴梗引燃可燃物或电热器具烤着可燃物,发生火灾的时间一般在夜间和节假日,尤以旅客酒后卧床吸烟,引燃被褥及其他棉织品等发生的事故最为常见。所以,客房内所有的装饰材料应采用不燃材料或难燃材料,窗帘一类的丝、棉织品应经过防火处理,客房内除了固有电器和允许旅客使用电吹风、电动剃须刀等日常生活的小型电器外,禁止使用其他电器设备,尤其是电热设备。

对旅客及来访人员,应明文规定:禁止将易燃易爆物品带入宾馆,凡携带进入宾馆者,要立即交服务员专门储存,妥善保管,并严禁在宾馆、饭店区域内燃放烟花爆竹。

客房内应配有禁止卧床吸烟的标志、应急疏散指示图、宾馆客人须知及宾馆、饭店内的消防安全指南。服务员应经常向旅客宣传:不要躺在床上吸烟,烟头和火柴梗不要乱扔乱故,应放在烟灰缸内;入睡前应将音响、电视机等关闭,人离开客房时,应将客房内照明灯关掉;服务员应保持高度警惕,在整理房间时要仔细检查,对烟灰缸内未熄灭的烟蒂不得倒入垃圾袋;平时应不断巡逻查看,并发现火灾隐患应及时采取措施。对酒后的旅客应该特别注意。

高层旅馆的客房内应配备应急手电筒、防烟面具等逃生器材及使用说明,其他旅馆的客房内宜配备应急手电筒、防烟面具等逃生器材及使用说明。客房层应按照有关建筑火灾逃生器材及配备标准设置辅助疏散、逃生设备,并应有明显的标志。

写字间出租时,出租方和承租方应签订租赁合同,并明确各自的防火责任。

(二)餐厅、厨房

餐厅是宾馆、饭店人员最集中的场所,一般有大小宴会厅、中西餐厅、咖啡厅、酒吧等。大型的宾馆、饭店通常还会有好几个风味餐厅,可以同时供几百人甚至几千人就餐和举行宴会。这些餐厅、宴会厅出于功能和装饰上的需要,其内部常有较多的装修物,空花隔断,可燃物数量很大。厅内装有许多装饰灯,供电线路非常复杂,布线都在闷顶之内,又紧靠失火概率较大的厨房。

厨房内设有冷冻机、绞肉机、切菜机、烤箱等多种设备,油雾气、水汽较大的电气设备容易受潮和导致绝缘层老化,易导致漏电或短路起火。有的餐厅,为了增加地方风味,临时使用明火较多,如点蜡烛增加气氛、吃火锅使用各种火炉等方面的事故已屡有发生。厨房用火最多,若燃气管道漏气或油炸食品时不小心,也非常容易发生火灾。因此,必引起高度重视。

1.要控制客流量

餐厅应根据设计用餐的人数摆放餐桌，留出足够的通道。通道及出入口必须保持畅通，不得堵塞。举行宴会和酒会时，人员不可超出原设计的容量。

2.加强用火管理

如餐厅内需要点蜡烛增加气氛时，必须把蜡烛固定在不燃材料制作的基座内，并不得靠近可燃物。供应火锅的风味餐厅，必须加强对火炉的管理，使用液化石油气炉、酒精炉和木炭炉要慎用，由于酒精炉未熄灭就添加酒精很容易导致火灾事故的发生，所以操作时严禁在火焰未熄灭前添加酒精，酒精炉最好使用固体酒精燃料，但应加强对固体酒精存放的管理。餐厅内应在多处放置烟缸、痰盂，以方便宾客扔放烟头和火柴梗。

3.注意燃气使用防火

厨房内燃气管道、法兰接头、仪表、阀门必须定期检查，防止泄漏；发现燃气泄漏，首先要关闭阀门，及时通风，并严禁任何明火和启动电源开关。燃气库房不得存放或堆放餐具等其他物品。楼层厨房不应使用瓶装液化石油气，煤气、天然气管道应从室外单独引入，不得穿过客房或是其他公共区域。

4.厨房用火用电的管理

厨房内使用的绞肉机、切菜机等电气机械设备，不得过载运行，并防止电气设备和线路受潮。油炸食品时，锅内的油不要超过三分之二，以防食油溢出着火。工作结束后，操作人员应及时关闭厨房的所有燃气阀门，切断气源、火源和电源后方能离开。厨房的烟道，至少应每季度清洗一次；厨房燃油、燃气管道应经常检查、检测和保养。厨房内除配置常用的灭火器外，还应配置石棉毯，以便扑灭油锅起火的火灾。

（三）电气设备

随着科学技术的发展，电气化、自动化在宾馆、饭店日益普及，电冰箱、电热器、电风扇、电视机，各类新型灯具，以及电动扶梯、电动窗帘、空调设备、吸尘器、电灶具等已被宾馆和饭店大量采用。此外，随着改革开放的发展。国外的长驻商社在宾馆、饭店内设办事机构的日益增多，复印机、电传机、打字机、载波机、碎纸机等现代办公设备也在广泛应用。在这种情况下，用电急增，往往超过原设计的供电容量，因增加各种电气而产生过载或使用不当，引起的火灾已时有发生，故应引起足够重视。宾馆、饭店的电气线路，一般都敷设在闷顶和墙内，如发生漏电短路等电气故障，往往先在闷顶内起火，而后蔓延，并不易及时发觉，待发现时火已烧大，造成无可挽回的损失。为此，电气设备的安装、使用、维护必须做到以下几点。

第一，客房里的台灯、壁灯、落地灯和厨房内的电冰箱、绞肉机、切菜机等电器的金属外壳，应有可靠的接地保护。床台柜内设有音响、灯光、电视等控制设备的，应做好防火隔热处理。

第二，照明灯灯具表面高温部位不得靠近可燃物。碘钨灯、荧光灯、高压汞灯（包括日光灯镇流器），不应直接安装在可燃物上；深罩灯、吸顶灯等，如安装在可燃物附近时，应加垫石棉瓦和石棉板（布）隔热层；碘钨灯及功率大白炽灯的灯头线，应

采用耐高温线穿套管保护；厨房等潮湿地方应采用防潮灯具。

（四）维修施工宾馆、饭店往往要对客房、餐厅等进行装饰、更新和修缮

因使用易燃液体稀释维修或使用易燃化学黏合剂粘贴地面与墙面装修物等，大都有易燃蒸气产生，遇明火会发生着火或爆炸，在维修安装设备进行焊接或切割时，因管道传热和火星溅落在可燃物上以及缝隙、夹层、垃圾井中也会导致阴燃而引起火灾。因此：

1. 使用明火应严格控制

除餐厅、厨房、锅炉的日常用火外，维修施工中电气焊割、喷灯烤漆、搪锡熬炼等动火作业，均须报请保安部门批准，签发动火证，并清除周围的可燃物，派人监护，同时备好灭火器材。

2. 在防火墙、不燃体楼板等防火分隔物上，不得任意开凿孔洞

以免烟火通过孔洞造成蔓延。安装窗式空调器的电缆线穿过楼板开孔之时，空隙应用不燃材料封堵；空调系统的风管在穿过防火墙和不燃体板墙时，应在穿过处设阻火阀。

3. 中央空调系统的冷却塔，一般都设在建筑物的顶层

目前普遍使用的是玻璃钢冷却塔，这是一种外壳为玻璃钢，内部填充大量聚丙烯塑料薄片的冷却设备。聚丙烯塑料片的片与片之间留有空隙，使水通过冷却散热。这种设备使用时，内部充满了水，并没有火灾危险。但是在施工安装或停用检查时，冷却塔却处于干燥状态下，由于塑料薄片非常易燃，而且片与片之间的空隙利于通风，起火后会立即扩大成灾，扑救也比较困难。因此，在用火管理上应列为重点，不准在冷却塔及附近任意动用明火。

4. 装饰墙面或铺设地面时

如采用油漆和易燃化学黏合剂，应严格控制用量，作业时应打开窗户，加强自然通风，并且切断作业点的电源，附近严禁使用明火。

（五）安全疏散设施

建筑内安全疏散设施除消防电梯外，还包括封闭式疏散楼梯，主要用于发生火灾时扑救火灾和疏散人员、物资，必须绝对不在疏散楼梯间堆放物资，否则一旦发生火灾，后果不堪设想。为确保防火分隔，由走道进入楼梯间前室的门应为防火门，而且应向疏散方向开启。宾馆、饭店的每层楼面应挂平面图，楼梯间及通道应有事故照明灯具和疏散指示标志；装在墙面上的地脚灯最大距离不应超过 20m，距地面不应大于 1m，不准在楼内通道上增设床铺，以防影响紧急情况下的安全疏散。

宾馆、饭店内的宴会厅、歌舞厅等人员集中的场所，应符合公共娱乐场所的有关防火要求。

（六）应急灭火疏散训练

根据宾馆、饭店的性质及火灾特点，宾馆、饭店消防安全工作，要以自防自救为主，

在做好火灾预防工作的基础上，应配备一支训练有素的应急力量，以便在发生火灾时，特别在夜间发生火灾时，能够正确处置，尽可能地减少损失和人员伤亡。

1. 应制订应急疏散和灭火作战预案

绘制出疏散及灭火作战指挥图和通信联络图。总经理与部门经理以及全体员工，均应经过消防训练，了解和掌握在发生火灾时，本岗位和本部门应采取的应急措施，以免临时慌乱。在夜间应留有足够的应急力量，以便在发生火灾时能及时进行扑救，并组织和引导旅客及其他人员安全疏散。

2. 应急力量的所有人员应配备防烟、防毒面具、照明器材及通信设备

并佩戴明显标志。高层宾馆、饭店在客房内还应配备救生器材。所有保安人员，均应了解应急预案的程序，以便能在紧急状态时及时有效地采取措施。消防中心控制室应配有足够的值班人员，且能熟练地掌握火灾自动报警系统和自动灭火系统设备的性能。在发生火灾时，这类自动报警和灭火设备能及时准确地进行动作，并能将情况通知有关人员。

3. 客房内宜备有红、白两色光的专用逃生手电

便于旅客在火灾情况下，能够起到照明和发射救生信号之用；同时应备有自救保护的湿毛巾，以过滤燃烧产生的浓烟及毒气，便于疏散和逃生。

4. 为了经常保持防火警惕

应在每季度组织一次消防安全教育活动，而每年组织一次包括旅客参加的"实战"演习。

第三节　公共娱乐场所消防安全管理

一、公共文化娱乐场所的防火要求

（一）公共文化娱乐场所的设置

1. 设置位置、防火间距、耐火等级

公共文化娱乐场所不得设置在文物古建筑、博物馆以及图书馆建筑内，不得毗连重要仓库或者危险物品仓库。不得在居民住宅楼内建公共娱乐场所。在公共文化娱乐场所的上面、下面或毗邻位置，不准布置燃油、燃气的锅炉房及油浸电力变压器室。

公共文化娱乐场所在建设时，应与其他建筑物保持一定的防火间距，通常与甲、乙类生产厂房、库房之间应留有不少于 50m 的防火间距。而建筑物本身不宜低于二级耐火等级。

2. 防火分隔在建筑设计时应当考虑必要的防火技术措施

影剧院等建筑的舞台和观众厅之间，应采用耐火极限不低于 3.00h 的不燃体隔墙，舞台口上部和观众厅闷顶之间的隔墙，可以采用耐火极限不低于 1.50h 的不燃体，隔

墙上的门应采用乙级防火门；舞台下面的灯光操作室和可燃物贮藏室，应用耐火极限不低于 2.00h 的不燃体墙与其他部位隔开；电影放映室应用耐火极限不低于 1.50h 的不燃体隔墙与其他部分隔开，观察孔和放映孔应设阻火闸门。

对超过 1500 个座位的影剧院与超过 2000 个座位的会堂、礼堂的舞台，以及与舞台相连的侧台、后台的门窗洞口，都应设水幕分隔。对于超过 1500 个座位的剧院与超过 2000 个座位的会堂的屋架下部，以及建筑面积超过 400m 的演播室、建筑面积超过 500m 的电影摄影棚等，均应设雨淋喷水灭火系统。

公共文化娱乐场所与其他建筑相毗连或者附设于其他建筑物内时，应当按照独立的防火分区设置、商住楼内的公共文化娱乐场所和居民住宅的安全出口应当分开设置。

3. 公共文化娱乐场所的内部装修设计和施工

必须符合《建筑内部装修设计防火规范》和有关装饰装修防火规定。

4. 在地下建筑内设置公共娱乐场所

除符合有关消防技术规范的要求外，还应符合以下规定。

第一，允许设在地下一层。

第二，通往地面的安全出口不应少于 2 个，且每个楼梯宽度应当满足有关建筑设计防火规范的规定。

第三，应当设置机械防烟、排烟设施。

第四，应当设置火灾自动报警系统及自动喷水灭火系统。

第五，禁止使用液化石油气。

（二）公共文化娱乐场所的安全疏散

1. 公共文化娱乐场所观众厅、舞厅的安全疏散出口

应当按照人流情况合理设置，数目不应少于 2 个，并且每个安全出口平均疏散人数不应超过 250 人，当容纳人数超过 2000 人时，其超过部分按每个出口平均疏散人数不超过 400 人计算。

2. 公共文化娱乐场所观众厅的入场门、太平门不应设置门槛

其宽度不应小于 1.4m。紧靠于门口 1.4m 范围内不应设置踏步。同时，太平门不准采用卷帘门、转门、吊门以及侧拉门，门口不得设置门帘、屏风等影响疏散的遮挡物。公共文化娱乐场所在营业时，必须保证安全出口和走道畅通无阻，严禁把安全出口上锁、堵塞。

3. 为确保安全疏散，公共文化娱乐场所室外疏散通道的宽度不应小于 3m

为了确保灭火时的需要，超过 2000 个座位的礼堂、影院等超大空间建筑四周，宜设环形消防车道。

4. 在布置公共文化娱乐场所观众厅内的疏散走道时

横走道之间的座位不宜超过 20 排，而纵走道之间的座位数每排不宜超过 22 个，当前后排座椅的排距不小于 0.9m 时，可以增加 1 倍，但是不得超过 50 个；仅一侧有纵走道时，其座位数应减半。

建筑消防与监督管理

（三）公共文化娱乐场所的应急照明

1. 在安全出口和疏散走道上

应设置必要的应急照明及疏散指示标志，以利于火灾时引导观众沿着灯光疏散指示标志顺利疏散。疏散用的应急照明，其最低照度不应低于 $1.0lux$ 而照明供电时间不得少于 $20min$。

2. 应急照明灯应设在墙面或者顶棚上

疏散指示标志应设于太平门的顶部和疏散走道及其转角处距地面 $1.0m$ 以下墙面上，走道上的指示标志间距不应大于 $20m$。

（四）公共文化娱乐场所的灭火设施及器材的设置

公共文化娱乐场所发生火灾蔓延快，扑救困难。因此，必须配备消防器材等灭火设施。根据规定，对于超过 800 个座位的剧院、电影院、俱乐部以及超过 1200 个座位的礼堂，都应设置室内消火栓。

为了确保能及时有效地控制火灾，座位超过 1500 个的剧院和座位超过 2000 个的会堂或礼堂，室内人员休息室与器材间应设置自动喷水灭火系统。

室内消火栓的布置，通常应布置在舞台、观众厅和电影放映室等重点部位醒目并便于取用的地方。此外，对放映室（包括卷片室）、配电室、储藏室、舞台以及音响操作等重点部位，都应配备必要的灭火器。

二、娱乐场所的安全防火技术

设置在综合性建筑内的公共娱乐场所，且消防设施及火灾器材的配备，应符合规范对综合性建筑的防火要求。

（一）场所的设置要求

1. 设置位置、防火间距以及建筑物耐火等级

按照《娱乐场所管理条例》的规定，娱乐场所不得设在下列地点：居民楼、博物馆、图书馆和被核定为文物保护单位的建筑物内；居民住宅区和学校、医院、机关周围；车站、机场等人群密集的场所；建筑物地下一层以下；与危险化学品仓库毗连的区域。娱乐场所的边界噪声，应当符合国家规定的环境噪声标准。

2. 防火分区

影剧院以及会堂舞台上部与观众厅闷顶之间要采用防火墙进行分隔，防火墙上不应开设门、窗、洞孔或穿越管道，若确需在隔墙上开门时，其门应采用甲级防火门。舞台灯光操作室与可燃物贮藏室之间，应用耐火极限不低于 $1h$ 的非燃烧的墙体分隔。

3. 装修规定

娱乐场所要正确选用装修材料，内部装修应妥善处理舒适豪华的装修效果和防火安全之间的矛盾，尽量选用不燃和难燃材料，少用可燃材料，特别是尽量避免使用在燃烧时产生大量浓烟和有毒气体的材料。如剧院观众厅顶棚，应用钢龙骨、纸面石膏

板材料装修，严禁使用木龙骨、纸板或塑料板等材料装修。

剧院、会堂水平疏散通道及安全出口的门厅，其顶棚装饰材料应采用不燃装修材料。内部无自然采光的楼梯间、封闭楼梯间、防烟楼梯间及其前室顶棚、墙面和地面，都应采用不燃装修材料。

（二）安全疏散设施

公共娱乐场所的安全疏散设施应严格按照相关规范要求设置。否则，一旦发生火灾，极易造成人员伤亡。安全疏散设施包括安全出口、疏散门、疏散走道、疏散楼梯、应急照明以及疏散指示标志。

1. 安全出口

安全出口或者疏散出口的数量应按相关规范规定计算确定。除规范另有规定外，安全出口的数量不应少于 2 个。安全出口或者疏散出口要分散合理设置，相邻 2 个安全出口或疏散出口最近边缘之间的水平距离不应小于 5m。

2. 疏散门

疏散门的数量应当依据计算合理设置，数量不应少于 2 个，影剧院的疏散门的平均疏散人数不应超过 250 人，当容纳人数大于 2000 人时，其超过的部分按每樘疏散门平均疏散人数不超过 400 人计算。

疏散门不应设置门槛，其净宽度不应小于 1.4m，并且紧靠门口内、外各 1.4m 范围内不应设置踏步。疏散门均应向疏散方向开启，不准使用卷帘门、转门、吊门、折叠门、铁栅门以及侧拉门，应为朝疏散方向开启的平开门，门口不得设置门帘及屏风等影响疏散的遮挡物。公共场所在营业时，必须保证安全出口畅通无阻，禁止将安全出口上锁、堵塞。

为确保安全疏散，公共娱乐场所室外疏散小巷的宽度不应小于 3m。为保证灭火的需要，超过 2000 个座位的会堂等建筑四周，可设置环形消防车道。

3. 疏散楼梯和走道

多层建筑的室内疏散楼梯宜设置楼梯间。大于 2 层的建筑应采用封闭楼梯间。当娱乐场所设置在一类高层建筑或者超过 32m 的二类高层建筑中时，应设置防烟楼梯间。

剧院的观众厅的疏散走道宽度应按照其通过人数，每 100 人不小于 0.6m，但是最小净宽度不应小于 1m，边走道的净宽度不应小于 0.8m。在布置疏散走道时，横走道之间的座位排数不宜大于 20 排；纵走道之间的座位数，每排不宜超过 22 个；前后排座椅的排距不小于 0.9m 时，可以增加一倍，但不得超过 50 个；仅一侧有纵走道时，座位数应减少一半。

4. 应急照明和疏散指示标志

公共娱乐场所内应按照相关规范条文配置应急照明和疏散指示标志，场所内的疏散走道和主要疏散路线的地面或者靠近地面的墙上应设置发光疏散指示标志，以便引导观众沿着标志顺利疏散。疏散用的应急照明其最低照度不应低于 0.5Lx，设置的应急照明及疏散指示标志的备用电源，其连续供电的时间不可少于 20 ~ 30min。

（三）消防设施

1. 消火栓系统

除相关规范另有规定之外，娱乐场所必须设置室内、室外消火栓系统，并且宜设置消防软管卷盘。系统的设计应符合相关规范要求。

2. 自动灭火系统

设置在地下、半地下，建筑的首层、二层以及三层且任一层建筑面积超过 $300m^2$ 时，或建筑在地上四层及四层以上以及设置在高层建筑内娱乐场所，都应设置自动喷水灭火系统。系统的设置应符合相关规范的要求。

3. 防排烟系统

设置在高层建筑内三层以上的娱乐场所应设置防排烟系统，设置在多层建筑一、二、三层且房间建筑面积超过 $200m^2$ 时，设置在四层及四层以上，或者地下、半地下的娱乐场所，该场所中长度大于 $20m$ 的内走道，都应设置防排烟系统。

4. 灭火器的配置

建筑面积在 $200m^2$ 及以上的娱乐场所应按照严重危险级配置灭火器。建筑面积在 $200m^2$ 以下的娱乐场所应按中危险级配置灭火器。应依据场所可能发生的火灾种类选择相应的灭火器，在同一灭火器配置场所，当选用两种或两种以上类型的灭火器时，应采用灭火剂相容的灭火器。

第四节　医院、养老院消防安全管理

一、医院的消防安全

医院（含门诊部、医务室等）是为人们治疗疾病的重要场所，通常分为综合医院和专科医院两大类。各类医院在诊断、治疗过程中，常使用多种易燃易爆危险品、各种电气医疗设备以及其他明火等。而且由于医院里门诊和住院的病人较多，他们又大多行动困难，兼有大批照料和探视病人的家属、亲友等，人员流动量很大。同时，一些大中型医院的建筑又属于高层建筑，万一失火很容易造成重大的伤亡和经济损失，因此做好医院消防安全管理工作十分重要。

（一）医院的火灾危险特点

众所周知，医院作为人员集中的公共场所，是与众不同的，它的消防安全管理在整个医院管理中，占有十分重要的地位，其火灾危险性和特点如下：

1. 一旦失火伤亡大、影响大

医院是病人治病养病的场所，住院病人年龄不一、病情不同、行动不便，既有刚出生的婴儿，又有年过古稀的老人；既有刚动过手术的病人，又有待产的孕妇，一旦发生火灾，撤离火场难以及时，轻者会使病情加重，严重时也会使病情恶化，甚至直

接危及病人生命。因此，医院不仅要有一个良好的医疗环境，而且必须有一个安全环境。

2.病人多，自救能力差，通道窄，逃生难

据医院住院情况日报表统计，发生火灾后，病人疏散困难。尤其夜间病房发生火灾，断电后病房漆黑一片，加之医护人员少，通道窄，病人病情重，若组织指挥不当，很可能造成病人疏散过程中人踩伤亡事故。

3.使用易燃易爆危险品多，用火用电多，火险因素多

医院内使用易燃易爆危险品多，（如酒精、二甲苯、氧气等）需求量大。此外，病房因医疗消毒，必须使用电炉、煤气炉等加热工具；还有的病人或家属违章在病房或过道吸烟，烟头不掐灭就到处乱扔等，这些明火若遇可燃物就会发生火灾。

4.易燃要害部位多

医院的同位素库、危险品库、锅炉房、变电室、氧气库等要害部位，不仅火灾危险性大，而且一旦出现事故会直接危及病人生命安全。同时贵重仪器多，价值昂贵、移动困难。一旦失火，不仅会给国家财产造成巨大经济损失，且仪器一旦损坏，将直接影响病人治疗，甚至危及生命安全。

5.建筑面积狭小，防火布局差

随着社会对医疗的需求，病床逐年增加，门诊量日趋增大。另外，随着科学技术的发展，医院的医疗仪器设备也在逐年递增，由于仪器增加，用电量增大，也使有的医院常年超负荷用电，而且高精尖医疗仪器操作间的消防设备与仪器设备不相适应；有的尽管消防部门、医院保卫部门多次下达火险隐患通知书，但由于医院受到人力、财力、建筑面积的制约，致使许多隐患未能彻底解决，因而给消防安全管理带来了一定的困难。

6.高压氧舱火灾危险性大

高压氧舱是一个卧式圆柱形的钢制密封舱，不仅是抢救煤气中毒、溺水、缺氧窒息等危急病人必需的设备，而且是治疗耳聋、面瘫等多种疾病重要手段。一般治疗压力为 0.15 ~ 0.2MPa，含氧 25% ~ 26%，有的甚至高达 30% ~ 34%。有些供特殊用途，如为潜水员服务的高压氧舱，工作压力可高达 0.1MPa。其火灾危险特点如下。

一是当氧浓度增高时，一些在常压下的空气（氧浓度为 21%）中不会被引燃的物质会变得很容易被引燃；高浓度氧遇到碳氢化合物、油脂、纯涤纶等往往还可使之自燃；在常压空气中，氧分压为 21kPa，在高压氧舱中当吸用高浓度氧或称富氧时，氧分压介于 21kPa ~ 0.1MPa；当吸用高压氧时，氧分压大于 0.1MPa；舱内的氧浓度常在 25% 左右，有的甚至升高到 30% ~ 34%。由于可燃物的燃烧主要与氧浓度有关，只要氧浓度不高，即使氧分压较高也不会燃烧。相反，氧浓度较高，即使氧分压在常压下也可引起剧烈燃烧。

二是氧浓度增加时，可燃物的燃烧速度会加快，燃烧温度可达 1000℃ 以上，可使紫铜管熔化，而且使舱内的压力急剧增加。如果舱体或观察窗的强度不够，可能引起舱体爆裂或观察窗突然破裂，其后果将更严重。

三是舱内起火时，当密闭空间内氧气经剧烈燃烧而耗尽后，火可自行熄灭，总的燃烧时间很短，烧过的物品常常是表层烧焦，而内层较完好。然而燃烧物的温度仍很高，

如灭火时通风驱除浓烟，或舱内气体膨胀使观察窗破裂通人新鲜空气，烧过的余烬又可复燃。

四是当舱内氧浓度分布不均匀时，由于氧的相对密度较空气为大，并与空气之比为1.105：1.会使底层的氧浓度比上层高，燃烧后的损坏程度底层亦较明显。

五是高压氧舱发生火灾很容易造成人员伤亡。此类伤亡事件，国内外都时有发生。舱内人员死亡的原因，一是由于舱内氧浓度高而造成极其严重的烧伤；二是由于舱内氧浓度高使燃烧非常充分，会很快将舱内氧气耗尽而造成急性缺氧和（或）使人窒息死亡。据对动物实验结果，20s内即可造成死亡。

（二）医院的消防管理措施

1.消防安全重点部位

医院应将下列部位确定为消防安全重点部位。

一是容易发生火灾的部位，主要有危险品仓库、理化试验室、中心供氧站、高压氧舱、胶片室、锅炉房、木工间等。

二是发生火灾时会严重危及人身和财产安全的部位，主要有病房楼、手术室、宿舍楼、贵重设备工作室、档案室、微机中心、病案室、财会室等。

三是对消防安全有重大影响的部位，主要有消防控制室、配电间、消防水泵房等。

消防安全重点部位应设置明显的防火标志，标明"消防重点部位"和"防火责任人"，落实相应管理规定，实行严格管理。

2.电气防火

一是电气设备应由具有电工资格的专业人员负责安装和维修，严格执行安全操作规程。

二是在要求防爆、防尘、防潮的部位安装电气设备，应符合有关安全技术要求。

三是每年应对电气线路和设备进行安全性能检查，必要时可应委托专业机构进行电气消防安全监测。

3.火源控制

医院应采取下列控制火源的措施。

一是严格执行内部动火审批制度，及时落实动火现场防范措施及监护人。

二是固定用火场所、设施和大型医疗设备应有专人负责，安全制度和操作规程应公布上墙。

三是宿舍内严禁使用蜡烛灯明火用具，病房内非医疗不得使用明火。

四是病区内禁止烧纸，除吸烟室外，不得在任何区域吸烟。

4.易燃易爆化学危险物品管理

医院应加强易燃易爆化学危险物品管理，采取下列措施。

一是严格易燃易爆化学危险物品使用审批制度。

二是加强易燃易爆化学危险物品储存管理。

三是易燃易爆化学危险物品应根据物化特性分类存放，严禁混存。

四是高温季节，易燃易爆化学危险物品储存场所应加强通风，室内温度要控制在

28℃以下。

5.安全疏散设施管理

医院应落实下列安全疏散设施管理措施。

一是防火门、防火卷帘、疏散指示标志、火灾应急照明、火灾应急广播等设施应设置齐全完好有效。

二是医疗用房应在明显位置设置安全疏散图。

三是常闭式防火门应向疏散方向开启，并设有警示文字和符号，这是因工作必须常开的防火门应具备联动关闭功能。

四是保持疏散通道、安全出口畅通，禁止占用疏散通道，不应遮挡、覆盖疏散指示标志。

五是禁止将安全出口上锁，禁止在安全出口、疏散通道上安装栅栏等影响疏散的障碍物；疏散通道、疏散楼梯、安全出口处以及房间的外窗不应设置影响安全疏散和应急救援的固定栅栏。

六是病房楼、门诊楼的疏散走道、疏散楼梯、安全出口应保持畅通，公共疏散门不应锁闭，宜设置推闩式外开门。

七是防火卷帘下方严禁堆放物品，消防电梯前室的防火卷帘应具备停滞功能。

6.消防设施、器材日常管理

医院应加强建筑消防设施、灭火器材的日常管理，确定本单位专职人员或委托具有消防设施维护保养资格的组织或单位进行消防设施维护保养，保证建筑消防设施、灭火器材配置齐全、正常工作。

医院可以组织经公安消防机构培训合格、具有维护能力的专职人员，定期对消防设施进行维护保养，并保留记录；或委托具有消防设施维护保养资格的组织或单位，定期对消防设施进行维护保养，并保留维护保养报告。

（三）医院消防安全管理制度

1.医院药库、药房消防安全管理制度

医院药品大都是可燃物，其中不乏易燃易爆化学物品，药品已经烟熏火烤就不能再用，防火措施非常重要。

（1）药库防火制度

药库应独立设立，不得与门诊部、病房等人员密集场所毗连。乙醇、甲醛、乙醚、丙酮等易燃、易爆危险性药品应另设危险品库，并与其他建筑物保持符合规定的安全间距，危险性药品应按化学危险物品的分类原则分类隔离存放。

存放量大的中草药库中，中草药药材应定期摊晾，注意防潮，预防发热自燃。

药库内禁止烟火。库内电气设备的安装、使用应符合防火要求。药库内不得使用60W以上白炽灯、碘钨灯、高压汞灯及电热器具。灯具周围0.5m内及垂直下方不得有可燃物；药库用电应在库房外或值班室内设置热水管或暖气片，如必须设置时，与易燃可燃药品要保持安全距离、

（2）药房防火

药房应设在门诊部或住院部的底层。对易燃危险药品应限量存放，一般不得超过一天用量，以氧化剂配方时应用玻璃、瓷质器皿盛装，不得采用纸质包装。药房内化学性能相互抵触或相互产生强烈反应的药品，要分开存放。盛放易燃液体的玻璃器皿应放在专用药架底部，以免破碎、脱底引起火灾。

药房内的废弃纸盒不应随地乱丢，应集中在专用筒篓内，集中按时清除。

药房内严禁烟火。照明灯具、开关、线路的安装、敷设和使用应符合相关防火规定。

2.医院病房楼消防安全管理制度

第一，疏散通道内不可堆放可燃物品及其他杂物、不得加设病床。为划分防火防烟分区设在走道上的防火门，如平时需要保持常开状态，发生火灾时则必须自动关闭。

第二，按相关规定设置的封闭楼梯间、防烟楼梯间和消防电梯前室内一律不得堆放杂物，防火门必须保持常关状态。疏散门应采用向疏散方向开启的平开门，不应采用推拉门、卷帘门、吊门、转门。除医疗有特殊要求外，疏散门不得上锁；疏散通道上应按规定设置事故照明、疏散指示标志和火灾事故广播并保持完整好用。

第三，无论是使用医用中心供氧系统还是采用氧气瓶供氧，都应遵循相关操作规程。给病人输氧时应由医护人员操作，采用氧气瓶供氧，氧气瓶要竖立固定，远离热源，使用时应轻搬轻放，避免碰撞。氧气瓶的开关、仪表、管道均不得漏气，医务人员要经常检查，保持氧气瓶的洁净和安全输氧。同时应提醒病人及其陪护、探视人员不得用有油污和抹布触摸氧气瓶和制氧设备。

第四，医务人员要随时检查病房用火、用电的安全情况。病房内的电气设备和线路不得擅自改动，严禁使用电炉、液化气炉、煤气炉、电水壶、酒精炉等非医疗器具，不得超负荷用电。病房内禁止使用明火与吸烟，禁止病人和家属携带煤油炉、电炉等加热食品，应在病房区以外的专门场所设置加热食品的炉灶由专人管理。

二、养老院消防安全管理

当前，我国人口老龄化形势严峻，日益成为影响我国经济社会发展的长期性重大问题。由于养老机构发展时间短、缺乏安全管理经验、人员消防素质不高等原因，养老机构发展依然面临诸多问题，特别是近年来一些地区养老机构相继发生重特大火灾事故，造成严重人员伤亡和恶劣社会影响，也暴露出养老机构在发展中存在的消防安全突出问题。

消防安全是养老院安全管理中最为重要的组成部分，也是养老院日常经营管理的重要环节。随着社会老龄化的不断加深，养老院承载了更多的养老义务，对养老院安全管理工作也随之提出了全新的要求。只有对养老院的消防安全进行具体分析，才能够更为全面的提出安全有效的防范措施，落实养老院安全管理工作。

（一）养老机构的概念

养老机构是指为老年人提供集中居住、生活照料、康复护理、精神慰藉、文化娱

乐等服务的老年人服务组织，其主要服务对象是失能、半失能老年人。养老机构具有福利性、公益性的本质属性及投资大、见效慢、利润低、风险大特点，需要政府作为公益性、福利性事业和产业给予扶持。

（二）养老院消防安全管理和火灾防范对策

1.落实消防主体责任，完善组织机构

立法者在制定与养老机构相关的法规时，将涉及到安全方面的问题予以明确规定，明确责任主体，督促民间养老机构和职能部门各尽其责，避免意外发生。有关单位是消防安全责任第一主体，其法定代表人和主要负责人对消防安全负总责。养老机构应当建立并落实逐级消防安全责任制，明确消防安全管理部门，配备专兼职管理人员，明确各级、各岗位的消防安全职责。属于重点单位的养老机构还应确定一名消防安全管理人，负责组织实施日常消防安全管理工作，制定年度消防工作计划，组织防火检查巡查、火灾隐患整改、消防安全宣传培训、灭火疏散演练等。养老机构经营管理者要切实提高火灾事故风险防范意识，将安全与生产经营同部署、同推进。

2.采取物防技防措施，改善消防安全条件

养老机构注重经营的同时，在消防安全管理和设施改造方面要舍得投入、加大投入，才能改变目前大多数养老机构设施简陋、消防设施硬件条件差的现状。要按照国家和行业标准配备自动报警、自动喷水灭火及应急照明、灭火器等消防设施、器材，在老年人、残疾人活动场所、住宿场所安装独立式感烟探测报警器和简易喷淋系统。要区分服务对象的行为能力和认知特点，分别设置住宿场所，针对行为能力强、认知能力高的老年人可以在建筑较高楼层或距离安全出口较远处设置住宿；对于失能、半失能、认知能力不高的，尽量设置建筑较低楼层和更有利于人员疏散的住宿，并增加专门看护力量，配置轮椅、担架、可移动病床等紧急情况可以用于疏散的设施。在疏散通道、安全出口、重要场所、重点部位设置消防安全警示、提示标识，在消防设施、器材上标明使用的方法。对于消防隐患整改、消防设施配置方面经费确有困难的养老机构，可以通过申请社会财政支持、社会捐助、单位自筹等多种方式加大投入，改善安全条件。

3.实施标准化管理，提高消防管理水平

为实施养老机构消防安全规范化、标准化管理，具体提出：建立每月防火检查、每日防火巡查制度，及时消除火灾隐患和各类致灾因素；严禁锁闭安全出口，占用、堵塞疏散通道，在外窗设置铁栅栏，确保用于人员疏散逃生和灭火救援的生命通道畅通；按标准配置消防设施器材，定期维护保养确保完好有效，可以配备符合供养对象感知特点的报警和疏散逃生设施；针对老年人因卧床吸烟和用火、用电不慎造成火灾的问题，制定并落实严格的用火、用电制度和防范措施，特别是负责安全的管理人员、专门看护人员要尽到看管提醒的责任；制定演练预案，组织开展针对性强的全员应急疏散逃生演练，切忌演练走过场。各级养老机构要严格执行落实，规范养老机构设置和管理，由此来提升火灾自防自救能力。

4.加强消防宣传培训，增强从业人员素质

消防安全，宣传先行。各级养老机构要按照法律规定，每半年至少开展一次针对

全体员工的消防安全培训，所有员工应当了解本岗位火灾危险性和防火措施，会报火警、会扑救初起火灾，会组织老年人疏散逃生；员工在新上岗、转岗前也要结合新岗位的特点，开展消防安全培训；结合老年人的身体、心理健康状况，并有针对性地开展消防安全常识、用火用电用油用气知识和逃生自救宣传；民政部门和消防部门结合消防安全培训活动，将养老机构消防安全责任人、管理人及从业人员纳入重点培训范畴。通过多层面广泛开展消防安全宣传教育培训活动，切实提高养老机构从业人员、老年人的消防安全素质和自救逃生能力，使消防安全入脑入耳入心，关键时刻能够发挥至关重要作用。

5. 推广建立微型消防站，提高自防自救能力

微型消防站是单位自行建立的志愿消防组织，在现役消防队未到场之前，可以在最快时间发现火情并组织到场扑救，对于防范初起火灾酿成大灾，减少火灾亡人具有重要的作用。鉴于养老机构老年人疏散逃生能力不强，容易在火灾中伤亡，应在各类养老机构推广建立微型消防站。按微型消防站建设标准配齐人员及消防器材，定期组织灭火和疏散逃生演练，以救早、灭小和"3分钟到场"扑救初起火灾为目标，划定最小灭火单元，明确每班次、各岗位人员负责报警、疏散、扑救初起火灾的职责，开展消防检查巡查、消防宣传、初起火灾扑救等火灾防控工作。条件成熟的，可以与周边单位、社区微型消防站、志愿消防力量建立联防协作关系，发挥治安联防、保安巡防等群防群治队伍作用。

6. 加强行业监管，筑牢安全防线

安全是养老院服务质量的根本保障，强化"管行业就要管安全"理念，严格执行消防安全管理规定，切实保障安全。各级民政部门要落实行业消防安全责任，逐步建立常态化消防工作与业务工作同部署、同检查、同考核的工作机制；加强基层民政部门养老服务监管力量配备，提升监管能力；明确彩票公益金用于养老机构隐患整改和消防设施改造的比例，解决养老机构因经营困难安全投入不足难题。各级公安消防部门要切实加强日常消防监督管理工作，严肃查处消防设计审核验收与消防安全检查不合格的单位，提请政府坚决拆除违章易燃养老建筑，推动消防安全主体责任落实。民政部门、消防部门要以消防安全为重点，建立分级分类安全管理体系，联合对辖区内的养老机构进行全面细致地排查，掌握养老机构的消防安全状况，摸清底数，建立台账，及时督促单位消除火灾隐患。建立民政、公安、土地、规划等部门信息沟通和联合执法机制，严把养老机构的消防安全源头关，对不具备消防安全条件且难以整改的，民政部门要依法予以取缔，对土地、规划、资金、人才等影响养老机构发展的关键因素，推动政府将养老机构建设规划纳入城乡总体规划布局，合理确定土地用途和使用年期。

7. 加强安全风险管理，健全行业评估机制

要摸索创新机制，加强对养老机构火灾隐患风险管理。在制度建设方面，将消防安全作为重要指标和依据，健全养老机构行业准入、退出、监管机制，实施养老机构行政许可、等级评定年检制度，推动养老机构提高消防规范化服务建设水平。在安全监管方面，要加强行业内监管力度。民政部门作为养老机构的行业主管部门，要严格实施养老机构设立许可权限，还要加强对养老机构的监督管理，联合消防部门组织开

展消防专项和综合整治，及时查处消防违法违规行为，净化养老机构消防安全环境。同时，探索建立第三方评估机制，加强外部评价。利用消防安全专门评估机构或者由专家、社会工作者、志愿者等人员组成的第三方评估队伍，对养老服务机构进行消防安全评估，并向社会公布评估结果。建立覆盖养老院、从业人员与服务对象的行业信用体系，建立健全信用信息记录和归集机制，探索建立养老服务行业黑名单制度。

第五节　学校、幼儿园消防安全管理

一、幼儿园防火管理

幼儿园是对 3～6 周岁的幼儿实施学前教育的机构。按照年龄段划分，一般分为大、中、小三个班次。根据条件，还可分为日托和全托等。从发生在克拉玛依那场大火中丧生的学生来看，从客观上讲，原因很多，但教师不懂消防常识，不知如何组织学生逃生，学生不会最基本的自救方法也应是重要的原因之一。对于幼儿园来讲，都是 3～6 岁的孩童，其逃生自救能力几乎没有，由此，加强其消防安全管理非常重要。

（一）幼儿园的火灾危险特点

一是幼儿未形成消防安全意识。
二是幼儿自救能力极差。
三是一旦发生火灾，极易造成伤亡事故。

（二）幼儿园消防安全制度

1. 消防安全教育、培训制度
第一，每年以创办消防知识宣传栏、开展知识竞赛等多种形式，提高全体员工的消防安全意识。
第二，定期组织员工学习消防法规和各项规章制度，做到依法治火。
第三，各部门应针对岗位特点进行消防安全教育培训。
第四，对消防设施维护保养和使用人员应进行实地演示和培训。
第五，对教职员工进行岗前消防培训。

2. 防火巡查、检查制度
第一，落实逐级消防安全责任制和岗位消防安全责任制，落实巡查检查制度。
第二，幼儿园后勤每月对幼儿园进行一改防火检查并复查追踪改善。
第三，检查中发现火灾隐患，检查人员应填写防火检查记录，按照规定，要求有关人员在记录上签名。
第四，检查人员应将检查情况及时报告幼儿园，如果发现幼儿园存在火灾隐患，应及时整改。

3. 消防控制中心管理制度。

第一，熟悉并掌握各类消防设施的使用性能，保证扑救火灾过程中操作有序、准确迅速。

第二，发现设备故障时，应及时报告，并通知有关部门及时修复。

第三，发现火灾时，迅速按灭火作战预案紧急处理，拨打"119"电话通知公安消防部门并报告上级主管部门。

（三）幼儿园的消防安全管理措施

1. 健全消防安全组织，加强对幼儿的消防安全意识教育

第一，幼儿园管理、教育着大量无自理能力的幼儿，保证他们安全健康的成长是幼儿园领导和教职员工的神圣职责。让每一位教师、保育员和员工都懂得日常的防火知识和发生火灾后的处置方法，达到会使用灭火器材，会扑救初期火灾，会组织幼儿疏散和逃生的要求。

第二，将消防安全教育纳入幼儿园的教育大纲。

第三，根据幼儿的身心特点，利用多种形式进行消防安全知识教育。可以根据幼儿的这些特点将消防知识编写成幼儿故事、儿歌、歌曲等，运用听、说、唱的形式对幼儿传授消防安全知识。

2. 园内建筑应当满足耐火和安全疏散的防火要求

第一，幼儿园的建筑宜单独布置，应当与甲、乙类火灾危险生产厂房、库房至少保持 50m 以上的距离，并应远离散发有害气体的部位。建筑面积不宜过大，耐火等级不应低于三级。

第二，附设在居住等建筑物内的幼儿园，应用耐火极限不低于 1h 的不燃体墙与其他部分隔开。设在幼儿园主体建筑内的厨房，应用耐火极限不低于 1.5h 的不燃体墙与其他部分隔开。

第三，幼儿园的安全疏散出口不应少于 2 个，每班活动室必须有单独的出入口。活动室或卧室门至外部出口或封闭楼梯间的最大距离：位于两个外部出口或楼梯间之间的房间一、二级耐火等级为 25m，三级为 20m；位于袋形走道的房间，一、二级建筑为 20m，三级建筑为 15mD

第四，活动室、卧室的门应向外开，不宜使用落地或玻璃门；疏散楼梯的最小宽度不宜小于 1.1m，坡度不宜过大；楼梯栏杆上加设儿童扶手，疏散通道的地面材料不宜太光滑。楼梯间应采用天然采光，其内部不得设置影响疏散的突出物及易燃易爆危险品（如燃气）管道。

第四，为了便于安全疏散，幼儿园为多层建筑时，应将年龄较大的班级布置在上层，年龄较小的布置在下层，不准设置在地下室内。

第五，幼儿园的院内要保持道路通畅，其道路、院门的宽度不应小于 3.5m。院内应留出幼儿活动场地和绿地，以便火灾时用作灭火展开和人员疏散用地。

3. 园内各种设备应满足消防安全要求

第一，幼儿园的采暖锅炉房应单独设置，且锅炉和烟囱不能靠近可燃物或穿过可

燃结构。要加设防护栅栏，防止幼儿玩火。室内的暖气片应设防护罩，以防烤燃可燃物品和烫伤幼儿。

第二，幼儿园的电气设备应符合电气安装规程的有关要求，电源开关、电闸、插座等距地面应不小于 $1.5m$，以防幼儿触电。

第三，幼儿园不宜使用台扇、台灯等活动式电器，应选用吊扇、固定照明灯。

第四，幼儿园的用电乐器、收录机等，应安设牢固、可靠，电源线应合理布设，以防幼儿触电或引起火灾事故。同时，要对幼儿进行安全用电的常识教育。

4.加强对园内各种幼儿教育活动的防火管理

第一，教育幼儿不做玩火游戏。同时，教师、保育员用的火柴、打火机等引火物，要妥善保管，放置在孩子拿不到的地方。定期进行防火安全检查，督促检查厨房、锅炉房等单位搞好火源、电源管理。

第二，托儿所、幼儿园的儿童用房及儿童游乐厅等儿童活动场所不应使用明火取暖、照明，当必须使用时，应采取防火、防护措施，设专人负责；厨房、烧水间应单独设置。

幼儿是祖国的明天，更是民族的未来，愿所有的幼教工作者，都能积极对幼儿进行消防安全知识教育，让孩子们能够在更加安全健康和充满快乐、幸福氛围中茁壮成长。

二、中小学防火管理

（一）中小学的火灾危险特点

1.火灾危险因素多，学生活泼好动，易玩火造成火灾

中小学内少年学生多，且集中，由于中小学生活泼好动，模仿力强，常因玩火、玩电子器具等引起火灾。

为了保证教育效果，不少中、小学校除了教学楼（室）外，一般都设有实验室、图书室、校办工厂等，这些部位的火灾危险因素较多，往往因不慎而发生火灾。

建筑物的耐火等级低、安全疏散差。建筑耐火等级一般为二、三级，但建设较早的中、小学校，三级耐火等级建筑较多。一旦发生火灾往往造成重大人员伤亡和财产损失。

2.学生的自救逃生能力差，一旦遭遇火灾伤亡大

由于中小学生活泼好动，模仿力强，缺乏自我控制能力，加之中小学学生数量多且集中，一旦遇有火灾事故，会受烟气和火势的威胁陷入一片混乱。在高温烟气浓度大、照明困难的情况下，很难发现被困儿童。故一旦发生火灾，这很容易造成伤亡事故。还由于中小学的教职员工大多数是女性，大多缺乏在紧急情况下疏散抢救、扑救初期火灾的常识，如果是夜间，自救能力更差。所以，一旦遭遇火灾往往造成重大伤亡。

（二）防火安全管理措施

1.加强行政领导，落实防范措施

为了保证中、小学生安全健康的成长和学校教学工作的正常进行，中、小学应建立以主管行政工作的校长为组长，各班主任、总务管理人员为成员的防火安全领导机

构，并配备 1 名防火兼职干部，具体负责学校的防火安全工作。防火安全领导机构应定期召开会议，研究解决学校防火安全方面的问题；要对教职员工进行消防安全知识教育，达到会使用灭火器材，会扑救初期火灾，会报警，会组织学生安全疏散、逃生的要求。要定期进行防火安全检查，对检查发现的不安全因素，要组织整改，消除火灾隐患，要落实各项防火措施。要配备质量合格，数量足够的灭火器材，并经常检查维修，保证完整好用。要做好实验室、图书室、校办工厂等重点部位的防火安全工作，严格管理措施，切实防止火灾事故的发生。

2. 加强对学生的防火安全教育

中、小学应切实加强对学生的防火安全教育，这是从根本上提高全民消防安全素质的主要途径，也是促进社会精神文明和物质文明发展的一个重要方面。

第一，小学消防安全教育的着眼点应当放在增强学生的消防安全意识上，可通过团队活动日、主题班会、演讲会、故事会、知识竞赛、书画比赛、征文等形式进行。消防安全知识专题教育的内容主要应当包括：火的作用和起源；无情的火灾；火灾是怎样发生的；怎样预防火灾的发生；如何协助家长搞好家庭防火；在公共场所怎样注意防火；怎样报告火警；遇到火灾后怎样逃生等方面的知识。各级公安机关消防机构可通过组织专门人员，协助学校举办少年消防警校、组织中小学生参观消防站、观摩消防表演等形式对小学生进行提高消防安全意识的教育。

第二，对中学生的消防安全教育最好采用渗透教育的方法。所谓渗透教育，就是指在进行主课教育的同时将相关的副课知识渗透在主课中讲解。此种方法既不需要增加课程内容，也不需要增加课时即可达到消防安全教育的目的。现在中学阶段的学生学习负担很重，全国都在减负，要增加中学生的课本和主课的内容是不可能的，但根据现行教材和课程安排。

消防安全教育要结合教学、校园文化活动进行，有条件的中小学还应邀请当地公安消防人员来校讲消防课，或与消防等有关部门联合举办"中小学生消防夏令营"活动，传授消防知识，提高消防意识。要求学生不吸烟、不玩火，元旦、春节等重大节日，还应进行不燃放烟花爆竹的安全教育。从而导致广大中小学生自幼就养成遵守防火制度、注意防火安全的良好习惯。

3. 提高建筑物的耐火等级，保证安全疏散

第一，中、小学的教学楼应采用一、二级耐火等级的建筑，若采用三级耐火等级，则不能超过 3 层，且在地下室内不准设置教室。

第二，容纳 50 人以上的教室，其安全出口不应少于 2 个。音乐教室、大型教室的出入口，其门的开启方向应与人流疏散方向一致。教室门至外部出口或封闭楼梯间的距离：当位于两个外部出口或楼梯间之间时，一、二级耐火等级为 $35m$，三级为 $30m$；位于袋形走道两侧或尽端的房间，一、二级为 $22m$，三级为 $20m$。

第三，教学楼疏散楼梯的最小宽度不应小于 $1.1m$，疏散通道的地面材料不宜太光滑，楼梯间应采用自然采光，不得采用旋转楼梯、高形踏步，燃气管道不得设在楼梯间内。中、小学应开设消防车可以通行的大门或院内消防车道，以满足安全疏散和扑救火灾的需要。

第四，图书馆、教学楼、实验楼和集体宿舍的公共疏散走道、疏散楼梯间不可设置卷帘门、栅栏等影响安全疏散的设施。

第五，学生集体宿舍严禁使用蜡烛、电炉等明火；当需要使用炉火采暖时，应设专人负责，夜间应定时进行防火巡查。每间集体宿舍均应设置用电超载保护装置。集体宿舍应设置醒目的消防设施、器材、出口等消防安全标志。

三、高等院校防火管理

（一）普通教室及教学楼

第一，作为教室的建筑，其防火设计应满足规定，耐火等级不应低于三级，如由于条件限制设在低于三级耐火等级时，其层数不应超过 1 层，建筑面积不应超过 $600m^2$。普通教学楼建筑的耐火等级、层数、面积和其他民用建筑的防火间距等，应满足具体的规定。

第二，作为教学使用的建筑，尤其是教学楼，距离甲、乙类的生产厂房，甲、乙类的物品仓库以及具有火灾爆炸危险性比较大的独立实验室的防火间距不应小于 $25m$。

第三，课堂上用于实验及演示的危险化学品应严格控制用量。

第四，容纳人数超过 50 人的教室，其安全出口不应少于 2 个；安全疏散门要向疏散方向开启，并且不得设置门槛。

第五，教学楼的建筑高度超过 $24m$ 或者 10 层以上的应严格执行有关规定。

第六，高等院校和中等专业技术学校的教学楼体积大于 $5000m^3$ 时，应设室内消火栓。

第七，教学楼内的配电线路应满足电气安装规程的要求，其中消防用电设备的配电线路应采取穿金属管保护。暗敷时，应敷设在非燃烧体结构内，保护厚度不小于 $3cm$；当明敷时，应在金属管上采取防火保护措施。

第八，当教室内的照明灯具表面的高温部位靠近可燃物时应采取隔热、散热措施进行防火保护；隔热保护材料通常选用瓷管、石棉、玻璃丝等非燃烧材料。

（二）电化教室及电教中心

第一，演播室的建筑耐火等级不应低于一、二级，室内的装饰材料和吸声材料应采用非燃材料或者难燃材料，室内的安全门应向外开启。

第二，电影放映室及其附近的卷片室及影片贮藏室等，应用耐火极限不低于 $1h$ 的非燃烧体与其他建筑部分隔开，房门应用防火门，放映孔与瞭望孔应设阻火闸门。

第三，电教楼或电教中心的耐火等级应是一、二级，其设置应同周围建筑保持足够的安全距离，当电教楼为多层建筑时，其占地面积宜控制在 $2500m^2$ 内，其中电视收看室、听音室单间面积超过 $50m^2$，并且人数超过 50 人时，应设在三层以下，应设两个以上安全出口；门必须向外开启，门宽应不小于 $1.4m$。

（三）实验室及实验楼防火

第一，高等院校或者中等技术学校的实验室，耐火等级应不低于三级。

第二，一般实验室的底层疏散门、楼梯以及走道的各自总宽度应按具体的指标计算确定，其安全疏散出口不应少于 2 个，而安全疏散门向疏散方向开启。

第三，当实验楼超过 5 层时，宜设置封闭式楼梯间。

第四，实验室与一般实验室的配电线路应符合电气安装规程的要求，消防设备的配电线路需穿金属管保护，暗敷时非燃烧体的保护厚度不少于 $3cm$，当明敷时金属管上采取防火保护措施。

第五，实验室内使用的电炉必须确定位置，定点使用，专人管理，周围禁止堆放可燃物。

第六，一般实验室内的通风管道应是非燃材料，其保温材料应为非燃或难燃材料。

（四）学生宿舍的防火要求

学生宿舍的安全防火工作应从管理职能部门、班主任、校卫队及联防队这几个方面着手，加强管理。

1. 管理职能部门的安全防火工作职责

第一，学生宿舍的安全防火管理职能部门（包括保卫处、学生处以及宿管办等）应经常对学生进行消防安全教育，如举行消防安全知识讲座、开展消防警示教育以及平时行为规范教育等，使学生明白火灾的严重性和防火的重要性，掌握防火的基本知识及灭火的基本技能，做到防患于未然。

第二，经常对学生宿舍进行检查督促，查找并且整改存在的消防安全隐患。发现大功率电器与劣质电器应没收代管；发现抽烟或者点蜡烛的学生应及时制止和教育，晓之以理，使其不再犯同样的错误。

第三，加强对学生的纪律约束。不仅要对引起火灾、火情的学生进行纪律处分，对多次被查出违章用电、点蜡烛以及抽烟并屡教不改的学生也应予以纪律处分。

2. 班主任的安全防火工作职责

第一，班主任应接受消防安全教育，了解防火的重要性，从而把防火列为对学生日常管理内容之一，经常对学生进行教育、提醒以及突击检查。

第二，班主任应当将防火工作纳入对学生操行等级考核内容，比如学生被查出有违章使用大功率电器、抽烟、点蜡烛等行为，可以对其操行等级降级处理。

3. 校卫队与联防队的安全防火工作职责

第一，校卫队和联防队应加强对学生宿舍的巡逻，尤其是在晚上，发现学生有使用大功率电器、点蜡烛、抽烟等行为，要及时制止，并且报学生处或宿舍管理办公室记录在案。

第二，加强学生的自我管理和自我保护教育。学生安全员为学生宿舍加强安全管理的重要力量，在经过培训的基础上，他们可担负发现、处理以及报告火灾隐患及初起火险的任务。

第六节 办公场所消防安全管理

一、会议室防火管理

办公楼通常都设有各种会议室,小则容纳几十人,大则可容纳数百人。大型会议室人员集中,而且参加会议者往往对大楼的建筑设施、疏散路线并不了解。所以,一旦发生火灾,会出现各处逃生的混乱局面。所以,必须注意下列防火要求。

第一,办公楼的会议室,其耐火等级不应低于二级,单独建的中、小会议室,最好用一、二级,不得低于三级。会议室的内部装修,尽量选用不燃材料。

第二,容纳50人以上的会议室,必须设置两个安全出口,其净宽度不小于1.4m。门必须向疏散方向开,并不能设置门槛,靠近门口1.4m内不能设踏步。

第三,会议室内疏散走道宽度应按照其通过人数每100人不小于60cm计算,边走道净宽不得小于80cm,其他走道净宽不得小于1m。

第四,会议室疏散门、室外走道的总宽度,分别应按照平坡地面每通过100人不小于65cm、阶梯地面每通过100人不小于80cm计算,室外疏散走道净宽不应小于1.4m。

第五,大型会议室座位的布置,横走道间的排数不宜大于20排,纵走道之间每排座位不宜超过22个。

第六,大型会议室应设置事故备用电源和事故照明灯具及疏散标志等。

第七,每天会议进行之后,要对会议室内的烟头、纸张等进行清理、扫除,避免遗留烟头等火种引起火灾。

二、图书馆、档案馆及机要室防火管理

图书馆、档案机要室是搜集、整理、收藏以及保存图书资料和重要档案,供读者学习、参考、研究的部门和提供重要档案资料的机要部门,通常都收藏有大量的古今中外的图书、报纸、刊物等资料,保存具有参考价值的收发电文、会议记录、人事材料、会议文件、财会簿册、出版物原稿、印模、影片、照片、录音带、录像带以及各种具有保存价值的文书等档案材料。有的设有目录检索、阅览室以及复印、装订、照相、录放音像、电子计算机等部门。大型的图书馆还设有会议厅,举办各种报告会及其他活动。

图书馆、档案机要室收藏的各类图书报刊及档案材料,绝大多数都是可燃物品,公共图书馆和科研、教育机构的大型图书馆还要经常接待大量读者,图书馆以及档案机要室一旦发生火灾,不仅会使珍贵的孤本书籍、稀缺报刊和历史档案以及文献资料化为灰烬,价值无法计算,损失难以弥补,而且会危及人员的生命安全。所以,火灾是图书馆、档案机要室的大敌。在我国历史上,曾有大批珍贵图书资料毁于火患的记载;在近代,这方面的火灾也并不少见。纵观图书馆等发生火灾的原因,主要是电气安装使用不当和火源控制不严所导致,也有受外来火种的影响。保障图书馆、档案机要室

的安全，是保护祖国历史文化遗产的一个重要方面，对促进文化、科学等事业的发展关系极大。所以必须把它们列为消防工作的重点，采取严密的防范措施，做到万无一失。

（一）提高耐火等级、限制建筑面积，注意防火分隔

一是图书馆、档案机要室要设于环境清静的安全地带，这与周围易燃易爆单位，保持足够的安全距离，并应设在一、二级耐火等级的建筑物内。不超过三层的一般图书馆及档案机要室应设在不低于三级耐火等级的建筑物内，藏书库、档案库内部的装饰材料，都采用不燃材料制成，闷顶内不得用稻草及锯末等可燃材料保温。

二是为防止一旦发生火灾造成大面积蔓延，减少火灾损失，对于书库建筑的建筑面积应适当加以限制。一、二级耐火等级的单层书库建筑面积不应超过 $4000m^2$，防火墙隔间面积不应超过 $1000m^2$；二级耐火等级的多层书库建筑面积不应超过 $3000m^2$，防火墙隔间面积也不应超过 $1000m^2$；三级耐火等级的书库，最多允许建三层，单层的书库，建筑面积不应超过 $2100m^2$。防火墙隔间面积不应大于 $700m^2$；二、三层的书库，建筑面积不应超过 $1200m^2$，防火墙隔间面积不应超过 $400m^2$。

三是图书馆、档案机要室内的复印、装订、照相以及录放音像等部门，不要与书库、档案库、阅览室布置在同一层内，如果必须在同一层内布置时，应采取防火分隔措施。

四是过去遗留下来的硝酸纤维底片资料库房的耐火等级不应低于二级，一幢库房面积不应超过 180m2。而内部防火墙隔间面积不应超过 $60m^2$。

五是图书馆、档案机要室的阅览室，其建筑面积应按照容纳人数每人 $1.2m^2$ 计算。阅览室不宜设在很高的楼层，如果建筑耐火等级为一、二级的，应设在四层以下；耐火等级为三级的应设在三层以下。

六是书库、档案库，应作为一个单独的防火分区处理，同其他部分的隔墙，均应为不燃体，耐火极限不得低于 $4h$。书库与档案库内部的分隔墙，如果是防火单元的墙，应按防火墙的要求执行，如作为内部的一般分隔墙，也应采取不燃体，耐火极限不得低于 $1h$。书库和档案库与其他建筑直接相通的门，均应是防火门，其耐火极限不应小于 $2h$，内部分隔墙上开设的门也应采取防火措施，耐火极限要求不小于 $1.2h$。书库、档案库内楼板上不准随便开设洞孔，比如需要开设垂直联系渠道时，应做成封闭式的吊井，其围墙应采用不燃材料制成，并保持密闭。书库及档案库内设置的电梯，应为封闭式的，不允许做成敞开式的。电梯门不准直接开设在书库、资料库以及档案库内，可做成电梯前室，避免起火火势向上、下层蔓延。

（二）注意安全疏散

图书馆、档案机要室的安全疏散出口不应少于两个，但单层面积在 $100m^2$ 左右的，允许只设一个疏散出口，阅览室的面积超过 $60m^2$，人数超过 50 人的，应设置两个安全出口，门必须向外开启，其宽度不小于 $1.2m$，不应设置门槛；装订及修理图书的房间，面积超过 $150m^2$，且同一时间内工作数超过 15 人的，应设两个安全出口；一般书库的安全出口不少于两个，面积小库房可设一个，库房的门应向外或者靠墙的外侧推拉。

（三）书库、档案库的内部布置要求

重要书库、档案库的书架、资料架以及档案架，应采用不燃材料制成。一般书库、资料库以及档案库的书架、资料架也尽量不采用木架等可燃材料。单面书架可贴墙安放，双面书架可单放，两个书架之间的间距不得小于0.8m，横穿书架的主干线通道不得小于1～1.2m，贴墙通道可为0.5～0.6m，通道尽量与窗户相对应。重要的书库及档案库内，不得设置复印、装订以及音像等作业间，也不准设置办公、休息、更衣等生活用房。对硝酸纤维底片资料应储存在独立的危险品仓库，并应有良好的通风及降温措施，加强养护管理，注意防潮防霉，以此来避免发生自燃事故。

（四）严格电气防火要求

第一，重要的图书馆（室）、档案机要室，电气线路应全部选用铜芯线，外加金属套管保护。书库、档案库内严禁设置配电盘，人离库时必须将电源切断。

第二，书库、档案库内不准用碘钨灯照明，也不宜用荧光灯。当采用一般白炽灯泡时，尽量不用吊灯，最好采用吸顶灯。灯座位置应在走道的上方，灯泡与图书、资料以及档案等可燃物应保持50cm的距离。

第三，书库、档案库内不准使用电炉、电视机、交流收音机、电熨斗、电烙铁、电钟以及电烘箱等用电设备，不准用可燃物做灯罩，不准随便乱拉电线，禁止超负荷用电。

第四，图书馆（室）、档案机要室的阅览室、办公室采用荧光灯照明时，必须选择优质产品，防止镇流器过热起火。在安装时切忌将灯架直接固定在可燃构件上，人离开时须切断电源。

第五，大型图书馆、档案机要室应设计以及安装避雷装置。

（五）加强火源管理

第一。图书馆（室）、档案机要室应加强日常的防火管理，严格控制一切用火，并不准将火种带入书库和档案库，不准在阅览室、目录检索室等处吸烟及点蚊香。工作人员必须在每天闭馆前，对图书馆、档案室和阅览室等处认真进行检查，避免留下火种或不切断电源而造成火灾。

第二，未经有关部门批准，防火措施不落实，禁止在馆（室）内进行电焊等明火作业。为保护图书、档案必须进行熏蒸杀虫时，由于许多杀虫药剂都是易燃易爆的化学危险品，存在较大的火灾危险。所以应经有关领导批准，在技术人员的具体指导之下，采取绝对可靠的安全措施。

（六）应有自动报警、自动灭火、自动控制措施

为了保证知识宝库永无火患，书林常在，做到万无一失，在藏书量超过100万册的大型图书馆及档案馆，应采用现代化的消防管理手段，装备现代化的消防设施，建立高技术的消防控制中心。其功能主要包括：火灾自动报警系统，二氧化碳自动喷洒

灭火系统，闭式自动喷水、自动排烟系统，闭路电视监控，火灾紧急电话通信，事故广播及防火门、卷帘门、空调机通风管等关键部位的遥控关闭等。

三、电子计算机中心防火管理

电子计算机房里，一块块清晰的电视荧屏，一排排闪动的电子数字，将各种信息传达给各种不同需要的人们，给城市管理、生产指挥、交通运输、国防工程以及科学实验等各个系统注入了现代文明的活力，使各项工作越发敏捷、方便以及高效。

随着电子计算机技术的推广应用，从中央到地方，各行各业较为普遍地建立了各自的"管理信息系统"，一个信息系统就是一个电子计算机中心，不同的只是规模大小而已。

电子计算机系统价格昂贵，机房平均每平方米的设备费用高达数万元甚至数十万元。一旦失火成灾，不仅会造成巨大的经济损失，并且因为信息、资料数据的破坏，会给有关的管理、控制系统产生严重影响，后果也不堪设想。所以电子计算机中心一向是消防安全管理的重点。

（一）电子计算机中心的火灾危险性

电子计算机中心主要由计算机系统、电源系统、空调系统以及机房建筑四部分组成。其中，计算机系统主要包括"输入设备""输出设备""存储器""运算器"以及"控制器"五大件。在电子计算机房发生的各类事故中，火灾事故占 80% 左右。据国内外发生的电子计算机房火灾事故的分析，起火部位大多是：计算机内部的风扇、空调机、打印机、配电盘、通风管以及电度表等。其火灾危险性主要源于下列几方面。

1. 建筑内装修、通风管道使用大量可燃物

一般，为保持电子计算机房的恒温和洁净，建筑物内部需要用相当数量的木材、胶合板及塑料板等可燃材料建造或者装饰，使建筑物本身的可燃物增多，耐火性能相应降低，极易引燃成灾。同时，空调系统的通风管道采用聚苯乙烯泡沫塑料等可燃材料进行保温，如果保温材料靠近电加热器，长时间受热也会被引燃起火。

2. 电缆竖井、管道以及通风管道缺乏防火分隔

计算机中心的电缆竖井、电缆管道及通风管道等系统未按照规定独立设置和进行防火分隔时，易造成外部火灾的引入或内部火灾蔓延。

3. 用电设备多、易出现机械故障和电火花

机房内电气设备及电路很多，如果电气设备和电线选型不合理或安装质量差；违反规程乱拉临时电线或任意增设电气设备，电炉以及电烙铁，用完后不拔插销，长时间通电或者与可燃物接触而没有采取隔热措施；日光灯镇流器和闷顶或者活动地板内的电气线路缺乏检查维修；电缆线与主机柜的连接松动，致使接触电阻过大等，均可能起火造成火灾。电子计算机需要长时间连续工作，如若设备质量不好或者元器件发生故障等，均有可能导致绝缘被击穿、稳压电源短路或者高阻抗元件因接触不良、接触点过热而起火。机房内工作人员穿涤纶、腈纶以及氯纶等服装或聚氯乙烯拖鞋，容

易产生静电放电。

4.工作中使用的可燃物品易被火源引燃起火

用过的纸张及清洗剂等可燃物品未能及时清理，或使用易燃清洗剂擦拭机器设备及地板等，遇电气火花及静电放电火花等火源而起火。

（二）电子计算机中心的防火管理措施

1.选址

独立设置的电子计算机中心，在选址时，应注意远离散发有害气体及生产、储存腐蚀性物品和易燃易爆物品的地方，或建于其上风方向，避免设于落雷区、矿山"采空区"以及杂填土、淤泥、流沙层、地层断裂段以及地震活动频繁的地区和低洼潮湿的地方。应尽量建立在电力、水源充足，自然环境清洁，交通运输方便区域。并且尽量避开强电磁场的干扰，远离强振动源和强噪声源。

2.建筑构造

新建、改建或者扩建的电子计算机中心，其建筑物的耐火等级不应低于一、二级，主机房与媒体存放间等要害部位应为一级。安装电子计算机的楼层不宜超过五层，且不应安装于地下室内，不应布置在燃油、燃气锅炉房，油浸电力变压器室、充有可燃油的高压电器以及多油开关室等易燃易爆房间的上、下层或者贴近布置，应与建筑物的其他房间用防火墙（门）及楼板分开。房间外墙、间壁和装饰，要用不燃或者阻燃材料建造，并且计算机机房和媒体存放间的防火墙或隔板应从建筑物的地板起直到屋顶，将其完全封闭。信息储存设备要安装于单独的房间，室内应配有不燃材料制成的资料架及资料柜。电子计算机主机房应设有两个以上安全出口，并且门应向外开启。

3.空调系统

大中型计算机中心的空调系统应与其报警控制系统实行联动控制，其风管及其保温材料、消声材料以及黏结剂等，均应采用不燃或者难燃材料。当风管内设有电加热器时，电加热器的开关与通风机开关亦应联锁控制。通风、空调系统的送、回风管道通过机房的隔墙和楼板处应设防火阀，既要有手动装置，又应设置易熔片或者其他感温、感烟等控制设备。在管内温度超过正常工作的最高温度 25℃时，防火阀即行顺气流方向严密关闭，并且应有附设单独支吊架等避免风管变形而影响关闭措施。

4.电气设备

电子计算机中的电气设备应特别注意下列防火要求。

第一，电缆竖井及其电管道竖井在穿过楼板时，必须用耐火极限不低于 1h 的不燃体隔板分开。水平方向的电缆管道及其电管道在通过机房大楼的墙壁处时，也要设置耐火极限不低于 0.75h 的不燃体板分隔。电缆和其电管道穿过隔墙时，应用金属套管引出，缝隙用不燃材料密封填实。机房内要预先开设电缆沟，以便分层铺设信号线、电源线以及电缆线地线等，电缆沟要采取防潮及防鼠咬的措施，电缆线和机柜的连接要有锁紧装置或者采用焊接加以固定。

第二，大中型电子计算机中心应当建立不间断供电系统或者自备供电系统，对于 24h 内要求不间断运行的电子计算机系统，应按照一级负荷采取双路高压电源供电。

电源必须有两个不同的变压器，以两条可交替的线路供电。供电系统的控制部分应靠近机房并且设置紧急断电装置，做到供电系统远距离控制，一旦系统出现故障，能够较快地切断电源。为确保安全稳定供电，计算机系统的电源线路上，不得接有负荷变化的空调系统和电动机等电气设备，其供电导线截面不应小于 $2.5mm^2$ 并采用屏蔽接地。

第三，弱电线路的电缆竖井宜与强电线路的电缆竖井分开设置，若受条件限制必须合用时，弱电与强电线路应分别布置在竖井两侧。

第四，计算机房和已记录的媒体存放间应设置事故照明，其照度在距地面 $0.8m$ 处，不应低于 $5Lx$。主要通道及有关房间亦应设事故照明，其照度在距地面 $0.8m$ 处不应低于 $1Lx$。事故照明可以采用蓄电池作备用电源，连续供电时间不应少于 $20mm$，并且应设置玻璃或者其他不燃材料制作的保护罩。卤钨灯和额定功率为 $100W$ 及 $100W$ 以上的白炽灯泡的吸顶灯、槽灯以及嵌入式灯的引入线应穿套瓷管，并用石棉、玻璃丝等不燃材料作隔热保护。

第四，电气设备的安装及检查维修及重大改线和临时用线，要严格执行国家的有关规定和标准，由正式电工操作安装。禁止使用漏电的烙铁在带电的机柜上焊接。信号线要分层、分排整齐排列。蓄电池房应靠外墙设置，并加强通风，其电气设备应满足有关防的火要求。

第五，防雷、防静电保护。机房外面应设有良好的防雷设施。计算机交流系统工作接地与安全保护接地电阻均不宜大于 4Ω，直流系统工作接地的接地电阻不宜大于 1Ω，计算机直流系统工作接地极与防雷接地引下线之间的距离应大于 $5m$，交流线路走线不应与直流地线紧贴或者平行敷设，更不能相互短接或混接。机房内宜选用具有防火性能的抗静电活动地板或水泥地板，以将静电消除。有关防雷与消除静电的具体措施，应达到有关规范和标准。

第六，消防设施的设置。大中型电子计算机中心应设置火灾自动报警及自动灭火系统。自动报警和自动灭火系统主要设置在计算机机房和已记录的媒体存放间。火灾自动报警与自动灭火系统的设备，应采用经国家有关产品质量监督检测单位检验合格的产品。大中型电子计算机中心宜配套设置消防控制室，并应具有：接受火灾报警，发出起火的声、光信号及事故广播及安全疏散指令，控制消防水泵、固定灭火装置、通风空调系统、阀门、电动防火门、防火卷帘及防排烟设施和显示电源运行情况等功能。

第七，日常的消防安全管理。计算机中心特别应注意抓好日常的消防安全管理工作，禁止存放腐蚀品和易燃危险品。维修中应尽量避免使用汽油、酒精、丙酮以及甲苯等易燃溶剂，若确因工作需要必须使用时，则应采取限量的办法，每次带入量不得超过 $100g$，随用随取，并禁止使用易燃品清洗带电设备。维修设备时，必须先关闭设备电源再进行作业。维修中使用的测试仪表、电烙铁以及吸尘器等用电设备，用完后应立即切断电源，存放至固定地点。机房及媒体存放间等重要场所应严禁吸烟和随意动火。计算机中心应配备轻便的二氧化碳等灭火器，并放置在显要并且便于取用的地点。工作人员必须实行全员安全教育和培训，使之掌握必要的防火常识及灭火技能，并经考试合格才能上岗。值班人员应定时巡回检查，发现异常情况，及时处理和报告，当处理不了时，要停机检查，排除隐患后才可继续开机运行，并将巡视检查情况做好记录。

要定期检查设备运行状况及技术和防火安全制度的执行情况，及时分析故障原因并且积极修复。要切实落实可靠的防火安全措施，确保计算机中心的使用安全。

各办公场所对其他火灾危险性大的部位比如物资仓库、易燃易爆危险品的储存、使用，汽车库、电气设备以及礼堂等都应列为重点，加强防火管理。

第七节　电信通信枢纽消防安全管理

现代社会，称为信息社会，而邮政电信则是人们传递信息、掌握信息、加强联系以及交往的一种必不可少的手段。它缩短了时间及空间的距离，可在经济建设和国防建设中占有非常重要的地位。

随着科学技术的发展，邮政电信的方式不断地更新，使其业务量及种类也大量增加。由邮政、电话、电报等普通业务的发展，增加至传真、电视电话、波导以及微波通信等。目前，这些现代化的邮政电信设施，各地都在广为兴建，联系全国城乡及国外的邮政电信网络正在形成。因此加强防火工作，保障邮政电信安全、迅速、准确地为社会服务都具有非常重要的意义。

一、邮政企业防火管理

邮政局除办理包裹、汇兑、信件、印刷品外，还办理储蓄、报刊发行、集邮以及电信业务。其中，邮件传递主要包括收寄、分拣、封发、转运以及投递等过程。

（一）邮件的收寄和投递

办理邮件收寄和投递的单位有邮政局、邮政所以及邮政代办所等。这些单位分布在各省、市、地区、县城、乡镇和农村，负责办理本辖区邮件的收寄及投递。邮政局一般都设有营业室、邮件、包裹寄存室、封发室以及投递室等；辖区范围较大的邮政局还设有车库，库内存放的机动车，从数辆到数十辆不等，这些潜伏有一定的火灾危险性，因此在收寄和投递邮件中应注意以下防火要求。

1. 严格生活用火的管理

在营业室的柜台内，邮件及包裹存放室以及邮件封发室等部位，要禁止吸烟；小型邮电所冬季如没有暖气采暖时，这些部位不得使用火盆、火缸，必要时可安装火炉，但在木地板上应垫砖，并加铁皮炉盘隔热及保护，炉体与周围可燃物保持不小于 1m 的距离，金属烟筒与可燃结构应保持 50cm 以上的距离，上班时要有专人看管，工作人员离开或者下班时，应将炉火封好。

2. 包裹收寄要注意防火安全检查

包裹收寄的安全检查工序，为邮政管理过程中的重要环节。为了避免邮件、包裹内夹带易燃、易爆危险化学品，负责收寄的工作人员，必须认真负责，严格检查。包裹、邮件要开包检查，有条件的邮政局，应采用防爆监测设备进行检查，避免混进的易燃、

易爆危险品在运输、储存过程中引起着火或者爆炸。营业室内应悬挂宣传消防知识的标语、图片。

3. 机动邮运投递车辆应注意防火

机动邮运投递车辆除应遵守"汽车和汽车库、场"的有关防火要求外，还应要求司机及押运人员：不准在驾驶室及邮件厢内吸烟；营业室及车库内不准存放汽油等易燃液体；车辆的修理以及保养应在车库外指定的地点进行。

（二）邮件转运

各地邮政系统的邮件转运部门是将邮件集中、分拣、封发以及运输等集中于一体的邮政枢纽。在邮政枢纽内的各工序中，应分别注意下列防火要求：

1. 信件分拣

信件分拣工作对邮件的迅速、准确以及安全投递有着重要影响。信件分拣应在分拣车间（房）内进行，操作方法目前有人工与机械分拣两种。

手工分拣车间（房）的照明灯具和线路应固定安装，照明所需电源要设置室外总控开关与室内分控开关，以便停止工作时切断电源。照明线路布设应按照闷顶内的布线的要求穿金属管保护，荧光灯的镇流器不能安装在可燃结构上。同时要求禁止在分拣车间（房）内吸烟和进行各种明火作业。

机械分拣车间分别设有信件分拣与包裹分拣设备，主要是信件分拣机和皮带输送设备等，除有照明用线路外，还有动力线路。机械分拣车间除应遵守信件分拣的有关防火要求之外，对电力线路、控制开关、电动机及传动设备等的安装使用，都应满足有关电气防火的要求。电气控制开关应安装在包铁片的开关箱内，并不使邮包靠近，电动机周围要加设铁护栏以避免可燃物靠近和人员受伤，机械设备要定期检查维护，传动部位要经常加油润滑，最好选用润滑胶皮带，避免机械摩擦发热着火。

2. 邮件待发场地

邮件待发场地是邮件转运过程中，邮件集中的场所。此场所一旦发生火灾，会造成很大的影响，所以要把邮件待发场地划为禁火区域，并设置明显的禁火标志。要禁止吸烟和一切明火作业，严格控制外来人员及车辆的出入。邮件待发场地不应设于电力线下面，不准拉设临时电源线。

3. 邮件运输

邮件运输是邮件传递过程中的一个重要环节，是在确保邮件迅速、准确、安全传递的基础上，根据不同运输特点，组织运输。邮件运输的方式分铁路、船舶、航空以及汽车四种。

铁路邮政车和船舶运输的邮件，由邮政部门派专人押运；航空邮件由交班机托运。此类邮件运输要遵守铁路交通以及民航部门的各项防火安全规定。汽车运输邮件，除了长途汽车托运外，还有邮政部门本身组织的汽车运输。当邮政部门用汽车运输邮件时，运输邮件的汽车，应用金属材料改装车厢。若用一般卡车装运邮件时，必须用篷布严密封盖，并提防途中飞火或者烟头落到车厢内，引燃邮件起火。邮件车要专车专用。在装运邮件时，禁止与易燃易爆化学危险品以及其他物品混装、混运。邮件运输车辆

要根据邮件的数量配备应急灭火器材并不少于两具。通常情况下，装有邮件的重车不能停放在车库内，以防不测。

（三）邮政枢纽建筑

在大、中城市，尤其是大城市，一般兴建有现代化的邮政枢纽设施；集数分、发于一体。它是邮政行业的重点防火单位。

邮政枢纽设施作为公共建筑，通常都采用多层或高层建筑，并建在交通方便的繁华地段。新建的邮政枢纽工程，在总体设计上应对于建筑的耐火等级、防火分隔，安全疏散、消防给水和自动报警、自动灭火系统等防火措施认真予以考虑。

（四）邮票库房

邮票库房是邮政防火的重点部位，其库房的建筑不能低于一、二级耐火等级，并与其他建筑保持规定的防火间距或防火分隔，避免其他建筑物失火殃及邮票库房的安全。邮票库房的电气照明、线路敷设、开关的设置，都必须满足仓库电气规定的要求，并应做到人离电断。对邮票总额在 50 万元以上的邮票库房，还应安装火灾自动报警及自动灭火装置。对省级邮政楼的邮袋库，应当设置闭式自动喷水灭火系统。

二、电信企业防火管理

电信是利用电或者电子设施来传送语言、文字、图像等信息的一种过程。最近几十年内，随着空间技术的发展出现了卫星通信方式，电子计算机的发明开发了数据通信，光学与化学的进一步发展发明了光纤通信。这些，都使电信成了现代最有力的通信方式。社会发展至今天，可以说，没有现代化的通信就不可能有现代化的人类社会。

电信，不论是根据其信号传输媒介，还是根据其传送信号形式，总体来说，也就是电话与电报两种，而电话和电报又由信息的发送、传输以及接收三个部分的设备组成，其中电话是一种利用电信号相互沟通语言的通信方式，分为普通电话和长途电话两类。

电话通信设备使用的是直流电，均有一套独立的配电系统，把 $220V$ 的交流电经整流变为 $\pm 24V$ 或 $\pm 60V$ 的直流电使用。同时还配有蓄电池组，以确保在停电情况下继续给设备供电。目前，多数通信设备使用的蓄电池组与整流设备并联在一起，一方面供给通信设备用电；另一方面可以供给蓄电池组充电。电话的配电系统，通常还设有柴油或者汽油发电机，当交流电长时间停电时，配电系统靠发电机发电供电。

电报是通信的重要组成部分，经收报、译电、处理、质查、分发、送对方局以及报底管理等，构成整个服务流程。电报通信的主要设备是电报传真机、载波机以及电报交换机等。

电信企业的内部联系是相当密切的，不论是有线电话、无线电话、传真以及电报都是密不可分的。加之电信机房的各种设备价值昂贵，通信事务又不允许中断，如若遭受火灾，不仅会造成生命、财产损失，而且会导致整个通信电路或大片通信网的瘫痪，使政府和整个国民经济遭受损失，因此，搞好电信企业防火则非常重要。

（一）电信企业的火灾危险性

1.电信建筑可燃物较多

电信建筑的火灾危险性主要在两个方面：一是原有老式建筑，耐火等级比较低，在许多方面很难满足防火的要求，导致火险隐患非常突出；二是可在一些新建筑中，由于使用性能特殊，机房里敷管设线、开凿孔洞较多，尤其是机房建筑中的间壁、隔声板、地板、吊顶等装饰材料和通风管道的保温材料，以及木制机台、电报纸条、打字蜡纸以及窗帘等，都是可燃物，一旦起火会迅速蔓延成灾。

2.设备带电易带来火种

安装有电话及电报通信设备的机房，不仅设备多、线路复杂，而且带电设备火险因素较多。这些带电设备，若发生短路或者接触不良等，都会造成设备上的电压变化，使导线的绝缘材料起火，并可引燃周围可燃物，扩大灾害；若遭受雷击或者架空的裸导线搭接在通信线路上就会将高电压引到设备上发生火灾；避雷的引下线电缆、信号电缆距离过近也会给通信设备造成不安全的因素；收、发信机的调压器是充油设备，若发生超负荷、短路、漏油、渗油或者遭雷击等，都有可能引起调压器起火或者爆炸；室内的照明、空调设备以及测试仪表等的电气线路，都有可能引起火灾；电信行业中经常用到电炉、电烙铁以及烘箱等电热器具，如果使用、管理不当，也会引燃附近的可燃物。动力输送设备、电气设备安装不合格，接地线不牢固或者超负荷运行等，亦会造成火灾危险。

3.设备维修、保养时使用易燃液体并有动火作业

电信设备经常需要进行维修及保养，但在维修保养中，经常使用汽油、煤油以及酒精等易燃液体清洗机件。这类易燃液体在清洗机件、设备时极易挥发，遇火花就会引起着火、爆炸。同时在设备维修中，除常用电烙铁焊接插头和接头外，有时还要使用喷灯和进行焊接、气割作业，此类明火作业随时都有导致火灾的危险。

（二）电信企业的消防安全管理措施

1.电信建筑

电信建筑的防火，除必须严格执行相应规定和政策外，还应在总平面布置上适当分组、分区。通常将主机房、柴油机房、变电室等组成生产区；将食堂、宿舍以及住宅等组成生活区。生产区同生活区要用围墙分隔开。尤其贵重的通信设备、仪表等，必须设在一级耐火等级的建筑物内，在设有机房及报房的建筑内，不可设礼堂、歌舞厅、清洗间以及机修室。收发信机的调压设备（油浸式），不宜设在机房内，如由于条件所限必须设在同一层时，应以防火墙分隔成小间作调压器室，每间设的调压器的总容量，不得大于 $400kV$。调压器室通向机房的各种孔洞、缝隙都应用不燃材料密封填塞，门窗不应开向人员集中的方向，并应设有通风、泄压和防尘、防止小动物入内的网罩等设施。清洗间应为一、二级耐火等级的单独建筑，由于室内常用易燃液体清洗机件，其电气设备应符合防爆要求，易燃液体的储量不应大于当天的用量，盛装容器应为金属制作，室内严禁一切明火。

各种通风管道的隔热材料，应使用硅酸铝、石棉等不燃材料。通风管道内应设置自动阻火闸门。通风管道不宜穿越防火墙，必须穿越时，应用不燃材料把缝隙紧密填塞。建筑内的装饰材料，如吊顶、隔墙以及门窗等，均应采用不燃材料制作，建筑内层与表层之间的电缆及信号电缆穿过的孔洞、缝隙亦应用不燃材料堵塞。竖向风道、电缆（含信号电缆）的竖井，不能采用可燃材料装修，检修门的耐火极限不应低于 $0.6h$。

2. 电信电气设备

第一，电源线与信号线不应混在一起敷设，若必须在一起敷设时，电源线应穿金属管或采用铠装线。移动式测试仪表线、照明灯具的电线应采用橡胶护套线或者塑料线穿塑料套管。机房采用日光灯照明时，应有防止镇流器发热起火的措施。照明、报警以及电铃线路在穿越吊顶或者其他隐蔽地方时，均应穿金属管敷设，接头处要安装接线盒。

第二，机房、报房内禁止任意安装临时灯具和活动接线板，并不得使用电炉等电加热设备，若生产上必须使用时，则要经本单位保卫、安全部门审批，机房、报房内的输送带等使用的电动机，应安装在不燃材料的基础上，并且加护栏保护。

第三，避雷设备应在每年雷雨季节到来前进行一次测试，对于不合格的要及时改进。避雷的地下线与电源线和信号线的地下线的水平距离，不应小于 $3m$。应保持地下通信电缆与易、燃易爆地下储罐、仓库之间规定的安全距离，通常地下油库与通信电缆的水平距离不应小于 $10m$，$20t$ 以上的易燃液体储罐和爆炸危险性较大地下仓库与通信电缆的安全距离还应按照专业规范要求相应增大。

第四，供电用的柴油机发电室应和机房分开，独立设在一、二级耐火等级的建筑内，如不能分开时，须用防火墙隔开。供发电用的燃料油，最多保持一天的用量。汽油或者柴油禁止存放在发电室内，而应存放在专门的危险品仓库内、配电室、变压器室、酸性蓄电池室以及电容器室等电源设施，必须确保安全。

3. 电信消防设施

电信建筑设施应安装室内消防给水系统，并且装置火灾自动报警和自动灭火系统。电信建筑内的机房和其他电信设备较集中的地方，应采用二氧化碳自动灭火系统或者"烟落尽"灭火系统。其余地方可以用自动喷水灭火系统。电信建筑的各种机房内，还应配备应急用的常规灭火器。

4. 电信企业日常的防火管理

第一，要加强易燃品的使用管理。在日常的工作中，电信机房及报房内不得存放易燃物品，在临近的房间内存放生产中必须使用的小量易燃液体时，应严格限制其储存量。在机房、报房以及计算机房等部位禁止使用易燃液体擦刷地板，也不得进行清洗设备的操作，如用汽油等少量易燃液体擦拭接点时，应在设备不带电的条件下进行，如果情况特殊必须带电操作，则应有可靠的防火措施。所用汽油要用塑料小瓶盛装，以避免其大量挥发；使用的刷子的铁质部分，应用绝缘材料包严，避免碰到设备上短路打火，引燃汽油而失火。

第二，要加强可燃物的管理。机房、报房内要尽量减少可燃物，拖把、扫帚以及地板蜡等应放在固定的安全地点，在报房内存放电报纸的容器应用不燃材料制成并且

加盖，在各种电气开关、插入式熔断器插座附近和下方，以及电动机、电源线附近不得堆放纸条及纸张等可燃物。

第三，要加强设备的维修。各种通信设备的保护装置及报警设备应灵敏可靠，要经常检查维修，如有熔丝熔断，应及时查清原因，整修后再安装，切实确保各项设备及操作的安全。

第四，要加强对人员的管理。电信企业领导应把消防安全工作列入到重要日程，切实加强日常的消防管理、配备一定数量的专、兼职消防管理人员，各岗位职工应全员进行消防安全培训，掌握必要的消防安全知识之后才可上岗操作，保证通信设施万无一失。

第八节　科研机构消防安全管理

科研所、技术开发中心等，是进行科学文化研究，开发新理论、新技术以及新产品的机构。科研所根据其研究的专业方向不同，都程度不等地使用或产生一些易燃易爆危险品，比如甲烷、乙炔、氢气、二硫化碳、水煤气、铝粉等，而且在研究中，这些易燃易爆危险品有的是在高温、高压条件下进行反应、加工，有的是在空气中处于浮游状态，还有的则是在常温及常压下进行研制。总之，充分认识科研所所从事研究项目的火灾危险性，加强防火管理，防患于未然，对于提高科研人员的安全水平，安全合理地利用科研设备，多出科研成果，减少火灾事故，是十分重要的。

由于科研所的研究项目及研究方向不同，各研究（实验）室的火灾危险性也不尽相同，这里仅就几种典型实验室（场）的防火管理提出相应要求。

一、化学实验室

第一，化学实验室应为一、二级耐火等级的建筑。从事爆炸危险性操作的实验室，应采用钢筋混凝土框架结构，并应按照防爆设计要求，采用泄压门窗、泄压外墙和轻质泄压屋顶及不产生火花的地面等。安全疏散门不应少于两个。

第二，化学实验室的电气设备应满足防爆要求，实验用的加热设备的安装、燃料的使用要符合防火要求，各种气体压力容器（钢瓶）要远离火源及热源，并放置于阴凉通风的位置。

第三，实验室内实验剩余或常用小量易燃化学品，当总量不大于 $5kg$ 时，可放在铁橱柜中，贴上标签，由专人负责保管；超过 $5kg$ 时，不得存放在实验室内；有毒物品要集中存放，专人管理。

第四，对于不明化学性质的未知物品，应先做测定闪点、引燃温度以及爆炸极限等基础实验，或者先从最小量开始实验，同时要采取安全措施，做好灭火准备。

第五，配备有效的灭火器材，定期进行检查保养。对研究、实验人员进行自防自救的消防知识教育，做到会用消防器材扑救初期火灾，会报火警、会自救。

第六，要建立健全各种实验的安全操作规程和化学物品管理使用方法，并严禁违章操作。

二、生化检验室

生物化学检验是临床辅助诊断必不可少的手段。生化检验项目繁多，方法各异，比如尿液分析、肝功能试验以及血液检查等，使用的试剂和方法也各不相同。从防火角度来看，都免不了使用化学试剂，一些通用设备（烘箱等）也大致相同，因此将这些部门的火灾危险性和防火要求一并叙述如下。

（一）平面布置

第一，生化检验室使用的醇、醚、苯、叠氮钠以及苦味酸等都是易燃易爆的危险品。所以这些生化检验室应布置在主体建筑的一侧，门应设在靠外侧处，以便于发生事故时能迅速疏散和施救。生化检验室不宜设在门诊病人密集的地区，也不宜设在医院主要通道口、锅炉房、X线胶片室、药库、液化石油气储藏室等附近。

第二，房间内部的平面布置要合理。试剂橱应放在人员进出以及操作时不易靠近的室内一角。电烘箱、高速离心机等设备应设在远离试剂橱的另外一角，同时应注意自然通风的风向及日光的影响。试剂橱应设在实验室的阴凉地方，不宜靠近南窗，防止阳光直射。

第三，室内必须通风良好。相对两侧都应有窗户，最好使自然通风能够在室内成稳定的平流，减少死角，使操作时逸散的有毒、易燃气体以及蒸气能及时排出。还应考虑到使室内排出的气体不致流进病房、观察室以及候诊室等人员密集的房间里。

（二）试剂的储存与保管

第一，乙醇、甲醇、丙酮以及苯等易燃液体应放在试剂橱的底层阴凉处，以防容器渗漏时液体流下，与下面试剂作用而发生危险。高锰酸钾和重铬酸钾等氧化剂与易燃有机物必须隔离储存，不得混放。乙醚等遇日光会产生爆炸的物质，应避光储藏。开启后未用完的乙醚，不能放于普通冰箱内储存，防止挥发的乙醚蒸气遇到冰箱内电火花而发生爆炸。

第二，广泛用作防腐剂的叠氮钠虽较叠氮铅等稳定，但仍有爆炸危险且剧毒。应将包装完好的叠氮钠放置于黄沙桶内，专柜保管。储藏处力求平稳防震，双人双锁。苦味酸应配成溶液后存放，并避免触及金属，防止形成敏感度更高的苦味酸盐。凡是沾有叠氮钠或者苦味酸的一切物件均应彻底清洗，不得随便乱丢。

第三，试剂标签必须齐全、清楚，可以在标签上涂蜡保护。万一标签脱落，应立即取出，未经确认，不得使用，防止弄错后发生异常反应而引起危险。试剂应有专人负责保管，定期检查清理。

第四，若乙醇等用量大时，不能将其当作试剂看待，不得同试剂放在一起，最好不要储存在实验室内，应在室外单独存放，随用随取。有的科研所使用液化石油气或者丙烷作燃料，应将它们分室储存，可用金属管道将其输入室内使用。

（三）主要操作

第一，用圆底玻璃烧瓶作蒸馏或者回收操作时，液体装量应为玻璃瓶容量的 50%～60%，使其有最大的蒸发面积，不易导致液体过热，否则容易冲料起火。平底烧瓶不宜作蒸馏用，蒸馏或者回收操作时必须加沸腾石。沸腾石放置在液体内，过夜就会失效，应另加新品，否则加热时底部液体容易过热，会发生突沸冲料起火。

第二，冷凝器必须充分有效，防止蒸气冷凝不完全而逸出，与下部明火接触起火；加热设备要慎重选择，100℃以下应用水浴，100℃以上可用油浴，易燃液体就可用封闭电热器加热，不得用明火直接加热。

第三，如果多次回收套用溶剂，应注意产生过氧化物的危险，尤其是回收乙醚时更应注意。在回收套用乙醚过程中，容器中的套用乙醚经回收蒸馏而逐渐减少，当减少至原量的 20% 时，应立即停止蒸馏，取样试验，加入碘化钾试液，如呈现黄色，就表示残留的套用乙醚中有过氧化物存在。这时应加酸性硫酸亚铁溶液，除去过氧化物之后再进行蒸馏。否则，过氧化物不断浓缩会发生爆炸。

第四，使用各种烧瓶时，瓶内外都应有可靠的温度计。操作过程中应密切注意温度变化情况，严格控制，防止冲料；减压蒸馏宜采用冷却，在操作时，应先打开冷凝器阀门，让冷却水进入，然后开真空，最后加热；蒸馏结束时，应先停止加热，稍待冷却之后再缓缓放进空气，最后关闭冷却水阀门。切记次序不可搞错，防止突沸冲料。

第五，使用烘箱操作时，含有易燃溶剂的样品不得用电热烘箱烘干，防止易燃液体蒸气遇电热丝发生着火或爆炸，可用蒸汽烘箱或者真空烘箱。后者操作时先开真空抽去空气，使溶剂蒸气不能形成爆炸性混合物，然后加热；结束时，先关热源，稍冷之后再缓缓放进空气；烘箱应有温度自动控制装置，并经常检查维修，保证良好有效。

第六，使用加热设备时酒精灯的点火灯头应为瓷质，不宜用铁皮，以免由于导热快使瓶内酒精受热冲出起火；正点燃着的酒精灯，不得添加酒精，必须在熄火之后，方可添加；熄灭酒精灯火焰时，应加盖熄灭，不得用口吹灭；煤气灯头连接的橡皮管极易产生裂纹而漏气，应每周检查一次，如有裂纹，应立即将其更换；熄灭煤气火时应将球形气阀关闭，不得将煤气灯座上的流量调节阀当作开关使用，因其不气密；生物检验室使用的电炉，最好用封闭式或半封闭式的，用一般电炉时，应防止电热丝翘起与水浴锅等金属材料接触而产生触电危险；玻璃仪器或者烧瓶不得直接放在电炉上或明火上灼烧，而应下衬实验室专用的石棉网，防止爆裂或局部过热造成内容物突沸冲料。

第七，对容易分解的试剂或强氧化剂（如过氯酸）在加热时易爆炸或者冲料，应务必小心，最好在通风橱内操作；每次实验操作完毕后，应将易燃品、剧毒品立即归回至原处，入橱保存，不得在实验台上存放；室内检验的电气设备，应合格安装并定期检查，防止漏电、短路以及超负载等不正常情况发生；一切烘箱等发热体不得直接放在木台上，烘箱的铁皮架和木台之间应有砖块、石棉板隔热材料垫衬。

三、电子洁净实验室

电子洁净实验室是研制精密电子元件不可缺少的工作室。按照研究条件要求，洁

净室必须是封闭的。由于在实验过程中要使用丙酮、丁酮以及乙醇等易挥发的可燃液体，有的实验还要求通人大量氢气，容易形成爆炸性混合物，遇到明火会导致着火或爆炸，故危险性较大。其主要防火措施有以下几点。

第一，电子洁净室应采用一、二级耐火等级的建筑，隔墙和内部装修材料应尽可能采用不燃材料。

第二，电气设备应采用防爆型，电热器具应用密封式，并且置于不燃的基座上，要配备蓄电池等事故电源，出入口或者拐弯处要设安全疏散指示灯。

第三，气体钢瓶应放置在安全地点，不宜集中储放在洁净室内。用量少的小型钢瓶（如磷烷、硅烷等气体）最好放于专用橱柜中，不能随意存放。洁净室内使用的易燃液体、可燃气体，以及氧化剂、腐蚀剂等化学危险品，其管理方法和化学实验室相同。使用易燃液体和气体的洁净室，还应安装排风设备。

第四，洁净室应立足于火灾自救，设置比较完善的消防设施。有贵重、高精仪器、仪表以及电气设备的洁净室，应设置二氧化碳自动灭火系统，在便于通行的位置（如走廊）应设紧急报警按钮或电话等，以便和外部联系。

第五，加强对洁净室研究、实验人员的防火安全教育，制定安全管理制度及各种设备的安全操作规程；要求研究、实验人员会用灭火器材、会报火警、会自救以及会逃生。

四、发动机试验室

发动机试验研究广泛应用于汽车、航空以及航海等工业系统开发、革新产品的研究工作中。这里所述的发动机是以油料为燃料的发动机。在试验中，因为汽缸破裂、冲出火焰、油路滴漏，或调整化油器时油品滴在排气管上（烧红时温度可达到900℃）等，都容易发生火灾。因此，应采取以下防火措施。

第一，发动机试验室的试车台应设在一、二级耐火等级的建筑中，内部装修及器具等，要求不燃化。

第二，油箱与试车台宜分室设置，经常检查油路系统是否有滴漏现象，输油管路、油箱应设有良好的静电接地装置。

第三，发动机试验室应设置油品蒸气危险浓度报警器与固定式自动灭火设施，同时配备小型灭火器，以便于扑救初起火灾。

第四，室内要严禁烟火，电气设备要满足防爆要求。

第九节　文物单位消防安全管理

文物古建筑是人类祖先千百年来遗留的珍贵历史文化遗产，是全人类的共同财富。中国作为有5000多年历史的文明古国，文物遗产更是丰富多彩，价值无法估量。它不但体现在其作为民族历史象征、凝聚民族力量、激发爱国热情的精神价值和历史考古

价值、文献价值、美学艺术价值、科学技术价值等文化价值，而且还有重要的实用价值，供人们参观游览，领略历史文化，促进旅游业的发展，给国家带来大量的经济收入。因此，保护文物古建筑的意义非常重大，关系到对历史负责、对文化传承负责、对国家负责、对人民负责、对子孙后代负责的大问题。历史上，西安曾是十三朝古都，其巍峨迤逦的秦阿房宫，雄伟壮美的汉未央宫，举世闻名的唐大明宫都是被火毁于一旦，历史辉煌难以再现。因此，陕西作为中华文明的摇篮，文物大省，更有不可比肩的责任。

一、文物古建筑的火灾危险性

我国历史上太多的古建筑很多都是毁于火灾，即使今天，火灾也仍是古建筑毁坏的主要原因。其原因有以下几点。

（一）火灾荷载大

我国古建筑以木材为主要材料，采用以木构架为主的结构形式，形成一种独特的风格，柱、梁、檩、枋、拱、椽无一不是木材构成，无论是金碧辉煌的宫殿，还是庄严肃穆的庙堂，或秀丽典雅的园林建筑，其实就是一个堆积成山的木柴垛，经年风干，含水量极低，火灾危险就更大。新进仓库的木材含水量在 60% 左右，经过长期自然干燥的"气干材"含水量一般稳定在 12% ~ 18%。而古建筑中的木材，经过多年的干燥成了"全干材"，含水量大大低于"气干材"，因此极易燃烧，特别是一些枯朽的木材，由于质地疏松，在干燥的季节，遇到火星也会起火。

我国的古建筑多采用松、柏、杉、楠等木材。普通松木每立方米重 $597kg$，而楠木每立方米则重达 $904kg$。如前所述，在古建筑中，大体上每平方米需用木材 $1m^3$，仍按每立方米木材重 $630kg$ 计算，那么，古建筑的火灾荷载要比现代建筑的火灾荷载大 31 倍，故宫太和殿的火灾荷载还要翻一番，其为 62 倍，应县佛宫寺释迦塔的火灾荷载则更大，约为现代建筑的 148 倍。

（二）具备良好的燃烧条件

木材是传播火焰的媒介，而在古建筑中的各种木材构件又具有特别良好的燃烧和传播火焰的条件。古建筑起火后，犹如架满了干柴的炉膛，熊熊燃烧，难以控制，往往直到烧完为止。这种现象是由下列几种因素促成的。

1.结构形式的影响

我国的古建筑无论采用何种结构形式，均系用大木柱支承巨大的屋顶，而屋顶又是由梁、枋、檩、椽、斗拱、望板，以及天花、藻井等大量的木构件组成，架于木柱的中、上部，等于架空的干柴。古建筑周围的墙壁、门窗和屋顶上覆盖的陶瓦、压背等围护材料形成炉膛，这就造成古建筑具有特别良好的燃烧条件。另外，古建筑屋顶严实紧密，在发生火灾时，屋顶内部的烟、热不易失散，温度容易积累，迅速导致"轰然"。"轰然"是在环境温度持续升高，且大大超过可燃物的燃点时发生的，无须火焰直接点燃。出现"轰然"后的火灾，会很快发展到极盛的阶段，是古建筑火灾难以扑救的原因之一。

2.蔓延速度的影响。

第一，木材在明火或高温的作用下，首先蒸发水分，然后分解出可燃气体，与空气混合后先在表面燃烧，因此，木材燃烧和蔓延的速度同木材的湿度和表面积与体积的比例有直接关系。木材湿度越小，燃烧速度就越快；表面积大的木材受热面积大，易于分解氧化，火灾危险性就大。古建筑中除少数大圆柱的表面积相对小一些外，经过加工的梁、彷、檩、椽等构件，表面积则大得多，特别是那些层层叠架的斗拱、藻井和经过雕楼具有不同几何形状的门窗、槅扇等。古建筑发生火灾时，出现"轰然"和大面积燃烧，主要就是木材已经干透以及建筑构件的巨大表面积所形成的。

第二，木材着火时虽然在表面层燃烧，但热传导的作用会引起木材内部深层分解，分解的产物通过木材的空隙不断形成炭层和裂缝，从而帮助燃烧的继续。如用松木做成的柱、梁、檩等在发生火灾时，其燃烧速度为 $2cm/min$。由此推算，木构架建筑在起火以后，如果在 $15 \sim 20min$ 之内得不到有效的施救，便会出现大面积的燃烧，温度可达 $500 \sim 1000℃$。古建筑中的木材比疏松的松木还要差劲，由于长期干燥和自然的侵蚀，往往出现许多大小裂缝；另外，有的大圆柱其实并非完整的原木，而是用四根木料拼合而成，外面裹以麻布，涂以漆料。在发生火灾时，木材的裂缝和拼接的缝隙就成了火势向纵深蔓延的途径，从而加快了燃烧的速度。

第三，木材的燃烧速度还同通风条件有关，取决于空气中氧的供应量。通风条件好，氧的供应充分，燃烧也就迅速、猛烈。古建筑的通风条件一般都比较好，殿堂高大宽阔，发生火灾时氧气供应充足，燃烧速度相当惊人。许多古建筑都建筑在高高的台基之上，特别是钟楼、鼓楼、门楼等建筑，更是四面迎风。还有一些古建筑坐落在高山之巅，情况更加突出。起火后，风助火势，火仗风威，很快则付之一炬。

3.平面布局的影响

我国的古建筑，无论是宫殿、道观、王府、衙署和禁苑、民居，都是以各式各样的单体建筑为基础，组成各种庭院。大型的建筑又以庭院为单元组成庞大的建筑群，这种庭院和建筑群的布局大多采用均衡对称的方式，沿着纵轴线和横轴线进行布局，高低错落，疏密相间，丰富多彩，成为我国建筑传统的一大特色。但从消防的观点来看，这种布局方式潜伏着极大的火灾危险性。

在庭院布局中，基本上采用四合院和廊院两种形式。四合院的形式是将主要建筑布置在中轴线上，两侧布置次要建筑。就是围绕一个院子，四周都是建筑物，组成一个封闭式的庭院。廊院的形式比较灵活，主要建筑和次要建筑都布置在中轴线上，通过两侧的回廊把所有的建筑都连接起来。这两种形式的建筑的火灾危险性在于，一旦某一建筑着火，通过连廊会将整个建筑群引着，形成火烧连营的局面。

（三）消防施救困难重重

我国的古建筑不仅容易发生火灾和蔓延，而且在发生火灾时，难于施救，千百年来，已成定律。因而，当古建筑发生火灾时，一旦蔓延开来，人们也往往束手无策。远离城市、没有消防施救力量的古建筑如此，就是在拥有现代消防施救力量的城市里的古建筑，一旦起火，也是难逃厄运。

除前述古建筑易于燃烧和蔓延等原因外，还在于扑救古建筑火灾时有许多棘手的问题。我国的古建筑分布全国各地，且大多远离城镇，建于环境幽静的高山深谷之中，而国家的消防力量则主要分布在大、中城市和部分县城、集镇。一旦发生火灾，设在城镇的消防队鞭长莫及，加上消防警力不足，这样，起火待援的古建筑就处于孤立无援的境地。从目前情况来看，古建筑管理单位却又普遍缺乏自卫自救的能力，既没有足够的训练有素的人员，也没有具有一定威力的灭火设备，一旦起火，只有任其燃烧，直到烧完为止。峨眉山金顶的永明华藏寺、山西平顺县的龙祥观、陕西白云山的三清殿、河北涉县的清泉寺等古建筑火灾，莫不如此。问题主要表现在以下几方面：

1.山顶梁岇、水源缺乏

水是火的一大克星，扑救古建筑火灾主要靠水。当然，杯水车薪也是无济于事的，必须要有充足的水源。一般来说，1000kg 木材燃烧时，需要耗费 2000kg 水才能使燃烧终止。水的耗费量要比燃烧物的体积大一倍。一座 2000m^2 的古代建筑，如果它的木材用量为 2000m^3 的话，那么，在这座古建筑失火时，要想及时加以扑救，至少需要 4000m^3 水的储备和供应。可是，目前许多地方的古建筑都缺乏消防水源，特别是北方缺水地区和高山上的古建筑群，连生活用水都比较艰难，消防用水就更成问题了。即使是一些建于历史名城的古建筑，已安装现代消防供水系统的也寥寥无几。

2.台地槛阶、通道障碍

古建筑因为古，在设计施工时，根本就考虑不到消防车辆等现代装备的应用，所以缺乏现代消防通道。如坐落在一些名山上的古刹道观，根本就无车道可通，发生火灾时，消防车开到山前，也是可望而不可即。有一些古建筑，坐落在古老的街巷内，道路狭窄，连二人抬着手抬泵也很难通过，又如北京的紫禁城，被高墙分隔成九十多个庭院，处处是红墙夹道，门隘重重，台阶遍布，高低错落，现代的消防车辆，特别是曲臂登高车一类大型车辆，根本无法进入，即使进入也无法展开。

3.火大烟重、难以近攻

古建筑以木结构居多，起火时烟雾弥漫，一座 1000m^2 的大殿，其中若有 20kg 木材在燃烧，5min 内，就会使整个殿堂充满烟雾，在通常情况下，烟的流动速度为每秒 1 ~ 2m，比人步行还要快。烟雾中含有许多有毒物质，如一氧化碳等。当一氧化碳在空气中的浓度达到 0.1% 时，人就会感到头昏，神志不清，行动不便。当一氧化碳在空气中的浓度达到 0.5% 时，人吸入半小时，就有中毒、窒息死亡的危险。烟雾还会降低火场上的能见度，使人视线不清，找不到起火点或火场上被围人员的准确位置，难以进行有效的施救。另外，由于火灾火焰高，辐射热强烈，古建筑周围往往又有高墙或其他建筑物阻挡，辐射热相对集中，使消防施救人员难以接近火源去有效地打击火势。

4.堂高殿大、鞭长莫及

因为古建筑一般都比较高大，许多殿堂室内净高都在十几米以上，甚至高达 30m，相当于一栋现代建筑 10 层楼的高度。现代建筑每隔三四米就是一层楼，失火时攀登救火、救人都比较方便。一座 30m 高的殿堂失火，却无法攀登，往往是人上不去，水也射不上去，再加上天花、斗拱等构件的阻挡，射流很难击中顶部火点，粗大的梁、

柱又不易施展拆破手段，这样，火势就难以控制了。

古建筑的屋面一般都是呈斜坡形或圆锥形，上面则以琉璃瓦或布袋瓦为主，瓦下铺一层灰泥，有的还铺一层锡背，防水防潮的效果很好，雨水落到屋面，很快下流，但这在发生火灾时，就成了有水难攻的又一难题了。在古建筑起火时，室内烟雾大，温度高，人员进不去，起火部位较低时，还可以在室外通过门窗朝有火光的地方射水；可是当火焰在大屋顶内燃烧时，灭火人员把水流射向屋面，只要屋顶未塌落，则水流射上去多少，流下来多少，根本达不到灭火的目的，而且由于屋面很滑，登上屋顶的消防人员很难展开灭火作业，稍不当心，便有可能滑下来造成伤亡事故。

（四）使用、管理问题多

古建筑使用、管理方面，存在不少火灾危险因素，直接或间接地威胁和影响着古建筑的安全。这些火灾危险因素主要如下：

1. 古建筑用途不当，未能得到很好的保护而隐患重重

不少地方利用古建筑开设旅馆、饭店、招待所、食堂、工厂、仓库、办公室、幼儿园，或用作职工宿舍、居民住宅等，这不仅影响古建筑的外观，而且严重威胁着古建筑的安全。在全国造成重大损失的古建筑火灾中75%是由于占用单位忽视古建筑的防火安全，放松管理而造成的。

2. 周围环境不良，受到外来火灾的威胁

有些地方的古建筑处于居民包围之中，有的单位把易燃易爆化学危险物品仓库设在古建筑旁边，还有一些古建筑比较集中的旅游胜地，往往有不少个体户临时设摊开店，经营各种小吃，这样虽然方便了游人，但由于缺乏统一规划和管理，他们临时搭建的棚屋，不是靠近古建筑，就是设在林间草丛，柴灶煤炉比比皆是，稍有不慎，便可能起火，并有蔓延扩大到古建筑的危险。

3. 火源、电源管理不善，隐患不少

有的寺庙、道观、香火旺盛，却无严格的防寒消防安全保卫火要求，任香客在香台供桌上点烛烧香，甚至在供桌前焚化文书纸钱，殿内香烟缭绕，烛火通明，香客熙熙攘攘。神佛面前燃着长明油灯和蜡烛，而这些佛殿神堂之内，悬挂着幡幔伞帐又随风飘荡，稍不小心，就有可能引火上梁而使殿堂遭灾。

电源的管理问题尤为突出。目前，许多古建筑内，特别是游人香客众多的寺庙、道观，都已先后引进电源，但大多不符合安全要求，直接把电线敷设在梁、柱、檩、橡和楼板等上面，甚至临时乱拉乱接电线，随意乱钉线路开关。有的电线已经老化，长年得不到更新。在一些著名的古建筑内，管理部门借口接待外宾需要，不仅安装了豪华的照明设备，而且还安装了大功率的空调设备，使古老的建筑完全"现代化"了。这不仅增加了火灾危险性，而且使古建筑遭到破坏，很不协调。

4. 消防器材短缺，装备落后

加上水源缺乏，不少古建筑单位没有自救能力，这种情况相当普遍。有的地方对一些著名的古建筑计划修缮或重建，但为了压缩投资，且往往首先砍掉消防设计项目。

5. 在管理体制和领导思想方面也存在问题

我国的古建筑分别由文物、宗教、园林等部门管理和使用。在这种多头管理、使用的情况下，往往由于各主管部门之间分工不明，职责不清，导致消防安全工作出现无人管理的混乱局面。

二、古建筑的防火措施

古往今来，我国大量古建筑毁灭的历史事实证明，火灾是古建筑的大敌，因此加强古建筑的防火工作，落实各项消防措施，确保古建筑的安全，是全社会一项紧迫的任务。

（一）加强领导，从严管理

第一，古建筑单位应建立消防安全小组或消防安全委员会，定期检查，督促所属部门的消防安全工作。

第二，单位及所属各部门都要确定一名主要行政领导为防火负责人，负责本单位和本部门的消防安全工作。认真贯彻和执行《文物保护法》《消防法》《古建筑消防管理规则》《博物馆安全保卫规定》《文物建筑消防安全管理十项规定》以及有关消防法规等。

第三，确定专职、兼职防火干部负责本单位的日常消防安全管理工作。

第四，建立各项消防安全制度，若消防安全管理制度，逐级防火责任制度，用火、用电管理制度和用火、用电审批制度，逐级防火检查制度，消防设施、器材管理制度和检查维修保养制度，重点部位和重点工种人员的管理和教育制度，火灾事故报告、调查、处理制度，值班巡逻检查制度等。

第五，建立防火档案。将古建筑和管理使用的基本情况，各级防火责任人名单，消防组织状况，各种消防安全制度贯彻执行情况，历次防火安全检查的情况（包括自查、上级主管部门和消防督查部门的检查），火险隐患整改的情况，火灾事故的原因、损失、处理情况等，一一详细记录在案。

第六，组织职工加强学习文物古建筑消防保护法规，学习消防知识，不断提高群众主动搞好古建筑消防安全的自觉性。

第七，建立义务消防组织，定期进行训练，每个义务消防员都要会防火安全检查，会宣传消防知识；会报火警；会扑救起初火灾，会养护消防器材。

第八，古建筑单位都要制定应急灭火疏散方案，并要配合当地公安消防队共同组织演习。

（二）加强影视拍摄和庙会的组织管理

利用古建筑拍摄电影、电视和组织庙会、展览会，稍有疏忽则有可能引起火灾事故，必须加强管理。

第一，利用古建筑拍摄电影、电视和组织庙会、展览会等活动，主办单位必须事前将活动的时间、范围、方式、安全措施、负责人等，详细向公安消防管理部门提出申请报告，经审查批准，方可进行活动。

第二，古建筑的使用和管理单位不得随意向未经公安消防部门批准的单位提供拍摄电影、电视和组织庙会、展览会等活动场地和文物资源。

第三，获准使用拍摄电影、电视和组织庙会、展览会等活动的单位必须做到以下几点：

1. 必须贯彻"谁主管，谁负责"的原则

严格遵守文物建筑管理使用单位的各项消防安全制度，负责抓好现场消防安全工作，保护好文物古建筑。

2. 严格按批准的计划进行活动

不得随意扩大人数、增加活动项目和扩大活动范围，并严格控制动用明火。

3. 根据活动范围，配置足够使用的消防器材

古建筑的使用和管理单位要组消防安全保卫织专门的力量在现场值班，随时检查，及时处置不安全漏洞。

（三）改善防火条件，创造安全环境

第一，凡是列为古建筑的，除建立博物馆、保管室，或参观游览的场所外，不得用来开设饭店、餐厅、茶馆、旅馆、招待所和生产车间、物资仓库、办公机关以及职工宿舍、居民住宅等。对于已经占用的，有关部门须按照国家规定，采取果断措施，限期搬移。

第二，在古建筑范围内，禁止堆放杂草、木料等可燃物品，严禁储存易燃易爆化学危险物品，已经堆放储存的立即搬走。禁止搭建临时易燃建筑，包括在殿内利用可燃材料进行分隔等，以避免破坏原有的防火间距和分隔，已经搭建，必须坚决拆除。

第三，在古建筑外围，凡与古建筑相连的易燃棚屋，必须拆除。有从事危及古建筑安全的易燃易爆物品生产或储存的单位，有关部门应协助采取消除危险的措施，必要时应予关、停。

第四，坐落在森林内的古建筑，周围应开设宽为 $30 \sim 50m$ 的防火带，以免在森林发生火灾时危及古建筑。在郊外的古建筑，即使没有森林，在秋冬枯草季节，也应将周围 $30m$ 内的枯草清除干净，以免野火蔓延。

第五，对一些重要的古建筑木构件部分，特别是闷顶内的梁、架等应喷涂防火涂料以增加耐火性能。今后在修缮古建筑时，应对木构件进行防火处理。

用于古建筑的各种棉、麻、丝、毛纺织品制作的饰品、饰物，特别是寺院、道观内悬挂的道幡、伞盖等，应用阻燃剂进行防火处理。

第六，一些规模较大的古建筑群，应考虑在不破坏原有格局和环境风貌的情况下，适当设置防火墙、防火门进行防火分隔；文物建筑保护区与控制区之间宜采取道路、水系、广场绿地等防火措施进行分隔。

（四）完善消防设施

1. 开辟消防车通道

第一，除在峻峭山顶以外，凡消防车能够到达的重要古建筑，都要开辟消防车道，

以便在发生火灾时，公安或企业消防队的消防车能迅速赶来施救。如果附近消防队车程超过 5min，应当设立小型消防站，其装备配置应符合《文物建筑防火设计导则》的要求。

第二，对古建筑群，应在不破坏原布局的情况下，并开辟环形消防车通道。如不能形成环行车道，其尽头应设回车道或面积不小于 12m×12m 的回车场。供大型消防车使用的回车场，其面积不应小于 15m×15m。车道下面的管道和暗沟要能承受大型消防车的压力。

2. 改善消防供水

第一，在城市间的古建筑，应利用市政供水管网，在每座殿堂、庭院内安装室外消火栓，有的还应加装水泵接合器。每个消火栓的供水量应按 10 ~ 15L/s 计算，要求能保证供应一辆消防车上两支为 19mm 的水枪同时出水的量。消火栓应采用环形管网布置，设两个进水口。

第二，规模大的古建筑群，应设立消防泵站以便补水加压；体积大于 3000m³ 的古建筑，应考虑安装室内消火栓，并保证不小于 25L/s 的用水量。

第三，在设有消火栓的地方，必须配置消防附件器材箱，箱内备有水带、水枪等附件，以便在发生火灾时充分发挥消防管网出水快的优点。这在门户重重、通道曲折的古建筑内尤其必要。

第四，在郊野、山区中的古建筑，以及消防供水管网不能满足消防用水古建筑，应修建消防水池，储水量应满足扑灭一次火灾持续时间不小于 3h 的用水量。在通消防车的地方，水池周围应有消防车通道，并有供消防车回旋停靠的余地。停消防车的地坪与水面距离一般不大于 4m。在寒冷地区，水池还应采取防冻措施。

对建筑间距太小或高低错落的建筑群应配置小型可移动的手抬泵、摩托泵或小型喷水、喷雾车。当内部保护区为台地时，应设法修建坡道以及方便小型可移动消防设备通行施救。特别是高压水喷雾车，由于它覆盖面积大，吸热效率高，几乎没有冲击力，对木结构建筑破坏较小，故得到普遍应用。

第五，在有河、湖等天然水源可以利用的地方的古建筑，应修建取水码头，供消防车停靠吸水；在消防车不能到达的地方，应设固定或移动的消防泵取水。

第六，在消防器材短缺的地方，为了能及时就近取水扑灭初起火灾，准备些水缸、水桶仍是必要的。

3. 采用先进的消防技术设施

凡属国家级重点文物保护单位的古建筑，须采用先进的消防技术设施。

第一，安装火灾自动报警系统，根据古建筑的实际情况，选择火灾探测器种类与安装方式。目前，北京已安装火灾自动报警系统的古建筑，并主要选用离子感烟探测器和红外光束感烟探测器两种。

第二，重要的砖木结构和木结构的古建筑内，应安装闭式自动喷水灭火系统。在建筑物周围容易蔓延火灾的场合，设置固定或移动式水幕。为了不影响古建筑的结构和外观，自动喷水的水管和喷头可安装在天花板的梁架部位和斗拱屋檐部位。为了防止误动作或冬季冰冻，自动喷水灭火装置应采用预作用的形式。对高大建筑或古树宜

配备高压水喷雾车，既能提高灭火效率，也能防止高压水柱对建筑结构破坏。

第三，在重点古建筑内以及存放或陈列忌水和忌污染文物的地方，如墙面有壁画、柱梁有彩画的建筑以及贮存、陈列古字画、丝、绢、棉、麻等古文物的建筑应安装七氟丙烷或二氧化碳等洁净气体灭火系统。

第四，对单体建筑面积较大或自然采光面积不足且参观停留人数较多的建筑应设应急照明灯和疏散指示标志以及事故广播系统，以利于人员紧急情况下的疏散。

第五，安装上述自动报警和自动灭火系统的古建筑，应设置消防控制中心，对整个自动报警、自动灭火系统实行集中控制与管理。

4. 配置轻便灭火器

为防止万一，一旦出现火情，能及时有效地把火灾扑灭在初起阶段，可根据实际情况，参照以下标准配置轻便灭火器。

第一，开放供游人参观的宫殿、阁楼和有宗教活动的寺庙、道观，其殿堂可按每 $200m^2$ 左右配置 2 具 8kg 的 ABC 型干粉灭火器或手提式 7kg 型二氧化碳灭火器。如建筑面积超出 $200m^2$，按每增加 $200m^2$ 的建筑面积增配 1 具计算。

第二，收藏纸、绢、壁画类文物的库房按每 $100m^2$ 配置 2 具二氧化碳灭火器或七氟丙烷灭火器。面积每增加 $100m^2$，增设 1 具。

第三，办公和生活区可按每 $200m^2$ 配置清水灭火器 2 具，且面积每增加 $200m^2$ 增设 1 具。

第四，灭火器在维修调换药剂时，应分批替换，切不可一次集中统统撤走，以免出现空档，这方面已有不少教训。

五、严格火源管理，消除起火因素

没有火源，就不可能起火，但人类生活又离不开火。在古建筑内不仅有生活用火、用电（电也是火源的一种），而且由于宗教活动的需要，许多古建筑内还多了一种香火。因此，必须严格管理火源。

（一）严格生活和维修用火管理

一是在古建筑内严禁使用液化石油气和安装煤气管道。

二是炊煮用火的炉灶烟囱，必须符合防火安全要求。

三是冬季，必须取暖的地方，取暖用火的设置应经单位有关人员检查之后定点，指定专人负责。

四是供游人参观和举行宗教等活动的地方，禁止吸烟，并设有鲜明的标志。工作人员和僧、道等神职人员吸烟，应划定地方，烟头、柴火必须丢在带水的烟缸或痰盂里，禁止随手乱扔。

第五，如因维修需要，临时使用电焊、切割设备的，必须经单位领导批准，指定专人负责，落实安全措施。

（二）严格电源管理

第一，凡列为重点保护的古建筑，除砖、石结构外，且国家有关部门明确规定，一般不准安装电灯和其他电器设备。如必须安装使用，须经当地文物行政管理部门和公安消防部门批准，并由正式电工负责安装维修，严格执行电气安装使用规程。

第二，古建筑内的电气线路一律采用铜芯绝缘导线，并用金属管穿管敷设。不得将电线直接敷设在梁、柱、枋等可燃构件上，严禁乱拉乱接电线。

第三，配线方式一般应以一座殿堂为一个单独的分支回路，独立设置控制开关，以便在人员离开时切断电源；并安装熔断器，作为过载保护；控制开关、熔断器均应安装在建筑外面专门的配电箱内。

第四，在重点保护的古建筑内，不宜采用大功率的照明灯泡，禁止使用表面温度很高的碘钨灯之类的电器和电炉等电加热器；灯具和发热元件不得靠近可燃物。

第五，没有安装电气设备的古建筑，如临时需要使用电气照明或其他设备，也必须办理临时用电申请审批手续。经批准后由电工安装，在到批准期限结束，即行拆除。

（三）严格香火管理

第一，未经政府批准进行宗教活动的古建筑（寺庙、道观）内，禁止燃灯、点烛、烧香、焚纸。

第二，经批准进行宗教活动的古建筑（寺庙、道观）内，允许燃灯、点烛、烧香、焚纸，但应按规定地点和位置，并制定专人负责看管，最好以殿堂为单位，采用"众佛一炉香"的办法，集中一处，便于管理。

第三，神佛像前的"长明灯"应设固定的灯座，并把灯放置在瓷缸或玻璃缸内，以免碰翻。神佛像前的蜡烛也应有固定的烛台，以防倾倒，发生意外。有条件的地方，可把蜡烛的头改装成低压小支光的灯泡，既明亮，又安全。香炉应用非燃烧材料制作。

第四，放置香、烛、灯火的木制供桌上，应铺盖金属薄板，或涂防火材料，以防香、烛、灯火跌落在上面时，引起燃烧。所有的香、烛、灯火严禁靠近帐幔、幡幢、伞盖等可燃物。

第五，除"长明灯"在夜间应有人巡查外，香、烛必须在人员离开前熄灭。

第六，焚烧纸钱、锡箔的"化钱炉"须设在殿堂外选择靠墙角避风处，并用非燃烧材料制作。

（四）认真落实防雷措施

古建筑是否安装防雷装置，不应只从建筑物的高矮考虑，应从保护历史文化遗产和古建筑火灾危险性的角度考虑。多年的实践证明，雷击不仅会对高大的建筑物有威胁，对低矮古建筑也同样有威胁。因此，凡重点文物保护单位的古建筑，尽可能都要安装防雷装置。古建筑安装防雷装置，除按照我国防雷规程的要求安装外，还需注意以下事项。

第一，选择避雷针安装方式，必须准确计算它的保护范围，屋顶和屋檐四角应在保护范围之内。

第二，无论是采用避雷针还是避雷带的安装方式，均应注意引下线在建筑重檐的弯曲处两点间的垂直长度要大于弯曲部分实长的 1/10。可采用避雷带，应沿屋脊、斜脊等突出的部位敷设。

第三，接地体应就近埋设，不宜距离保护建筑太远，以避免防雷装置的反击电压造成放电的危险。为便于检测每根接地体的电阻，应在防雷引下线与接地体间距地面 1.8～2.2m 处，设断接卡子，在每年雨季到来之前检测接地电阻，接地体的电阻值应在 10Ω 以下。

第四，防雷引下线不能过少。引下线少，分流就少，每一根引下线承受的电流就大，容易产生反击和二次伤害。因此，要按我国建筑防雷规程要求，每隔 20～24m 敷设一根引下线，即使建筑长度短，引下线也不得少于 2 条。

第五，防雷导线与进入室内的电气、通信线路、管线和其他金属物要避免发生相互交叉，必须保持一定距离，防止发生反击，引起二次灾害。室外架空线路进入室内之前，应安装避雷器或采取放电间隙等保护措施。

第六，古建筑安装节日彩灯与避雷器（带）平行时，避雷带应高出彩灯顶部 30mm，避雷带支持卡子的厚度应大一级，彩灯线路由建筑物上部供电时，应在线路进入建筑物的入口端，装设低压阀型避雷器，其接地线应和避雷引下线相接。

六、加强古建筑修缮时的防火工作

修缮古建筑是保护建筑的一项根本措施。所有的古建筑都必须进行修缮，但是在古建筑修缮的过程中，又增加了不少火灾危险性，如：大量存放易燃可燃的物料，大量使用电动工具或明火作业，同时维修人员多而杂，进出频繁，稍有不慎，就有可能引起火灾。因此，古建筑修缮过程中的防火工作尤须加强。特别注意以下几点：

第一，修缮工程较大时，古建筑的使用管理单位和施工单位应遵照《古建筑消防管理规则》第十六条的规定，将工程项目、消防安全措施、现场组织制度、防火负责人、逐级防火责任制等事先报送当地公安消防监督部门，未获批准，不得擅自施工。

第二，健全工地消防安全领导组织、成立义务消防队、落实值班、巡逻等各项消防安全制度，以及配置足够的消防器材等消防安全措施。

第三，在古建筑内和脚手架上，不准进行焊接、切割作业，如必须进行焊接、切割时，必须按本章本节"严格火源管理"的要求执行。

第四，电刨、电锯、电砂轮不准设在古建筑内，木工加工点，熬炼桐油、沥青等明火作业要设在远离古建筑的安全地带。

第五，修缮用的木材等可燃物料不得堆放在古建筑内，也不能靠近重点古建筑堆放。油漆工的料具房应选择远离古建筑的地方单独设置。施工现场使用的油漆稀料，不得超过当天的使用量。

第六，贴金时要将作业点的下部封严，地面能浇湿的，要洒水浇湿，防止纸片乱飞遇到明火燃烧。

第七，支搭的脚手架要考虑防雷，可在建筑的四个角和四边的脚手架上安装数根

避雷针，并直接与接地装置相连接，使能保护施工工地全部面积。避雷针至少高出脚手架顶端30cm。

第十节　加油站消防安全管理

油库作为接收、储存和发放石油产品的企业，其既可能是原油加工企业的原料库和生产中转站，也可能是成品油的集收、储存、供应站，特别是一些大型油库也是国家石油储存和供应的基地，在整个国民经济运行中发挥着重要作用。因此，做好油库防火安全工作，防止油库发生火灾事故，对于保障国防战略安全和促进国民经济的发展具有重要的意义。

一、石油产品的火灾危险性

石油是原油及其成品油的总称。原油是一种呈黑褐色的黏性易燃液体，主要由碳和氢两种元素组成，碳占83%～87%，氢占11%～14%，从地下开采出来的叫天然石油，从煤和油母页岩中经干馏、高压、加氢合成反应而获得的叫人造石油。汽油、煤油、柴油以及各种润滑油都是石油产品，由原油经过蒸馏和精制加工而成。

石油产品的火灾危险性主要有下列几个方面。

（一）容易燃烧

石油产品具有容易燃烧的特点，因而也就潜藏着很大火灾危险。石油产品火灾危险性的大小主要是以其闪点、燃点、自燃点来衡量的。从消防观点来说，闪燃就是着火的前兆，闪点越低的油品，着火的危险性越大，反之则火灾危险性就小。油品闪点是指在规定的试验条件下，油品蒸气与空气的混合气体，接近火焰闪出火花并立即熄灭时的最低温度。汽油的闪点一般在 –50～–30℃之间，在任何大气温度下均能使其挥发出大量的油蒸气，只要遇上极小点燃能量（一般只需0.2～0.25mJ）的火花就能点燃，因此，汽油的火灾危险性很大。煤油的闪点一般为45℃左右；–35号轻柴油的闪点一般为50℃左右，外部温度有可能达到或接近，因此，这类油品火灾危险性也较大。其他轻柴油和重柴油的闪点一般在60～120℃，在正常情况下，环境温度不可能达到，但如果油品被加热或者在附近出现有足够温度的火源时，也存在被点燃而发生火灾的危险。润滑油类和润滑脂类的闪点均在120℃；以上，一般来讲，不易着火，但在附近发生具有高热辐射燃烧时，即可迅速传播燃烧，也同样具有火灾危险性。

石油产品的闪点与燃点相差1～5℃，即使闪点在100℃以上的油品，其燃点比闪点仅高30℃左右。根据油品被引燃的难易程度，将油品按其闪点划分为易燃液体和可燃液体两个部分，并划分为甲、乙、丙三类。由于闪点高于120℃的润滑油和有些重油在一般情况下较难起火，故而又将丙类油品分为丙A和丙B两类。石油库储存油品火灾危险性分类见表9-1。

表 9-1　石油库储存油品的火灾危险性分类

类别		闪点 /X:	举例
易燃液体	甲	< 28	原油、汽油类
	乙	28 ～ 60	喷气燃料、灯用煤油、-35 号轻柴油
可燃液体　丙	A	60 ～ 120	轻柴油、重油、重柴油
	B	> 120	润滑油类、100 号重油

　　由于石油产品具有容易燃烧的特点，结合石油库内建筑物和构筑物的使用性质和操作情况，从防止油库火灾造成灾难性后果出发，《建筑设计防火规范》对库内生产性建筑物和构筑物的耐火等级做出明确规定，这些规定不仅是设计油库时必须遵循的法规，也是石油库在消防安全管理上的重要依据。

（二）容易爆炸

　　石油产品的蒸气和空气的混合比达到一定浓度范围时，遇火即能爆炸。爆炸浓度范围越大，下限越低的油品，发生火灾或爆炸的危险性越大。它是衡量易燃气体火灾危险性的重要指标，一般所说的爆炸极限就是指浓度极限。而常用石油产品爆炸浓度极限和闪点、燃点见表 9-2。

表 9-2　石油产品爆炸极限及闪点、自燃点

石油产品名称	爆炸极限 油品蒸气在空气中浓度 / (%)		温度 /I		备注
	下限	上限	闪点	自燃点	
汽油	1.58	6.48	-50 ～ -30	415 ～ 530	易燃液体
煤油	1.40	7.50	28 ～ 45	380 ～ 425	易燃液体
甲烷	5.00	15.00	—	540	易燃易爆气体
乙烷	3.12	15.00	—	510 ～ 522	易燃易爆气体、有毒害性
丙烷	2.9	9.50	—	460	稀薄石油气
丁烷	1.9	6.50	—	—	稀薄石油气
戊烷	1.4	8.00	-10	579	易燃液体
甲苯	1.28	7.00	6 ～ 30	522	易燃液体
苯	1.50	9.50	10 ～ 15	580 ～ 659	易燃液体
乙烯	3.00	34.00	—	543	易燃易爆气体
丙烯	2.00	11.10	—	—	稀薄石油气
丁烯	1.70	9.00	—	—	稀薄石油气
异丁烷	1.60	8.40	—	—	稀薄石油气
天然气	5.00	16.00	—	650 ～ 750	石油气
轻柴油	1.5	6.5	40 ～ 65	350 ～ 380	可燃液体

爆炸极限除用油品气体浓度来表示外,也可以用油品温度来表示,因为液体的蒸气浓度是在一定的温度下形成的,因此,液体的爆炸浓度极限,就体现着一定的温度极限。如汽油和煤油的爆炸温度极限分别为 $-38 \sim -8℃$ 和 $40 \sim 86℃$。

石油产品在着火过程中,容器内气体空间的油蒸气浓度是随着燃烧状况且不断变化的。因此,燃烧和爆炸也往往是互相转变交替进行的。

(三)容易蒸发

石油产品尤其是轻质油品具有容易蒸发的特性。汽油在任何气温下都可以蒸发,$1kg$ 汽油大约可以蒸发为 $0.4m^3$ 油蒸气;煤油和柴油在常温常压下只是蒸发得慢一些,润滑油的蒸发量则比较小。油品密度越小,蒸发得越快;闪点越低,火灾危险性就越大。

石油产品的蒸发有静止蒸发和流动蒸发两种情况。静止蒸发是指储存在比较严密的容器内的油在空气不太流通的情况下,液面发生蒸发的现象。流动蒸发是指油品在进行泵送或灌装时,油品或周围的空气处在流动情况下,或二者都处在流动情况下所发生的蒸发现象。这些蒸发出来的油气,因其相对密度较大,一般都在 $1.59 \sim 4$(相对于空气)之间,不易扩散,往往在储存处或作业场地的空间、地面弥漫飘荡,在低洼处积聚不散,这就大大增加了火灾危险因素。

石油产品的蒸发速度同下列因素有关:

第一,温度:温度高,蒸发快;温度低,蒸发慢。

第二,蒸发面积:面积大,蒸发量大;面积小,蒸发量小。

第三,液体表面空气流动速度:流动速度快,蒸发快;流动速度慢,蒸发慢。

第四,液面承受的压力:压力大,蒸发慢;压力小,蒸发快。

第五,密度:密度小,蒸发快;密度大,蒸发慢。

凡是蒸发速度较快的油品,其蒸发的油气在空气中的浓度容易超过爆炸下限而形成爆炸性混合物。在运输、装卸、储存、灌注石油产品(特别是轻质石油产品)时,应采取一切技术措施,以此来减少油气蒸发。

(四)容易产生静电

石油产品的电阻率一般在 $10^{12}Ω·cm$ 左右,当沿管道流动与管壁摩擦和在运输过程中因受到震荡与车、船、罐壁冲击,都会产生静电。

静电的主要危害是静电放电。当静电放电所产生的电火花能量达到或大于油品蒸气的最小着火能量时,就立刻引起燃烧或爆炸。汽油的最低着火能量为 $0.2 \sim 0.25mJ$。而石油产品在装卸、灌装、泵送等作业过程中,由于流动、喷射、过滤、冲击等缘故所产生的静电电场强度和油面电位,往往能高达 $20 \sim 30kV$。

容器内石油产品放电有电晕放电和火花放电两种形式。电晕放电往往发生在靠近油面的突出接地金属(如罐壁的突出物、装油鹤管等)与油面之间。这种形式的放电能量是极微小的,一般不会点燃液面蒸气,但也有可能发展成为火花放电。

火花放电大都发生在两金属体之间,如油面上的金属与容器壁之间(如偶然落入容器内而又飘浮在液面上的金属采样器等)。该种放电能量较大,很可能点燃液面蒸气,

至于油面之间存在的电位差放电，以及油面与容器顶内壁突出物之间的放电，由于需要很大的电位差，故发生的可能性很小。

静电放电引起火灾，防止静电引起火灾的措施，即要设法限制液体流量、控制液体流速、减少液体撞击摩擦，或者加强导电接地等。

油品静电电荷量的多少与下列因素有关：

第一，油品带电与输油管内壁粗糙程度成正比，油管内壁越粗糙，油品带电越多。

第二，空气的相对湿度（大气中所含水蒸气量）越大，产生的静电荷越少，空气越干燥，静电荷越不容易消散。

第三，油品在管内流动速度越快，流动的时间越长，产生的静电荷越多。

第四，油品的温度越高，产生的静电荷越多（柴油的特性相反，温度越低，产生的静电荷越多）。

第五，油品中含有杂质，或油与水混合泵送，或不同油品相混合时，静电荷显著增加。

第六，油品通过的过滤网越密，产生的静电荷越多。

第七，油品流经的闸阀、弯头等越多，产生的静电荷越多。

第八，用绝缘材料制成的容器和油管（如帆布管、塑料桶等）比用导电的金属制成的容器、油管产生的静电荷多。

第九，导电率低的油品比导电率高的油品产生的静电荷多。

第十，储运设备的防腐涂层导电性能越差，静电荷的产生与积聚越多。

第十一，灌装油品时出油口与油面的落差越大，产生的静电荷越多。

第十二，装卸油品管道的进出口形状对静电荷的产生和积聚有很大影响，集中并形成喷射的进出口形状比分散式、稳流形状的容易产生静电荷。

（五）容易受热膨胀

一方面，石油产品受热后体积膨胀，蒸气压同时升高，若储存于密闭容器中，就会造成容器的膨胀，甚至爆裂。有些储油的铁桶出现的顶、底鼓凸现象，就是受热膨胀所致，另一方面，当容器内灌入热油冷却时，油品体积又会收缩而造成桶内负压，使容器被大气压瘪。这种热胀冷缩现象往往损坏储油容器，从而增加火灾危险因素。

（六）容易流动扩散

液体都有流动扩散的特点。油品流动扩散的强弱取决于油品本身黏度，黏度低的油品流动扩散性强，如有渗漏会很快向四周流散。无论是漫流的油品或飘荡在空间的油气，都属于起火的危险因素。重质油品的黏度虽然很高，但随着温度的升高其流动扩散性亦能增强。

（七）容易沸腾突溢

储存重质油品的油罐着火后，有时会引起油品的沸腾突溢。燃烧的油品大量外溢，甚至从罐内猛烈喷出，形成巨大的火柱，可高达 $70 \sim 80m$，火柱顺风向喷射距离可达 $120m$，这种现象通常称为"突沸"。燃烧的油罐一旦发生"突沸"，其不仅容易造成

扑救人员的伤亡，而且由于火场上辐射热大量增加，容易直接延烧邻近油罐，扩大灾情。

1.重质油品发生沸腾突溢的原因

（1）辐射热的作用

油罐发生火灾时，辐射热在向四周扩散的同时，也加热了液面，并随着加热时间的增长，被加热的液层也越来越厚，当温度不断升高，在油品被加热到沸点时，燃烧着的油品就沸腾出罐外。

（2）热波的作用

石油及其产品是多种碳氢化合物的混合物。在油品燃烧时，首先是处于表面的轻馏分被烧掉，而剩余的重馏分则逐步下沉，并把热量带到下面，从而使油品逐层地往深部加热。这种现象称为热波，热油与冷油分界面称为热波面。在热波面处油温可达149 ~ 316℃。

辐射热和热波往往是同时作用的，因而能使油品很快达到它的沸点温度而发生沸腾外溢。

（3）水蒸气的作用

如果油品不纯，油中含水或油层中包裹游离状态水分。当热波面与油中悬浮水滴相遇或达到水垫层高度时，水被加热汽化，并形成气泡。水滴蒸发为水蒸气后，体积膨胀1700倍，以很大的压力急剧冲出液面，把着火的油品带上高空，形成巨大火柱。

2.重质油品发生沸腾突溢的条件

重质油品产生沸腾突溢，除上述原因外，也只有在下列条件同时存在时才会发生。

第一，由于油品具有热波的性质，通常仅在具有宽沸点范围的原油、重油等重质油品中存在明显的热波。而汽油，由于它的沸点范围比较窄，各组分间的密度差别不大，只能在距液面6 ~ 9cm处存在一个固定的热波界面，即热波界面的推移速度与燃烧的直线速度相等，故不会产生突溢沸腾。几种油品的热波传播速度和燃烧直线速度见表9-3。

表9-3 几种油品的热波传播速度和燃烧直线速度

油品名称	热波传播速度	燃烧直线速度
轻质原油：含水0.3%以下	38 ~ 90	10 ~ 46
含水0.3%以上	43 ~ 127	10 ~ 46
重质原油：含水0.3%以下	50 ~ 75	7.5 ~ 13
（和重油）含水0.3%以上	30 ~ 127	7.5 ~ 13
煤油	0	12.5 ~ 20
汽油	0	15 ~ 30

第二，油品中含有乳化或悬浮状态的水或者在最下层有水垫层。

第三，油品具有足够的黏度，能在蒸气泡周围形成油品薄膜。

油罐着火后突沸的时间取决于罐内储存油品的数量、含水量以及着火燃烧时间的长短。也可以根据罐中油位高度、水垫层高度以及热波传播速度和燃烧直线速度进行估算，以便采取有效的防护措施。一般在发生突沸前数分钟，油罐出现剧烈振动并发

出强烈嘶哑声音时，即是突沸的前兆，火场指挥者如能掌握这种征兆，就能果断地抢先一步做出正确的决定。

二、油库的分类和选址

（一）油库的类型

油库有两大类型：一类为专门接收、储存和发放油品的独立油库；一类为工业、交通或其他企业为满足本身生产需要而设置的附属油库。各类油库又分为以下几种：

一是将储油罐设置在地面上的称为地上油库。

二是将储油罐部分或全部埋于地下，上面覆土的，称为半地下油库或地下油库。将储油罐建筑在人工挖的洞室或天然山洞内的，称为山洞油库。

三是利用稳定的地下水位，将油品直接封存于地下水位岩体里开挖的人工洞室中的，称为水封石洞油库。

四是为了适应海上采油，将储油罐建设在水下的，称为水下油库。

（二）油库的分级

石油库按其总容量又可划分为四级，见表9-4。

表9-4　石油库的等级划分

等级	总容量 /m3
一	50000 及以上
二	10000 ～ 50000 以下
三	2500 ～ 10000 以下
四	500 ～ 2500 以下

值得注意的是表中总容积系指石油库储存油罐的公称容量和桶装油品设计存放量的总和，不包括零位罐、高架罐、放空罐以及石油库自用油品储罐的容量。

此外，按照储罐的形式，又可分为固定顶罐、浮顶罐、卧式罐、立式罐、球罐等；按照储罐的位置，又可分为直埋式、被覆式、高架式、地上式等。一般大型油库多采用地上固定顶罐或浮顶罐，军用战略油库多采用地下或半地下被覆式固定顶罐，小型油库多采用地上或地下直埋卧式罐。

（三）油库的选址

石油库的库址选择应符合以下要求：

一是油库作为易燃易爆单位，特别是大型油库，宜选在城市的边缘或远离主城区，且处于城市常年主导风向的下风向或侧风向。

二是库址应具备良好的地质条件，不得选择在有土崩、断层、滑坡、沼泽、流沙及泥石流的地区和地下矿藏开采后有可能塌陷的地区。

三是一、二、三级石油库不得选在地震烈度为9级以上地区。

四是库址应选在不受洪水、潮水或内涝威胁的地区。

五是库址应具备满足生产、消防、生活所需的水源，还应具备污水排放的条件。

六是库址与其他民用建筑、铁路、公路、桥梁、输电线路的防火安全距离以及库区内各建筑、设施之间的防火间距应满足《石油库设计规范》（GB50074-2014）的要求。

（四）散装油品储存场地的选择

不论是大型油库还是小型油库，除了主油品用储罐储存外，都会有一定量的用油桶散装的油品，这些油品的储存需要专门的库房或场地。对于这类库房或场地的防火要求必须考虑危险性较大的如汽油、煤油这类油品，容易因温度升高使桶内油液膨胀，蒸气压力增大，在超过桶皮所能承受的压力时胀破。因此，易燃液体桶装油料不宜在露天存放，如条件所限必须在场地储存时，则应在场地上设置不燃结构遮棚，以及在炎热季节采取喷淋降温的措施。对轻质油品中的柴油类和其他可燃液体的桶装油品，在场地储存时，应采用以下防火措施：

一是露天油桶堆放场不应设在铁路、公路干线附近，但应有专用的道路；也不宜设在有陡壁的山脚下。场地应坚实平整并高出地面 0.2m，场地四周应有经水封的排水设施。桶堆应用土堤或围墙保护，其高度在 0.5m 左右，为避免阳光照射，可在堆场周围种植阔叶树木（不能种植针叶树木）。

二是场地上的润滑油桶应卧放，双行并列，桶底相对，桶口朝外，大口向上，卧放垛高不得超过三层，层间加垫木；桶装轻质油品应使桶身与地面成 75° 斜放，与邻相靠，下加垫木。不论卧放、斜放均应分堆放置，各堆垛之间应保持一定防火间距，堆垛长度不超过 25m，宽度不超过 15m，堆与堆的间距也不小于 3m，每个围堤内最多四堆，堆与围堤应有不小于 5m 的间距，以防油品流散和便于扑救。堆中油桶应排列整齐，两行一排，排与排间应留有不小于 1m 的检修通道，便于发现油桶渗漏和进行处理。

三是场地内不应设置电气设备，照明装置可设在堤外。

三、油库的防火管理

防火是油库管理的首要任务，也是一项经常性的工作，它要贯穿于一切生产作业、设备维修、技术革新、基建施工中，其重点如下。

（一）日常管理

1.开展经常性安全教育

第一，运用各种形式对职工加强防火安全和守职尽责的教育，做到开会经常讲，逢年过节重点讲，冬防夏防定期讲，发现隐患及时讲，新进职工专门讲。

第二，油库环境应有浓厚的防火安全气氛。如油库大门外设置醒目的"油库重地，严禁烟火""严禁火种入库"等警示牌，库内张贴各种防火安全警句、标语，作业场所设置的消防设备颜色规范、醒目。

2.加强安全管理措施

第一，库区严禁烟火进入，外来车辆必须戴防火罩，方能进入；

第二，栈台、泵房等收发油作业场所都属于高危险爆炸区域，严禁接入非防爆电器设备；

第四，操作中应严格操作规程、流程，防止混油、抽空、溢罐，严格控制压力、流速，工艺装置中应设置事故紧急切断阀；

第四，检查管道法兰连接处的跨接装置及接地装置，检查装、卸油罐车的静电接地，防止静电产生；

第五，防止"跑冒滴漏"和加强通风，设置有气体泄漏或油品泄漏报警装置的应定期检查探头的工作状况，及时清洗和维护，防止可燃气体聚集形成爆炸性混合气体；

第六，每年夏季雷雨来临前，检查油罐的防雷接地设施，如避雷针、接地线是否连接可靠，测量接地电阻是否符合要求（不大于 10Ω）以及雷雨天应停止收发作业等；

第七，经常检查油罐的呼吸阀、安全阀、阻火器等安全设施，杜绝安全隐患。

3.严格检查

严格动火审批，落实监护设施

（二）油库的动火检修

油罐和输油管道等设备在检修时，往往要动火焊割。这对严禁明火的油库来讲，是一个很大的威胁。因此必须十分注意，确保安全。

1.检修动火的原则和一般要求

储罐、油管或其他火灾危险较大的部位的检修动火，必须从严掌握，按照下列原则办理：

第一，有条件拆卸的构件如油管、法兰等，应拆下来移至安全场所，检修动火后再安装。

第二，可以采用不动火的方法代替而同样能达到预期效果的，应尽量采用代替的方法处理，如用螺栓连接代替焊接施工；用轧箍加垫片代替焊补油管渗漏；用手锯方法代替气割作业等。

第三，必须就地检修动火的，应经过批准，尽可能把动火的时间和范围压缩到最低限度，同时落实各项防火安全措施。

第四，油罐和输油管道检修是最易造成火灾危险的作业，必须十分重视。事先应对现场情况详细了解，并组织专门小组进行研究，制定施工方案，施工前要将动火场所周围杂草和可燃物质、油脚污泥等清除干净，施工时应指派熟练技工操作，明确专人负责现场检查监护，除配置轻便灭火工具外，罐区内消防设备和灭火装置均要保证可靠，以防万一。

2.油罐动火检修的安全措施（步骤）

第一，清出检修油罐罐内全部油品。

第二，在油罐入孔口用消防水枪冲洗罐壁油垢，将罐内含油积水用泵抽到其他罐内，清除出来的油泥、锈屑，应在罐区外安全地方埋入地下或作无害化处理。含硫油品的沉积污垢，必须在潮湿状态下及时埋入库外地下，防止自燃引起火灾。

第三，用蒸汽蒸洗。一般油罐连续蒸洗时间不少于 $24h$，$5000m^3$ 以上油罐应不少

于48h；蒸汽应缓慢放入，压力不宜过高，控制在0.25MPa，输蒸汽的管子应良好接地，并外接在油罐壁上，以免发生静电事故。不要将装有能够撞击出火花的金属输气管道伸入罐内，以防蒸汽压力使输气管跳动时，由于金属的摩擦撞击产生火花引燃油气爆炸。储存柴油和润滑油的油罐，可以考虑不用蒸汽蒸洗。

对不具备蒸洗条件的地上金属油罐，先进行自然通风，时间上也一般不少于10d，然后向罐内充水，直到油污从罐顶各个孔口溢出。排水后测定罐内油气含量小于0.3mg/L，方可进入油罐，排除积污，并在动火之前再做测爆试验。禁止利用输油管线向罐内注水，以防带入油液。

第四，自然通风。蒸洗完成后，打开入孔、采光孔、测量孔、泡沫室盖板等孔口和罐壁闸阀，拆下呼吸阀、液压安全阀，进行自然通风，排除罐内油气。打开孔盖时动作要轻，防止摩擦撞击出火。汽油罐自然通风时间一般为7~10d。

第五，拆卸输油管线，使油罐与其他罐、管脱离。输油管非动火一端要加盲板封堵，阀门要关紧锁好，切忌只关阀门，不拆管线，不堵盲板。油罐上的固定消防泡沫管也应同时拆断，防止油气进入。

第六，储存易燃液体的油罐，从打开孔口到开始动火这段时间，周围50m半径范围内应划为警戒区域。

第七，动火之前应通过气样分析有无爆炸危险。或用测爆仪在测量孔、采光孔等各个孔口以及罐内低凹和容易积聚油气的死角等处测查油气，如升降管、虹吸放油口、中心柱等处；特别要注意罐底焊封不好处，下部可能隐存积油，最好用两台以上测爆仪同时进行测定，便于核对数据，防止因测爆仪失灵出现假象。测定气体浓度，必须是低于该油品爆炸下限的50%才算合格。对经过测爆正常，但未及时动火的油罐，在间隔一段时间，开始动火之前，仍需重新进行测查，以防意外。

第八，动火油罐的邻近油罐，如系汽油罐，应与动火油罐同样采用相应的防范措施。对与动火罐相邻二罐中较大一个罐径的煤油、柴油罐，动火期间应停止油品收发作业，并在不影响油罐呼吸情况下，用石棉布或多层铜丝网遮盖呼吸阀（网不少于5层，网孔30~35目），若距离小于罐径，应清出罐内油品并满罐储水；但润滑油罐除外。为了减少罐区内附近易燃油品罐的气体散逸，根据季节、气温情况，还需对周围汽油、煤油罐喷淋降温。

第九，当油罐间距不符合要求，且相邻罐又无条件出空时，要视具体情况调换邻罐的储存油品，必要时，应再在两个油罐之间，靠动火油罐的一侧喷水保护或临时用高度不低于罐顶、宽度适当的脚手架悬挂帆布并淋水作阻隔屏障。容量较小的油罐，可将油罐吊运到危险区外进行施工，但移动时要注意防止油罐变形。

第十，对于储存汽油的油罐，在计划检修之前，应尽可能安排改储柴油过渡，创造安全施工条件。

3.输油管道动火检修的安全措施

第一，输油管线动火前，应排除管内存油，将管线拆下，用水彻底清洗干净，敞开管口通风，移到指定安全地点用火。

第二，对拆下的油管，在排除管内存油后，根据管线的输油品种危险程度，分别

采取相应的安全用火措施，如全焊接管道，将距离该管道焊接处 20m 以内油罐中的轻质油品移离，并在罐内充水，被修管段两端接头均应拆离，保持敞口，不进行修理的管段拆离后，端头应用盲板封闭。

第三，若管段两端无法拆离，或管段较长，则尽可能带水操作，并在动火前用手动工具在修理处管道上部开一手孔，用泥团在焊接点的管内两端堵塞严密。完工后泥塞可用高压水冲除，或者结合焊修割断该处管体，改装成法兰连接并将泥塞取出。

第四，若用蒸汽冲刷管道，要注意防止管道冷却时产生真空，从尚未拆断的管道中吸入油液或油气，在动火时发生危险。

第十一节 生产加工场所消防安全管理

工业建筑发生火灾时造成的生命、财产损失与建筑内物质的火灾危险性、工艺及操作的火灾危险性和采取的相应措施等直接相关。在进行防火设计时，必须判断其火灾危险程度的高低，进而制定行之有效的防火防爆对策。

可燃物的种类很多，各种气体、液体与固体不同的性质形成了不同的危险性，而且同样的物品采用不同的工艺和操作，产生的危险性也不相同，因此在实际应用中，确定一个厂房或仓库确切的火灾危险程度有时比较复杂。现行有关国家标准对不同生产和储存场所的火灾危险性进行了分类，这些分类标准是经过大量的调查研究，并经过多年的实践总结出来的，是工业企业防火设计中的技术依据和准则。实际设计中，确定了具体建设项目的生产和储存物品的火灾危险性类别后，才能按照所属的火灾危险性类别采取对应的防火与防爆措施，如确定建筑物的耐火等级、层数、面积，设置所必要的防火分隔物、安全疏散设施、防爆泄压设施、消防给水和灭火设备、防排烟和火灾报警设备以及与周围建筑之间的防火间距等。对生产和储存物品的火灾危险性进行分类，对保护人身安全、维护工业企业正常的生产秩序、保护财产也具有非常重要的意义。

一、生产的火灾危险性分类

生产的火灾危险性是指生产过程中发生火灾、爆炸事故的各种因素，以及火灾扩大蔓延条件的总和。它取决于物料及产品的性质、生产设备的缺陷、生产作业行为、工艺参数的控制和生产环境等诸多因素的相互作用。评定生产过程的火灾危险性，就是在掌握生产中所使用物质的物理、化学性质和火灾、爆炸特性的基础上，分析物质在加工处理过程中同作业行为、工艺控制条件、生产设备、生产环境等要素的联系与作用，评价生产过程发生火灾和爆炸事故的可能性。厂房的火灾危险性类别是以生产过程中使用和产出物质的火灾危险性类别确定的，评定物质的火灾危险性是确定生产的火灾危险性类别的基础。

（一）评定物质火灾危险性的主要指标

物质火灾危险性的评定，主要是依据其理化性质。物料状态不同，评定的标志也

不同，因此评定气体、液体和固体火灾爆炸危险性的指标是有区别。

1.评定气体火灾危险性的主要指标

爆炸极限和自燃点是评定气体火灾危险性的主要指标。可燃气体的爆炸浓度极限范围越大，爆炸下限越低，越容易与空气或其他助燃气体形成爆炸性气体混合物，其火灾爆炸危险性越大。可燃气体的自燃点越低，遇热源引燃的可能性越大，火灾爆炸的危险性越大。

另外，气体的比重和扩散性、化学性质活泼与否、带电性以及受热膨胀性等也都从不同角度揭示了其火灾危险性。气体化学活泼性越强，发生火灾爆炸的危险性越大；气体在空气中的扩散速度越快，火灾蔓延扩展的危险性越大；相对密度大的气体易聚集不散，遇明火容易造成火灾爆炸事故；易压缩液化的气体遇热后体积膨胀，容易发生火灾爆炸事故。可燃气体的火灾危险性还在于气体极易引燃，而且一旦燃烧，速度极快，多发生爆炸式燃烧，甚至还会出现爆轰，危害大，难以控制和扑救。

2.评定液体火灾危险性的主要指标

闪点是评定液体火灾危险性的主要指标（评定可燃液体火灾危险性最直接的指标是蒸气压，蒸气压越高，越易挥发，闪点也越低，但由于蒸气压很难测量，所以世界各地都是根据液体的闪点来确定其危险性的）。闪点越低的液体，越易挥发而形成爆炸性气体混合物，引燃也越容易。针对可燃液体，通常还用自燃点作为评定火灾危险性的标志，自燃点越低的液体，越易发生自燃。

此外，液体的爆炸温度极限、受热蒸发性、流动扩散性和带电性也是衡量液体火灾危险性的标志。爆炸温度极限范围越大，危险性越大；受热膨胀系数越大的液体，受热后蒸气压力上升速度快（汽化量增大），容易造成设备升压发生爆炸；沸点越低的液体，蒸发性越强，且蒸气压随温度的升高显著增大；液体流动扩散快，泄漏后易流淌蒸发，会加快其蒸发速度，易于起火并蔓延；有些液体（如酮、醚、石油及其产品）有很强的带电能力，其在生产、储运过程中，极易造成静电荷积聚而产生静电放电火花，酿成火灾。

3.评定固体火灾危险性的主要指标

对于绝大多数可燃固体来说，熔点与燃点是评定其火灾危险性的主要标志参数。熔点低的固体易蒸发或汽化，燃点也较低，燃烧速度也较快。许多熔点低的易燃固体还有闪燃现象。固体物料由于组成和性质存在的差异较大，所以各有其不同的燃烧特点和复杂的燃烧现象，增加了评定火灾危险性的难度。而且，火灾危险性评定的标志不一。例如，评定粉状可燃固体是以爆炸浓度下限作为标志的，评定遇水燃烧固体是以与水反应速度快慢和放热量的大小为标志的，评定自燃性固体物料是以其自燃点作为标志的，评定受热分解可燃固体是以其分解温度作为标志的。

（二）生产火灾危险性分类方法

目前，国际上对生产厂房和储存物品仓库的火灾危险性尚无统一的分类方法。国内主要依据现行国家标准《建筑设计防火规范》（GB50016—2014），根据生产中使用或产生的物质性质及其数量等因素划分，将生产的火灾危险性分为五类。如表9-5所示。

表 9-5　生产的火灾危险性分类及举例

生产的火灾危险性类别	使用或产生下列物质生产的火灾危险性特征	火灾危险性分类举例
甲	1.闪点小于28℃的液体	闪点<28℃的油品和有机溶剂的提炼、回收或洗涤部位及其泵房，橡胶制品的涂胶和胶浆部位，二硫化碳的粗馏、精馏工段及其应用部位，青霉素提炼部位，原料药厂的非纳西汀车间的烃化、回收及电感精馏部位，皂素车间的抽提、结晶及过滤部位，冰片精制部位，农药厂乐果厂房，敌敌畏的合成厂房、磺化法糖精厂房，氯乙醇厂房，环氧乙烷、环氧丙烷工段，苯酚厂房的硫化、蒸馏部位，焦化厂吡啶工段，胶片厂片基车间，汽油加铅室，甲醇、乙醇、丙酮、丁酮异丙醇、醋酸乙酯、苯等的合成或精制厂房，集成电路工厂的化学清洗间（使用闪点<28℃的液体），植物油加工厂的浸出车间；白酒液态法酿酒车间、酒精蒸馏塔，酒精度为38°以上的勾兑车间、灌装车间、酒泵房；白兰地蒸馏车间、勾兑车间、灌装车间、酒泵房
	2.爆炸下限小于10%的气体	乙炔站，氢气站，石油气体分馏（或分离）厂房，氯乙烯厂房，乙烯聚合厂房，天然气、石油伴生气、矿井气、水煤气或焦炉煤气的净化（如脱硫）厂房压缩机室及鼓风机室，液化石油气罐瓶间，丁二烯及其聚合厂房，醋酸乙烯厂房，电解水或电解食盐厂房，环己酮厂房，乙基苯和苯乙烯厂房，化肥厂的氢氮气压缩厂房，半导体材料厂使用氢气的拉晶间，硅烷热分解室
	3.常温下能自行分解或在空气中氧化即能导致迅速自燃或爆炸的物质	硝化棉厂房及其应用部位，赛璐珞厂房，黄磷制备厂房及其应用部位三乙基铝厂房，染化厂某些能自行分解的重氮化合物生产，甲胺厂房，丙烯腈厂房
	4.常温下受到水或空气中水蒸气的作用，能产生可燃气体并引起燃烧或爆炸的物质	金属钠、钾加工房及其应用部位，聚乙烯厂房的一氯二乙基铝部位、三氧化磷厂房，多晶硅车间三氯氢硅部位，五氧化二磷厂房
	5.遇酸、受热、撞击、摩擦、催化以及遇有机物或硫黄等易燃的无机物，极易引起燃烧或爆炸的强氧化剂	氯酸钠、氯酸钾厂房及其应用部位，过氧化氢厂房，过氧化钠、过氧化钾厂房，次氯酸钙厂房
	6.受撞击、摩擦或与氧化剂、有机物接触时能引起燃烧或爆炸的物质	赤磷制备厂房及其应用部位，五硫化二磷厂房及其应用部位
	7.在密闭设备内操作温度不小于物质本身自燃点的生产	洗涤剂厂房石蜡裂解部位，冰醋酸裂解厂房

乙	1. 闪点不小于 28℃，但小于 60℃ 的液体	28℃＜闪点＜60℃ 的油品和有机溶剂的提炼、回收、洗涤部位及其泵房，松节油或松香蒸馏厂房及其应用部位，醋酸精馏厂房，己内酰胺厂房，甲酚厂房，氯丙醇厂房，樟脑油提取部位，环氧氯丙烷厂房，松针油精制部位，煤油灌桶间
	2. 爆炸下限不小于 10% 的气体	一氧化碳压缩机室及净化部位，发生炉煤气或鼓风炉煤气净化部位，氨压缩机房
	3. 不属于甲类的氧化剂	发烟硫酸或发烟硝酸浓缩部位，高锰酸钾厂房，重铬酸钠（红矾钠）厂房
	4. 不属于甲类的易燃固体	樟脑或松香提炼厂房，硫黄回收厂房，焦化厂精萘厂房
	5. 助燃气体	氧气站，空分厂房
	6. 能与空气形成爆炸性混合物的浮游状态的粉尘、纤维、闪点不小于 60℃ 的液体雾滴	铝粉或镁粉厂房，金属制品抛光部位，煤粉厂房，面粉厂的碾磨部位，活性炭制造及再生厂房，谷物筒仓的工作塔，亚麻厂的除尘器和过滤器室
丙	1. 闪点不小于 60℃ 的液体	闪点≥60℃ 的油品和有机液体的提炼、回收工段及其抽送泵房，香料厂的松油醇部位和乙酸松油脂部位，苯甲酸厂房，苯乙酮厂房，焦化厂焦油厂房，甘油、桐油的制备厂房，油浸变压器室，机器油或变压油罐桶间，润滑油再生部位，配电室（每台装油量＞60kg 的设备），沥青加工厂房，植物油加工厂的精炼部位
	2. 可燃固体	煤、焦炭、油母页岩的筛分、转运工段和栈桥或储仓，木工厂房，竹、藤加工厂房，橡胶制品的压延、成型和硫化厂房，针织品厂房，纺织、印染、化纤生产的干燥部位，服装加工厂房，棉花加工和打包厂房，造纸厂备料、干燥车间，印染厂成品厂房，麻纺厂粗加工车间，谷物加工房，卷烟厂的切丝、卷制、包装车间，印刷厂的印刷车间，毛涤厂选毛车间，电视机、收音机装配厂房，显像管厂装配工段烧枪间，磁带装配厂房，集成电路工厂的氧化扩散间、光刻间，泡沫塑料厂的发泡、成型、印片压花部位，饲料加工厂房，畜（禽）屠宰、分割及加工车间，鱼加工车间
丁	1. 对不燃烧物质进行加工，并在高温或熔化状态下经常产生强辐射热、火花或火焰的生产	金属冶炼、锻造、铆焊、热轧、铸造、热处理厂房
	2. 以气体、液体、固体作为燃料或将气体、液体进行燃烧作其他用的各种生产	锅炉房，玻璃原料熔化厂房，灯丝烧拉部位，保温瓶胆厂房，陶瓷制品的烘干、烧成厂房，蒸汽机车库，石灰焙烧厂房，电石炉部位，耐火材料烧成部位，转炉厂房，硫酸车间焙烧部位，电极煅烧工段，配电室（每台装油量＜60kg 的设备）
	3. 常温下使用或加工难燃烧物质的生产	难燃铝塑料材料的加工厂房，酚醛泡沫塑料的加工厂房，印染厂的漂炼部位，化纤厂后加工润湿部位
戊	常温下使用或加工不燃烧物质的生产	制砖车间，石棉加工车间，卷扬机室，不燃液体的泵房和阀门室，不燃液体的净化处理工段，除镁合金外的金属冷加工车间，电动车库，钙镁磷肥车间（焙烧炉除外），造纸厂或化学纤维厂的浆粕蒸煮工段，仪表、器械或车辆装配车间，氟利昂厂房，水泥厂的轮窑厂房，加气混凝土厂的材料准备、构件制作厂房

　　同一座厂房或厂房的任一防火分区内有不同火灾危险性生产时，厂房或防火分区内的生产火灾危险性类别应按火灾危险性较大的部分确定，如图 2-1 所示。当生产过程中使用或产生易燃、可燃物的量较少，不足以构成爆炸或火灾危险时，可按实际情况确定；当符合下述条件之一时，可按火灾危险性较小的部分确定：

图 9-1　厂房火灾危险性平面一

　　火灾危险性较大的生产部分占本层或本防火分区建筑面积的比例小于 5% 或丁、戊类厂房内的油漆工段小于 10%，且发生火灾事故时不足以蔓延至其他部位或火灾危险性较大的生产部分采取了有效的防火措施，如图 9-2 所示。

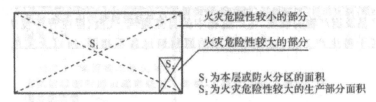

图 9-2　厂房火灾危险性平面二

　　丁、戊类厂房内的油漆工段，当采用封闭喷漆工艺，封闭喷漆空间内保持负压、油漆工段设置可燃气体探测报警系统或自动抑爆系统，且油漆工段占所在防火分区建筑面积的比例不大于 20%，如图 9-3 所示。

图 9-3　厂房火灾危险性平面三

　　上述分类中，甲、乙、丙类液体分类，以闪点为基准。凡是在常温环境下遇火源会引起闪燃的液体均属于易燃液体，可列入甲类火灾危险性范围。我国南方城市的最

热月平均气温在28℃左右，而厂房的设计温度在冬季一般采用12℃～25C。根据上述情况，将甲类火灾危险性的液体闪点标准定为小于28℃，乙类定为大于28℃（包括）并小于60℃，丙类定为大于60℃（包括）。这样划分甲、乙、丙类是以汽油、煤油、柴油等常见易燃液体的闪点为基准的，有利于消防安全和资源节约。在实际工作中，应根据不同液体的闪点采取相应的防火安全措施，并根据液体闪点选用灭火剂和确定泡沫供给强度等。

对于（可燃）气体，则以爆炸下限作为分类的基准。由于绝大多数可燃气体的爆炸下限均＜10%，一旦设备泄漏，在空气中就很容易达到爆炸浓度而造成危险，所以将爆炸下限＜10%的气体划为甲类，包括氢气、甲烷、乙烯、乙炔、环氧乙烷、氯乙烯、硫化氢、水煤气和天然气等绝大多数可燃气体，少数气体的爆炸下限大于10%（包括），在空气中较难达到爆炸浓度，所以将爆炸下限＞10%的气体划为乙类，例如，氨气、一氧化碳和发生炉煤气等少数可燃气体。任何一种可燃气体的火灾危险性不仅与其爆炸下限有关，还与其爆炸极限范围值、点火能量、混合气体的相对湿度等有关。

一般来说，生产的火灾危险性分类要看整个生产过程中的每个环节是否有引起火灾的可能性，并按其中最危险的物质评定，主要考虑以下几个方面：生产中若使用的全部原材料的性质，生产中操作条件的变化是否会改变物质的性质，生产中产生的全部中间产物的性质，生产中最终产品及副产物的性质，生产过程中的自然通风、气温、湿度等环境条件等。许多产品可能有若干种生产工艺，过程中使用的原材料也各不相同，所以火灾危险性也各不相同。

二、储存物品的火灾危险性分类

生产和贮存物品的火灾危险性有相同之处，也有不同之处。有些生产的原料、成品都不危险，但生产中的条件变了或经化学反应后产生了中间产物，也就增加了火灾危险性。例如，可燃粉尘静止时火灾危险性较小，但生产时，粉尘悬浮在空中与空气形成爆炸性混合物，遇火源则能爆炸起火，而储存这类物品就不存在这种情况。与此相反，桐油织物及其制品在储存中火灾危险性较大，因为这类物品堆放在通风不良地点，受到一定温度作用时，能缓慢氧化，若积热不散便会导致自燃起火，而在生产过程中不存在此种情况。所以，要分别对生产物品与储存物品的火灾危险性进行分类。

（一）储存物品的火灾危险性分类方法

储存物品的分类方法，主要是根据物品本身的火灾危险性，以及吸收仓库储存管理经验，并参考《危险货物运输规则》相关内容而划分的。按《建筑设计防火规范》（GB 50016-2014），储存物品的火灾危险性分为五类，如表9-6所示。

表 9-6　储存物品的火灾危险性分类及举例

储存物品的火灾危险性类别	储存物品的火灾危险性特征	储存物品的火灾危险性举例
甲	1. 闪点小于 28℃ 的液体	己烷、戊烷、环戊烷、石脑油、二硫化碳、苯、甲苯、甲醇、乙醇、乙醚、蚁酸甲酯、醋酸甲酯、硝酸乙酯、汽油、丙酮、丙烯、酒精度为 38°及以上的白酒
	2. 爆炸下限小于 10% 的气体，受到水或空气中水蒸气的作用能产生爆炸下限小于 10% 的气体的固体物质	乙炔、氢、甲烷、环氧乙烷、水煤气、液化石油气、乙烯、丙烯、丁二烯、硫化氢、氯乙烯、电石、碳化铝
	3. 常温下能自行分解或在空气中氧化能导致迅速自燃或爆炸的物质	硝化棉、硝化纤维胶片、喷漆棉、火胶棉、赛璐珞棉、黄磷
	4. 常温下受到水或空气中水蒸气的作用，能产生可燃气体并引起燃烧或爆炸的物质	金属钾、钠、锂、钙、锶、氢化锂、氯化钠、四氢化锂铝
	5. 遇酸、受热、撞击、摩擦以及遇有机物或硫黄等易燃的无机物，极易引起燃烧或爆炸的强氧化剂	氯酸钾、氯酸钠、过氧化钾、过氧化钠、硝酸铵
	6. 受撞击、摩擦或与氧化剂、有机物接触时能引起燃烧或爆炸的物质	赤磷、五硫化二磷、三硫化二磷
乙	1. 闪点不小于 28℃，但小于 60℃ 的液体	煤油、松节油、丁烯醇、异戊醇、丁醚、醋酸丁酯、硝酸戊酯、乙酰丙酮、环己胺、溶剂油、冰醋酸、樟脑油、蚁酸
	2. 爆炸下限不小于 10% 的气体	氨气、一氧化碳
	3. 不属于甲类的氧化剂	硝酸铜、铬酸、亚硝酸钾、重铬酸钠、铬酸钾、硝酸、硝酸汞、硝酸钴、发烟硫酸、漂白粉
	4. 不属于甲类的易燃固体	硫黄、镁粉、铝粉、赛璐珞板（片）、樟脑、萘、生松香、硝化纤维漆布、硝化纤维色片
	5. 助燃气体	氧气、氟气、液氯
	6. 常温下与空气接触能缓慢氧化，若积热不散引起自燃的物品	漆布及其制品、油布及其制品、油纸及其制品、油绸及其制品

丙	1. 闪点不小于60℃的液体	动物油，植物油，沥青，蜡，润滑油，机油，重油，闪点≥60℃的柴油，糠醛，白兰地成品库
	2. 可燃固体	化学、人造纤维及其织物，纸张，棉、毛、丝、麻及其织物，谷物，面粉，粒径大于等于2mm的工业成型硫黄，天然橡胶及其制品，竹、木及其制品，中药材，电视机、收录机等电子产品，计算机房已录数据的磁盘储存间，冷库中的鱼、肉间
丁	难燃烧物品	自熄性塑料及其制品，酚醛泡沫塑料及其制品，水泥刨花板
戊	不燃烧物品	钢材，铝材，玻璃及其制品，搪瓷制品，陶瓷制品，不燃气体，玻璃棉，岩棉，陶瓷棉，硅酸铝纤维，矿棉，石膏及其无纸制品，水泥，石，膨胀珍珠岩

同一座仓库或仓库的任一防火分区内储存不同火灾危险性物品时，仓库或防火分区的火灾危险性应按火灾危险性最大的物品确定，如图9-4所示。

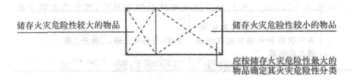

图9-4 仓库火灾危险性平面

（二）储存物品的火灾危险性特征

1. 甲类储存物品的火灾危险性特征

甲类储存物品的分类主要依据《危险货物运输规则》中的Ⅰ级易燃固体、Ⅰ级易燃液体、Ⅰ级氧化剂、Ⅰ级自燃物品、Ⅰ级遇水燃烧物品和可燃气体的特性。这类物品易燃、易爆，燃烧时还放出大量有害气体。有的遇水发生剧烈反应，产生氢气或其他可燃气体，遇火燃烧爆炸。有的具有强烈的氧化性能，遇有机物或无机物极易燃烧爆炸。有的因受热、撞击、催化或气体膨胀可能发生爆炸，或与空气混合容易达到爆炸浓度，遇火而发生爆炸。

2. 乙类储存物品的火灾危险性特征

乙类储存物品的分类主要是根据《危险货物运输规则》中Ⅱ级易燃固体、Ⅱ级易燃液体、Ⅱ级氧化剂、助燃气体、Ⅱ级自燃物品的特性，这类物品的火灾危险性仅次于甲类。

3. 丙类、丁类、戊类储存物品的火灾危险性特征

丙类、丁类、戊类储存物品的分类主要是根据有关仓库调查和储存管理情况。

（1）丙类

其包括闪点在60℃或60℃以上的可燃液体和可燃固体物质。这类物品的特性是液体闪点较高、不易挥发，火灾危险性比甲类、乙类液体要小些。可燃固体在空气中受

到火焰和高温作用时能发生燃烧，即使火源移走，也仍能继续燃烧。

（2）丁类

其指难燃烧物品。这类物品的特性是在空气中受到火焰或高温作用时，难起火、难燃或微燃，将火源移走，燃烧即可停止。

（3）戊类

其指不燃物品。这类物品的特性是在空气中受到火焰或高温作用时，不起火、不微燃、不炭化。

（4）丁类、戊类物品的包装材料

丁类、戊类物品本身虽然是难燃或不燃的，但其包装材料很多是可燃的，如木箱、纸盒等，因此其火灾危险性属于丙类。

第十二节　电动自行车消防安全管理

目前，电动自行车以其经济、便捷、环保等特点已成为国内普及的代步交通工具之一，大量电动自行车的使用，给人们提供了方便，但因充电频繁及维护保养不利等缘故也给人们带来大量的消防安全隐患，给人们的生命财产安全带来很大威胁。从我市和全国各地调查统计的电动车火灾看，充电时发生火灾的在80%以上，电气故障引发火灾的占90%以上。

一、电动自行车火灾特点

多发生于夜间，特别是夜间集中充电时间，发生火情时不易被人发现；多发生在住宅小区楼梯口、走道内，甚至居民家中，发生火情后居民逃生受阻，容易发生伤亡；电动自行车材料多为可燃易燃物，燃烧时产生大量黑烟和有毒气体，对人体危害较大；蔓延迅速，蓄电池起火后，在封闭空间内的温度急剧上升，几分钟之后浓烟就会蔓延整个房间甚至室外公共空间；多为充电时电气故障引发火灾。

二、电动自行车火灾成因

电动自行车近些年发展非常快，社会普及率非常高，但电动自行车火灾极易造成人员伤亡，引起电动自行车火灾的原因非常多，主要归纳以下几点：

（一）电器元件质量不过关

部分厂商为了经济利益的最大化，使用劣质控制器、充电器、电池、电机等核心元件，导致不同规格型号的元件之间的技术指标互相不匹配，无充电过流保护功能等问题，人为埋下了安全隐患；一部分电动自行车欠压过流保护技术指标不合格，有的甚至没有安装短路保护装置，有的短路保护装置安装不规范，导致无法发挥应有作用。

（二）未进行阻燃处理

在《电动自行车安全技术规范》（GB17761-2018）出台前，市面上电动自行车大部分原件为塑料制品，但是这些塑料制品并没有进行阻燃处理，国家也没有出台相应行业标准，所以厂商为了追求经济利益，会使用一般工程塑料加工电动自行车原件；蓄电池外壳及充电器外壳未进行阻燃处理，因在充电过程中，蓄电池及充电器本身发生故障起火，将直接点燃电池及充电器外壳，迅速导致电动车车身起火；整车线路未使用阻燃线材，由于选用阻燃线材会增加成本，除部分高档车型会选用阻燃线材，大多数电动自行车不会选用阻燃线材。这种结果就是，一旦发生电路故障，如果保险失效或者该线路未接入保险，线路就会迅速燃烧，且蔓延至全车。

（三）使用不当

充电时间过长。电动自行车长时间充电，充电器内电气元件过热很容易导致短路并出现火花，极易引发火灾；使用不合格的充电器。充电器与蓄电池插头（正负极）不匹配，使用非国标或者假冒伪劣的充电器进行充电，引发火灾；车主私接电线进行充电。车主为了方便自己，在小区车棚内私接电线，更有甚者在楼道内私接电线给电动自行车充电，一旦长时间充电很容易导致过负荷，从而引发火灾；电动自行车车体线路老化。

（四）维护保养不到位

电池"超期服役"，不及时更换致使电池老化，由此造成安全隐患。电动自行车长时间使用不进行线路及车身的维护保养等。用户私自增加用电负荷，私自家装音响、照明、安全防盗等设备，甚至为了提高功率，私自改装电机、电池等，从而引发火灾。平时不注重保养和检查，自行修理或者交给非专业人员修理，随意改动内部线路，可能造成电动自行车厢内部线路错乱，进而引发火灾。

三、火灾防范措施

（一）提高产品质量，加强行业监管

电动自行车厂商生产过程中应严格执行《电动自行车安全技术规范》（GB17761-2018），保证电动自行车相关部件的防火性能符合以上规范要求，应规范电动蓄电池充电器的国家标准或行业标准，形成销售市场的标准统一。针对电动自行车不断增加电池电压和功率的情况，规定最大电池驱动电压和额定功率。同时，应建立健全内部质量保证体系，落实产品质量主体责任；市场监管部门应不定期抽检，依法查处不合格产品，并顶格处理。

（二）规范车辆停放及充电位置

社区内设立停车棚对电动车进行集中充电，并加装智能充电装置，充电装置应具

备定时断电、漏电保护、短路保护等功能。停车棚建造过程中应使用不燃材料，除此之外，应多建设停车棚，规定每个停车棚的停车数量，从而避免发生"火烧连营"的情况。尽快制定相关法律法规，严禁电动自行车停放在建筑首层门厅、楼道、楼梯间及住户内。

（三）加强后期维护保养

要定期对蓄电池与充电器线路进行检查，并且，选择专业的厂家与机构，对老化线路及时更换。在对电池进行充电的过程中要尽可能选择质地软、绝缘效果好、不容易磨损的电线，线径要更好的满足用电量需求，不能出现乱拉或是乱接的现象。

（四）加强宣传指导

提高电动自行车生产、销售、维修企业和用户的消防安全意识，并引导用户购买已获生产许可证、正规厂家生产的电动车产品，选择专业维修单位进行保养维修，停放时远离可燃物，避免长时间充电，定期对电瓶进行检查、维护、保养；指导电动车生产企业提高产品防火安全技术性能，将有关防火知识内容写入产品使用说明书；消防机构可以利用各种宣传渠道，对电动自行车消防安全常识和火灾案例进行宣传，从而提高广大居民的消防安全意识。

第十三节　重点行业（单位）消防安全管理

企事业单位防火就其涉及面来讲非常宽泛，但就其火灾危险性以及火灾所造成的财产损失和人员伤亡来说会有很大不同，防火监督部门通常将这些火灾危险性大且容易造成群死群伤火灾或发生火灾后政治、经济、社会影响大的单位作为重点单位进行防控，而且每一个单位根据单位的实际情况，还可以确定一定的重点防火部位。一般来讲，只要抓住了重点单位和重点部位的火灾防控，掌握了某些典型场所的防火知识，企事业单位的防火工作就会收到事半功倍的效果，即是对企事业单位保卫人员的基本要求。

一、化学危险品防火

化学危险品火灾是最常见的火灾类型之一，这类火灾不但扑救困难，而且很容易造成重大人员伤亡和重大财产损失，因此，预防化学危险品火灾是化学危险品生产、储存、经营企业安全防范工作的重中之重。

（一）化学危险品的定义

危险品系指有爆炸、易燃、毒害、感染、腐蚀、放射性等危险特性，在运输、储存、生产、经营、使用和处置中，容易造成人身伤亡、财产损毁或环境污染而需要特别防

护的物品。

一般认为，只要此类危险品为化学品，那么它就是化学危险品。

（二）化学危险品的分类

化学危险品品种繁多，化学危险品的分类是一个比较复杂的问题。根据现行标准，可以有不同的分类方法，最常用的是根据国家标准《危险货物分类和品名编号》（GB6944-2012）和《危险货物品名表》（GB12268），将危险品分成九大类。

1. 爆炸品

爆炸品指在外界条件作用下（如受热、摩擦、撞击等）能发生剧烈的化学反应，瞬间产生大量的气体和热量，使周围的压力急剧上升，发生爆炸，对周围环境、设备、人员造成破坏和伤害的物品。爆炸品包括爆炸性物质、爆炸性物品与为产生爆炸或烟火实际效果而制造的前述两项中未提及的物质或物品。

2. 易燃气体

气体是指在 50℃时，蒸汽压力大于 300kPa 的物质或 20℃；时在 101.3kPa 标准压力下完全是气态的物质，包括压缩气体、液化气体、溶解气体和冷冻液化气体、一种或多种气体与一种或多种其他类别物质的蒸汽的混合物、充有气体的物品和烟雾剂。

易燃气体是指在 20℃和 101.3kPa 条件下与空气的混合物按体积分数占 13% 或更少时可点燃的气体，如石油气、氢气等。

3. 易燃液体

易燃液体指在其闪点温度（其闭杯试验闪点不高于 60.5℃，或其开杯试验闪点不高于 65.6℃）时放出易燃蒸汽的液体或液体混合物，或是在溶液或悬浮液中含有固体的液体，如汽油、柴油、煤油、甲醇、乙醇等。

4. 易燃固体、易于自燃的物质、遇水放出易燃气体的物质

易燃固体指燃点低，对热、撞击、摩擦敏感，易被外部火源点燃，迅速燃烧，能散发有毒烟雾或有毒气体的固体。

易于自燃的物质指自燃点低，在空气中易于发生氧化反应放出热量，而自行燃烧的物品，如黄磷、三氯化钛等。

遇水放出易燃气体的物质指与水相互作用易变成自燃物质或能放出达到危险数量的易燃气体的物质，如金属钠、氢化钾等。

5. 氧化性物质和有机过氧化物

氧化性物质是指本身不一定可燃，但通常因放出氧或起氧化反应可能引起或促使其他物质燃烧的物质，如氯酸铵、高锰酸钾等。

有机过氧化物指其分子组成中含有过氧基的有机物质，该类物质为热不稳定物质，可能发生放热的自加速分解，如过氧化苯甲酰、过氧化甲乙酮等。

6. 毒性物质和感染性物质

毒害物质指经吞食、吸入或皮肤接触后可能造成死亡或严重受伤或健康损害的物质，如各种氰化物、砷化物、化学农药等。

感染性物质指含有病原体的物质，包括生物制品、诊断样品、基因突变微生物、

生物体和其他媒介，如病毒蛋白等。

7. 放射性物品

放射性物品指含有放射性核素且其放射性活度浓度和总活度都分别超过国家标准《放射性物质安全运输规程》（*GB*11806）规定的限值的物质，例如镭、钴、铀等。

8. 腐蚀性物品

腐蚀性物品指通过化学作用使生物组织接触时会造成严重损伤，或在渗漏时会严重损害甚至毁坏其他货物或运载工具的物质，如强酸、强碱等。

9. 杂项危险物质和物品

杂项危险物质和物品指具有其他类别未包括的危险的物质和物品，如危害环境物质、高温物质和经过基因修改的微生物或组织。

（三）化学危险品的危险特性

1. 爆炸物的危险特性

爆炸物的危险特性主要表现在当它受到摩擦、撞击、振动、高热或其他能量激发后，不仅能发生激烈的化学反应，并在极短的时间内释放出大量热量和气体导致爆炸性燃烧，而且燃爆突然，破坏作用强，同时释放出的气体还具有一定的毒害性。

2. 易燃气体的危险特性

易燃气体的危险特性主要表现在以下几方面：

（1）易燃易爆性

处于燃烧浓度范围之内的易燃气体，遇着火源都能着火或爆炸，有的甚至只需极微小能量就可燃爆。易燃气体与易燃液体、固体相比，更容易燃烧，且燃烧速度快，一燃即尽。简单组分的比复杂组分的气体易燃、燃速快、着火爆炸危险性比较大。

（2）扩散性

由于气体分子间距大，相互作用力小，所以非常容易扩散，能自行充满任何容器。气体的扩散与气体对空气的相对密度和气体的扩散系数有关。比空气轻的易燃气体容易扩散与空气形成爆炸性混合物，遇火源则发生爆炸燃烧；比空气重的易燃气体，泄露时往往聚集在地表、沟渠、隧道、房屋死角等处，长时间不散，易与空气在局部形成爆炸性混合物，遇到火源则发生燃烧或爆炸。而且，相对密度大的可燃性气体，一般都有较大的发热量，在火灾条件下易于造成火势扩大。

（3）物理爆炸性

易燃、可燃气体有很大的压缩性，在压力和温度的影响下，易于改变自身的体积。储存于容器内的压缩气体特别是液化气体压力会升高，当超过容器的耐压强度时，即会引起容器爆裂或爆炸。

（4）带电性

当压力容器内的易燃气体（如氢气、乙烷、乙炔、天然气、液化石油气等）从容器、管道口或破损处高速喷出，或放空速度过快时，由于强烈的摩擦作用，都容易产生静电而引起火灾或是爆炸事故。

（5）腐蚀毒害性

大多数易燃气体（如氢气、氨气、硫化氢等）既有腐蚀性，也有毒害性。

（6）窒息性

有些易燃气体，如一氧化碳、氨气、氯气等气体，一旦发生泄漏，均能使人窒息死亡。

（7）氧化性

有些压缩气体氧化性很强，与可燃气体混合后能产生燃烧或爆炸，如氯气遇乙炔即可爆炸，氯气遇氢气见光可爆炸，氟气遇氢气即爆炸，油脂接触氧气能自燃。

3.易燃液体的危险特性

（1）易燃性

由于易燃液体的沸点都很低，易燃液体很容易挥发出易燃蒸汽，其闪点低，自燃点也低，且着火所需的能量极小，因此，易燃液体都具有高度的易燃易爆性，这是易燃液体的主要特征。

（2）蒸发性

易燃液体由于自身分子的运动，都具有一定的挥发性，挥发的蒸汽易与空气形成爆炸性混合物，所以易燃液体存在着爆炸的危险性。挥发性越强，则爆炸的危险就越大。

（3）热膨胀性

易燃液体的膨胀系数一般都较大，储存在密闭容器中的易燃液体，受热后在本身体积膨胀的同时会使蒸汽压力增加，容器内部压力增大，若超过了容器所能承受的压力限度，就会造成容器的膨胀，甚至破裂。而容器的突然破裂，大量液体在涌出时极易产生静电火花从而导致火灾、爆炸事故。

此外，对于沸程较宽的重质油品，由于其黏度大，油品中含有乳化水或悬浮状态的水或者在油层下有水层，发生火灾后，在热波作用下产生的高温层作用可能导致油品发生沸溢或喷溅。

（4）流动性

液体流动性的强弱主要取决于液体本身的黏度。液体的黏度越小，其流动性就越强。黏度大的液体随着温度升高而增强其流动性。易燃液体大都是黏度较小的液体，一旦泄漏，便会很快向四周流动扩散和渗透，扩大其表面积，加快蒸发速度，使空气中的蒸汽浓度增加，火灾爆炸危险性增大。

（5）静电性

多数易燃液体在灌注、输送、流动过程中能够产生静电，静电积聚到一定程度时就会放电，引起着火或爆炸。

（6）毒害性

易燃液体本身或蒸汽大多具有毒害性。不饱和芳香族碳氢化合物和石油产品比饱和的碳氢化合物、不易挥发的石油产品的毒性大。

4.易燃固体的危险特性

易燃固体的危险特性主要表现在三个方面：

（1）燃点低，易点燃

易燃固体由于其熔点低，受热时容易溶解蒸发或汽化，因而容易着火，燃烧速度

也较快。某些低熔点的易燃固体还有闪燃现象，由于其燃点低，其在能量较小的热源或受撞击、摩擦等作用下，会很快受热达到燃点而着火，且着火后燃烧速度快，极易蔓延扩大。

（2）遇酸、氧化剂易燃易爆

绝大多数易燃固体与无机酸性腐蚀品、氧化剂等接触能够立即引起燃烧或爆炸。如萘与发烟硫酸接触反应非常剧烈，甚至引起爆炸；红磷与氯酸钾，硫黄粉与过氧化钠或氯酸钾，稍经摩擦或撞击，都会引起燃烧或爆炸。

（3）自燃性

易燃固体的自燃点一般都低于易燃液体和气体的自燃点。由于易燃固体热解温度都较低，有的物质在热解过程中，能放出大量的热使温度上升到自燃点而引起自燃，甚至在绝氧条件下也能分解燃烧，一旦着火，燃烧猛烈，蔓延迅速。

5. 自燃固体与自燃液体的危险特性

自燃物品的危险特性主要表现在三个方面：

（1）遇空气自燃性

自燃物质大部分化学性质非常活泼，具有极强的还原性，接触空气后能迅速与空气中的氧化合，并产生大量热量，达到自燃点而着火。接触氧化剂与其他氧化性物质反应会更加剧烈，甚至爆炸。

（2）遇湿易燃易爆性

硼、锌、锑、铝的烷基化合物类的自燃物品，除在空气中能自燃外，遇水或受潮还能分解自燃或爆炸。

（3）积热分解自燃性

硝化纤维及其制品，不但由于本身含有硝酸根，化学性质很不稳定，在常温下就能缓慢分解放热，当堆积在一起或仓库通风不良时，分解产生的热量越积越多，当温度达到其自燃点就会引起自燃，火焰温度可达1200℃，并伴有有毒或刺激性气体放出；由于其分子中含有 $-ONO_2$ 基团，具有较强的氧化性，一旦发生分解，在空气不足的条件下也会发生自燃，在高温下，即使没有空气也会因自身含有氧而分解燃烧。

6. 遇水放出易燃气体物质的危险特性

遇水放出易燃气体的物质的危险特性主要表现在三个方面：

（1）遇水易燃易爆性

这是遇湿易燃物品的共性。遇湿易燃物品遇水或受潮后，发生剧烈的化学反应使水分解，夺取水中的氧与之化合，放出可燃气体和热量。在可燃气体在空气中接触明火或反应放出的热量达到引燃温度时就会发生燃烧或爆炸。

（2）遇氧化剂、酸着火爆炸性

遇湿易燃物品遇氧化剂、酸性溶剂时，反应更剧烈，更易引起燃烧或爆炸。

（3）自燃危险性

有些遇湿易燃物品不仅有遇湿易燃性，而且还有自燃性。如金属粉末类的锌粉、铝、镁粉等，在潮湿空气中能自燃，与水接触，特别是在高温下反应剧烈，能放出氢气和热量；碱金属、硼氢化物，放置于空气中即具有自燃性；有的（如氢化钾）遇水能生

成易燃气体并放出大量的热量而具有自燃性。

7. 氧化性物质的危险特性

氧化性物质的危险特性主要表现在三个方面：

（1）强烈的氧化性

氧化性物质多数为碱金属、碱土金属的盐或过氧化基所组成的化合物，其氧化价态高，金属活泼性强，易分解，有极强的氧化性。氧化剂的分解主要有以下几种情况：受热或撞击摩擦分解、与酸作用分解、遇水或二氧化碳分解、强氧化剂与弱氧化剂作用复分解。

（2）可燃性

有机氧化剂除具有强氧化性外，本身还是可燃的，遇火会引起燃烧。

（3）混合接触着火爆炸性

强氧化性物质与具有还原性的物质混合接触后，有的形成爆炸性混合物，有的混合后立即引起燃烧；氧化性物质与强酸混合接触后会产生游离的酸或酸酐，呈现极强的氧化性，当与有机物接触时，能产生爆炸或燃烧；氧化性物质相互之间接触也可能引起燃烧或爆炸。

8. 有机过氧化物的危险特性

有机过氧化物的危险特性主要表现在三个方面：爆炸性、易燃性、伤害性。其危险性的大小主要取决于过氧基含量和分解温度。

9. 毒性物质的危险特性

大多数毒性物质遇酸、受热分解放出有毒气体或烟雾。其中有机毒害品具有可燃性，遇明火、热源与氧化剂会着火爆炸，同时放出有毒气体。液体毒害品还易于挥发、渗透和污染环境。

毒性物质的主要危险性是毒害性。毒害性主要表现为对人体或是其他动物的伤害。引起人体或其他动物中毒的主要途径是呼吸道、消化道和皮肤，造成人体或其他动物发生呼吸中毒、消化中毒、皮肤中毒。除此之外，大多数有毒品具有一定的火灾危险性。如无机有毒物品中，锑、汞、铅等金属的氧化物大多具有氧化性；有机毒品中有 200 多种是透明或油状易燃液体，具有易燃易爆性；大多数有毒品，遇酸或酸雾能分解并放出极毒的气体，有的气体不仅有毒，而且有易燃和自燃危险性，有的甚至遇水发生爆炸；芳香族含 2、4 位两个硝基的氯化物，萘酚、酚钠等化合物，遇高热、明火、撞击有发生燃烧爆炸的危险。

10. 腐蚀性物质的危险特性

腐蚀性物质不但会对有机物、金属造成腐蚀性破坏，和人体接触也会对人体造成伤害。还有一部分腐蚀性物质能挥发出有强烈腐蚀和毒害性的气体，也会对人体造成伤害。另外，腐蚀性物质一般也是强氧化性物质或易分解物质，在氧化或分解过程中产生的新物质大多为可燃物，有很大的火灾危险性。

（四）化学危险品仓储防火

1.化学危险品仓库类型

化学危险品仓库按其使用性质和规模大小，可分为三种类型：大型的商业、外贸、物资和交通运输等部门的专业性储备、中转仓库；中型的厂矿企业单位的生产附属仓库；小型的一般使用性质的仓库。

（1）大型仓库

这类仓库占地面积较大，建筑设施也多，存放物品的品种多，数量大。这种专业仓库必须设在城市的郊区，不得设在城镇入口密集的地区，并应选在当地主导风向的下风方向。

在规划布局时，这类仓库与邻近居住区和公共建筑物的距离至少在保持 150m；与邻近工矿企业、铁路干线的距离至少保持 100m；与公路至少保持 50m 的距离。

仓库的行政管理区和生活区应设在库区之外。库区应用高度不低于 2m 的实体围墙隔开。仓库应配备企业专职消防队，队站应设在生活区内，配备一定数量的消防车辆和人员，还应与就近的公安消防队之间装设直通的火灾报警电话。

（2）厂矿企业的生产附属仓库

这类仓库的特点是，周围环境和建筑条件比较差，管理不严；物品和人员车辆进出频繁，临时人员多；在生产旺季时，往往出现超量储存和混放的现象。从火灾实例来看，事故大都发生在这类仓库。因此，生产和使用化学危险品的工厂及其附属仓库不应设在城市的住宅区和公共建筑区。库址选择及建筑间距应根据规模大小及火灾危险程度提出要求。

（3）小型仓库

许多工厂企业、学校、科研单位甚至商店等，或多或少都使用化学危险物品，一般都设有小型仓库。这类仓库的特点是，使用面较广，且存放地点分散，有的甚至附设在其他仓库之中，领取频繁，容易发生事故，殃及四邻。

有些单位在基建时，没有考虑危险品仓库的位置，后来随着生产的发展，需要设置危险品仓库，但因受场地条件的限制，往往达不到规定的防火间距要求。在这种情况下，能够单独建造一座耐火建筑物来存放危险品，还是比较安全的，实践证明，这样做，既有利于生产，又保证了安全。

有些单位使用的危险品单一，且数量又少，如单独存放酸类、油漆、试剂、少量汽油、几个氧气瓶等，确实没有条件建造仓库的，在不影响毗连单位安全的情况下，可以在周围边角设置简易的储存室（柜），以免分散或露天存放而发生事故。

2.化学危险品仓库的火灾危险性及起火原因

化学危险品仓库具有很大的火灾危险性，这是因为它储存的化学危险品大多数具有易燃、易爆的特性，稍有疏忽，就有可能引起火灾爆炸事故。

化学危险品仓库常见的火灾原因有下列几种：

（1）接触明火

在危险物品仓库中，明火主要有两种：一是外来火种，例如烟囱飞火、汽车排气

管的火星、仓库周围的明火作业、吸烟的烟头等等；二是仓库内部的设备不良、操作不当而引起的火花，如电气设备不防爆，使用铁制工具在装卸搬运时撞击摩擦等。

（2）混放性质相抵触的物品

出现混放性质相抵触的化学危险物品，往往是由于保管人员缺乏知识，或者是有些化学危险物品出厂时缺少鉴定，在产品说明书上没有说清楚而造成的；也有一些单位因储存场地缺少，而任意临时混放。

（3）产品变质

有些危险物品已经长期不用，仍废置在仓库中，又不及时处理，往往因变质而发生事故。如硝化甘油，安全储存期为8个月，逾期后自燃的可能性很大，而且在低温时容易析出结晶，当固、液两相共存时，硝化甘油的敏感度特别高，微小的外力作用就易使其分解而发生爆炸。

（4）受热、受潮、接触空气而起火

这是许多化学物品的危险特性。如果仓库的条件差，不采取隔热降温措施，会使物品受热，保管不善，仓库漏雨进水会使物品受潮；盛装的容器破损，致使物品接触空气等，均会引起燃烧爆炸事故。

（5）雷击起火

化学危险物品仓库一般都是单独的建筑，特别是建在阴湿山谷和空旷地带中的化学危险品仓库，有时会遭受雷击而起火爆炸。

（6）包装损坏或不符合要求

化学危险物品的容器包装损坏，或者出厂的包装不符合安全要求，都会引起事故。常见的有硫酸坛之间用稻草等易燃物隔垫，压缩气瓶不戴安全帽，金属钾、钠的容器渗漏，黄磷的容器缺水，电石桶内充灌的氮气泄漏，盛装易燃液体的玻璃容器瓶盖不严，瓶身上有气泡疵点且受阳光照射而聚焦等。出现这些情况，往往会导致危险。

（7）违反操作规程

搬运危险物品没有轻装轻卸，堆垛过高不稳发生倒塌，在库房内改装打包、封焊修理等违反操作规程的行为，都容易造成事故。

（8）库房建筑及其设施不符合存放要求

库房建筑过于简易，或是通风不良，造成库房内温度过高、湿度过大，或是不遮阳光直射，使某些遇热、遇湿、遇强光能自燃的物品发生自燃。此外，库房内电气线路、设备设置或安装、选型不当也易发生火灾。

（9）扑救不当

发生火灾时，因不熟悉化学危险物品的性能和灭火方法，使用不适当的灭火剂，反而使火灾扩大，造成更大危险。例如，用水扑救油类和遇水燃烧物，用二氧化碳扑救闪光粉、铝粉一类的轻金属粉等。

3.化学危险品仓库的防火要求（建筑要求）

化学危险品仓库容易发生火灾、爆炸事故，火势蔓延迅速。所以，仓库建筑应采用较高的耐火等级；各仓库之间要有足够的防火间距；不同性质的化学危险品应当分库存放；每座库房的占地面积不宜过大，一般不超过一个防火分区的面积，在面积超

过时，应用防火墙分隔，以便在发生火灾时阻止火势蔓延，有利于扑救，减少损失。同时，危险品仓库建筑还应有相应的消防安全设施，方能保证危险品的安全储存。

（1）储存化学危险品的火灾危险性分类

储存化学危险品的火灾危险性一般分为甲、乙两类，举例见表9-7。

表9-7　储存化学危险品的火灾危险性分类示例

分类		举例	
甲	闪点＜28℃的易燃液体	己烷，戊烷，石脑油，环戊烷，二硫化碳，苯，甲苯，甲醇，乙醇，乙醚，蚁酸甲酯，醋酸甲酯，硝酸乙酯，汽油，丙酮，丙烯腈，乙醛，乙醚，60度以上的白酒	
	爆炸下限＜10%的可燃气体，以及受到水或空气中水蒸气的作用，能产生爆炸下限＜10%的可燃气体	乙炔，氢，甲烷，乙烯，丙烯，丁二烯，环氧乙烷，水煤气，硫化氢，氯乙烯，液化石油气	
	常温下能自行分解或在空气中氧化即能导致迅速自燃或爆炸的物质	赤磷，五硫化磷，三硫化磷	
	常温下受到水或空气中水蒸气的作用，能产生可燃气体并引起燃烧或爆炸的物质	电石，碳化铝	
	遇酸、受热、撞击、摩擦以及遇有机物或硫黄等易燃的无机物，极易引起燃烧或爆炸的强氧化剂的固体物质	硝化棉，硝化纤维胶片，喷漆棉，火胶棉，赛璐珞棉，黄磷	
	受撞击、摩擦或与氧化剂、有机物接触时能引起燃烧或爆炸的物质	氯酸钾，氯酸钠，过氧化钾，过氧化钠，硝酸铵	
乙	闪点＞28℃至60℃的易燃、可燃液体	煤油，松节油，丁烯醇，异戊醇，丁醚，醋酸丁酯，硝酸戊酯，乙酰丙酮，环己胺，溶剂油，冰醋酸，樟脑油，蚁酸	
	爆炸下限＞10%的可燃气体	氨气，液氯	
	不属于甲类的氧化剂	硝酸铜，铬酸，亚硝酸钾，重铬酸钠，铬酸钾，硝酸，硝酸汞，硝酸钴，发烟硫酸，漂白粉	
	不属于甲类的化学易燃危险固体	硫黄，镁粉，铝粉，赛璐珞板（片），樟脑，萘，生松香，硝化纤维漆布，硝化纤维色片	
	助燃气体	氧气，氟气	
	常温下与空气接触能缓慢氧化、积热不散引起自燃的危险物品	桐油漆布及其制品，漆布及其制品，油纸及其制品，油绸及其制品	

（2）库房的耐火等级、层数、占地面积和安全疏散

第一，化学危险物品库房的耐火等级、层数和占地面积应符合表9-8的要求，个

别有特殊要求的按有关规范要求执行。

第二，甲、乙类物品库房不应设在建筑物的地下室、半地下室内。50度以上的白酒库房不宜超过三层。

第三，库房或每个防火隔间的安全出口的数目不宜少于两个，但面积不超过100m^2的库房可设一个，应是向外开的平开门。

表9-8 化学危险物品库房的耐火等级、层数和面积

储存物品类别		耐火等级	最多允许层数	最大允许占地面积 /m2			
				单层		多层	
				每座库房	防火墙隔间	每座库房	防火墙隔间
甲	3，4项	一级	1	180	60	—	—
	1，2，5，6项	一、二级	1	750	250	—	—
乙	1，3，4项	一、二级	3	2000	500	900	300
		三级	1	500	250	—	—
	2，5，6项	一、二级	5	2800	700	1500	500
		三级	1	900	300	—	—

（3）库房的防火间距

第一，甲类化学危险品库房之间的防火间距不应小于20m，但表9-8中第3、4项物品储量不超过2t，第1、2、5、6项物品储量不超过5t时，可减为12m。

第二，甲类化学危险品库房与高层民用建筑和重要的公共建筑之间的防火间距不应小于50m，与其他民用建筑的间距应满足$GB5OO$16的要求。

第三，乙类化学危险物品库房（乙类6项物品外）和重要公共建筑之间的防火间距不宜小于50m，与其他民用建筑的间距不宜小于25m。

第四，库区的围墙与库区内建筑的距离不宜小于5m，并应满足围墙两侧建筑物之间的防火距离要求。当库区的建筑物防火间距不能满足要求时，可采取防火墙分隔，防火墙应高出屋顶1.2m、宽出两侧墙1.5m。

（4）隔热降温与通风

第一，化学危险品仓库应采取以下隔热降温措施：一是库房檐口高度不应低于3.5m。库房应采用层通风式的屋顶，予以通风。二是硝化纤维类物品的仓库顶部，应设屋顶通风管（兼有泄压作用）。三是库房隔热外墙的厚度宜大于37cm。

第二，为了防止阳光照入库内，应采取下列措施：

一是库房的门窗外部应设置遮阳板，并应加设门斗。

二是库房的窗应采用高窗，窗的下部离地面应不低于2m，窗上应安装防护铁栅加铁丝网，窗玻璃应采用毛玻璃，或涂色漆的玻璃，以防阳光的透射和因玻璃上的气泡疵点而引起的聚焦起火事故。

三是仓库主要依靠自然通风，应在早晚比较凉爽的时候，打开门窗进行通风，夏季中午应避免打开库房门窗，以免室外大量热空气进入，致使库内温度升高。

四是墙脚通风洞是配合仓库通风的设施，一般设在窗户的下方离地面 $30cm$ 处，面积为 $0.6m^2$。其形式内高外低，内衬铅丝或铜丝网，外装铁栅栏及铁板闸门防护，需要通风时予以打开。

（5）仓库地面

一是储存氧化剂、易燃液体、固体和剧毒物品的库房，要采取容易冲洗的不燃烧地面。

二是存放甲、乙类桶装易燃液体的库房，为防止液体流淌出库外，或是需要收集冲洗地面有害废水的库房，均应在库房门设水泥斜坡，坡顶高出库内地坪 $15 \sim 20cm$。离地 $1m$ 的内墙面应用水泥粉刷，以防易燃液体溢渗墙内。在库内四周应设置明沟，通向库外墙角处的收集坑加设闸阀控制，收集坑应加铁板覆盖。

三是遇水燃烧爆炸的物品库房，应设有防止水渍损失的设施。

四是有防止产生火花要求的库房地面，应采用"不发火地面"。目前大量采用的是不发火无机材料地面。这种地面与一般水泥地面构造相同，只是在面层上选用粒径为 $3 \sim 5mm$ 的白云石、大理石等细石骨料，用铜条或铝条分格。这种地面材料经济，且易于施工，为慎重起见，必须进行试验后，再进行施工。方法是用手持式砂轮机（$1440r/min$），装上直径 $15cm$ 的金刚石砂轮，在暗室或夜间打磨试块，进行发火试验，以不产生火花为合格。

（6）电气照明设备

在危险物品仓库内，除安装防爆的电气照明设备外，不准安装其他电气设备。如亮度不够或安装防爆灯有困难时，可以在库房外面安装与窗户相对的投光照明灯，或采用在墙身内设壁龛，内墙面用固定钢化玻璃隔封，电线装在库外的壁龛式隔离照明灯。

（7）防雷

大型化学危险物品仓库必须设避雷装置，应采用独立避雷针，或在每座库房的两端防火墙上安装避雷针，高度应经过计算。

（五）化学危险品生产防火

化学危险品生产企业包括石油化工、煤化工、医药化工等原料或者产品为化学危险品以及生产过程中使用化学危险品的企业。整个化学危险品的生产过程不仅具有很大的火灾危险性，而且还会因火灾引发爆炸，造成大量的人员伤亡和巨额财产损失，所以这类企业的防火历来是消防工作的重中之重。

1. 化学危险品生产企业的火灾危险性

第一，化学危险品企业生产中无论是生产原料还是生产的产品大都是化学危险品，如石油化工企业的生产原料—原油，还是终端产品—汽油、柴油、煤油等都属于甲、乙类易燃易爆物品，具有很大的火灾危险性。

第二，生产过程中的催化、裂化等流程大多是在高温高压密闭的釜、罐、塔等容器中进行，稍有不慎造成泄漏或进入空气都可能酿成起火或爆炸，即使其他流程也都存在一定的火灾危险性。

第三，整个生产过程工艺复杂、控制过程环环相扣，任何一个环节出现问题都可能酿成重大事故。

第四，生产作业区管道纵横、阀门接点比比皆是，"跑冒滴漏"往往难以杜绝，再加上温度、压力的变化对过道、容器的应力作用产生蠕变，在高温高压下很容易产生疲劳裂纹。另外，管道容器的腐蚀（化学腐蚀和应力腐蚀），阀门密封材料老化，这些潜在隐患随时可能造成大量泄漏引发事故。

第五，设备检修时动用明火切割或焊接，直接引爆残余气体或其他泄漏气体发生塞—消防安全保卫火灾或爆炸。

第六，生产作业区设置不当产生窝风窝气，或生产作业区和周边办公生活区、辅助生产区、铁路、公路、发电厂等易产生火花的场地、设施间距不足，火花飘入厂区或泄漏气体飘至火花地点引发火灾。

第七，厂区内因液体输送积累的静电、人体带电，以及进入厂区的交通工具产生的火花引发逸散气体火灾等。

2.化学危险品生产火灾预防

第一，化学危险品生产企业宜设置在城市边缘和城市常年主导风向的下风向，避开低洼易受水涝灾害和地震断裂带区域，并能保证满足生产和消防用水的需求。

第二，应按照生产功能和生产流程划分生产作业区、辅助生产区和办公区以及生活区。各功能区之间应保持必要的防火间距和采取必要的防火隔离措施；生产区内厂房之间及其与周边其他建筑和设施之间也应保持相应的防火间距。其中，甲、乙类厂房之间及其与周边其他建筑和设施之间的防火间距的要求为，甲、乙类厂房与甲、乙类厂房之间防火间距不小于 $12m$，与民用建筑的防火间距不小于 $25m$，与厂外铁路中心线距离不小于 $30m$，与厂外公路路边距离不小于 $15m$，与厂外架空电力线的距离不小于为电杆（塔）高度的 1.5 倍。

第三，甲、乙类厂房应为一、二级耐火等级的单层或多层建筑（甲类宜为单层），不应设置在地下或半地下，并符合防火分区面积要求，具有符合规定的卸爆、泄压面积和通风降温措施。

第四，严格生产工艺流程管理，加强岗位责任制度，落实各项操作规程。防止混料、不按顺序和配料比加料、超（欠）温、超（欠）压、超（欠）时等不安全操作现象的发生。建立事故应急处理预案，一旦有误操作的情况发生能及时通过调整工艺流程控制事故的发展，最大限度减小事故危害，避免造成严重后果。

第五，加强安全检查和防火巡查，建立事故远程监控系统，及时发现隐患和问题，并能及时整改和修补。

第六，按设备维修周期及时检测、维护设备，杜绝设备带病作业。设备维修时，严格按照安全操作规程施行，并做好安全监护。需要动火的要严格按动火程序办理，禁止随意在禁火区域内动火。

第七，加强门卫安全管理，落实检查制度，内部人员按规定着装，外来人员严禁携带打火机、火柴或其他易燃易爆物品入内，外来汽车要带防火罩。

第八，按规定配足配齐消防设施和器材，加强维护保养，以此来保证完好有效。

由于化学危险品火灾往往温度能量高、烟气毒性大、发展速度快，特别要注意完善配套自动、远程、高效的灭火系统。

二、物流运输防火

现代社会的生产已经成为专业化、社会化生产，即一个设备的生产，其整个部件可能需要多个产地、多个厂商来协作。这样可以节约成本，提高质量，加快生产周期，但随之而来的是造成社会的物资流量大幅度增加，因而物流作为一个新兴行业正在飞速发展。物流行业主要包括采收、储存、分流、投寄、运输等诸多环节，而且物资的种类繁多，流量大，因而火灾危险性也愈显突出。

（一）物流货物采收过程防火要求

物流货物的采收要把好分类和分检两道关。

1. 分类

将采收的货物按火灾危险性类别分开，直接配送的按类别分装于不同车辆上，不得混装，对需要临时存储的按不同类型分别存储于不同的库房，防止混存混放，同时也便于对有特殊要求的货物进行分类保管。对小型的物流企业，因营业面积小，货物分类分检后应立即将货物转运出营业场地，且不可临时堆放于营业室内，防止营业场所的有关电气设备失火或人员遗留火种而引着货物。

2. 分检

对采收的货物要进行检查，不光是数量、品质的检查，主要是检查货物内部是否夹带易燃易爆等化学危险物品，如雷管、火药纸等爆炸物，汽油、酒精、火柴等易燃物品，赛璐珞、胶片等易自燃物品，强酸性和强碱性物品等腐蚀品，强腐蚀制品以及各种可燃气体的小储罐和点火器，如丁烷罐、打火机等，还有某些设备附属的易燃物，当附属的易燃物较多时，应将易燃物与主货分开，如转运或旧汽车报废时，应将报废车辆或旧车辆的油料清空或保留少量（仅用于短距离转移）油料等。

分检工序应在独立的空间进行，不得与库存货物同库操作。当库房面积大而分检工作量较小时，也应分隔进行，并及时将分拣货物归类存放。

（二）物流运输中的防火要求

物流配送运输中的防火除参照汽车及场库防火有关要求外，还应注意以下几点：

第一，运输车辆的司机和押运人员不准在驾驶室或货厢内吸烟。

第二，易燃可燃货物在运输过程中要用苫布覆盖，防止运输过程中的飞火侵入。

第三，对遇湿能自燃的货物，运输途中要用防雨布覆盖，防止雨水侵入。

第四，对怕高温的货物，运输要选择运输时段，避免在烈日下长时间暴晒。怕震动的货物要选择好道路、速度，保持平稳行驶。

第五，行驶途中故障车辆应尽可能选择在服务区域停车检修，远离明火地点，需动用明火的，也要有严格的防控措施。

（三）物流企业汽车及汽车库防火

汽车是现代使用最为广泛的交通运输工具，这也是物流运输的重要手段。汽车上除了油箱、油路外，其他部件如轮胎、车厢等也都是可燃物。车上还设有电器和其他火源，很容易发生火灾。车载货物多种多样，汽车是流动物体，一旦发生火灾，扑救难度较大。物流企业一般都设有汽车库。汽车运输专业单位、汽车修理单位设有的汽车库规模更大（包括停车库、修车库、停车场）；也有专供外来车辆停车的停车场。汽车库通常停有较多的车辆，一旦发生火灾，后果相当严重。

汽车的种类很多，按用途分为客车、货车和各种特种车辆，每一类按其大小又可分出多种，如客车有微型车、小轿车、小客车等；货车有一般卡车、重型货车、冷藏车等；特种车辆如吊车、铲车、警车、救护车。这些车辆虽然用途不同，外形各异，但其发动机只有两种，即汽油机和柴油机。

1. 分类

（1）汽油机

汽油机是以汽油为燃料的内燃机。在工作过程中，汽油经过汽化器与空气按一定的比例混合，形成可燃混合气体进入汽缸，被活塞压缩后，用电火花点火，引起燃烧，产生高压，推动活塞做功；汽油机结构紧凑，重量轻，转速高，起动方便，运转平稳，目前使用最广，客车基本上都是使用汽油机。

汽油是易燃液体。汽油机汽车的油箱容量为 $20 \sim 200L$ 不等，有些长途运输的货车还另外携有油桶，所以火灾危险性较大。

（2）柴油机

柴油机是以柴油、重油等为燃料的内燃机。在工作过程中进入汽缸内的空气，被压缩到能使燃油着火的温度后，用射油泵及喷油器将燃油喷成雾状射入汽缸，即自行着火燃烧，产生高压，推动活塞做功。柴油机有较高的热效率，燃油价格低廉，为载重汽车广泛采用。

柴油的火灾危险比汽油小。然柴油机汽车多为大型车辆，携带的油量较多，而且比汽油熔点高，气温低时易凝固，发动时有时需要加温，如加温不当，也可能引起火灾。

2. 常见的汽车火灾原因

（1）行驶途中的火灾原因

第一，直接向汽化器灌注汽油。汽车油路发生故障时，用杯、瓶、壶等容器盛装汽油，直接向汽化器灌注，俗称"喝老酒"法，因汽油与空气混合比例失调或点火提前，汽化器发生回火"放炮"现象，喷出的火焰引起汽油着火。或在灌注时汽油漏出遇到发动机高温物体或电火花而起火。这是汽车运输途中常见的起火原因之一。

第二，汽油管路损坏，油品漏出，遇电火花、高温物体起火。

第三，电气绝缘损坏短路起火。

第四，汽车零件损坏脱落与地面摩擦，引起可燃物燃烧。

第五，汽车维修后有手套、抹布、纱头等放在排气管上，也因高温加热而引燃。

第六，公路上晒有谷草等，缠绕在转动轴上摩擦发热起火。

第七，乘客违章吸烟，乱扔烟蒂、火柴梗引起着火。

第八，乘客违章携带化学危险物品上车引起火灾、爆炸事故。

第九，装运可燃货物时，押运人员随手乱扔烟头或被外来火源（如烟囱飞火）引燃。

第十，装运危险物品因配装不当，车速过快，未按规定接地等原因而发生火灾、爆炸事故。

第十一，汽车驶入有可燃气体、可燃液体蒸汽扩散区域而引起燃烧、爆炸。

第十二，冬季行驶中直接用喷灯、火把等明火烘烤油路或油箱引起燃烧、爆炸。

（2）维修过程中的火灾原因

第一，维修汽车时，电源未断，用金属刷等擦洗时，使电线短路产生火花。

第二，金属物体触发蓄电池桩头，产生电弧火花。

第三，在蓄电池充电结束后，可用金属工具在两个电桩头间进行测试，以产生电弧强弱来判断充电是否充足。由于蓄电池内发生化学变化，有氢气逸出，遇电弧火花发生燃烧或爆炸。

第四，断路器上白金触点粘连，蓄电池内电流倒回发电机，引起发电机线圈发热起火。

第五，使用汽油清洗时违章吸烟，违章动火。

第六，修补油箱时，未对油箱进行彻底清洗。

（3）停放时的火灾原因

汽车停放时发生火灾，大多是在停放前留下了火种，如未熄灭的烟头放置于烟灰缸或掉落在座垫上，以及油棉纱、手套等可燃物夹留于排气管上，电气短路，油箱漏油等。

此外，对柴油机加热不当也会引起火灾。有时车辆不慎发生交通事故，撞坏油箱，油品流出，或装运的化学危险物品与其他物体相撞、泄漏，也会引发火灾、爆炸事故。

3.汽车防火要求

汽车的主要防火要求：保持车况良好，遵守操作规程，取得乘客和沿路群众的配合等。

（1）汽车在停放和行驶时的防火要求

第一，车辆上路行驶前，要认真进行检查，确认机器部件良好，特别是电路、油路良好，才能投入运行，防止"带病"运行。行驶途中如发生故障，要认真查明原因，进行抢修，严禁直接向汽化器供油。

第二，要动员群众不要在公路上脱粒、晒草。车辆在有谷草的道路上行驶，驾驶员要特别谨慎，保持低速行驶，发现异常情况，应立即停车检查。

第三，要向乘客宣传、劝阻严禁在汽车上吸烟，要查堵违章携带化学危险物品乘坐汽车。如发现已有化学危险物品带上车辆，要立即采取安全措施，并交前方车站处理。

第四，装运可燃货物，必须用油布严密覆盖，押运人员和其他随车人员不得抽烟。

第五，严格遵守交通规则，防止发生交通事故，而引发火灾、爆炸事故。

第六，装运化学物品必须符合有关安全要求：一是合理装配，禁止将性质抵触，防护、灭火方法不同的物质同车装运；二是包装破损，也不符合安全条件的不得装运；三是

装运易燃液体的槽车必须有导除静电的设备；四是禁止无关人员搭乘车辆，严禁客货混装；五是保持安全车速，按规定的时间和路线行驶。

第七，汽车上装有化学物品或进入有易燃、易爆物品场所以及其他禁火区域，应佩戴火星熄灭器（防火帽）。

第八，柴油汽车冬季尽可能停在室内，如发现柴油或其他重油凝固，可用温水加热使其熔化，禁止使用明火或大功率灯泡直接烘烤。

第九，汽车驶入禁火区域时发生故障，不得就地修理，应推出禁火区域后再进行修理。

（2）维修汽车的防火要求

拥有汽车的单位总要对运输车辆定期进行维护和修理。维修汽车的防火要求如下：

第一，汽车维修作业应当在专用的维修车间或场地内进行。

第二，一般不要用汽油清洗零件，可用金属洗涤剂、煤油或柴油清洗。

第三，检修前，应把蓄电池上的电源线接头拆下，并把电线接头固定好，如需照明，应使用低压灯并加护罩。

第四，尽量不要用钢丝刷擦拭汽车，尤其是在用汽油清洗后，禁止用钢丝刷擦拭，以免产生火星。

第五，如修补油箱，应把油箱从车上拆下，将存油全部倒掉，经彻底清洗后才可动火。

第六，维修后，对车况要进行认真检查，防止留下隐患，尤其为排气管等高温物体处不得留下手套、抹布、纱头等可燃物。

（四）汽车库（场）的防火要求

汽车库（场）是车辆的集中存放地，存放车辆多、火灾荷载大，一旦发生火灾，损失惨重。汽车库（场）火灾多数是汽车引起的，其中有些是维修汽车时引起的，也有些火灾是汽车库（场）本身引起的，如电气线路短路、照明灯具贴近篷布和车载可燃物、采暖不当等。此外，目前有不少老式汽车库，是利用其他建筑物替代的，耐火等级低；即使是新建的汽车库，由于过去没有专门的建筑设计防火规范可循，采用可燃结构较多，又缺乏防火分隔，布局也不尽合理，灭火设施较少，一旦发生火灾，很容易蔓延，扑救也比较困难。汽车库发生火灾，燃烧的多是汽油，火势往往十分猛烈，油箱、轮胎还会发生爆炸，大量汽车停放在车（库）场，疏散难度较大，特别是夜间火灾，地下或楼层汽车库火灾，疏散更加困难。因此，做好汽车库（场）防火具有重要意义。

第一，停入汽车库的车辆应按规定存放，不得占用通道，以保证发生火灾时能及时对车辆和人员进行疏散。

第二，汽车库内严禁进行车辆的维修，故障车辆应及时拖出车库到维修点修理，防止维修过程中的失火事故。

第三，汽车库内不得堆放杂物，在车库内禁止吸烟和动用明火。

第四，随着新能源汽车的增多，车库内应设有专门为汽车（电动或混合能源）充电的充电桩，不可由车主私拉乱接电线给汽车充电。

第五，加强汽车库的安全防范值勤，汽车库曾发生过多起因偷盗油料或遗留火种而引起的火灾，因此对大型汽车库夜间要有人值守，定时巡查，防止此类事故的发生。

第六，经常检查和维护车库内的自动消防设施与灭火器材，保证完整好用。

三、建筑物防火分隔设施

建筑物防火分隔设施是按建筑物功能和防火分区的要求在建筑物内部空间设置的设施，包括防火墙、防火门（窗）、防火卷帘以及通风排烟管道上的防火阀和排烟防火阀等。

（一）防火墙

防火墙是建筑中的重要分隔设施，一般由实体砖或钢筋混凝土建造，主要用于防火分区的分隔和功能单元的分割。其设置应满足下列要求：

第一，防火墙的耐火极限应达到 $3h$。

第二，防火墙应直接设置在建筑物的基础或钢筋混凝土框架、梁等承重结构上，轻质防火墙体可不受此限。

第三，防火墙应从楼地面基层隔断至顶层底面基层。当屋顶承重结构和屋面板的耐火极限低于 $0.50h$，高层厂房（仓库）屋面板的耐火等级低于 $1.00h$ 时，防火墙应高出不燃烧体屋面 $0.4m$ 以上，高出燃烧体或难燃烧体屋面 $0.5m$ 以上。其他情况时，防火墙可不高出屋面，但应砌至屋面结构层的底面。建筑物内的防火墙不宜设置在转角处。如设置在转角附近，内转角两侧墙上的门、窗洞口间最近边缘的水平距离不应小于 $4m$。

第四，防火墙上不应开设门窗洞口，当必须开设时，应设置固定的、火灾时能自动关闭的甲级防火门窗。

第五，可燃气体和甲、乙、丙类液体的管道严禁穿过防火墙。其他管道不宜穿过防火墙，当必须穿过时，应采用防火封堵材料将墙与管道之间的空隙紧密填实；当管道为难燃烧及可燃材质时，应在防火墙两侧的管道上采取防火措施。

第六，防火墙内不应设置排气道。

第七，防火墙的构造还应满足稳定性要求，即防火墙任意一侧的屋架、梁、楼板等受到火灾的影响而破坏时，不致使防火墙倒塌。

（二）防火门（窗）

防火门是指在一定时间内，连同框架能满足耐火稳定性、完整性和隔热性要求的门。它除了有普通门的作用外，更重要的是阻止火势蔓延和烟气扩散，确保人员安全疏散。

1. 防火门的分类

第一，防火门按其材质可分为木质防火门、钢质防火门、钢木质防火门和其他材质防火门。

第二，防火门按其门扇数量可分为单扇防火门、双扇防火门和多扇防火门（含有两个以上门扇防火门）。

第三，防火门按其结构形式可分为门扇上带防火玻璃的防火门、带亮窗防火门、带玻璃带亮窗防火门和无玻璃防火门。

第四，防火门（窗）按耐火极限可分为甲级防火门、乙级防火门和丙级防火门。其中甲级防火门耐火极限不低于 $1.5h$，乙级防火门耐火极限不低于 $1.0h$，丙级防火门耐火极限不低于 $0.5h$。

第五，防火门按其工作原理还可分为常闭式防火门和常开式防火门。

常闭防火门平常在闭门器的作用下处于关闭状态，因此火灾时能阻止火势及烟气蔓延。

常开防火门平时在防火门释放器作用下处于开启状态，火灾时，防火门释放器自动释放，防火门在闭门器和顺序器的作用下关闭，从而起到防火门应有的作用。常开式防火门，一般是平开门，单扇时装一个防火门释放器及一个单联动模块，双扇时装两个防火门释放器及两个单联动模块。防火门任一侧的感烟火灾探测器动作报警后，通过总线报告给火灾报警探测器，火灾报警探测器发出动作指令给防火门专用的单联动模块，模块的无源常开触头闭合，接通防火门释放器的 $DC24V$ 线圈回路，线圈瞬间通电释放防火门，防火门借助闭门器弹力自动关闭，$DC24V$ 线圈回路因防火门脱离释放器而自动被切断，同时防火门释放器将防火门状态信号输入单联动模块，再通过报警总线送至消防控制室。

2.防火门的设置要求

第一，甲级防火门（窗）主要安装于防火分区之间的防火墙上。建筑物内附设一些特殊房间的门也为甲级防火门，如燃油气锅炉房、变压器室、中间储油间等。防烟楼梯间和通向前室的门，高层建筑封闭楼梯间的门以及消防电梯前室或合用前室的门均应采用乙级防火门。建筑物中管道井、电缆井等竖向井道的检查门和高层民用建筑中垃圾道前室的门均应采用丙级防火门。

第二，防火门应为向疏散方向开启的平（推）开门，并在关闭后能从任何一侧手动开启。有特殊设置要求的场所除外，如超市、图书馆等人员密集场所平时需要控制人员随意进入的疏散用门，或设有门禁系统的居住建筑外门，应保证火灾时能自动解除门禁或不需使用钥匙等任何工具即能从内部易于打开，并应在显著位置设置标志和使用提示。

第三，用于疏散走道、楼梯间及其前室的防火门，应能由闭门器自行按顺序关闭。

第四，常开式防火门，在发生火灾时，应具有自行关闭和信号反馈功能。通常由感烟探测器信号控制无门槛的一扇先行关闭，由感温探测器信号控制带门槛的另一扇后关闭。常开式防火门由于控制功能复杂，故只用在建筑内部主要疏散通道上。

第五，设在变形缝附近的防火门，应设在楼层数较多的一侧，且门开启后不应跨越变形缝，防止烟火通过变形缝蔓延扩大，同时门应安装在变形缝的同一侧，不能在不同楼层变形缝两侧交错安装，否则烟火会通过变形缝蔓延至相邻的防火分区。

第六，安装防火门的隔墙应为地面至楼板底面上下贯通的实体墙。防火门安装时与周围墙体的缝隙应用相同耐火等级的材料填实封堵。

（三）防火卷帘

防火卷帘是指在一定时间内，连同框架能满足耐火稳定性和耐火完整性要求的卷帘。它是一种活动的防火分隔物，平时卷起放在分隔位置的上方或门窗上口的转轴箱中，起火时将其放下展开，用以阻止火势穿越防火分区或从门窗洞口蔓延。防火卷帘主要应用于大面积工业与民用建筑防火分区的分隔。

常用的防火卷帘，按其材料可分为普通钢质防火卷帘、钢质复合防火卷帘和无机纤维复合防火卷帘。

防火卷帘设置的部位一般有消防电梯前室、自动扶梯周围、中庭与每层走道、过厅、房间相通的开口部位、代替防火墙分隔的部位等。

1. 防火卷帘的工作原理

防火卷帘可以通过卷帘附近设置的手动按钮实现现场手动升降或由卷帘箱中拉出机械链条实现机械升降，也可由消防控制室实现远程手动控制，还可通过烟感、温感探测器信号实现单动控制或与整体建筑消防智能控制系统联网实现联动控制。火灾时，烟感、温感探测器探测到的烟感、温感信号先传输到火灾报警控制器，控制器再给卷门机发出动作指令，使防火卷帘完成一步降、二步降等动作；也可由消防智能控制系统发出指令，控制防火卷帘升降和完成设定的动作，从而阻隔火势及烟气蔓延。其中，一步降指防火卷帘接到动作指令后一步下降到地面，它主要用于建筑中庭和自动扶梯周围的分隔。二步降指防火卷帘在接到第一个动作指令后，先下降至距地面 $1.8m$ 处暂停，待接到第二个指令后方下降至地面。一般情况下两个动作指令分别由感烟和感温探测器信号来控制，它主要用于建筑内火灾状态下不同防火分区之间有疏散需要的分隔处的防火卷帘。

2. 防火卷帘设置的要求

第一，帘板各接缝处、导轨、转轴箱与墙面或楼板的缝隙，应有防火防烟密封措施，防止烟火窜入。

第二，用防火卷帘代替防火墙的场所，当采用以背火面温升做耐火等级极限判定条件的防火卷帘时，其耐火极限不应小于 $3h$；当采用不以背火面温升做耐火极限判定条件的防火卷帘时，其卷帘两侧应设独立的闭式自动喷水系统保护，系统喷水延续时间不应小于 $3h$，喷头的喷水强度不应小于 $0.5L/（s \cdot m）$，喷头间距应为 $2 \sim 2.5m$，喷头距卷帘的垂直距离宜为 $0.5m$。

第三，当防火卷帘既用作防火分隔又要考虑卷帘两侧不同防火分区之间的人员疏散时，应设置二步降的功能，并能实现手动和联动控制。仅用于划分防火分区的防火卷帘，设置在自动扶梯四周、中庭与房间、走道等开口部位的防火卷帘，均应与火灾探测器联动。当发生火灾时，应采用一步降落的控制方式，并应具有自动、手动和机械控制的功能。设在疏散走道和消防电梯前室的防火卷帘，除应具有二步降的功能外，还应具有能从两侧手动控制，并在降落时有短时间停滞的功能，以保障人员安全疏散和消防员施救时的安全。

第四，需在火灾时自动降落的防火卷帘，应具有信号反馈功能。

第五，防火卷帘除应有上述功能外，还应有温度（易熔金属）控制功能，以确保在火灾探测器或联动装置或消防电源发生故障时，凭借易熔金属的温度响应功能仍能降落，以发挥防火卷帘的防火分隔作用。

第六，防火卷帘上部、周围的缝隙应采用相同耐火极限的不燃烧材料填充、封隔。

第七，除中庭外，当防火分隔部位的宽度不大于 30m 时，防火卷帘的宽度不应大于 10m；当防火分隔部位的宽度大于 30m 时，防火卷帘的宽度不应大于该部位宽度的 1/3，且不应大于 20tn；不宜采用侧拉式防火卷帘。

（四）通风和排烟管道中的防火阀、排烟防火阀

防火阀和排烟防火阀是用于建筑内部通风、排烟管道上的重要防火分隔组件，典型的防火阀、排烟防火阀的工作原理是凭借易熔合金的温度响应功能，有利用阀片的重力作用关闭阀门的，亦有利用记忆合金产生形变使阀门关闭的。当发生火灾时，高温烟气或火焰侵入风道，高温使阀门的阀片与阀体之间连接的易熔合金熔断，阀片跌落关闭阀门，或记忆合金产生形变后使阀门自动关闭。它被用于风道与防火分区贯通的场所，起隔烟阻火作用。

防火阀安装在通风、空气调节系统的送、回风管道上，平时呈开启状态，火灾时管道内烟气温度达到 70℃时关闭，并在一定时间内能满足漏烟量和耐火完整性要求，起隔烟阻火作用。防火阀一般由阀体、阀片、弹簧、电动或者手动执行机构及其感温器等部件组成，其中，弹簧和执行机构用于阀门的紧急切断和日常的系统功能检查。

排烟防火阀安装在机械排烟系统的管道上，平时呈开启状态，火灾时当排烟管道内烟气温度达到 280X;时关闭，并在一定时间内满足漏烟量和耐火完整性要求，起隔烟阻火作用。排烟防火阀的结构与防火阀一样，不同的仅是易熔金属的响应温度不同。

防火阀应安装牢固，一般应靠近实体墙安装，当安装在吊顶内时应留有检查孔。防火阀表面焊缝应光滑，无虚焊、气孔和裂缝；内部应做防锈处理，且涂漆均匀。

四、应急照明和疏散指示标志

建筑火灾应急照明和疏散指示系统包括消防应急照明灯、消防疏散指示标志、消防应急广播等，是构成建筑疏散系统的重要设备。消防应急照明有集中控制型（由消防控制室控制切换至消防电源）、分组控制型（根据火灾发展需要，分组切换至消防电源）和分散自控型（应急灯自备电池）。疏散指示标志有灯光型和蓄光型，一般的疏散指示标志都要求直接与消防电源（蓄电池）连接。

（一）消防应急照明灯具

1.应急照明灯具设置要求

（1）消防应急照明的设置场所

除多层住宅外的民用建筑、厂房和丙类仓库的下列部位,应设置消防应急照明灯具:

第一，封闭楼梯间、防烟楼梯间及其前室、消防电梯间前室或合用前室，避难走道和避难层（间）；

第二，公共建筑内的疏散走道；

第三，观众厅、展览厅、营业厅、多功能厅与建筑面积大于 $200m^2$ 的餐厅、营业厅、演播室等人员密集场所；

第四，建筑面积大于 $100m^2$ 的地下、半地下室中的公共活动场所；

第五，消防控制室、消防水泵房、自备发动机房、配电室、防烟与排烟机房以及发生火灾时仍需正常工作的其他房间。

（2）消防应急照明光源选择

消防应急照明光源应选择能快速点亮的光源，一般采用白炽灯、荧光灯等。需要正常工作照明条件下切换实现应急照明时，可选用一般的荧光灯；用作疏散应急照明的电光源要求具有快速启点和便于维护等特性，通常选择白炽灯。不管是何种光源，消防应急照明灯具的应急转换时间应不大于 $5s$ ，高危险区域使用的消防应急灯具的应急转换时间应不大于 $0.25s$ 。

2. 应急照明灯具的功能要求

（1）应急照明灯具照度要求

第一，疏散走道的地面最低水平照度不应低于 $1.0Lx$ ；

第二，人员密集场所、避难层（间）内的地面最低水平照度不应低于 $3.0Lx$ ；病房楼或手术部的避难间最低水平照度不应低于 $10.0Lx$ ；

第三，楼梯间及其前室、避难走道的地面最低水平照度不应低于 $5.0Lx$ ；

第四，地下、半地下建筑中设置在疏散走道、楼梯间、防烟前室、公共活动场所的应急照明，其最低照度不应低于 $5.0Lx$ ；

第五，消防控制室、消防水泵房、自备发电机房、配电室、防烟与排烟机房以及发生火灾时仍需要正常工作的其他房间的消防应急照明，仍应保证设备工作面正常照明的照度。其中消防控制室、通信机房的照度宜为 $500Lx$ ，自备发电机房、配电室的照度宜为 $200lx$ ，消防水泵房、防排烟机房宜为 $100Lx$ 。

（2）应急照明灯的设置位置

消防应急照明灯具应设置在墙面的上部、顶棚上或出口的顶部。消防应急照明灯设在楼梯间的，一般设在端部墙面或休息平台板下；在走道，设在墙面或顶棚下；在厅、堂，设在顶棚或墙面上；在楼梯口、太平门一般设在门口上部。

（3）应急疏散照明及其应急工作照明的持续时间

应急疏散照明电源可以连接到消防电源上，也可以运用灯内自备蓄电池供电，其工作时间应大于 $90min$ 。但不管什么形式，其持续供电时间要满足：

第一，对于建筑高度超过 $100m$ 的高层建筑，其应急疏散照明工作状态的持续时间应大于 $1.5h$ ；

第二，建筑高度低于 $100m$ 的医疗建筑、老年人建筑、总建筑面积大于 $100000m^2$ 的公共建筑和总建筑面积大于 $20000m^2$ 的地下、半地下建筑应大于 $1.0h$ ；其他建筑应大于 $30min$ 。

（二）消防疏散指示标志

1. 疏散指示标志设置要求

（1）灯光疏散指示标志

公共建筑、高于 54m 的住宅建筑、高层厂房（仓库）及甲、乙、丙类厂房应沿疏散走道和在安全出口、人员密集场所的疏散门的正上方设置灯光疏散指示标志，并应符合下列规定：

第一，安全出口和疏散门的正上方应采用"安全出口"作为指示标志；

第二，沿疏散走道设置的灯光疏散指示标志，应设置在疏散走道及其转角处地面高度 1.0m 以下的墙面上，且灯光疏散指示标志间距不应大于 20m，对于袋形走道间距不应大于 10m，在走道转角区，距转角处不应大于 1.0m。在该范围内符合人们行走的习惯，容易发现目标，利于疏散。

（2）灯光疏散指示标志或蓄光疏散指示标志

下列建筑或场所应在其内疏散走道和主要疏散路线的地面上增设能保持视觉连续的灯光疏散指示标志或蓄光疏散指示标志：

第一，总建筑面积超过 8000m² 的展览建筑；

第二，总建筑面积超过 5000m² 的地上商店；

第三，总建筑面积超过 500m² 的地下、半地下商店；

第四，歌舞、娱乐、放映、游艺场所；

第五，座位数超过 1500 个的电影院、剧院，座位总数超过 3000 个的体育馆、会堂或礼堂。

（3）悬挂在空中的疏散指示标志

对于悬挂在空中的疏散指示标志应设在与疏散途径有关的醒目位置（高度 2 ~ 3m），标志的正面或其临近不得有妨碍公共视读的障碍物。

2. 疏散标志的功能要求

（1）需要内部照明的消防疏散指示标志

在通常情况下其表面的最低平均照度不应小于 5.0Lx。当发生火灾，正常照明电源中断的情况下，应在 5s 内自动切换成应急照明电源。无论在哪种电源供电进行内部照明的情况下，标志表面的最低平均照度和照度均匀度仍应满足上述要求。

（2）消防疏散指示标志

一般应连接于消防电源上，给消防疏散指示标志提供应急照明的电源，其连续供电时间应满足所处环境的相应标准或规范要求，应与应急疏散照明的持续时间相一致。

（3）蓄光型疏散指示标志

用锶铝酸盐作母体，掺入氧化铝和碳酸锶等稀土金属制成的蓄光能力应能满足标志表面照度不小于 1.0Lx 和安装场所的持续照明时间的要求，且标志装贴间距一般不大于 3m，以保证在火灾烟气中疏散人员视觉连续。

（三）消防应急广播

消防应急广播是消防应急疏散系统的重要设备，它包括功放设备和扬声器。消防应急广播功放设备一般都集成于消防控制室内的消防报警控制操作台上，可以预置语音或临时广播。临时广播个别设置于单位的广播室。消防应急广播的扬声器可分为壁挂式和吸顶式两种。在民用建筑里，扬声器应设置在走道和大厅等公共场所，每个扬声器的功率不小于 $3W$，客房设置的专用扬声器的功率不小于 $1W$，当场所背景噪音大于 $60dB$ 时，扬声器在其播放范围最远点的声压级应高于背景噪音 $15dB$，以报告灾情，稳定人们的情绪，消除人们的恐惧，引导人们有秩序地疏散，避免拥挤与踩踏。

参考文献

[1] 方正. 建筑消防理论与应用 [M]. 武汉：武汉大学出版社，2016.

[2] 邢君. 建筑结构消防安全基础 [M]. 北京：中国人民公安大学出版社，2016.

[3] 许佳华. 建筑消防工程施工实用手册 [M]. 武汉：华中科技大学出版社，2016.

[4] 陈学文，李旭辉，王琼. 建筑法规 [M]. 成都：电子科技大学出版社，2016.

[5] 许佳华. 建筑消防工程造价实用手册 [M]. 武汉：华中科技大学出版社，2016.

[6] 胡林芳，郭福雁. 建筑消防工程设计 [M]. 哈尔滨：哈尔滨工程大学出版社，2017.

[7] 伍培，李仕友. 建筑给排水与消防工程 [M]. 武汉：华中科技大学出版社，2017.

[8] 孙楠楠. 大空间建筑消防安全技术与设计方法 [M]. 天津：天津大学出版社，2017.

[9] 李永康，马国祝. 消防安全案例分析 [M]. 北京：机械工业出版社，2017.

[10] 路长. 消防安全技术与管理 [M]. 北京：地质出版社，2017.

[11] 周俊良，陈松. 消防应急救援想定作业 [M]. 徐州：中国矿业大学出版社，2017.

[12] 陈同刚. 地铁消防安全管理 [M]. 天津：天津科学技术出版社，2018.

[13] 任清杰. 消防安全保卫 [M]. 西安：西北工业大学出版社，2018.

[14] 周俊良，陈松. 消防应急救援指挥 [M]. 徐州：中国矿业大学出版社，2018.

[15] 李通. 建筑设备 [M]. 北京：北京理工大学出版社，2018.

[16] 丑洋；郭琴，山锋副主编. 建筑设备 [M]. 北京：北京理工大学出版社，2018.

[17] 罗静，仝艳民，王晓波. 消防安全技术实务王道七 [M]. 徐州：中国矿业大学出版社，2018.

[18] 毕伟民. 消防全攻略建筑防火 [M]. 北京：煤炭工业出版社，2019.

[19] 毕伟民. 消防全攻略消防设施 [M]. 北京：煤炭工业出版社，2019.

[20] 毕伟民. 消防全攻略消防基础知识 [M]. 北京：煤炭工业出版社，2019.

[21] 何以申. 建筑消防给水和自喷灭火系统应用技术分析 [M]. 上海：同济大学出版社，2019.

[22] 顾金龙. 大型物流仓储建筑消防安全关键技术研究 [M]. 上海：上海科学技术

出版社，2019.

[23] 陈长坤. 消防工程导论 [M]. 北京：机械工业出版社，2019.

[24] 李亮. 消防安全技术实务试题金典 [M]. 北京：中国计划出版社，2019.

[25] 段成艳. 消防专业英语实用教程 [M]. 北京：中国矿业大学出版社，2019.

[26] 方正. 高等学校消防安全管理 [M]. 武汉：武汉大学出版社，2019.

[27] 许光毅. 建筑消防工程预（结）算 [M]. 重庆：重庆大学出版社，2020.

[28] 于国清. 建筑设备工程 CAD 制图与识图 [M]. 北京：机械工业出版社，2020.

[29] 侯耀华. 建筑消防给水和灭火设施 [M]. 北京：化学工业出版社，2020.

[30] 许光毅. 建筑消防工程预（结）算 [M]. 重庆：重庆大学出版社，2020.

[31] 李秋宏. 建筑专业消防常见问题分析 100 例 [M]. 北京：中国建筑工业出版社，2020.

[32] 梅胜，周鸿，何芳作. 建筑给排水及消防工程系统 [M]. 北京：机械工业出版社，2020.

[33] 孙启峰. 建筑消防设施检测技术实用手册 [M]. 北京：中国建筑工业出版社，2020.